BAUPROJEKT-ABLAUF

Gesellschaft für Projektmanagement INTERNET Deutschland e.V.

Was ist die GPM?

Die Gesellschaft für Projektmanagement INTERNET Deutschland e.V.ist die gemeinnützige deutsche Vereinigung interessierter Personen, Unternehmen und Institutionen auf dem Gebiet des Projektmanagement. Ihre satzungsmäßige Aufgabe ist die Förderung, Weiterentwicklung und Verbreitung des Projektmanagement. Über die INTERNET International Project Management Association (Zürich) steht sie mit allen Schwestergesellschaften in Europa und weltweit in Verbindung.

Was tut die GPM?

Schwerpunkte der Tätigkeit der GPM sind die Aus- und Fortbildung in Projektmanagement, die Initiierung und Unterstützung von Studien- und Forschungsarbeiten, die Beratung und der Erfahrungsaustausch unter den Mitgliedern, die Organisation regionaler Arbeitskreise und Fachgruppen, die Herausgabe einschlägiger Publikationen, die Förderung der internationalen Zusammenarbeit, die Veranstaltung von Symposien und der jährlich stattfindenden Jahrestagung. Alle Veranstaltungen stehen auch Nicht-Mitgliedern offen.

Information und Mitgliedschaft

Nähere Informationen zur GPM und Unterlagen zur Mitgliedschaft, die allen interessierten Personen, Unternehmen und Institutionen offensteht, sind erhältlich bei

Gesellschaft für Projektmanagement INTERNET Deutschland e.V.
Reitmorstraße 50, D-8000 München 22 (Telefon 089 / 22 97 30, Telefax 089 / 22 66 45)

Daniel R. Scheifele

BAUPROJEKT-ABLAUF

Grundlagen und Modelle für eine effiziente Ablaufplanung im Bauwesen

Verlag TÜV Rheinland

Die Deutsche Bibliothek – CIP-Einheitsaufnahme

Scheifele, Daniel R.:
Bauprojektablauf: Grundlagen und Modelle für eine effiziente Ablaufplanung im Bauwesen / Daniel R. Scheifele. – Köln: Verl. TÜV Rheinland, 1991
  (Schriftenreihe der Gesellschaft für Projektmanagement
  ISBN 3-8249-0031-9

Gedruckt auf chlorfrei gebleichtem Papier.

ISBN 3-8249-0031-9
© by Verlag TÜV Rheinland GmbH, Köln 1991
Gesamtherstellung: Verlag TÜV Rheinland GmbH, Köln
Printed in Germany 1992

VORWORT

Die Gestaltung der Bauprojektabläufe ist ein entscheidender Faktor für den Projekterfolg. Für die Ablaufplanung und -kontrolle sollen Instrumente verfügbar sein, die eine übersichtliche Gestaltung und teilweise Standardisierung der Abläufe von Bauprojekten ermöglichen. Damit ist eine wichtige Grundlage für eine wirksame Koordination, eine wirtschaftliche Zusammenarbeit und eine effiziente individuelle Arbeit aller Beteiligten im Rahmen eines Bauprojektes geschaffen.

Bauprojektabläufe müssen nicht für jedes einzelne Projekt neu erfunden werden. Beispiele und Erfahrungen aus realisierten Projekten sind hilfreich, genügen aber für das effiziente Aufbauen und Verwenden der Erfahrung nicht.

Der Gesamtleiter, der Projektsteurer und die Projektleitung sollten über klare Begriffe und über ein System verfügen, in das sie ihre Erfahrungen einordnen, und das sie mit ihren Erfahrungen ergänzen können. Eine typisierte Behandlung der Fälle bildet die Basis für eine professionelle und effiziente Arbeitsweise.

Bei Bauvorhaben, aber auch bei anderen Projekten, ist der koordinierte Einsatz von Spezialwissen aus vielen verschiedenen Disziplinen entscheidend. Eine möglichst vollständige Checkliste der entsprechenden Vorgänge und Zusammenhänge und eine Uebersicht über den Projektablauf von A-Z sind erforderlich.

Der Einsatz von Informatik-Hilfsmitteln zur Gestaltung und Nachführung der Bauprojektabläufe und der entsprechenden Terminplanung und -kontrolle ist zwar nicht unproblematisch. Die Software und Hardware und die Datenbanken werden jedoch auch auf diesem Gebiet immer leistungsfähiger und die Verwendung, insbesondere von Standard-Software, nimmt laufend zu.

Mit dem vorliegenden Buch werden ein Modell, eine Methode und ein Basisablauf mit Varianten geliefert, die auf den obenstehenden Ueberlegungen aufbauen.

Die Erarbeitung dieses Werkes wäre nicht möglich gewesen ohne die intensive Zusammenarbeit zwischen Hochschule und Praxis. Die Firma Suter + Suter AG wirkte als Industriepartner beim Forschungsvorhaben, das den Hintergrund für dieses Buch bildet, von Anfang an mit. Zudem wurden die Meinungen gewichtiger Interviewpartner aus der Industrie eingeholt.

Die Herren H.R.A. Suter, Delegierter des Verwaltungsrates, und K. Gafner, Mitglied der Geschäftsleitung, haben sich Zeit für Diskussionen genommen und ihre reiche Erfahrung zur Verfügung gestellt. Die Ergebnisse wurden aber auch direkt eingesetzt. Der Modellablauf Suter + Suter ist in Betrieb.

Das Buch wurde am Institut für Bauplanung und Baubetrieb der ETH Zürich unter Leitung von Prof. R. Fechtig geschrieben. Prof. Dr. W. Oberndorfer von der TU Wien übernahm die Rolle eines Koreferenten. Die Kommission zur Förderung der wissenschaftlichen Forschung finanzierte die an der Hochschule durchgeführten Forschungsarbeiten.

Allen Beteiligten und Mitwirkenden sowie dem Verlag TüV Rheinland möchte ich für ihre Unterstützung bestens danken. Das neue Buch über den Bauprojektablauf bietet eine echte Erweiterung der Fachkenntnisse. Der Erstdruck war innert eines halben Jahres verkauft. Ich wünsche dem nun vorliegenden Zweitdruck wiederum eine gute Aufnahme in Lehre und Praxis.

Zürich, April 1992   Dr. Hans Knöpfel

Diese Publikation wurde durch einen Beitrag des Beratungs-
und Planungsunternehmens Suter + Suter AG ermöglicht.

Kontaktadresse:
Suter + Suter AG
Binzmühlestrasse 14
CH - 8050 Zürich

INHALTSVERZEICHNIS

Inhaltsverzeichnis

Anhang A: Allgemeine Anhänge

Anhang B: Datenbanken und Listen zum Modellablauf

Anhang C: Beschreibung eines Vorgangsinformationssystems VIS (Prototyp)

Anhang D: Basisablauf - Ablaufpläne

Ablaufplan Stufe 0 (Management Summary)

Ablaufplan Stufe 1 (Übersichtsplan)

Vorbereitung und Projektierung

Ausführung und Inbetriebsetzung

Ablaufpläne Stufe 2 (Koordinationsplan)

Generelle Vorbereitung

Vorstudien

Vorprojektierung

Bewilligungsprojektierung

Detailprojektierung

Ausführung

Inbetriebsetzung

Anhang E: Ablaufalternativen - Ablaufpläne

Projektdefinition

Nr. 0: Basisablauf

Nr. 1: Intensive Betriebsplanung

Nr. 2: Erweiterung / Umnutzung einer bestehenden Anlage

Nr. 3: Erweiterung / Umnutzung einer betriebsintensiven Anlage

Nr. 4: Projektdefinition mittels Ideenwettbewerb

Nr. 5: Projektdefinition mit Standardanforderungen

Bewilligungsablauf

Nr. 0: Basisablauf

Nr. 1: Baubewilligungsverfahren mit UVP

Nr. 2: Eisenbahnrechtliches Bewilligungsverfahren

Nr. 3: Vorgezogene Detailprojektierung

Nr. 4: Vorgezogene Detailprojektierung und Ausschreibungen

Nr. 5: Teilbaubewilligungen

Nr.6: Neues Einsprache- und Rekursverfahren

Bauherren - Leistungen

Nr. 1: Flache Bauherrenorganisation

Nr. 2: Hierarchische Bauherrenorganisation

Nr. 3: Kantonale Volksabstimmung

Nr. 4: Baubotschaft des Bundes

Nr. 5: Ebenenweise Kontrolle

Nr. 6: Ebenenübergreifende Kontrolle

Zusammenarbeit im Projekt - Team, Technische Möglichkeiten

Nr. 0: Basisablauf

Nr. 1: Lineare Projektierung

Nr. 2: Zusammenarbeit nach Bedarf

Nr. 3: Kombination von linearer und serieller Projektierung

0   ZUSAMMENFASSUNG

0.1   Gegenstand und Zielsetzung

Das Thema der Forschungsarbeit ist der Ablauf eines Bauvorhabens unter schweizerischen Verhältnissen. Dabei wird der Einfluss von verschiedenen Aspekten auf den Bauprojektablauf untersucht. Der Ablauf eines Projektes zeigt sich in den Veränderungen, welche an den verschiedenen Teilsystemen des Projektsystems (am Zielsystem, an der Projektorganisation als erzeugendem System und an der entstehenden baulichen Anlage als erzeugtem System bzw. Produkt) geschehen bzw. verursacht werden. Soweit diese Veränderungen gewollt und gezielt stattfinden, werden sie mit den Mitteln der Ablaufplanung geplant und kontrolliert.

Die Resultate des Forschungsprojektes sollen eine übersichtliche Gestaltung und teilweise Standardisierung der Abläufe von Bauprojekten ermöglichen. Sie sollen Grundlagen für eine wirksame Koordination, eine wirtschaftliche Zusammenarbeit und eine effiziente, individuelle Arbeit aller Beteiligten im Rahmen eines Bauprojektes sein. Ausserdem soll mit diesen Resultaten eine Basis für Projekthandbücher geschaffen werden, welche in Zukunft für die Abwicklung von Bauvorhaben verwendet werden kann.

0.2   Grundlagen

Das in dieser Arbeit präsentierte Konzept eines Ablaufmodelles für Bauprojekte basiert auf der Idee der Zustandsänderung durch Vorgänge, also aus mathematischer Sicht auf der Theorie der Petri-Netze. Weitere Grundlagen sind:
- Konzepte und Prinzipien der Datenverwaltung, insbesondere Datenbanken,
- Multidisziplinäre Arbeitsweise für Planung, Projektierung, Ausführung und Inbetriebsetzung von baulichen Anlagen unter Einsatz von CAD-Systemen,
- Rechen- und Simulationsmodelle für Projektabläufe im Bauwesen auf der Basis der Netzgraphentheorie.

0.3   Konzept Ablaufmodell für Bauprojekte

Das Konzept für ein Ablaufmodell für Bauprojekte setzt sich aus drei hauptsächlichen Elementen zusammen:

I   Aus allgemeinen Hinweisen für die **Gestaltung und Lenkung** von Bauprojektabläufen, die sich zusammensetzen aus:
- einem methodischen Teil über die Verfahren der Ablauf- und Terminplanung und -kontrolle,
- einem allgemeinen Modell für Projektabläufe und

- einem relationalen Modell für die Datenverwaltung.
II Aus dem **Modellablauf** für Bauprojekte, bestehend aus
- dem Basisablauf für Bauprojekte,
- einer Übersicht über Teilabläufe und mögliche Problembereiche im Bauprojektablauf und
- Alternativen für die Problembereiche im Ablauf.
III Aus Leitlinien für den **praktischen Einsatz** des Modellablaufes.

0.4   Modellablauf für Bauprojekte

Der Modellablauf für Bauprojekte ist eine Grundlage für die Ablaufplanung von Bauprojekten. Er zeigt im Basisablauf hierarchisch strukturiert und phasenweise detailliert den Ablauf eines durchschnittlichen Bauprojektes. Im Basisablauf sind systematische Teilabläufe integriert, die separat beschrieben werden. Zu gewissen Bereichen im Bauprojektablauf, in denen erfahrungsgemäss Probleme auftreten können, werden im Modellablauf Vorgehens- bzw. Ablaufalternativen angeboten, welche in den Basisablauf eingesetzt werden können. Durch die hierarchische Struktur und den modularen Aufbau des Ablaufes in Basisablauf, Teilabläufe und Ablaufalternativen wird eine einfachere Überblickbarkeit und eine grössere Flexibilität bei der Planung und Kontrolle von Bauprojektabläufen ermöglicht. Die Ablage aller Informationen zu den Ablaufelementen in einem Datenbanksystem ermöglicht den raschen Zugriff auf Daten, und der Modellablauf lässt sich einfach editieren.

0.5   Leitlinien für den praktischen Einsatz des Modellablaufes

Als Ziel für den Einsatz des Ablaufmodelles steht die Erstellung eines Projektablaufplans im Vordergrund. Durch den Einsatz des systematischen Ablaufmodelles soll die Erstellung von Projektabläufen übersichtlicher, rascher und sicherer als bisher möglich sein. Der erstellte Projektablaufplan soll möglichst ideal, vollständig und zuverlässig sein und von entsprechenden Pflichtenheften aller Beteiligten begleitet werden.

Die Ablaufplanung und -kontrolle umfasst insbesondere die folgenden Punkte:
- Feststellen der Projekt- bzw. Anlagenstruktur,
- Feststellen der Aufgabenträger (Projektbeteiligte),
- Festlegen der wichtigsten Teilziele und des Phasenkonzeptes,
- Feststellen der unveränderlichen Teilabläufe und Beurteilung der Rahmenbedingungen,
- Festlegen der Etappen und der Vorgänge, Schätzen des Zeitbedarfes und Feststellen der Abhängigkeiten,
- Bestimmen von Aufgabenträgern, Hilfsmitteln und zeitlicher Lage der Vorgänge,
- Darstellung der Informationen der Ablaufplanung,
- Laufende Kontrolle des Projektablaufes und rechtzeitiges Treffen von Massnahmen bei Planabweichungen.

Für diese Punkte werden Leitlinien und Vorgehensstrategien dargestellt.

0.6 Anwendung des Modellablaufes

Der Modellablauf wurde anhand von Daten aus aktuellen Bauprojekten entwickelt und an diesen auch erprobt. Die praktische Erprobung des Ablaufmodelles an den Refrenzprojekten lässt über die Anwendung des Modellablaufes folgende Aussagen zu: Grundsätzlich lassen sich Projektabläufe mit dem entwickelten Modell planen und kontrollieren. Der Modellablauf trifft für die untersuchten Projekte gut zu. Der Einsatz von Teilabläufen erweist sich als operabel und sehr handlich. Die Ablaufalternativen sind bei der Planung ein effizientes Hilfsmittel. Auch bei Projekten, die in ihrer Charakteristik nicht einem Hochbau entsprechen, lässt sich der Ablauf mit dem Modellablauf planen und kontrollieren. Die Verknüpfung von Anlagenstruktur und Vorgängen erlaubt eine rasche und einfache Adaption des Basisablaufes auch an andere Anlage- und Objektarten. Die Anwendung von Ablaufalternativen und der Einsatz von Teilabläufen ermöglicht eine einfache Anpassung an die gegebenen Umstände.

Durch den Einsatz von standardisierten Abläufen und der entsprechenden Hilfsmittel lässt sich die Ablaufplanung **rascher und sicherer** bewerkstelligen. Die Resultate der Ablaufplanung sind umfassend. Die im Projektablauf notwendigen Teilabläufe, Vorgänge und Leistungspakete sind klar bestimmt und für die durchzuführenden Tätigkeiten sind Checklisten einfach und rasch zugänglich. Durch die einfache Untersuchung von **Alternativen** lässt sich der Projektablauf mit der kürzesten Dauer leichter bestimmen und bei Ereignissen, welche von ausserhalb des Projektes erzwungenen werden, lässt sich durch vorbereitete Ablaufalternativen die Reaktionszeit wesentlich verkürzen. Klar koordinierte und geführte Projektabläufe ermöglichen besserere Ergebnisse bei geringerem Aufwand.

0.7 Wesentliche Ergebnisse

Die wesentlichen Ergebnisse dieser Arbeit sind einerseits die im Ablaufmodell vorgestellten **konzeptionellen Grundlagen** für Projektabläufe im Bauwesen und andererseits eine strukturierte und EDV - gerechte Erarbeitung und Verwendung von Projektabläufen im Bauwesen.

Die hauptsächlichen **Neuerungen des Modellablaufes** sind der durchgehend systematische und hierarchische Aufbau des Basisablaufes. Die Verknüpfung des Ablaufes mit der Anlagenstruktur und den Einflüssen der Projektumgebung ermöglicht eine bessere Überschaubarkeit aller in der Ablaufplanung zu berücksichtigender Aspekte. Die hierarchischen Vorgangsstrukturen und die damit verbundene stufenweise Verfeinerung der Ablaufplanung systematisieren die Ablaufplanung wesentlich. Die Faltung von sich wiederholenden Vorgangsfolgen zu Teilabläufen (Ablaufmodulen) und die Restriktion (Entfernen) oder Einbettung (Einfügen) dieser Teilabläufe im Ablaufplan sind ein handliches Instrument der Ablaufplanung, mit dem grundsätzliche Änderungen in

Ablaufplänen rasch und mit weniger Fehlern erfolgen können. Die Behandlung von speziellen Gebieten im Projektablauf in Form von Problembereichen und die Bereitstellung von vorbereiteten und standardisierten Ablaufalternativen erlauben eine raschere und zuverlässigere Verwendung von Ablaufvarianten.

1. EINLEITUNG

1.1 Problemstellung

Die fortschreitende Entwicklung und Spezialisierung in allen Bereichen der Technologie, die veränderten Anforderungen an Bauwerke durch neue Bedürfnisse der Benutzer und vielfältige Änderungen des Verständnisses der Menschen für bauliche Massnahmen führen seit geraumer Zeit zu einer zunehmenden Komplexität der baulichen Anlagen und ihrer Umwelt. Durch diese Phänomene werden auch Planung, Projektierung, Ausführung und Inbetriebsetzung der Bauwerke komplexer. Die Zahl der am Projekt Beteiligten und der zu bearbeitenden Problemkreise steigt. Die vielen Beteiligten und die Auswirkungen verschiedener technischer Teilsysteme untereinander bewirken eine grosse Anzahl von Schnittstellenproblemen, welche bei der Abwicklung von Bauvorhaben zu bewältigen sind.

Zusätzlich führt die zunehmende Verflechtung und Durchgängigkeit der Wirtschaftsräume den Industriestandort Schweiz in den Wettbewerb mit Gegenden, in denen eine rasche und kostengünstige Baurealisation möglich scheint.

Obwohl heute bereits eine breite Palette von Leistungen verschiedenster Baubeteiligter in Leistungs- und Honorarordnungen, Verordnungen, technischen Normen, Pflichtenheften für Projektierende und Berater, allgemeinen Bedingungen für Bauarbeiten etc. beschrieben sind, kann heute in der Praxis die Frage, wer in welcher Reihenfolge und zu welchem Zeitpunkt welche Leistung mit welcher Genauigkeit erbringen soll, oft nicht mit genügender Sicherheit beantwortet werden. Die Zielerreichung und die Koordination der Leistungen im Projektablauf bedürfen einer Verbesserung.

1.2 Gegenstand der Untersuchung

Ein Bauprojekt ist eine zeitlich und leistungsmässig abgegrenzte Aufgabe, welche die Planung, Projektierung und nutzungsbereite Erstellung bzw. Veränderung einer baulichen Anlage beinhaltet. Dabei wird als bauliche Anlage eine Gesamtanlage im Sinn eines physischen Systems verstanden. Die bauliche Anlage kann neben den rein bautechnischen Elementen (Baukörper, Bauhüllen) auch verfahrenstechnische und natürliche Elemente umfassen.

Die Betrachtung des Bauprojektes als Gesamtaufgabe lässt es vor allem als eine Menge von Tätigkeiten aller projektbeteiligten Organisationen und Personen erscheinen. Als Resultat der Tätigkeiten und weiterer, durch die Projektbeteiligten nicht direkt beeinflusster Vorgänge, ergibt sich der jeweils aktuelle Projektzustand.

Das Thema der Forschungsarbeit ist der Ablauf eines Bauvorhabens unter schweizerischen Verhältnissen. Dabei wird der Einfluss von verschiedenen Aspekten auf den Bauprojektablauf untersucht. Der Ablauf eines Projektes zeigt sich in den Veränderungen, welche an den verschiedenen Teilsystemen des Projektsystems (am Zielsystem, an der Projektorganisation als erzeugendem System und an der entstehenden baulichen Anlage als erzeugtem System bzw. Produkt) geschehen bzw. verursacht werden. Soweit diese Veränderungen gewollt und gezielt stattfinden, werden sie mit den Mitteln der Ablaufplanung geplant und kontrolliert, indem die einzelnen Tätigkeiten und weitere Vorgänge in den Dimensionen Zeit und Raum angeordnet werden. Die Gliederung der verschiedenen Vorgänge nach sinnvollen, praktisch anwendbaren Kriterien und ihre Beziehungen untereinander ermöglichen einen übersichtlichen Projektablauf. Durch die Zuordnung der Merkmale Art, Objekt, Hilfsmittel, Zeitraum und Träger entsteht eine vollständige Ablaufstruktur und -darstellung.

1.3   Zielsetzungen

Bei Beginn des Forschungsprojektes wurden folgende Ziele gesetzt:

Die Resultate des Forschungsprojektes sollen eine übersichtliche Gestaltung und teilweise Standardisierung der Abläufe von Bauprojekten ermöglichen. Sie sollen Grundlagen für eine wirksame Koordination, eine wirtschaftliche Zusammenarbeit und eine effiziente, individuelle Arbeit aller Beteiligten im Rahmen eines Bauprojektes sein. Ausserdem soll mit diesen Resultaten eine Basis für Projekthandbücher geschaffen werden, welche in Zukunft für die Abwicklung von Bauvorhaben verwendet werden kann.

Um eine praxisorientierte und zielgerichtete Forschungs- und Entwicklungsarbeit zu gewährleisten, wurden die Anliegen und Ideen von kompetenten Exponenten der Bauwirtschaft bezüglich der aktuellen und zukünftigen Situation bei der Abwicklung von Bauvorhaben berücksichtigt. Die Ansichten, Ziel- und Wertvorstellungen von fünfzehn namhaften Vertretern aus der Bauwirtschaft (Bauherren, Planer und Projektierende, Ausführende, Fachorganisationen) wurden in Form von offenen Gesprächen erhoben. An einem anschliessenden Seminar mit allen Gesprächspartnern wurden die Meinungen und Anliegen zum heutigen und zukünftigen Bauprojektablauf diskutiert und ergänzt. Die Resultate dieser Gespräche und des Seminars wurden in einem Zwischenbericht zur vorliegenden Arbeit veröffentlicht[1].

1.4   Vorgehen

Anhand von Beispielen und Gesprächen wurden Aspekte und Problemstellungen im Zusammenhang mit Bauprojektabläufen herausgearbeitet. In einem ersten Arbeits-

---

1   *Scheifele D., Bauprojektablauf - Interviews und Seminar zur Problemerfassung und Problemanalyse, Zwischenbericht, IB ETH, Zürich 1988*

bericht[2] wurden dann die wichtigsten Begriffe abgegrenzt, die notwendigen Grundlagen zur Lösung des Problems aufgearbeitet und die Zielsetzungen sowie ein generelles Lösungskonzept für die Untersuchung entwickelt. Die Instrumente, mit welchen Projektabläufe beschrieben, gestaltet und kontrolliert werden können, wurden bereitgestellt.

In der Folge wurde aufgrund aktueller Referenzprojekte ein Modell zur Gestaltung von Projektabläufen des Bauwesens entwickelt und in einem zweiten Arbeitsbericht[3] veröffentlicht. In diesem Bericht wurden einerseits die Grundlagen und Einflüsse der Informatikmittel auf den Bauprojektablauf dargestellt. Andererseits wurde in diesem Bericht das Modell für den Bauprojektablauf entwickelt, welches sowohl den Bedürfnissen nach einer generellen Darstellung von Abläufen entspricht, als auch der Forderung nach der Umsetzbarkeit in ein Datenmodell gerecht wird. Auf der Basis dieses Modelles für den Bauprojektablauf wurde dann ein Instrument zur Unterstützung der Gestaltung von Bauprojektabläufen für die Stufe Gesamtleitung eines Bauprojektes aufgezeigt.

Die entwickelten Modelle wurden an den Referenzprojekten überprüft, und die Anwendung der entwickelten Modelle sowie die Methoden der Modellanwendung wurden getestet. Die Erfahrungen beim Einsatz des Modelles und die Folgerungen aus der Überprüfung der Modelle an den Referenzprojekten und aus der Beobachtung der realen Abläufe wurden beschrieben und erläutert.

1.5 Hinweise für den Leser dieses Buches

Mit dem vorliegenden Bericht sollen die Resultate einer intensiven Forschungstätigkeit am Institut für Bauplanung und Baubetrieb an der ETH Zürich im Bereich "Bauprojektablauf" einer breiteren Fachwelt zugänglich gemacht werden. Die Resultate der Forschungsarbeit entstanden in enger Zusammenarbeit mit einem grossen Generalplaner in der Schweiz, Suter + Suter AG, und sollen zu einer einfacheren und besseren Ablaufplanung und -kontrolle beitragen. Die Zwischenresultate, die in den Arbeitsberichten Nr. 1, 2, und 3 vorgestellt wurden, sind alle in teilweise überarbeiteter Form im Buch integriert.

Das Buch ist gegliedert in sieben Kapitel und zwei verschiedenartige Anhangbereiche. Während in den Anhängen A, B und C Ergänzungen, detailliertere Ausführungen und Listen zusammengestellt sind, beinhalten die Anhänge D und E die Ablaufpläne. Für den Leser gilt es folgendes zu beachten:
- **Grundlagen**, die als bekannt eingeschätzt werden können, sind im **Anhang A** zusammengestellt. Im Kapitel 2 "Grundlagen" selbst sind nur diejenigen Aspekte zusammengefasst, auf welche in den weiteren Kapiteln direkt Bezug genommen wird.

---

2   *Scheifele D., Bauprojektablauf - Grundlagen, Arbeitsbericht Nr. 1, IB ETH, Zürich 1989*

3   *Scheifele D., Bauprojektablauf - Modelle, Arbeitsbericht Nr. 2, IB ETH, Zürich 1990*

- Im **Kapitel 3** werden die im Bauprojektablauf wesentlichen Aspekte strukturiert und allgemeine Hinweise für die **Gestaltung und Lenkung** von Bauprojektabläufen gegeben. Für das Verständnis der weiteren Kapitel sind diese notwendig. Dagegen kann die Beschreibung des Datenmodelles ohne Verlust für das weitere Verständnis weggelassen werden. Das Datenmodell gibt aber interessante Hinweise auf die Art, wie der ganze Modellablauf gegliedert ist.

- Im **Kapitel 4** wird das Herzstück der Arbeit dargestellt, der **Modellablauf** mit Basisablauf, Teilabläufen, Problembereichen und Ablaufalternativen. Ein wesentlicher Teil für das Verständnis des Basisablaufes und der Ablaufalternativen stellen die entsprechenden **Ablaufpläne** in **Anhang D** und E dar. Die Daten des Modellablaufes sind im Anhang B zusammengefasst.

- **Kapitel 5** gibt Hinweise für den **praktischen Einsatz** des Modellablaufes und ist nur im Zuammenhang mit den Kapiteln 3 und 4 sinnvoll.

2. ALLGEMEINE GRUNDLAGEN

2.1 Hauptbegriffe

Die Beschreibung und insbesondere die Abgrenzung von Begriffen im Bauwesen gestaltet sich recht schwierig. Das Bauen betrifft direkt oder indirekt eine grosse Anzahl verschiedenster gesellschaftlicher Kreise, die alle entsprechend verschiedenartig die Begriffe interpretieren und verwenden. Daher werden heute im deutschsprachigen Raum sowohl im allgemeinen Sprachgebrauch als auch im Bauwesen selbst viele Begriffe in mehrdeutiger und teilweise widersprüchlicher Art und Weise verwendet. Unter anderem hat sich auf den Gebieten der Gesamtleitung und des Projektablaufes bis heute eine einheitliche Terminologie nur teilweise durchsetzen können. Auch die verschiedenen Leistungs- und Honorarordnungen des SIA (Schweizerischer Ingenieur- und Architekten-Verein, als bedeutende, gesamtschweizerische Vereinigung von Baufachleuten) sind unter sich nicht widerspruchsfrei und stehen teilweise im Gegensatz zu den Ordnungen und Normen in der Bundesrepublik Deutschland und in Österreich.

Die Tätigkeit der einzelnen Projektierenden und Ausführenden im Bauwesen ist traditionell stark auf die regionalen und nationalen Baumärkte bezogen. Daher werden im deutsch- und englischsprachigen Bereich viele Begriffe stark landesbezogen verwendet. In den einzelnen Ländern gibt es jedoch etliche Versuche, zumeist der normenschaffenden Institute, gewisse Begriffe zu definieren. Am weitesten fortgeschritten ist die einheitliche, wissenschaftliche Begriffsbasis über die Regions- und Landesgrenzen hinweg auf der technischen Seite und in den Naturwissenschaften.

Aber auch andere, teils verwandte Wissenschaftszweige beeinflussen die Begriffe im Bauwesen wesentlich. Im Vordergrund stehen hier die Sozial- und Rechtswissenschaften sowie die Wirtschaftswissenschaften. Die juristischen Begriffe scheinen dabei am klarsten und am ehesten allgemeingültig definiert zu sein. Die wirtschaftswissenschaftliche und insbesondere betriebswissenschaftliche Begriffswelt ist sehr umfangreich. Auch zentrale Begriffe werden von verschiedenen Autoren unterschiedlich und teilweise in verschiedenen Bedeutungen verwendet.

Auf tragfähige Grundlagen und eine klare Verständigung wird in der vorliegenden Arbeit "Bauprojektablauf" grosser Wert gelegt. Daher werden im **Anhang A3** die wichtigsten Begriffe im Zusammenhang, d.h. als Begriffssystem aufgearbeitet und festgelegt. Die Begriffe werden in allen Dokumenten der vorliegenden Arbeit gemäss ihrer festgelegten Bedeutung verwendet. Um eine möglichst gut verständliche Ausdrucksweise zu ermöglichen, werden für die Begriffe teilweise Synonyme, d.h. Begriffe mit der gleichen Bedeutung eingeführt.

2.2   Informatikunterstützung im Bauprojektablauf

Die Einflüsse der Informatik - Hilfsmittel auf den Bauprojektablauf sind gross und werden noch zunehmen. Im Zentrum des Interesses stehen drei Möglichkeiten, welche sich durch den Einsatz von Informatik - Mitteln ergeben:
- Die gleichen Tätigkeiten können in kürzerer Zeit mit kleinerem Aufwand erledigt werden.
- Die Qualität der Leistungen kann gesteigert werden.
- Es werden neue Tätigkeiten überhaupt erst ermöglicht.

Das Wort **Informatik** ist eine Wortschöpfung, die sich aus Information und Automatik zusammensetzt. Informatik wird als die Wissenschaft der systematischen Verarbeitung von Informationen, insbesondere der automatischen Verarbeitung mit Hilfe von Computern bezeichnet[4].

Datenbanken spielen heute in der EDV eine immer grössere Rolle. Sie werden für einfache Adressverwaltungen ebenso wie für Datenverwaltungen komplexer CAD - Systeme eingesetzt. Im Gegensatz zu den Anfangszeiten der Informatik sind nicht mehr die Kosten für die Hardware oder die Software die grössten EDV - Investitionen, sondern heute zeigt sich eine deutliche Verschiebung in Richtung der Datenkosten (z.B. Kundenlisten bei Versandhäusern, Kalkulationsgrundlagen in Bauunternehmungen, Plandaten bei CAD - Anwendungen, etc.). Der Einsatz von Datenbanken ist im Bauprojektablauf von grosser Wichtigkeit. Bei vielen Informatik - Anwendungen spielen die im Hintergrund stehenden Daten eine wichtige Rolle.

Bei Datenbanken verlagert sich die eigentliche Problemstellung von der Software zur Datenorganisation, d.h. zu der Art und Weise, wie **Daten gegliedert** und auf dem Speichermedium abgespeichert werden. Für einen rationellen Einsatz muss der Datenorganisation die notwendige Aufmerksamkeit geschenkt werden. Eine sinnvolle Anwendung von EDV fordert vom Anwender die konsequente Auswertung der einmal gewählten Datenorganisation. Da sich diese in Strukturierungen und Benennungen manifestiert, ist es für den Benutzer mit grossen Hindernissen verbunden, wenn er sich nicht an das einmal gewählte Prinzip halten will. Damit entsteht in umgekehrter Richtung ein Zwang zu Klarheit und Konsequenz.

Datenaustausch oder Kommunikation ist die gegenseitige Datenübertragung zwischen den Elementen oder Subsystemen eines Systems oder zwischen Systemen. Dieser Austausch bedingt eine Verbindung zwischen den Elementen, Subsystemen bzw. Systemen und eine Vereinbarung über die Art und Weise der Übertragung der Daten (Protokoll) zwischen den entsprechenden Geräten, d.h. ein gemeinsames System von Begriffen, Zeichen und Signalen. Beim Aufbau und Betrieb von Kommunikationssystemen muss

---

4   *Duden "Informatik", Dudenverlag, Mannheim 1988*

also sichergestellt werden, dass die beteiligten Systeme eine standardisierte Kommunikationsbasis besitzen.

Der Einsatz von elektronischen Hilfsmitteln bedingt eine gemeinsame Bezugsbasis auf verschiedenen Ebenen:
- **Fachliche** Standards ermöglichen eine gemeinsame Terminologie.
- Standards für die **Datenstrukturen** erlauben eine einheitliche Beschreibung der Datenbanken mit verschiedener Software.
- **Technische** Standards ermöglichen den Einsatz von Geräten verschiedener Hersteller.

Es zeigt sich, dass für den effizienten Einsatz von EDV auf allen Ebenen Schnittstellen definiert werden müssen, die den Möglichkeiten der neuen Kommunikationsmittel gerecht werden.

Mit dem Einsatz von Informatik- und Kommunikations-Hilfsmitteln und insbesondere von CAD wird nicht nur der heutige Bauprojektablauf rationalisiert, sondern der Ablauf selbst wird durch dieses neue Hilfsmittel verändert und muss verändert werden, um die möglichen Qualitätssteigerungen zu erzielen.

Im Bauwesen sollte gleichartige Arbeit von verschiedenen Projektbeteiligten (Bauherr, Architekt, Ingenieure, Unternehmer, etc.) zu einem Gesamtresultat zusammengefasst und abgestimmt werden und ein weitgehender Datenaustausch auf EDV - Basis zwischen den Beteiligten möglich sein (horizontale Integration). Dem Austausch von Informationen bzw. der Kommunikation zwischen CAD - Systemen kommt bereits heute grosse Bedeutung zu. In Zukunft wird er noch verstärkt eine herausragende Bedeutung im Bauprojektablauf erlangen.

In der vorliegenden Arbeit "Bauprojektablauf" sind die aktuellen Entwicklungen im Bereich der Informatik und Telekommunikation berücksichtigt worden. Die Resultate der Arbeit sollen den Konzepten und Prinzipien der Datenverwaltung gerecht werden, und im Verlauf der Arbeit wurden Informatik - Hilfsmittel wie Datenbanksysteme, Zeichnungs - Systeme und Textverarbeitungssysteme eingesetzt. Alle Resultate der Arbeit liegen auch in Form von weiterbearbeitbaren, elektronischen Daten vor. Daher werden im **Anhang A4** die wichtigsten Grundlagen der Informatik aufgearbeitet und dargestellt.

2.3 Projektinformationen

2.3.1 Daten und Informationen im Bauprojektablauf

Im Rahmen eines Bauprojektes als Gesamtaufgabe wird auf eine ganze Reihe verschiedener Datenbestände Bezug genommen. In einer ersten Gliederung kann dabei insbesondere differenziert werden zwischen
- Grunddaten,

- Firmendaten und
- Projektdaten.

Dabei sind unter **Grunddaten** die für jedermann zugänglichen Daten zu verstehen (rechtliche und technische Baubestimmungen, Normen, Bauprodukte, Standard-Leistungsbeschreibungen, Richt- und Katalogpreise, Richtlinien und Weisungen im allgemeinen und fachspezifischen Sinn).

Die **Firmendaten** umfassen die Daten der projektbeteiligten Stammorganisationen (Finanzdaten, Personal- und Gerätedaten, Daten über abgewickelte Projekte und daraus aggregierte Werte, Bearbeitungsanweisungen und -richtlinien).

Die projektbezogenen Datenbestände lassen sich aufteilen in die eigentlichen **Projektdaten** und in lokale Bearbeitungsdaten. Projektdaten werden im Zuge der Projektabwicklung geschaffen. Zum Projektdatenbestand gehören alle Daten, welche in der Bauprojektorganisation erzeugt und zwischen wenigstens zwei Stellen einmal formal ausgetauscht werden. Insbesondere umfassen die Projektdaten folgende Bereiche:

- Projektgrundlagen	Planungsausgangswerte
	Prognosen
	Nutzungsplanung
	Projektdefinition
	Entwurfsvorgaben
	Rahmenbedingungen
	notwendige Bewilligungen
	etc.
- Projektierungsdaten	Vorstudien
	Vorprojekte
	Baueingabeprojekte
	Nachweise
	technische und erläuternde Berichte
	Detailstudien
	Ausschreibungsunterlagen
	etc.
- Vertragsdaten	Vertragsmäntel
	allgemeine Bestimmungen
	besondere Bestimmungen
	Objektbeschreibungen
	Leistungsbeschreibungen
	Angebote
	Angebotsanalysen und -vergleiche
	Vergabeanträge und -entscheide
	Verträge
	etc.

-	Ausführungsdaten	Ausführungspläne
		Ausmasse
		Fertigstellungsmeldungen
		Rechnungen
		Baujournale
		Rapporte
		Abnahmeprotokolle
		Schlussrechnungen
		etc.
-	Leitungsdaten	Projektzielsetzung
		Projektstrukturdaten
		Betriebsdaten
		Organisationsunterlagen
		Ablauf- und Termindaten
		Finanz- und Kostengrössen
		Technische Angaben, Qualitätsdaten
		Bewilligungen, Genehmigungen, Auflagen, Einsprachen etc.
		Korrespondenz, Sitzungsprotokolle, Aktennotizen, diverse Berichte
		etc.
-	Inbetriebsetzungs- und Abschlussdaten	Schlussberichte und -abrechnungen
		Bauwerksdokumentation
		Betriebs- und Unterhaltsinformationen
		etc.

Die **lokalen Bearbeitungsdaten** umfassen alle Daten, welche bei der Aufgabenbearbeitung von einzelnen Projektbeteiligten in der Bauprojektorganisation erzeugt werden, jedoch für andere Projektbeteiligte nicht von Interesse sind und daher auch nicht ausgetauscht werden. Zu diesen Daten gehören:
- Arbeitsvorbereitung
- Zwischenwerte der Bearbeitung
- Kalkulationsdaten
- betriebsinterne Abrechnungen und Leistungswerte.

Die Projektdaten bzw. -informationen, welche bei der Abwicklung eines Bauprojektes erzeugt, bearbeitet, ausgetauscht, ausgewertet und gespeichert werden, zeichnen sich durch verschiedene Eigenschaften aus:

- **Hierarchie**: Die Informationen (und folglich auch die Dokumente) lassen sich hierarchisch strukturieren. Die oberste Stufe dieser Hierarchie sind die gesamten Projektinformationen, die unterste Stufe Elementarinformationen[5], welche sich nicht

---

5 Knöpfel H., Notter H., Reist A., Wiederkehr U., *Kostengliederung im Bauwesen, IB ETH, Zürich 1990*

weiter unterteilen lassen. (z.B.: Projektdaten - Projektierungsdaten - Ausschreibungsunterlagen - Leistungsverzeichnisse Objekt B, BKP Nr.211.6 Maurerarbeiten - Pos. 233.11 - Variablen 01,02 Vorausmass). Dabei können die Daten soweit erforderlich gleichzeitig verschiedenen Hierarchien zugeordnet werden. Diese Hierarchien können räumliche Hierarchien (geografische Anlagenstruktur), artorientierte Hierarchien (Bauelementgliederung), verrichtungsorientierte Hierarchien (Baukostenplan, Normpositionenkatalog), leistungsträgerorientierte Hierarchien (Gliederung nach Bauprojektbeteiligten) oder ablaufmässige / zeitliche Hierarchien (Phasen - Vorgangs - Hierachien) sein[6].

- **Offenheit**: Die Projektinformationen stehen in Verbindung mit weiteren Datenbeständen des Bauwesens. Bei der Beachtung, Übernahme und Verarbeitung von Informationen wird insbesondere auf bereits bestehende Projektdaten und katalogisierte Daten zurückgegriffen[7].
- **Komplexität**: Die Projektinformationen bestehen aus einer Vielzahl verschiedener und verschiedenartiger Elemente, die untereinander in Beziehung stehen.
- **Einmaligkeit**: Bei jeder Abwicklung eines Bauvorhabens wird von den Projektbeteiligten ein neuer Projektdatenbestand erzeugt, der sich in der Regel in wesentlichen Teilen von anderen Datenbeständen unterscheidet.
- **Kurzlebigkeit**: Mit Abschluss eines Bauprojektes gehen Teile der Projektinformationen als Schlussdokumentation in das Dokumentationssystem des Bauherrn bzw. des Nutzers ein. Der restliche Projektdatenbestand wird in der Regel nicht mehr benötigt.
- **Dynamik**: Der Inhalt und die Strukturen der Projektinformationen sind während der Projektabwicklung einer ständigen Veränderung unterworfen.

2.3.2 Informationssysteme im Bauprojektablauf

Im Bauprojektablauf sind vor allem die **Projektdaten** von Bedeutung. Die Projektdaten sind ein wesentlicher Teil der Resultate, welche durch Aufgabenbearbeitung im Rahmen von Bauprojekten entstehen. Eine Projektorganisation ist nur funktionsfähig, wenn alle Projektbeteiligten rechtzeitig Zugriff zu den notwendigen Informationen haben. Dies bedingt entweder einen geregelten und formalisierten Informationsfluss zwischen allen Beteiligten oder den schnellen und einfachen Zugriff auf die notwendigen Projektdaten über wirkungsvolle Informations- und Dokumentationssysteme.

---

6   *SIA - Dokumentation D510, Bauprojektkosten mit EDV, Zürich 1989*

7   *Knöpfel H., NPK und Kostenüberwachung, in Strasse und Verkehr Nr. 9/89, Sept. 89*

Bedingt durch die Verknüpfung einer grossen Anzahl Beteiligter und deren Stammorganisationen in einer Bauprojektorganisation spielen bei der Abwicklung von Bauvorhaben eine Vielzahl verschiedener Informationssysteme eine Rolle. Für ein Bauprojekt
ist eine Verknüpfung bzw. Interaktion von projektbezogenen Informationssystemen verschiedener Baubeteiligter wünschenswert und sinnvoll[8]. Dies erfordert eine klare Regelung der Informationsflüsse in der Bauprojektorganisation, die Definition verschiedener
Informationssysteme für das Bauprojekt und die Festlegung von Schnittstellen zwischen
den verschiedenen Systemen.

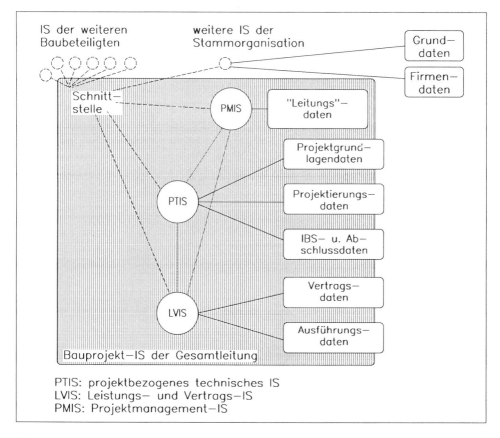

Figur 2.1   Bauprojekt - Informationssystem der Gesamtleitung

Ein Bauprojektinformationssystem (BPIS) der **Gesamtleitung** muss mindestens folgende
Teilsysteme aufweisen (Figur 2.1):
- ein System zur Er- und Bearbeitung, Auswertung und Speicherung von Informationen zur technischen Beschreibung der baulichen Anlage (Projektierungsdaten im
  weitesten Sinn), ein projektbezogenes technisches Informationssystem PTIS,

---

8   *SIA - Dokumentation D510, Bauprojektkosten mit EDV, Zürich 1989*

- ein System zur Erfassung, Er- und Bearbeitung, Auswertung und Speicherung von Informationen über die notwendigen und wünschenswerten Leistungen zur Erstellung der baulichen Anlage und zum Grad, zu welchem diese Leistungen erbracht sind (Leistungs- und Vertrags - Informationssystem) LVIS,
- ein System zur Erfassung, Er- und Bearbeitung, Auswertung und Speicherung aller führungsrelevanten Informationen über die bauliche Anlage (Projektmanagement - Informationssystem) PMIS,
- Schnittstellen zu den Informationssystemen der weiteren am Bauprojekt Beteiligten sowie
- Schnittstellen zu den weiteren Informationssystemen der Stammorganisation.

Für die Gestaltung und Kontrolle von Bauprojektabläufen ist ein wirkungsvolles Informations- und Dokumentationssystem von entscheidender Bedeutung. Für die **Gestaltung** des Projektablaufes müssen einerseits die Ziele des Bauherrn und die Rahmenbedingungen des Projektes bekannt sein, andererseits muss Klarheit über die in den einzelnen Projektphasen zu erbringenden Leistungen und die zugehörigen, zu verarbeitenden Projektinformationen gewonnen werden. Dabei werden die Soll - Werte der Leitungsdaten erzeugt, welche in der **Kontrolle** des Projektablaufes mit den tatsächlich erreichten Werten verglichen werden. Bei Abweichungen werden dann Leitungsmassnahmen getroffen.

2.4   Graphen und Petri-Netze

2.4.1   Graphen

Die Graphentheorie ermöglicht es, komplexe Systeme, deren einzelne Elemente in Beziehungen zueinander stehen, zu beschreiben. Den Elementen eines zu beschreibenden Systems werden dabei Punkte bzw. Ecken zugeordnet. Das Bestehen einer Beziehung zwischen zwei Elementen kann dargestellt werden durch eine Linie oder Kante, welche die entsprechenden Punkte verbindet. Das aus der Menge der Ecken und der Menge der Kanten bestehende Paar wird dann Graph genannt. Dabei muss allerdings eindeutig festgelegt sein, welche Knoten durch Kanten verbunden sind.

Mathematisch wird ein Graph wie folgt definiert:

Ein Graph ist ein Tripel G = (V,A,P) mit
V	Menge von Elementen, Ecken genannt
A	Menge von Elementen, Kanten genannt
P	einer Relation, die jedem Element von A zwei Elemente aus V zuordnet.

Die mit Hilfe der Graphentheorie beschreibbaren Systeme können verschiedenartigster Natur sein. Beispiele sind etwa ein Verkehrsnetz, ein Nachrichtennetz oder ein Bauprojektablauf. In der praktischen Anwendung sind die Elemente der zu untersuchenden

Systeme in der Regel geordnet in dem Sinne, dass, falls zwischen zwei Elementen eine Beziehung besteht, das eine der Elemente abhängig von dem anderen ist, zeitlich früher als das andere bearbeitet wird oder man sich nur in einer der beiden möglichen Richtungen von einem Element zum zweiten bewegen kann. Dies bedeutet, dass die Kanten, welche den Beziehungen zwischen den Elementen entsprechen, mit einer Richtung versehen sind.

Durch die Einführung der Richtung lässt sich die Aussagefähigkeit von Graphen wesentlich steigern. Solche gerichteten Graphen heissen Digraphen. P wird bei Digraphen Flussrelation genannt. Eine Flussrelation wird so definiert, dass eine der Ecken, welche einer Kante zugeordnet sind, vor der anderen liegt. Dadurch werden Kanten mit demselben Anfangs- und Endpunkt (sog. Schleife) ausgeschlossen. Eine Flussrelation wird grafisch durch einen Pfeil dargestellt.

Die Mengen

V = {A, B, C},
A = {x, y, z} und
P = {(x,A,B), (y,B,C), (z,C,A)}

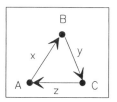

können beispielsweise als gerichteter Graph in Figur 2.2 dargestellt werden.

Figur 2.2   *Gerichteter*
                     Graph

2.4.2   Petri - Netze

Ausgangspunkt der Theorie der Petri - Netze ist die Arbeit von Petri aus dem Jahr 1962[9]. Aufbauend auf der Graphentheorie wurde in den darauffolgenden Jahren die Netztheorie entwickelt. Die Petri - Netz - Theorie unterstellt, dass die Elemente beliebiger Systeme und deren Zusammenwirken mit Hilfe von zwei Beschreibungskategorien darstellbar sind, und zwar durch:
-   Zustände, welche auch Bedingungen oder Stellen genannt werden und durch
-   Ereignisse, die auch Transitionen oder Aktionen genannt werden.

In Abwandlung zur Graphentheorie definiert Petri also zwei verschiedene Typen von Knoten, die grafisch auch unterschiedlich dargestellt werden:
-   Stellen werden symbolisiert durch Kreise und
-   Transitionen werden symbolisiert durch Rechtecke.

Petri verwendete in seiner Dissertation diese Netze zur Darstellung der konfliktfreien Verknüpfung simultan ablaufender Prozesse in synchronen Automaten. Dabei legte er besonderen Wert auf das Prinzip der Nebenläufigkeit, d.h. der Parallelität von Prozessen und der logischen Abfolge aufgrund von Ursache - Wirkung - Beziehungen.

---

9 *Petri, C.A.: Kommunikation mit Automaten, Schriften des Rheinisch-Westfälischen Institutes für Instrumentelle Mathematik, Dissertation, Universität Bonn 1962*

In den rund 30 Jahren seit dem Erscheinen der Dissertation von Petri wurde die Theorie der Petri - Netze wesentlich erweitert und auf verschiedenen Gebieten angewendet. Mit Petri - Netzen können z.B. Geschäftsvorgänge, betriebliche Organisationsstrukturen, Instanzenwege bei Behörden, Computer - Kommunikation, Automatenbedienung, Mehrpersonenspiele, Bauanleitungen oder Betriebssysteme modelliert werden[10]. Alle diese Bereiche haben gemeinsame Züge:
In diesen Systemen geschehen einzelne differenzierte (also: diskrete) **Ereignisse oder Aktivitäten**, bei denen gewisse diskrete **Objekte** (seien es abstrakte, wie Zahlen oder Genehmigungen oder materielle wie Bauteile, Werkzeuge oder Münzen) erzeugt, benötigt oder verbraucht werden bzw. **Bedingungen** (z.B. das Vorliegen eines Gegenstandes an einem Ort oder die Tatsache, dass eine Programmvariable einen bestimmten Wert hat) benötigt, aufgehoben oder herbeigeführt werden. Die Veränderung eines Objektes kann man sich hierbei als aus einem Verbrauch (im Ausgangszustand) und einer Erzeugung (im Endzsutand) zusammengesetzt vorstellen.
Diese Ereignisse oder Aktivitäten können durch Erzeugung und Verbrauch benötigter Objekte oder Bedingungen kausal voneinander **abhängen** oder aber nebenläufig, **unabhängig** voneinander ablaufen. Sie können ausserdem in bestimmten Situationen als frei wählbare oder zufallsbestimmte **Alternativen** auftreten.

Petri - Netze zeichnen sich also durch folgende Eigenschaften aus:
-   Petri - Netze dienen der Beschreibung verteilter diskreter Systeme.
-   In Petri - Netzen wird unterschieden zwischen (Teil-)Zuständen (Objekten, Bedingungen) und Zustandsänderungen (Aktivitäten), in denen i.a. jeweils mehrere Teilzustände geändert werden.
-   Petri - Netze ermöglichen die Darstellung von Nichtdeterminismus und Nebenläufigkeit. I.a. können Teilzustände wiederholt eingenommen werden und Zustandsänderungen wiederholt stattfinden.

Diese Eigenschaften machen Petri - Netze zu einem vielseitigen Modellierungsinstrument, das auf den verschiedensten Gebieten zum Einsatz kommt. Als Beispiel für ein (informelles) Petri - Netz mag das in Figur 2.3 dargestellte Netz dienen:
-   Die Ereignisklassen werden durch Rechtecke dargestellt. Das grosse Rechteck steht z.B. für Anschraub - Ereignisse. Objektklassen werden durch Kreise symbolisiert, in der Abbildung z.B. Bleche und Schrauben.
-   Der Verbrauch und das Erzeugen von Objekten in Ereignissen werden durch Pfeile zwischen Rechtecken und Kreisen angezeigt. So verbraucht ein 'Anschraub - Ereignis' ein gelochtes Blech, ein gelochtes Blechband, eine Schraube und eine Mutter, und es erzeugt ein Blech mit angeschraubtem Blechband.
-   Manche Objekte (z.B. hier Werkzeuge, in anderen Fällen Genehmigungen, Katalysatoren, Werte logischer Ausdrücke in Rechnerprogrammen usw.) werden für ein Ereignis lediglich benötigt, ohne sich dabei zu verändern. Insbesondere werden sie

---

10 Baumgarten B., Petri-Netze - Grundlagen und Anwendungen, Mannheim/Wien/Zürich 1990

nicht durch das Ereignis verbraucht oder erzeugt. Diese Nebenbedingungen werden durch zwei Pfeile mit den von ihnen ermöglichten Ereignissen verbunden - etwa so als ob das Ereignis zerlegbar wäre in Verbrauch und Wiederherstellung des Objektes.

- Kantengewichte (hier: 100) bedeuten, dass bei einem Ereignis entsprechend viele Objekte produziert bzw. konsumiert werden. Schliesslich können noch Obergrenzen von Objektanzahlen existieren, die Kapazitäten genannt werden. Im Beispiel muss nach maximal 1000 Blechscheibchen der Behälter geleert werden.

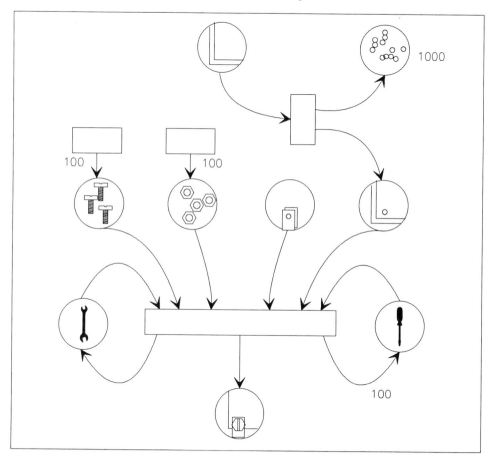

Figur 2.3:   *Beispiel eines Petri - Netzes (nach Petri bei Baumgarten[11])*

11 Baumgarten B., Petri-Netze - Grundlagen und Anwendungen, Mannheim/Wien/Zürich 1990

Mathematisch gesprochen versteht man unter einem Petri - Netz ein Quadtupel P = (S,T,Z,Q), wobei gilt:

S:	endliche, nichtleere Menge der Stellen s
T:	endliche, nichtleere Menge der Transitionen t
$S \wedge T = \emptyset$	S und T sind disjunkte Mengen
Z:	Zielrelation (Vorbedingungsrelation), Menge aller von s nach t gerichteten Kanten
Q:	Quellrelation (Nachbedingungsrelation), Menge aller von t nach s gerichteten Kanten
$F = Z \cup Q$:	Flussrelationen, Summe aller Kanten.

Isolierte Elemente, d.h. Stellen oder Transitionen, in die keine Kante mündet oder von der keine Kante ausgeht sowie Schleifen, d.h. Kanten, die in demselben Punkt enden, von dem sie ausgehen, sind in Petri - Netzen nicht zulässig.

Gerichtete Kanten stellen die Flussrelationen zwischen den zwei Knotentypen dar. Dabei werden stets nur verschiedenartige Knotentypen direkt verknüpft, das heisst durch die Pfeile dürfen nur Stellen mit Transitionen und Transitionen nur mit Stellen verbunden werden.

Ausgehend von den Mengen

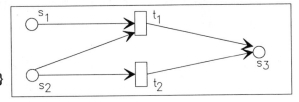

$$S = \{s1,s2,s3\}$$
$$T = \{t1,t2\}$$
$$Z = \{(s1,t1),(s2,t1),(s2,t2)\}$$
$$Q = \{(t1,s3),(t2,s3)\}$$

kann beispielsweise das Netz in *Figur 2.4:*   *Beispiel für ein Netz*
Figur 2.4 dargestellt werden.

Netze werden auch zur Modellierung von Systemen verwendet, bei denen von Objekten kaum noch und von Ereignissen gar nicht mehr die Rede sein kann. Die in Figur 2.3 gezeigten Gegenstände bedeuten eine sog. Markierung des Netzes, die einem konkreten Bestand an Objekten jeder Klasse entspricht. Diese Markierungen werden als Belegung mit Marken dargestellt. Petri definierte "Marken" zur Dynamisierung der statischen Netzstruktur. Mit diesen Marken werden die s - Elemente markiert oder demarkiert. Ein markiertes Petri - Netz ist somit ein Netz, bei dem mindestens eine Stelle eine Marke enthält. Durch Schalten einer Transition kann eine **Zustandsveränderung** erfolgen. Dazu muss die Transition aktiviert sein, d.h. alle Eingangsstellen müssen mit Marken belegt und alle Ausgangsstellen leer sein. Beim Schaltvorgang werden die Zustände aller Stellenelemente verändert, d.h. die Eingangsstellen werden demarkiert und die Ausgangsstellen markiert. Auf welche Art diese geschieht, wird durch die Schaltregel sowie durch formale Anschriften an Stellen, Transitionen und Kanten definiert.

Die Modellierung verzweigter realer Abläufe oder komplexer Systeme in einem aussagefähigen Detaillierungsgrad kann dazu führen, dass die entsprechenden Petri - Netze ihre Übersichtlichkeit verlieren. Eine mögliche Lösung dieses Problemes beteht darin, das abzubildende System in Teilsysteme zu gliedern und diese **hierarchisch** zu verknüpfen[12]. In den entsprechenden Petri - Netzen wird diese Hierarchie verwirklicht, indem ein verfeinertes Netz (Unternetz) im übergeordneten Netz (Hauptnetz) als einfacher Netzknoten auftritt. Bei dieser hierarchischen Abbildung ist grundsätzlich eine beliebige Schachtelungstiefe denkbar, indem ein Netzknoten des jeweiligen Unternetzes wiederum als verfeinertes Netz abgebildet wird. Diese Untergliederung in hierarchische Teilnetze ermöglicht die Abbildung eines komplexen Systems in verschiedenen Detaillierungsgraden.

Eine wichtige Rolle spielen in Theorien mathematischer Strukturen neben den Hierarchien auch die Teilstrukturen. Teilstrukturen dienen sowohl der Analyse ihrer Oberstruktur als auch der Modellierung von Teilsystemen des durch die Oberstruktur modellierten Systems. Ein Teilgraph ist ein Teil eines Graphen, der für sich die Definition eines Graphen erfüllt. Teilgraphen können auch aus einem isolierten Punkt oder einer Schleife bestehen.

Ein Netz $N' = (S',T',F')$ ist Teilnetz des Netzes $N = (S,T,F)$, wenn

$S' \subset S$, $T' \subset T$, und
$F' = F \cap ((S' \times T') \cup (T' \times S'))$,

also wenn sowohl die Stellen als auch die Transitionen des Teilnetzes N' im Netz N vorkommen und alle Flussrelationen des Teilnetzes N' die Knoten auch im Netz N verbinden.

2.4.3 Netztransformationen

Die Netztransformationen gehören zum täglichen Handwerkszeug bei der praktischen Modellierung mit Netzen. Eine geschickte Abwägung des Detaillierungsgrades von Systemteilen wirkt sich nämlich stark auf die Anschaulichkeit und analytische Aussagekraft der entworfenen Netze aus. Speziell in der Entwurfsphase, aber auch z.B. bei der Darstellung unterschiedlicher Sichtweisen eines Systems, arbeitet man mit den folgenden Netztransformationen:
- Vergröberung
- Verfeinerung
- Einbettung
- Restriktion
- Faltung
- Entfaltung.

---

12 *Abel P., Petri-Netze für Ingenieure, Berlin 1990*

a)   Vergröberung

Bei der Vergröberung wird
- ein transitionsberandetes Teilnetz durch eine Transition bzw.
- ein stellenberandetes Teilnetz durch eine Stelle

ersetzt. Die Vergröberung eines Netzes bedeutet bezüglich des modellierten realen Systems meist eine lokale Abstraktion, eine Gruppierung von zusammenhängenden Aktivitäten und Ereignissen zu einem Ganzen, das nach aussen nur noch Zustands-änderungs- oder nur noch Ereignischarakter hat.

b)   Verfeinerung

Die Verfeinerung ist die Umkehrung der Vergröberung: bei ihr wird
- eine Transition durch ein transitionsberandetes Teilnetz bzw.
- eine Stelle durch ein stellenberandetes Teilnetz

ersetzt. Die Verfeinerung eines Netzes bedeutet eine Konkretisierung, eine Detaillie-rung der Modellierung, und zwar (im Gegensatz zur Einbettung oder Entfaltung) bezüglich der 'inneren' Mechanismen von Aktivitäten oder Ereignissen. Sehr einfach ist dieses Prinzip erkennbar, wenn eine Aktivität in Einzelschritte und Zwischenzustände zerlegt wird.

Gelegentlich haftet der Aufspaltung eines realen Systems in Zustände und Aktivitäten ein Element der Willkür an. Im Beispiel in Figur 2.3 könnte man noch als Kriterium für einen Zustand wählen, dass sich das System vorübergehend in Ruhe befindet. Es ist aber bei abstrakteren (gröberen) Modellierungen gelegentlich schwierig zu entscheiden, was man als Zustände betrachtet und als Stellen modelliert und was man als Aktivitäten betrachtet und durch Transitionen wiedergibt. Dies gilt um so mehr, je kontinuierlicher der Charakter des Systems ist.

c)   Einbettung und Restriktion

Bei der Einbettung wird ein Netz durch Hinzufügen von Kanten und Knoten erweitert. Eine Einbettung bedeutet für das Netz als Modell eines realen Systems die Ergänzung um weitere Aspekte und Systemteile, eine Vervollständigung oder eine Einbeziehung von Teilen der Umgebung. Einen grossen Vorrat von Beispielen für die schrittweise Einbeziehung der Umgebung bei der Analyse von Systemen liefert die Berücksichtigung von Umweltaspekten bei der Untersuchung der Auswirkungen menschlicher Tätigkeit.

Die Umkehrungstransformation der Einbettung ist aufgrund der Definition das Weg-lassen von Teilen eines Netzes. Man spricht dabei von einer Restriktion.

d)   Faltung und Entfaltung

Bei der Faltung werden gleichartige Teilnetze 'aufeinandergelegt', wobei Knoten nur auf solche gleichen Typs gefaltet werden und die Flussrelation gewahrt bleibt. Die Entfaltung ist die Umkehrung der Faltung.

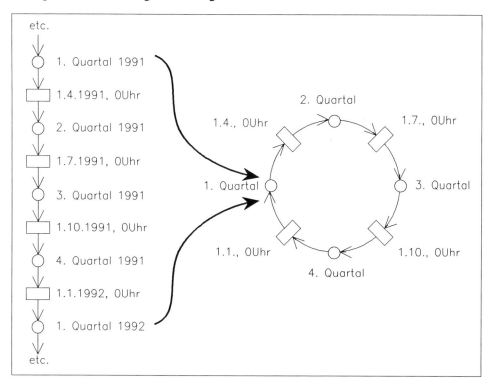

Figur 2.5:   *Beispiel einer Faltung eines Netzes*

Mit der Faltung eines Netzes führt man eine globale Abstraktion durch. Dem entspricht im Bereich der Programmiersprachen z.B. die Definition von Prozeduren. Ein Standardbeispiel zur Verbildlichung der Faltungen ist der Vergleich zwischen der 'historischen' und der 'unhistorischen' Sicht der Vierteljahre, wie in Figur 2.5. Alle historischen Jahresanfänge '1.1.1990', '1.1.1991', ... werden zu einer allgemeinen Stelle '1.1.' zusammengelegt, usw.

Entfaltungen sind notwendig, wenn sich beim praktischen Modellieren herausstellt, dass Netzstücke, die explizit oder auch schon im Kopfe aufeinandergefaltet wurden, in der Folge doch unterschiedlich behandelt werden müssen. Dann will man die Faltung wieder rückgängig machen.

2.4.4   Petri - Netze im Bauwesen

a)   Petri - Netze und Netzplantechnik

Jeder deterministische Netzplan kann als Petri - Netz formuliert werden[13], in dem jede Stelle genau eine Eingangs - und genau eine Ausgangs - Transition aufweist.
Dabei werden die Vorgänge als Transitionen und die Abhängigkeiten als Stellen definiert. Umgekehrt kann jedoch nicht jedes Petri - Netz als Netzplan dargestellt werden. Grundsätzlich zielen jedoch Netzpläne auf das Herausarbeiten optimaler Wege auf der Grundlage einer gewählten, störungsfreien Struktur. Die Petri - Netz - Theorie dagegen erlaubt dank der veränderlichen Markierung der Netze die Analyse der dynamischen Verhaltensweisen, die mit einer Netzstruktur vereinbar sind. Zudem deckt die Netz - Theorie eine breitere Kategorie von möglichen Strukturen ab.

b)   Steuerung von Bauprojektabläufen mit Petri - Netzen

In jüngster Zeit sind Grundlagen zur Verwendung der Netz - Theorie in der Planung, Steuerung, Kontrolle und Simulation von Produktionsprozessen im Bauwesen erarbeitet worden[14]. Dabei waren Modifikationen im Sinne von Anpassungen und Ergänzungen der Netz - Theorie erforderlich:
- Die verschiedenartigen Veränderungen von Objekten in realen Bauprojektabläufen werden mittels modellspezifischer Transformationsprozesse für die Marken dargestellt.
- Zur wirklichkeitsnahen Modellierung und Simulation der Abläufe mussten gesonderte, zeitorientierte Beschreibungstechniken eingeführt werden.
- Die Konflikte, welche ein typisches Merkmal realer Prozesse sind, müssen mit Algorithmen zur Konfliktauflösung entschieden werden.
- Zur Abbildung und Bewältigung von Warteschlangenproblemen mittels einer Menge von Marken (Objekten) auf derselben Stelle müssen Strategien für die Markenauswahl eingeführt werden.
- Zufällig auftretende, aber vorhersehbare Einflüsse in Bauprojektabläufen können in einem stochastischen Modell berücksichtigt werden.
- Ein Teil der Zustände muss durch die Begrenzung der maximalen Markenmenge in ihrer Kapazität begrenzt werden können.
- Die Schnittstellen, durch welche die Systemelemente des Modelles aus der Umgebung ins System gelangen, müssen mit Eintrittspunkten und Austrittspunkten ins Modell integriert werden.
- Eine hierarchische Gliederung von Netzen zur stufenweisen Verfeinerung des Modelles wird eingeführt.

---

13 Rosenstengel, B., Winand U.; Petri-Netze, Braunschweig 1982

14 Franz V., Planung und Steuerung komplexer Bauprozesse durch Simulation mit modifizierten höheren Petri-Netzen, Dissertation, Kassel 1989

- Die Simulation eines Bauprojektablaufes mit einem Netz muss gesteuert, protokolliert und analysiert werden können.

Ein seit längerer Zeit bekanntes Modell, das die Planung, Steuerung, Kontrolle und Simulation von Produktionsprozessen im Bauwesen mit denselben Elementen behandelt, ist das CYCLONE (Cyclic Operation Network) - Modell[15].

---

15 Halpin D.W., Woodhead R. W., Design of Construction and Process Operations, New York 1976

3. KONZEPT EINES ABLAUFMODELLES FÜR BAUPROJEKTE

3.1 Grundlagen und Bezüge des Konzeptes

Ein Vorgang als Geschehen im Projektablauf beinhaltet meistens eine Aufgaben-bearbeitung. Diese Aufgabenbearbeitung ist eine Leistungserstellung einer ausführen-den Instanz und somit eine zielgerichtete Tätigkeit. Die Leistungen, welche erbracht werden, sind Dienst- oder Sachleistungen und entsprechend werden entweder vor-wiegend Informationen oder überwiegend Material verarbeitet.

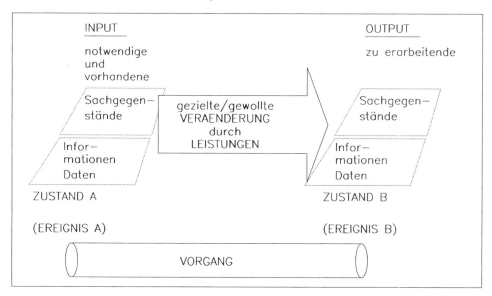

Figur 3.1   Vorgang als Veränderung von Zuständen

Je nach Art und Inhalt der Vorgänge und Ereignisse unterscheiden sich ihre Beziehun-gen. Die Voraussetzung für den Beginn eines Vorganges ist das Vorhandensein des richtigen Inputes, nämlich der notwendigen Eingangsinformationen und des vorgehen-den Zustandes der Sachgegenstände (Objekte). Der entsprechende Projektzustand muss also erreicht sein. Das Ende eines Vorganges ist gekennzeichnet durch das Vorliegen des gewünschten Ergebnisses der Bearbeitung. Es sind dies die angestrebten neuen oder veränderten Zustände der Informationen und Sachgegenstände, der Output. Bedingung für den Beginn eines Vorganges ist also das Erreichen eines Zustands A der baulichen Anlage, am Ende des Vorganges steht der neue bzw. veränderte Projektzustand B[16].

---

16 *Knöpfel H., Cost and Quality Control in the Project Cycle, International Journal of Project Management, Butterworth Nov. 1989*

Das in dieser Arbeit präsentierte Konzept für ein Ablaufmodell für Bauprojekte basiert auf dieser Idee der Zustandsänderung durch Vorgänge, also aus mathematischer Sicht auf der Theorie der Petri - Netze. Weitere Grundlagen sind:
-   die Konzepte und Prinzipien der Datenverwaltung, insbesondere Datenbanken,
-   multidisziplinäre Arbeitsweise für Planung, Projektierung, Ausführung und Inbetriebsetzung von baulichen Anlagen unter Einsatz von CAD - Systemen[17,18],
-   Rechen- und Simulationsmodelle für Projektabläufe im Bauwesen auf der Basis der Netzgraphentheorie[19].

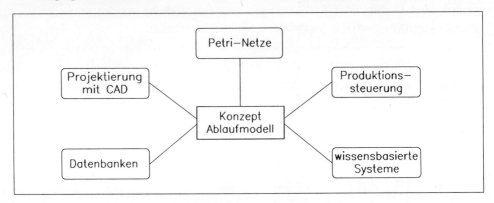

Figur 3.2   Einordnung und Grundlagen für das Konzept Ablaufmodell

Die Grundlagen der Datenbanken erlauben eine Aufbereitung der Informationen derart, dass sie mit kleinem Aufwand für die entsprechenden EDV - Hilfsmittel aufbereitet und zusammen mit diesen eingesetzt werden können.

Die Untersuchungen über den Einsatz von CAD lassen die Arbeitsweise für Planung, Projektierung, Ausführung und Inbetriebsetzung von baulichen Anlagen unter Einsatz von CAD - Systemen erkennen und leuchten auch die dazu notwendigen Grundlagen im Bereich der Datenstrukturen und die notwendigen Modelle der Zusammenarbeit aus.

Die Ideen der neueren Entwicklungen im Bereich der Petri - Netze und deren Einsatz in Ingenieurbereichen stellen das mathematische Fundament für Ideen und Grundstrukturen des Ablaufmodelles und für die Algorithmen zur Berechnung dar.

---

17 *Ronner H., Suter H.R.A., Hüppi W., Verwijnen J., Die Verwendung von strukturellen Komponenten des konstruktiven Entwerfens für CAD, Forschungsarbeit der Kommisson für die Förderung der wissenschaftlichen Forschung 1987*

18 *Groth A., Methodische Beiträge zur Beschreibung von Anforderungen an integrierte DV-Systeme (CAD) für verteilte Bauentwurfsorganisationen, Düsseldorf 1990*

19 *Franz V., Planung und Steuerung komplexer Bauprozesse durch Simulation mit modifizierten höheren Petri-Netzen, Dissertation, Kassel 1989*

Die Rechen- und Simulationsmodelle für Projektabläufe im Bauwesen zeigen die Arbeitsweise von effizienten, auftragsbearbeitenden Organisationen auf.

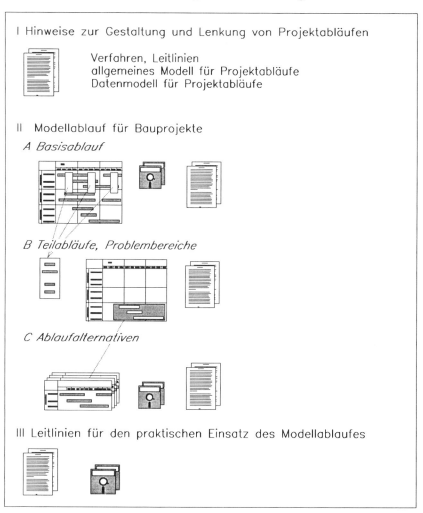

I Hinweise zur Gestaltung und Lenkung von Projektabläufen

Verfahren, Leitlinien
allgemeines Modell für Projektabläufe
Datenmodell für Projektabläufe

II Modellablauf für Bauprojekte

A Basisablauf

B Teilabläufe, Problembereiche

C Ablaufalternativen

III Leitlinien für den praktischen Einsatz des Modellablaufes

Figur 3.3   Gesamtaufbau des Ablaufmodelles für Bauprojekte

Das Konzept für ein Ablaufmodell für Bauprojekte setzt sich aus drei hauptsächlichen Elementen zusammen (Figur 3.3):

I Aus allgemeinen Hinweisen für die **Gestaltung und Lenkung** von Bauprojektabläufen, die sich zusammensetzen aus:
  - einem methodischen Teil über die Verfahren der Ablauf- und Terminplanung und -kontrolle,
  - einem allgemeinen Modell für Projektabläufe und
  - einem relationalen Modell für die Datenverwaltung.

II Aus dem **Modellablauf** für Bauprojekte, bestehend aus
- dem Basisablauf für Bauprojekte,
- einer Übersicht über Teilabläufe und mögliche Problembereiche im Bauprojektablauf und
- Alternativen für die Problembereiche im Ablauf.

III Aus Leitlinien für den **praktischen Einsatz** des Modellablaufes.

3.2 Allgemeine Hinweise für die Gestaltung und Lenkung von Bauprojektabläufen

3.2.1 Etappierung

Ein Bauprojekt als Gesamtaufgabe hat die Erstellung oder Veränderung einer baulichen Anlage unter gegebenen Bedingungen zum Inhalt. Die Abwicklung und Bearbeitung eines Bauprojektes muss wegen der hohen Komplexität der zu erzeugenden baulichen Anlage und wegen der Vielfalt der damit verbundenen Tätigkeiten in Abschnitten
erfolgen. Diese Abschnitte werden in allen heute bekannten Ablaufstrukturen als **Phasen** bezeichnet. Dabei wird als Phase ein Abschnitt der Entwicklung verstanden, der, auf
ein Projekt bezogen, als Abschnitt zwischen zwei sehr wesentlichen Projektzuständen
bezeichnet werden kann. Ein solcher Projektzustand ist in der Regel mit einem wesentlichen Entscheid des Auftraggebers gekoppelt.

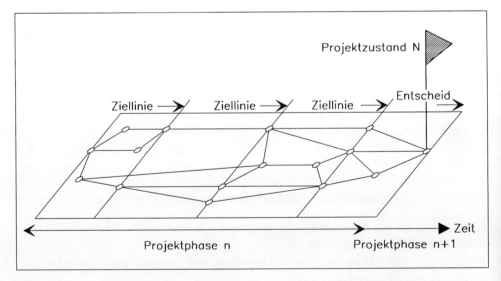

Figur 3.4   *Etappenweises Vorgehen*

Am Anfang einer Phase werden die Phasenziele und die Projektorganisation festgelegt. Während der Projektphase ändert sich vor allem das erzeugte System (die bauliche Anlage oder ihre Darstellung). Durch die vorgängige Fixierung von Teilzielen bzw. Ziellinien innerhalb einer Phase erfolgt eine weitere Etappierung, welche die Koordination und Kontrolle bzw. Steuerung der Veränderungen des erzeugten Systems ermöglicht bzw. erleichtert.

Beim Übergang zwischen zwei Phasen müssen folgende Aufgaben wahrgenommen werden:
- die Zielerreichung der laufenden Phase ist zu verifizieren,
- die Ziele der nächsten Phase sind zu formulieren,
- die Veränderung des erzeugenden Systems, der Projektorganisation, muss geplant werden, und
- die wesentlichen Entscheide des Auftraggebers betreffend Weiterbearbeitung des Gesamtprojektes müssen gefällt werden.

3.2.2 Hierarchische Bearbeitungsebenen

Bei der Bearbeitung von komplexen Gesamtaufgaben hat sich das Vorgehenskonzept des Systems Engineering "vom Groben zum Detail" bewährt. Die Veränderungen des Bauprojektsystems erfolgen durch eine stufenweise Detaillierung des Zielsystems, des erzeugenden und des erzeugten Systems. Jede Stufe der Detaillierung bringt einen Zuwachs der Arten und der Anzahl der Elemente des Bauprojektsystems und damit auch der Beziehungen zwischen den Elementen mit sich. Dieser Zuwachs an Komplexität des Projektsystems legt den Einsatz von mehreren **Bearbeitungs- und Führungsebenen** zur Planung und Kontrolle der Veränderungen des Gesamtsystems nahe.

Die Gestaltung einer Bearbeitungsebene $n+1$ als nächsttiefere Ebene der Bearbeitungsebene n kann auf verschiedene Arten erfolgen:
- Auf der Ebene $n+1$ können die Tätigkeiten einer **tieferen hierarchischen Bearbeitungsinstanz** geplant, gelenkt und kontrolliert werden.
- Die Ebene $n+1$ kann einen **Ausschnitt** der Bearbeitungsebene n umfassen, der einem bestimmten Betrachter **nähergebracht** werden soll, ohne dass der Inhalt zwischen den Ebenen n und $n+1$ sich ändert (zooming).
- Die Ebene $n+1$ stellt gegenüber der Bearbeitungsebene n einen **neuen Grad der Detaillierung** dar. Die Bearbeitungsschritte bzw. -vorgänge der Ebene n werden dabei weiter unterteilt. Diese Unterteilung kann entweder durch Neuentwicklung einzelner Vorgänge bzw. Teilabläufe oder durch den Einbezug von standardisierten Ablaufelementen (Standardabläufe, Zyklusprogramme u.ä.) erfolgen. Auch eine Kombination von neu generierten und standardisierten Elementen ist möglich.

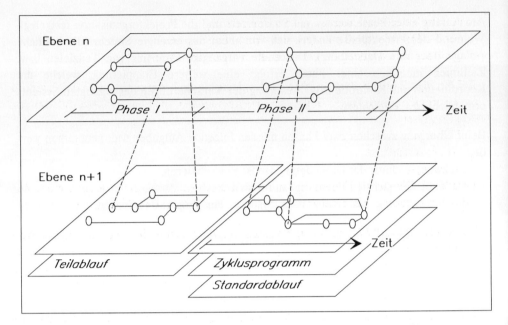

Figur 3.5   Führungs- und Bearbeitungsebenen

Alle drei Arten der Gestaltung einer neuen Führungs- und Bearbeitungsebene sind nebeneinander denkbar. Eine Bearbeitungsebene n + 1 kann also Teile umfassen, welche der hierarchischen Führung dienen, Teile, die einen Ausschnitt der Ebene n unter bestimmten Aspekten "vergrössern" und Teile, welche eine weitere Aufteilung von Bearbeitungsvorgängen gegenüber der Ebene n umfassen. Wesentlich ist, dass die Auflösung bzw. der Massstab aller Teile der Bearbeitungsebene identisch ist.

3.2.3 Aufgabenbearbeitung

Eine Aufgabe umfasst den aktuellen Zustand eines Objektes, die Beschreibung eines zu erreichenden Zustandes des Objektes (SOLL - Zustand) und evtl. eine Richtlinie für den einzuhaltenden Weg vom IST - zum SOLL - Zustand. Das Erreichen des SOLL - Zustands als Resultat der Aufgabe bedingt eine Leistung. Diese Leistung umfasst insbesondere die Definition der Aufgabe, gegebenenfalls die Beauftragung und Kontrolle einer ausführenden Instanz, die eigentliche Bearbeitung der Aufgabe, die Erarbeitung der Resultate, und die Vorbereitung und Herbeiführung der Entscheide des Auftraggebers.

Die Bearbeitung einer Aufgabe wird im allgemeinen dem Lösen eines Problemes gleichgesetzt. Die Grundstrukturen des Problemlösens sind vielfältig und umfassen insbesondere folgende Hypothesen:

- den Problemlösezyklus des Systems Engineering[20],
- das TOTE - Modell (Test - Operate - Test - Exit)[21] und
- das Vorgehen bei der Lösung von mathematischen Aufgaben[22].

Der **Problemlösungszyklus** des Systems Engineering stellt einen Vorgehensleitfaden für die Bearbeitung von Aufgaben durch Einzelne oder Gruppen dar. Er setzt sich aus den drei Prozessen
- Zielsuche
- Lösungssuche und
- Auswahl

zusammen. Die grösste Bedeutung kommt dem Problemlösungszyklus als ganzem in den Entwicklungsphasen des Projektablaufes (Vor-, Haupt- und Detailstudien) zu.

Das **TOTE - Modell** basiert auf dem Prinzip der Rückkopplung und unterscheidet Prüfphasen (Test) und Handlungsphasen (Operate). Die Schleife zwischen Test und Operate wird mit jeweils angepassten Handlungen so oft durchlaufen, bis das Ziel erreicht ist. Zur Beschreibung eines beliebig komplexen Verhaltens bei der Aufgabenbearbeitung kann nun jeder Schritt einer TOTE - Einheit wiederum als eine Serie von TOTE - Einheiten aufgefasst werden. Daraus entsteht eine TOTE - Hierarchie als Grundstruktur der Aufgabenbearbeitung bzw. des Problemlöseprozesses.

Für die Lösung von Aufgaben, wie sie im Rahmen der Abwicklung von Bauvorhaben anfallen, müssen diese Ansätze erweitert werden. Die Aufgaben werden nach der Art ihrer Bearbeitung in folgende Typen eingeteilt:
- Aufgaben mit **einfacher** Bearbeitung,
- Aufgaben mit **linearer** Bearbeitung,
- Aufgaben mit **koordinierter, verteilter** Bearbeitung und
- Aufgaben mit **koordinierter, verteilter, hierarchischer** Bearbeitung.

Die **einfache** Bearbeitung einer Aufgabe entspricht dem einfachsten denkbaren Fall. In die Aufgabenbearbeitung ist nur **eine** Person involviert, die ab der Definition der Aufgabe die notwendigen Handlungen zur Erreichung des Resultates kennt und durchführt. Die Aufgabe wird daher nicht weiter strukturiert, sondern kann **direkt** bearbeitet werden. Als einfaches Vorgehen bei der Aufgabenlösung bietet sich der für mathematische Aufgaben entwickelte Vorgehensleitfaden[23] an. Diese Checkliste umfasst vier Hauptpunkte:
1. Verstehen der Aufgabe

---

20 *Daenzer F.W. (Hrsg.), Systems Engineering, 3. Auflage, Zürich 1982*

21 *Miller G.A., Galanter E., Pribram K., Strategien des Handelns - Pläne und Strukturen des Verhaltens, Stuttgart 1973*

22 *Polya G., Schule des Denkens, Bern 1949*

23 *Polya G., Schule des Denkens, Bern 1949*

2. Ausdenken eines Plans zur Lösung
3. Ausführen des Plans
4. Prüfung der erarbeiteten Lösung.

Diese vier Schritte zur Lösung einer Aufgabe können auf die Aufgabenbearbeitung im Projektablauf angewendet werden (Figur 3.6):

1. Analyse der Aufgabe (A):
   Welche Resultate sollen erreicht werden? Wie präsentiert sich der IST - Zustand und welche Rahmenbedingungen müssen eingehalten werden? Ist die Aufgabe lösbar?

2. Planung der Bearbeitung (P):
   Ist die Aufgabe bekannt, Routinearbeit? Ist der gewünschte SOLL - Zustand in anderen Aufgaben schon aufgetreten? Welche einzelnen Handlungen sind zur Erarbeitung des Resultates notwendig und in welcher Reihenfolge?

3. Ausführen der geplanten Tätigkeiten, Aufgabenbearbeitung im engeren Sinne (L):
   Durchführen der einzelnen geplanten Tätigkeiten. Ist jede Tätigkeit richtig und sinnvoll? Berücksichtigen und Bewältigen der Einflüsse von aussen.

4. Kontrolle der Resultate (K):
   Entsprechen die Resultate dem geforderten SOLL - Zustand? Sind alle Rahmenbedingungen eingehalten worden? Enthalten die Resultate Fehler oder unerwartete Risiken? Sind die Resultate entsprechend dokumentiert und lassen sie sich für ähnliche Aufgaben heranziehen?

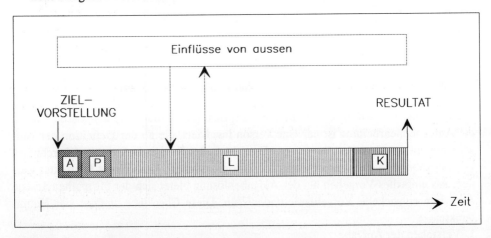

Figur 3.6   *Einfache Aufgabenbearbeitung*

Die **lineare** Bearbeitung einer Aufgabe wird notwendig, wenn die Aufgabe bereits so komplex ist, dass sie zur Bearbeitung in einzelne, bekannte Teilaufgaben unterteilt werden muss. Die Aufteilung in Teilaufgaben sowie deren Bearbeitung erfolgt durch eine **einzelne Person**, damit ist eine **lineare Folge** der Bearbeitung der Teilaufgaben gegeben.

Das Vorgehen zur Lösung bleibt sich gleich mit dem für die einfache Bearbeitung vorgeschlagenen (Figur 3.7):

1. Analyse der Aufgabe (A)
2. Planung der Bearbeitung (P)
   Wenn die Aufgabe zu wenig bekannt ist, Aufteilung in n Teilaufgaben mit entsprechenden SOLL - Zuständen (Zielen)
   1.i. (i = 1,...,n) Analyse der Teilaufgabe i (Ai)
   2.i. (i = 1,...,n) Planung der Bearbeitung der Teilaufgabe i (Pi)
   3.i. (i = 1,...,n) Ausführen der Tätigkeiten zur Erarbeitung der Resultate i (Li)
   4.i. (i = 1,...,n) Kontrolle der Resultate i (Ki)
3. Lösen der n Teilaufgaben (L)
4. Integration der n Teilaufgaben zum Gesamtresultat der Aufgabe und Kontrolle desselben (K + I)

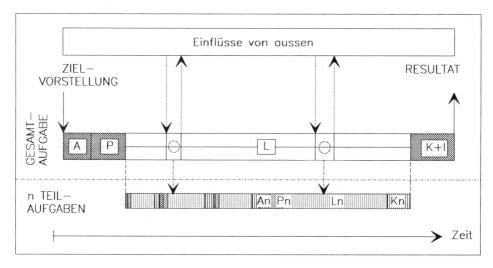

Figur 3.7   Lineare Aufgabenbearbeitung

Werden mit der Lösung von Teilaufgaben durch den Aufgabenbearbeiter weitere Stellen beauftragt, kann man von einer **verteilten** Aufgabenbearbeitung sprechen (Figur 3.8). Die Beauftragung von weiteren Stellen bzw. ausführenden Instanzen erfolgt sowohl innerhalb eines Organs einer Organisation als auch zwischen verschiedenen Organen. Die Verteilung der Aufgabenbearbeitung kann grundsätzlich auf die gleiche Art erfolgen wie beim linearen Aufgabenlösen einer einzelnen Person. Der Unterschied liegt allerdings darin, dass die Aufgabenbearbeitung der ausführenden Instanzen **geleitet** bzw. geführt werden muss. Diese Leitung kann auf verschiedene Arten erfolgen:
- durch **zeitbezogene** Leitung (die Zwischenresultate müssen periodisch der anordnenden Instanz vorgewiesen werden),
- durch **zustandsbezogene** Leitung (die Zwischenresultate müssen der anordnenden Instanz beim Erreichen definierter Objektzustände vorgewiesen werden) oder

- durch **ausnahmebezogene** Leitung (die Arbeiten müssen der anordnenden Instanz beim Eintreffen von unerwarteten oder ungeplanten Ereignissen vorgewiesen werden).

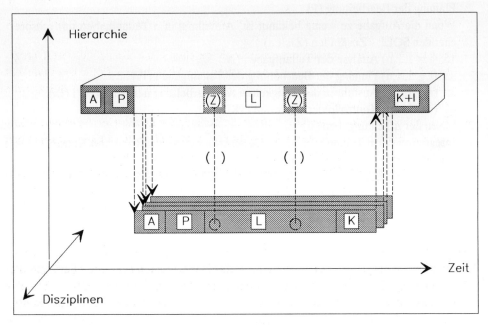

Figur 3.8   *Koordinierte verteilte Aufgabenbearbeitung*

Die Leitung hat zum Ziel, den Beauftragten klare und zweckmässige Teilaufgaben zu übertragen und die Bearbeitung dieser Teilaufgaben zu koordinieren und zu kontrollieren. Bei der Aufgabenbearbeitung im Rahmen des Bauprojektes spielt als weitere wichtige Grösse die Aufteilung der Teilaufgaben auf **verschiedene Disziplinen** eine wichtige Rolle. Als "Disziplinen" sind dabei Projektbeteiligte einer bestimmten Fachrichtung zu verstehen.

Auch bei der verteilten Aufgabenbearbeitung müssen äussere Einflüsse berücksichtigt werden. Dabei kann unterschieden werden zwischen Einflüssen auf der Ebene "Gesamtaufgabe" und Einflüssen auf die Bearbeitung der einzelnen Teilaufgaben. Die Bewältigung von Einflüssen auf die **Gesamtaufgabe** kann nach folgenden Mustern ablaufen:
- Der Bearbeiter beurteilt die Wirkung des Einflusses und stellt fest, dass er die notwendigen Massnahmen selbst treffen kann. Er unternimmt die entsprechenden Aktionen.
- Der Bearbeiter beurteilt die Wirkung des Einflusses und stellt fest, dass er die notwendigen Massnahmen nicht selbst treffen kann. Er gibt entsprechende Anweisungen an einzelne oder alle Bearbeiter von Teilaufgaben weiter.

Dabei können die Einflüsse auf die Gesamtaufgabe aus der Umgebung direkt kommen, oder dem Bearbeiter der Gesamtaufgabe werden von einem Bearbeiter von Teilaufgaben Einflüsse weitergegeben, die auf Teilaufgaben wirken.

Äussere Einflüsse auf **Teilaufgaben** können verschiedene Ursachen haben und werden auch verschieden behandelt:
- Ein Einfluss wird innerhalb der Aufgabenhierarchie in die Teilaufgabe weitergegeben. Der Bearbeiter der Teilaufgabe beurteilt die Wirkung des Einflusses und stellt fest, dass er die notwendigen Massnahmen selbst treffen kann. Er unternimmt die entsprechenden Aktionen.
- Ein Einfluss aus der Umgebung betrifft die Teilaufgabe direkt. Der Bearbeiter beurteilt die Wirkung des Einflusses und stellt fest, dass er die notwendigen Massnahmen selbst treffen kann. Er unternimmt die entsprechenden Aktionen.
- Ein Einfluss aus der Umgebung betrifft die Teilaufgabe direkt. Der Bearbeiter beurteilt die Wirkung des Einflusses und stellt fest, dass der Einfluss übergeordnete Aufgaben mitbetrifft. Er gibt den Einfluss an den Bearbeiter der übergeordneten Aufgabe weiter.

Die koordinierte **verteilte hierarchische** Bearbeitung einer Aufgabe wird notwendig, wenn das Resultat der Aufgabe nicht direkt aus einer einzelnen oder einer Serie paralleler Handlungsketten entstehen kann, sondern die Teilaufgaben ihrerseits so komplex sind, dass sie zur Bearbeitung in einzelne, bekannte Teilaufgaben unterteilt werden müssen. Die Bearbeitung der Teilaufgaben erfolgt nicht mehr nur durch eine einzelne Person, sondern es werden verschiedene Personen auf verschiedenen **Bearbeitungsebenen** beigezogen (Figur 3.9). Das Vorgehen zur Lösung bleibt sich gleich mit dem für die lineare und die verteilte Bearbeitung vorgeschlagenen. Die Lösung der Teilaufgaben kann parallel, linear oder gemischt erfolgen. Die koordinierte, verteilte, hierarchische Bearbeitung einer Aufgabe ist eine Kombination von verteilter Bearbeitung und mehreren Bearbeitungs- und Führungsebenen.

Durch die weitere Aufgliederung der Teilaufgaben erster Stufe in Teilaufgaben zweiter Stufe entsteht eine Aufgaben - Teilaufgaben - Hierarchie. Dabei stellt sich die Frage nach dem **Abbruchkriterium** für die Aufteilung. Die weitere Gliederung einer Aufgabe erübrigt sich, wenn die Aufgabe vom Bearbeitenden in der Form, wie sie ihm vorliegt, als bekannt und lösbar eingestuft wird. Dabei werden jedoch nicht alle Teilaufgaben bis auf die gleiche Stufe aufgeteilt, sondern das Abbruchkriterium gilt im Einzelfall. Dadurch entsteht eine in der Tiefe gestaffelte Hierarchie. Bei der Planung der Gesamtaufgabe und ihrer Aufteilung in Teilaufgaben stellt sich auch die Frage nach der Richtigkeit und Vollständigkeit der gewählten Teilaufgaben.

Bei der verteilten hierarchischen Bearbeitung sind grundsätzlich dieselben Verhaltensmuster der Reaktion auf äussere Einflüsse zulässig wie bei der verteilten Aufgabenbearbeitung. Die Kontrolle und Leitung ebenso wie die Reaktion auf äussere Einflüsse erfolgt jedoch auf allen Bearbeitungsebenen. Grundsätzlich ist auch die Kombination von Bearbeitung einer übergeordneten Aufgabe und Bearbeitung einer Teilaufgabe dieser übergeordneten Aufgabe durch dieselbe Person denkbar.

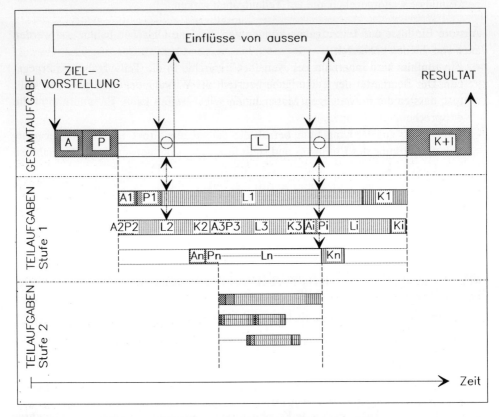

Figur 3.9   Koordinierte verteilte hierarchische Aufgabenbearbeitung

3.3   Allgemeines Modell für Projektabläufe

3.3.1   Grundstruktur

a)   Modellbegriff

Als Modell wird üblicherweise eine durch Abstraktionsprozesse gewonnene **Abbildung** der Wirklichkeit bezeichnet. Diese Abbildung kann mittels Begriffen, Aussagen, Theorien, aber auch mittels physischer Objekte erfolgen.

Ein Modell muss sich nicht nur auf eine bestehende, sondern kann sich auch auf eine künftig gewollte Wirklichkeit beziehen. Sehr oft sind diese Wirklichkeiten in ihrer Gesamtheit komplex aufgebaut und können in ihren vielfältigen Funktionen als Modell nur verständlich und transparent gemacht werden, wenn die Modelle nur ausgewählte Aspekte der Wirklichkeit umfassen. Diese Aspekte erlauben dann eine angenäherte

Beobachtung und die Behandlung eines Sachverhaltes mit Blick auf einen bestimmten Zweck.

Die Vereinfachung der Realität durch Auswahl wesentlicher und interessierender Eigenschaften bei der Modellbildung erleichtert bzw. ermöglicht das Verständnis für komplexe Zusammenhänge. Derartige Modelle zeigen aber zwangsläufig auch ein teilweise unscharfes bzw. verzerrtes Bild der Wirklichkeit. Daher sind die mit einem Modell gewonnenen Erkenntnisse auf ihre Realitätsnähe hin zu untersuchen, die Ergebnisse zu interpretieren und ihre Aussagen gegebenenfalls zu relativieren.

b)   Hierarchische Strukturen

Ausgangspunkt für die Bildung eines allgemeinen Modelles für Projektabläufe ist das Bauprojektsystem, wie es im Rahmen dieser Arbeit definiert wurde[24]. Im Bauprojektsystem wird der Projektablauf als Menge aller Veränderungen am Projektsystem verstanden. Er äussert sich im wesentlichen durch die räumliche und zeitliche Abfolge von Zuständen des Projeksystems bzw. seiner Teilsysteme und Elemente. Mit Blick auf eine zielgerichtete Projektabwicklung soll die Abfolge der Zustände durch gezielte und gewollte Veränderungen im Rahmen des Projektablaufes erreicht werden. Bei der Gestaltung und Lenkung von Projektabläufen sind daher bestimmte Teile des Projektsystems von Bedeutung (Figur 3.10):

- Das erzeugte System beeinflusst den Projektablauf über die Struktur der **zu projektierenden und zu realisierenden Anlage**. Diese Struktur bildet die Anlage als betriebsbereites physisches System ab.

- Gewisse Elemente des Zielsystems beeinflussen den Projektablauf direkt. So lassen sich die Vorgehensziele bzw. Teilziele für die zu projektierende und zu erstellende Anlage als Projektzustände formulieren, zu deren Erreichung Leistungen bzw. **Vorgänge** notwendig sind.

- Aus dem erzeugenden System muss für die Gestaltung und Lenkung des Projektablaufes die Struktur der **Beteiligten** bekannt sein. Im weiteren haben die zur Verfügung stehenden Einsatzmittel, aber auch die besonderen Arbeitsweisen von Beteiligten einen starken Einfluss auf den Projektablauf.

- Wesentliche Einflüsse auf den Ablauf von Projekten haben neben den zum eigentlichen Projekt gehörenden Elementen auch Einflüsse aus der Umgebung des Projektes. Daher wird als weiterer Teil des Modelles für Projektabläufe die Struktur der **Umgebung** eingeführt.

---

24 vgl. Anhang A3

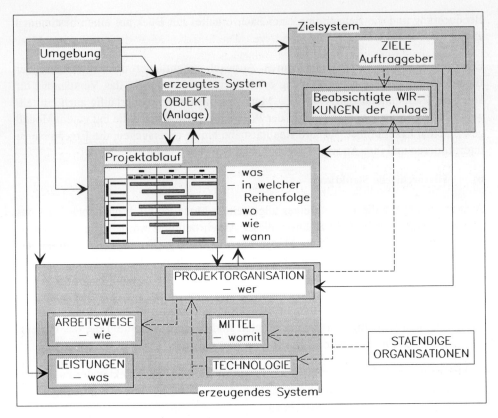

Figur 3.10   Modell für Projektabläufe

Aus der Struktur der baulichen Anlage, der den Ablauf beeinflussenden Projektziele, der Projektbeteiligten und der Umgebungseinflüsse leiten sich die für einen Projektablauf notwendigen Phasen, Hauptzustände bzw. Hauptentscheide, Vorgänge und deren Abhängigkeiten untereinander ab. Das allgemeine Modell für Projektabläufe besteht aus folgenden Subsystemen:

- Objekt- bzw. Anlagenstruktur (inkl. Eigenschaften der Anlage)
- Zielsystem (Projektziele und Führungsaspekte)
- Projektbeteiligte mit den entsprechenden Einsatzmitteln
- Projektumgebung (Umgebungseinflüsse)
- Projektablauf mit Phasen / Projektzuständen, Vorgängen und Abhängigkeiten.

Diese Subsysteme können alle als hierarchische Systeme aufgefasst werden, die sich gegenseitig beeinflussen bzw. gegenseitige Beziehungen haben.

3.3.2   Anlagenstruktur

Projektstrukturen im Sinne des Projektmanagements sollen den Projektbeteiligten für verschiedene Zwecke differenzierte Aussagen über das Projekt ermöglichen. Aus diesem Grund kann und muss die Strukturierung von Projekten je nach Ziel der Gliederung verschiedensten Gesichtspunkten folgen. Die Struktur des erzeugten Systems (der zu **projektierenden** und **zu erstellenden Anlage**) ist die Basis - Gliederung für den Projektablauf. Für Projektstrukturen sind Gliederungsmöglichkeiten nach verschiedenen Kriterien möglich[25]:

- Räumliche Gliederung nach Objekten, Teilobjekten, Bauteilen, etc.
- Artorientierte Gliederung nach Anlagenart, Objektart, Elementgruppen, etc.
- Leistungsbezogene (verrichtungsbezogene) Gliederung nach Hauptgruppen (z.B. Baukostenplan BKP 1-stellig), Gruppen (BKP 2-stellig), Untergruppen (BKP 3-stellig), Gattungen (BKP 4-stellig), Normpositionskapitel, etc.
- Leistungsträgerorientierte bzw. beteiligtenorientierte Gliederung nach Projektbeteiligten
- Zeitliche Gliederung nach Phasen, Teilphasen, Vorgängen etc.

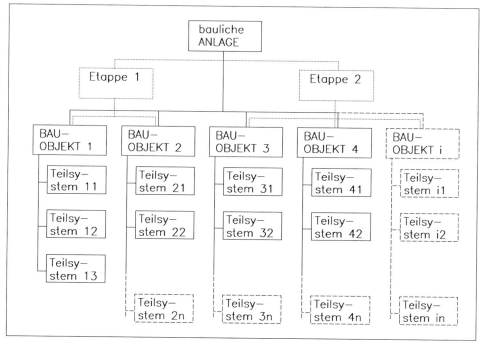

Figur 3.11   Anlagenstruktur

Die Projektstruktur ist auf die Projektzielsetzung und den konkreten Verwendungszweck der betroffenen Aufteilung auszurichten. Die Erfahrung zeigt, dass die Strukturierung eines Projektes für die Ablauf- bzw. Terminplanung heute in der Regel viele Gemeinsamkeiten mit der Strukturierung für die Kostenplanung und -kontrolle hat, aber nicht mit ihr identisch ist. Eine problemangepasste Projektstruktur gehört zu den

---

25 *SIA Dokumentation D510, Bauprojektkosten mit EDV*

wichtigsten Instrumenten in der Ablaufplanung und -kontrolle. Eine einheitliche, durch alle Projektphasen durchgehende und erweiterbare Projektstruktur ermöglicht einen einfacheren Überblick über das Projekt, definiert Schnittstellen zwischen verschiedenen Teilen des Projektes und ermöglicht eine Minimierung des Koordinationsaufwandes zwischen den Teilaufgaben.

Als primäre Struktur eines Projektes zum Zwecke der Planung und Kontrolle der Abläufe und Termine ist eine **physische Gliederung** der zu projektierenden und zu erstellenden Anlage sinnvoll. Eine derartige Anlagenstruktur ist also eine artorientierte und räumliche Gliederung der Gesamtanlage in Objekte, Teilsysteme und Elemente (Figur 3.11).

Die zu projektierende und zu erstellende Anlage bestimmt einen grossen Teil der Vorgänge, welche im Projektablauf abzuwickeln sind, und viele der Zustände, welche im Projektablauf zu erreichen sind. Vorgänge und Zustände beziehen sich immer auf einen Teil der baulichen Anlage und damit auf die Anlagenstruktur. Diese Verknüpfung von Vorgängen und Zuständen mit der Anlage bzw. Anlageteilen bestimmt den räumlichen Bezug der Ablaufelemente. Umgekehrt werden mit dem Projektablauf die Zustände des erzeugten Systems (der zu erstellenden oder zu verändernden Anlage) geändert, bzw. die geplanten Zustände werden erreicht.

3.3.3   Projektziele und Führungsaspekte

Die Projektziele gehen von einer ursprünglichen Aufgabenstellung des Auftraggebers bzw. des Bauherren aus. Diese Aufgabenstellung umfasst den ursprünglichen Zustand und die Vorstellungen des Bauherrn von einem zukünftigen Zustand. Allenfalls hat der Bauherr auch Ideen zur gewünschten Art der Lösung und zum Vorgehen (z.B. bei Umbau- und Erweiterungsprojekten). Diese Vorstellungen stehen in enger Beziehung zu den Zielen seiner Stammorganisation. Die ursprünglichen Bauherrenziele umfassen u.a. wirtschaftliche Ziele des Betriebes, wirtschaftliche Ziele bezüglich des Objektes sowie Nutzungsziele. Die Nutzungsziele werden unterteilt in Vorgaben für die Funktionen bzw. beabsichtigten Wirkungen der baulichen Anlage (Betriebs-, Infrastrukturfunktionen) und in Vorgaben für die Qualität des Betriebes der Anlage, für das Befinden der Menschen in der Anlage und für das Verhalten der Anlage über die Zeit. Ausserdem können die Bauherrenziele Präferenzen bezüglich Projektbeteiligten und Form der Organisation, Fixtermine und terminliche Vorstellungen, Vorgaben zur Art der Projektabwicklung und weitere Bedingungen betreffen. Auch die Projektumgebung kann die Projektziele entscheidend mitprägen. Gewisse Umgebungseinflüsse können zusätzliche Projektziele verursachen oder die Gewichtung verschiedener Ziele ändern (Imagebildung für Auftraggeber, Akzeptanz der Anlage durch Nachbarn etc.).

Die wirtschaftlichen Ziele und die Vorgaben für die **Wirkungen** der Anlage finden **direkten** Eingang in den jeweiligen Zustand des erzeugten Systems. Im Projektablauf müssen jedoch die dazu notwendigen Aufgaben der Zielsetzung und -kontrolle eingeführt werden. Weitere Ziele können **direkten** Einfluss haben auf die Planung des Projektablaufes. So sind Fixtermine und weitere Terminvorstellungen des Bauherrn, die Vorgaben über die Art der Projektabwicklung, die Ideen über zu fällende Hauptentscheide etc. Aspekte, die als Rahmenbedingungen in die Planung von Projektabläufen Eingang finden.

3.3.4 Projektorganisation

Die Grundstruktur der Funktionsbereiche, welche die an einem Bauprojekt Beteiligten wahrnehmen, kann schematisch in einem Organigramm dargestellt werden[26]. Da ein wesentliches Ziel der Organisation die Führung ist, kann eine klare Hierarchie mit einer eindeutigen Zuordnung aller Stellen einer tieferen Detaillierungsebene zur nächsthöheren als selbstverständlich betrachtet werden.

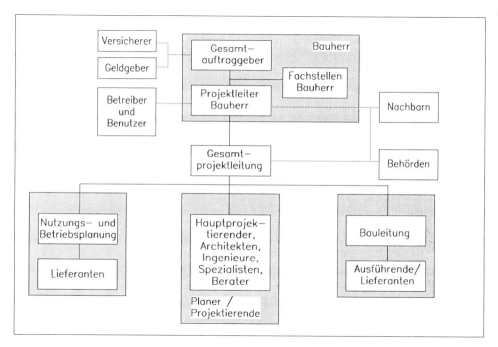

Figur 3.12   Grundstruktur der am Bauprojekt Beteiligten (Funktionen)

---

26 SIA Dokumentation D510, Bauprojektkosten mit EDV

3.3.5   Projektumgebung

Die Einwirkungen der Umgebung auf ein Bauprojekt sind verschiedener Natur. In Bezug auf den Projektablauf kann unterschieden werden zwischen Einwirkungen, welche den Projektablauf **direkt** beeinflussen und solchen, welche **indirekt** über die Beeinflussung des erzeugten Systems, des Zielsystems oder des erzeugenden Systems den Projektablauf beeinflussen.

Die Umgebungseinflüsse, welche auf den Projektablauf selbst wirken, bestimmen Projektzustände, Vorgänge und Abhängigkeiten. Insbesondere rechtliche Rahmenbedingungen machen Projektzustände notwendig, aber auch physische und betriebliche Rahmenbedingungen legen zu erreichende Zwischenzustände fest. Vorgänge werden durch unabänderliche Abläufe oder Prozesse wie rechtliche Verfahren oder Verwaltungsabläufe direkt bestimmt. Die Verfügbarkeit von Ressourcen und Sachmitteln, technische und rechtliche Verfahren und vorgegebene Abläufe bestimmen Abhängigkeiten.

Einwirkung	Rahmenbedingungen	Einflussgruppe
erzwungene Projektzustände	rechtliche	staatliche Kontrolltätigkeiten
		Baugesetze, Bauordnungen, baupolizeiliche Vorschriften
		Strassengesetzgebung
		Energiegesetze
		Umweltschutzgesetze und Heimatschutz
	physische	Atmosphäre, Geosphäre, Biosphäre
		bestehende Anlagen, Nachbaranlagen
		umgebende Infrastruktur
	betriebliche	Betriebszustände in der Bauphase
		Betriebszustände im Betrieb
unabänderliche Abläufe	rechtliche	Erwerb von Rechten, Konzessionen, Bewilligungen
		Enteignungsverfahren, Rechtsstreitigkeiten
	organisatorische	Abläufe in Behörden und Verwaltungen
		Abläufe in Stammorganisationen
		Abläufe in der Projektorganisation
Vorgänge	erzwungene Projektzustände unabänderliche Abläufe	

Abhängigkeiten	erzwungene Projektzustände unabänderliche Abläufe personelle Ressourcen	Verfügbarkeit und Qualifikation Verfügbarkeit von Mitteln

Tabelle 3.1   Direkte Umgebungseinflüsse auf den Projektablauf

Schwierig zu beurteilen und keinesfalls nur Aufgabe der Ablaufplanung sind die Wirkungen der Umgebungseinflüsse auf die Teilsysteme des Bauprojektsystems. Das erzeugte System wird sehr intensiv beeinflusst durch rechtliche und physische Rahmenbedingungen, aber auch durch organisatorische, technische und betriebliche Einflüsse sowie Ressourcen. Das erzeugende System unterliegt rechtlichen, organisatorischen, technologischen und betrieblichen Einflüssen, das Zielsystem wird beeinflusst von rechtlichen, organisatorischen, wirtschaftlichen, betrieblichen und moralisch/ethischen Rahmenbedingungen und den Einflüssen der Ressourcen.

Wirkung auf	Rahmenbedingungen	Einflussgruppe
erzeugtes System	rechtliche	Grundgesetze
		Grenzen
		Sachenrecht
		Raum- und Siedlungsplanung
		Baugesetzgebung im weitesten Sinn
		Umweltschutz- und Heimatschutzge-
	organisatorische	setze
	physische	Richtlinien / Standards
		Atmosphäre, Geosphäre, Biosphäre
		bestehende Anlagen, Nachbaranlagen
	Ressourcen	umgebende Infrastruktur
	technologische	Verfügbarkeit von Grund
	betriebliche	
		Betriebszustände in der Betriebsphase
erzeugendes System	rechtliche	Grundgesetze
		Wirtschaftsordnung
		Planungsrecht
	organisatorische	zuständige Gemeinwesen
		bestehende Strukturen
		Richtlinien / Standards
	technologische	

Zielsystem	rechtliche organisatorische wirtschaftliche	Befugnisse, Konzessionen, Bewilligungen
	Ressourcen betriebliche moralisch/ethische	Konjunktursituation Steuerbelastung, Subventionen Verfügbarkeit von Grund

Tabelle 3.2   Indirekte Umgebungseinflüsse auf den Bauprojektablauf

Ähnlich wie bei der Projektorganisation[27] ist die Beurteilung der Rahmenbedingungen eines Projektes und deren rechtzeitige Berücksichtigung in der Ablaufplanung ein wesentlicher Faktor für den Projekterfolg. Durch eine frühzeitige, möglichst genaue Bestimmung aller in einem Projekt relevanten Einflüsse aus der Projektumgebung und durch eine Abschätzung des Risikos, welches ein bestimmter Umgebungseinfluss auf den Projektablauf haben kann, lassen sich die Konsequenzen frühzeitig erkennen und Aktionen, die diesen Einfluss betreffen, rechtzeitig einleiten.

3.3.6 Projektzustände

Ein Teilprojektzustand kann einerseits ein realer, physischer Zustand der zu erstellenden baulichen Anlage sein, z.B. kann die Baugrube ausgehoben und die Fundamentplatte betoniert sein. Andererseits kann ein Teilprojektzustand ein abstrakter Zustand in Form von Informationen oder Daten sein. Informationen über Bauprojekte sind in der Regel Dokumente. Dabei sind als Dokumente Informationsträger mit fixierter Information zu verstehen. Diese kann numerischer, alphanumerischer, alphabetischer, grafischer, fotografischer, physischer oder gemischter Natur sein. Ein Dokument kann also in Form von Papier, aber auch in Form einer elektronischen Datei auf einer Diskette, als Mikrofilm, Fotografie, Muster oder Modell vorliegen. Physische Zustände können Informationen auslösen und Eingang in Dokumente finden, so beispielsweise als Fertigstellungsrapporte, Ausmassrapporte, Standberichte, SOLL - IST - Vergleiche usw..

Projektzustände für Bauprojekte lassen sich hierarchisch gliedern, d.h. ein Projektzustand besteht aus einer Menge von "Sohnzuständen", deren Gesamtheit den "Vaterzustand" ausmacht. Diese Hierarchien lassen sich in Form von mehrstufigen Hierachien über mehrere Stufen zusammenfügen. Ein Beispiel für einen Zustand einer baulichen Anlage ist:

"bauliche Anlage bewilligungsreif"

Dieser Zustand umfasst die "Sohnzustände":

---

27 Burger R., *Bauprojektorganisation - Modelle, Regeln und Methoden, Institut für Bauplanung und Baubetrieb, Zürich 1985*

- Dossier Baueingabe   Erläuterungsbericht Bewilligungsprojekt
                                   Umweltverträglichkeitsbericht
                                   Planpaket Bewilligungs- / Auflageprojekt
                                     Grundrisse 1:100
                                     Schnitte 1:100
                                     Ansichten 1:100
                                     etc.
- Entscheid für Baueingabe Antrag des Gesamtprojektleiters
                                   Anträge der Fachstellen des Bauherrn
                                   Protokoll des Entscheides des Gesamtauftraggebers

Jeder Zustand aus dieser Zustandsstruktur wird erreicht durch Leistungen im Rahmen der Projektorganisation, d.h. durch bestimmte **Vorgänge** im Projektablauf.

3.3.7 Vorgänge

Ein Vorgang beschreibt ein zeiterforderndes Geschehen im Projektablauf mit definiertem Anfang und Ende. Er beinhaltet eine Veränderung des Anfangszustandes, welcher durch Leistungen im Rahmen eines Projektes gezielt verursacht wird. Jeder Vorgang braucht als Eingangsgrösse notwendigerweise bestimmte Informationen und / oder Sachgegenstände, d.h. einen bestimmten Projektzustand. Durch die Veränderungen wird der Anfangszustand in einen neuen Zustand transformiert, es liegen am Ende des Vorganges bestimmte Informationen und / oder Sachgegenstände vor (vgl. Figur 3.1).

Der Umfang eines Vorganges hängt von der Aufgabenstellung und von der Feinheit des Ablaufplanes ab. Für die Durchführung von Vorgängen müssen Personal und Sachmittel eingesetzt werden. Die Zuteilung von Einsatzmitteln auf einen Vorgang hat direkten Einfluss auf seine Dauer, aber auch auf die Kosten und Qualität des Ergebnisses. Mit einem Auftrag bestimmt die anordnende Instanz einen Projektbeteiligten, der über entsprechende Einsatzmittel verfügt. Vorgänge beziehen sich im Projektablauf immer auf einen Teil der Objektstruktur der baulichen Anlage[28].

Die Vorgänge eines Projektablaufes lassen sich hierarchisch gliedern. Diese Gliederung ist einerseits bedingt durch die hierarchische Struktur der Anlage, andererseits ist die hierarchische Struktur aber auch gegeben durch die Art der Aufgabenbearbeitung der Projektbeteiligten und durch hierarchische Führungs- und Bearbeitungsebenen.

In einer hierarchischen Vorgangsstruktur sind nur hierarchisch eingebundene Vorgänge möglich. Jeder Sohnvorgang ist immer eindeutig seinem Vatervorgang zugeordnet (Figur 3.13). Damit ist eine durchgängige, mehrstufige Hierarchie der Vorgänge gegeben. Eine hierarchische Struktur kann aber auch unbefriedigende Eingliederungen

---

28 Knöpfel H., *Modelle für die Leitung von Bauprojekten*, in *SI+A Heft 7, Zürich 1983*

bewirken. Insbesondere ist mit dieser Gliederung auch eine eindeutige Zuordnung der Vorgänge zu einer Phase und Teilphase des Projektablaufes notwendig.

22002	Bauprojekt
2200201	Koordination Bauprojekt
2200202	Bauprojekte, Disposition Installationen
2200203	Bewilligungsunterlagen
2200204	Zusammenstellen Bewilligungs—/ Auflagedossiers
2200202001	Ausarbeiten Bauprojekt
2200202002	Erläuterungsbericht + KV allgemeines
2200202003	überschlägige Dimensionierung
2200202004	technischer Bericht + KV Tragwerke
2200202005	bereinigte Konzepte, MSR—Konzept, Koordinationsprojekt Fachtechnik
2200202006	detaillierter Baubeschrieb, KV Fachtechnik
2200202007	Disposition HKLK + S — Anlagen, technische Daten
2200202008	Disposition Elektro — Anlagen, technische Daten
2200202009	Genehmigung BP, Auftrag Bewilligungsunterlagen
2200202010	Unterhalts— + Instandhaltungskonzept

Figur 3.13   Beispiel für eine hierarchische Vorgangsstruktur

3.3.8   Abhängigkeiten

Eine Abhängigkeit ist eine Beziehung zwischen Vorgängen oder Ereignissen, die deren Abfolge im Ablauf bestimmt. Dieser Beziehung kann ein Zeitabstand mit Vorzeichen als Minimal- oder Maximalbedingung zugeordnet werden. Setzt man Minimalbeziehungen voraus, so zeigen die Abhängigkeiten, welche Ablaufelemente in welchem Zustand ein müssen, bevor das nächste realisiert werden kann. Maximalbeziehungen können in Minimalbeziehungen umgewandelt werden[29].

In der Ablaufplanung lassen sich grundsätzlich drei Arten von Verhältnissen zwischen Vorgängen unterscheiden (Figur 3.14):
- Zwei Vorgänge müssen aus logischen Gründen **nacheinander** realisiert werden (serielle Folge von Vorgängen in Vorgangsketten).
- Zwei Vorgänge haben einen gemeinsamen Vorgänger und einen gemeinsamen Nachfolger, ohne dass sie sich gegenseitig beeinflussen. Sie müssen nur innerhalb desselben Zeitraumes realisiert werden und liegen daher parallel.
- Zwei Vorgänge haben einen gemeinsamen Vorgänger und einen gemeinsamen Nachfolger und müssen gegenseitig abgestimmt bzw. koordiniert werden. Dazu ist eine **Synchronisation** bzw. Koordination der betroffenen Vorgänge notwendig.

---

29 *Knöpfel H., Wenger P., Füllemann H., Die Balkennetz - Darstellung für Terminpläne, IB ETH, 3. Auflage, Zürich 1988*

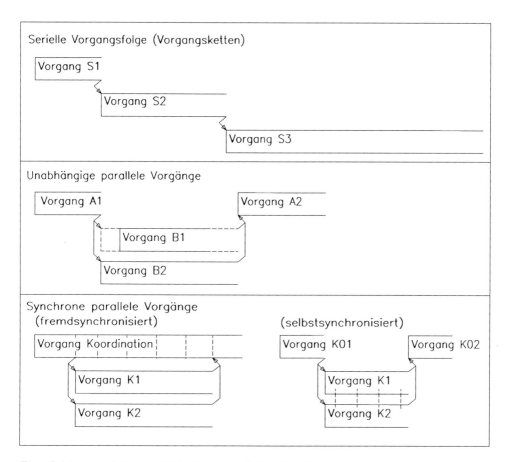

Figur 3.14   *Arten von Verhältnissen zwischen Vorgängen*

Der grösste Teil der **seriellen** Folgen beruht auf zwei Eigenschaften von Bauprojektabläufen:

- Die Erzeugung einer baulichen Anlage ist stark geprägt von Vorgängen, deren Abfolge sich zwangsläufig aus den rein physischen bzw. technischen Bedingungen der zu erstellenden Anlage ergibt, beispielsweise kann ein Bodenbelag in einem Innenraum erst verlegt werden, wenn im entsprechenden Raum der Unterlagsboden (Estrich) vorhanden ist.

- Im Projektablauf treten gewisse Prozesse auf, welche eine bestimmte Sequenz von Vorgängen bzw. Arbeitsschritten erforderlich machen. Diese Sequenzen haben ihre Ursache in normativen oder rechtlichen Vereinbarungen und im Stand des Wissens der Projektbeteiligten. Normative oder rechtliche Vereinbarungen und der Stand des Wissens und der Erfahrung bewirken eine Bearbeitungs- oder Zustands-Reihenfolge, die "erfahrungsgemäss" richtig ist bzw. als solche anerkannt wird. Auf einer sehr groben Ebene kann dazu schon der generelle Projektablauf als Beispiel

dienen: Projektanstoss - Projektdefinition - Projektierung - Realisierung - Inbetriebsetzung. Auch auf tieferen, sehr detaillierten Ebenen treten sehr viele solche
Sequenzen auf, so z.B. bei Ausschreibung - Angebotsbearbeitung - Angebotsauswer-
tung - Vergabeverhandlungen - Vergabeantrag - Vergabeentscheid - Werkvertrag.

Der Synchronisation **parallel** ablaufender, voneinander **abhängiger** Vorgänge kommt
vor allem in den Phasen der Projektierung grosse Bedeutung zu. Sie bildet die Basis für
aufeinander abgestimmte, technische Teilsysteme und für die Integration der einzelnen
Lösungen zu einer funktionierenden Anlage. Zudem bietet sie Gewähr für eine rasche
Projektabwicklung. Die Synchronisation bzw. Koordination von abhängigen, parallelen
Vorgängen kann in eine serielle Kombination von Sequenzen mit parallel-unabhängigen
Vorgängen zerlegt werden (Figur 3.15). Dabei werden die Vorgänge K1 und K2 in Teilvorgänge zerlegt, die voneinander unabhängig realisiert werden können. Die Outputs
der Teilvorgänge werden in Synchronisations- bzw. Koordinationsvorgängen aufeinander abgestimmt.

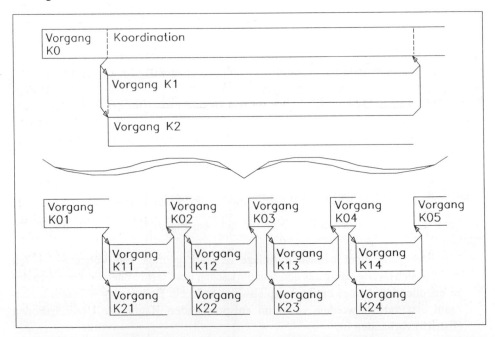

Figur 3.15   *Rückführung der Fremdsynchronisation auf serielle und unabhängige*
                parallele Vorgänge

Für die konkrete Ausbildung der Synchronisation sind verschiedene Strategien bzw.
Arbeitsweisen denkbar:
-   Der Koordinator gibt **Konzepte** vor. An Sitzungen werden Unklarheiten bereinigt
    bzw. abgestimmt, indem jeder Beteiligte Fragen stellt.

- Der Koordinator gibt klare Teilvorgänge und ein **Sitzungsraster** vor. Alle Beteiligten präsentieren ihre Teilergebnisse an den gemeinsamen Sitzungen, die Teilresultate werden beurteilt und neue Aufträge erteilt.
- Der Koordinator führt die Resultate der Teilvorgänge in **Koordinationsteilvorgängen** zu einem koordinierten und integrierten Gesamtresultat zusammen, stellt Mängel fest und erteilt neue Aufträge.

Sowohl parallele als auch serielle Abhängigkeiten können:
- technische
- organisatorische bzw. kapazitative oder
- weitere
Ursachen haben haben.

Eine **technische** Abhängigkeit, die auf rein sachlichen und funktionellen Bedingungen beruht, bedeutet die Übergabe von Informationen und/oder Objekten zwischen zwei Vorgängen. Wenn in einem Vorgang I der Projektzustand AI erreicht wird, bedeutet eine Abhängigkeit vom Vorgang I zum Vorgang II, dass für den Beginn des Vorganges II der Projektzustand AI eine notwendige Bedingung ist. Bedeutet dieser Zustand AI beispielsweise, dass ein Informationspaket "Bauprojekt Elektro - Anlagen und technische Daten" vorliegen muss, dann ist dieses Informationspaket eine von mehreren Voraussetzungen, damit der Vorgang "detaillierte Baubeschriebe und Kostenvoranschlag Fachtechnik" beginnen kann. Zusätzlich für den Beginn dieses Vorganges II muss auch das Informationspaket "Bauprojekt HKLK - Anlagen und technische Daten" vorliegen. Technische Abhängigkeiten sind im allgemeinen nicht oder nur mit umfangreichen und unwirtschaftlichen Massnahmen zu ändern.

Im Projektablauf von herausragender Bedeutung sind auch die **organisatorischen** Abhängigkeiten, welche sich aus den Bedingungen der Projektorganisation ergeben, und die **kapazitativen** Abhängigkeiten, die durch die Beschränkungen der Einsatzmittel in der Projektabwicklung entstehen. Organisatorische und vor allem kapazitative Abhängigkeiten sind relativ einfach zu ändern. Eine Änderung der kapazitativen Abhängigkeiten zieht jedoch in der Regel eine Änderung im Bereich der Kosten mit sich, indem beispielsweise ein höherer Mitteleinsatz Mehrkosten verursacht, aber auch zusätzliche Koordinationsaufwände, eine erhöhte Fehlerrate und allenfalls unzulässige oder unangenehme Spitzenbelastungen sind kostenintensiv.

Ausserdem können sich Abhängigkeiten aus der **Umgebung** ergeben, sei es aus rechtlichen Rahmenbedingungen (Einhaltung von gewissen Verfahren zur Erlangung von Bewilligungen), aus Abläufen in Stammorganisationen irgendwelcher Beteiligter, aus betrieblichen Rahmenbedingungen, wie Aufrechterhaltung eines bestimmten Betriebszustandes, oder aus moralisch / ethischen Einflüssen, wie der Anhörung von durch die zu projektierende und zu erstellende Anlage betroffenen Personenkreise.

3.3.9 Allgemeine Beziehungen

Die fünf Subsysteme des allgemeinen Modelles für Projektabläufe (Projektziele, Anlage, Umgebung, Projektbeteiligte sowie Projektablauf) stehen **teilweise** in Beziehung zueinander bzw. beeinflussen sich. Im einzelnen bestehen insbesondere folgende Beziehungen (Figur 3.10):

Ziele -> Anlage:	Durch die Projektziele und die Führungsaspekte wird die Anlagenstruktur festgelegt.
Ziele -> Projektablauf:	Die Projektziele und Führungsaspekte bestimmen zu einem grossen Teil die Phasen und Hauptzustände im Projektablauf. Je nach Art der Projektziele werden auch Abhängigkeiten direkt bestimmt. Die Art und Weise, wie die Projektbeteiligten geführt werden, bestimmt direkt, ob gewisse Vorgänge parallel oder seriell ablaufen.
Ziele -> Projektorganisation:	Die Präferenzen des Auftraggebers bestimmen das erzeugende System wesentlich. Mit der Wahl der Stammorganisationen werden die einzelnen Projektbeteiligten und die verfügbaren Mittel und Technologien festgelegt.
Anlage -> Projektablauf:	Je nach Art der Bauobjekte und Teilsysteme müssen verschiedene Projektzustände erreicht bzw. durchlaufen werden. Durch die bauliche Anlage selbst werden ein Teil der Vorgänge und viele technische Abhängigkeiten bestimmt.
Anlage -> Leistungen:	Je nach Art der Anlage und Bauobjekte müssen bestimmte Leistungen erbracht werden oder nicht. Damit sind entsprechende Beteiligte zuzuziehen (beispielsweise für ein Gebäude mit komplexen Installationen ein Fachkoordinator).
Projektorganisation -> Ablauf:	Mit der Projektorganisation sind die Beteiligten, ihre Mittel, Technologien und Arbeitsweisen festgelegt.
Umgebung -> Anlage:	Gewisse Umgebungseinflüsse können zusätzliche Anlagenteile bewirken (beispielsweise Lärmschutzwände an Trassen).

Umgebung -> Ziele:	Gewisse Umgebungseinflüsse können zusätzliche Projektziele verursachen oder die Gewichtung verschiedener Ziele ändern (Imagebildung für Auftraggeber, Akzeptanz der Anlage durch Nachbarn etc.).
Umgebung -> Organisation:	Gewisse Umgebungseinflüsse wirken auf die Struktur und Zusammensetzung der Projektorganisation ein.
Umgebung -> Projektablauf:	Gewisse Umgebungseinflüsse wirken direkt auf den Projektablauf ein (vgl. Abschnitt 3.3.5).
Projektablauf -> Anlage:	Mit dem Projektablauf werden die Zustände der zu erstellenden Anlage geändert bzw. die geplanten Zustände erreicht.
Projektablauf -> Organisation:	Die Projektorganisation wird durch entsprechende Vorgänge und Zustände bestimmt.

Mit diesem allgemeinen Modell für Projektabläufe lassen sich jedoch noch keine Aussagen machen darüber,
- woraus sich Vorgänge und Abhängigkeiten ableiten lassen,
- welche Eigenschaften bzw. Merkmale dadurch bereits festgelegt sind und
- welche Eigenschaften bzw. Merkmale im Verlaufe der Ablaufplanung noch festzulegen sind.

Um gültige Aussagen über die eigentlichen Ablaufelemente machen zu können, ist die Verfeinerung des allgemeinen Modelles für Projektabläufe im Bereich des Projektablaufes notwendig. Der Bauprojektablauf kann gemäss den Ausführungen in Anhang A3 definiert werden als zeitliche Folge von bei der Abwicklung eines Bauprojektes auftretenden Phasen, Projektzuständen und Vorgängen.

Bei einer detaillierteren Betrachtung des Ablaufes im Modell für Projektabläufe lassen sich die Beziehungen der Teilsysteme auf den Projektablauf wie folgt unterteilen (Figur 3.16):

Die Beziehung Ziele -> Projektablauf wird unterteilt in die Beziehungen:

Ziele -> Phasen/Zustände:	Die Projektziele und Führungsaspekte bestimmen zu einem grossen Teil die Phasen und Hauptzustände im Projektablauf.
Ziele -> Vorgänge:	Je nach Art der Projektziele werden Vorgänge bestimmt.
Ziele -> Abhängigkeiten:	Die Art und Weise, wie die Projektbeteiligten geführt werden, bestimmt gewisse Abhängigkeiten.

Die Beziehung Anlage -> Projektablauf wird unterteilt in die Beziehungen:

Phasen/Zustände -> Anlage:	Die verschiedenen Projektzustände, die erreicht bzw. durchlaufen werden, bestimmen Bauobjekte und Teilsysteme.
Anlage -> Vorgänge:	Durch die Struktur der baulichen Anlage selbst wird ein Teil der Vorgänge bestimmt.
Anlage -> Abhängigkeiten:	Die Struktur der baulichen Anlage bestimmt viele technische Abhängigkeiten

Die Beziehung Umgebung -> Projektablauf wird unterteilt in die Beziehungen:

Umgebung -> Phasen/Zustände:	Gewisse Umgebungseinflüsse können bestimmte Projektzustände notwendig machen.
Umgebung -> Vorgänge:	Umgebungseinflüsse können gewisse Vorgänge im Projekt festlegen.

Die Beziehung Projektablauf -> Beteiligte wird unterteilt in die Beziehungen:

Vorgänge -> Beteiligte:	Jedem Vorgang kann direkt der verantwortliche Beteiligte zugeordnet werden.
Beteiligte -> Abhängigkeiten:	Durch den Mitteleinsatz, die Arbeitsweise oder die Technologie, welche Beteiligte einsetzen, werden Abhängigkeiten verursacht.

Innerhalb der einzelenen Elementgruppen des Projektablaufes können ebenfalls Beziehungen festgestellt werden. Dabei bestimmen vor allem die Projektphasen und Projektzustände einerseits Vorgänge (über die Input - Output - Beziehung besteht eine direkte Korrelation zwischen Zuständen und Vorgängen), andererseits werden durch die Projektphasen und Projektzustände auch Abhängigkeiten festgelegt. Durch Teilabläufe werden direkt Vorgänge und Abhängigkeiten festgelegt.

Gruppen von Vorgängen und Abhängigkeiten, welche im Projektablauf immer ähnliche Projektzustände zur Folge haben, können mit einer **Faltung** (vgl. Abschnitt 2.4.3 "Netztransformationen") vereinheitlicht und als **Teilablauf** ausgeschieden werden, indem Vorgänge und Abhängigkeiten zusammengefasst werden[30,31]. Ein Teilablauf besteht im Minimum aus zwei Vorgängen und einer Abhängigkeit.

---

30 Brandenberger J., Ruosch E., Ablaufplaung im Bauwesen, Zürich 1988

31 Brankamp K., Heyn W., Schütze, Standardisierte Netzpläne, Berlin 1971

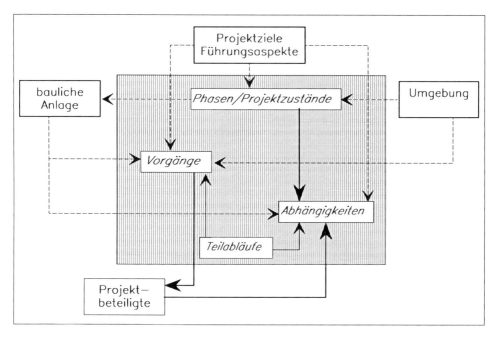

Figur 3.16   Allgemeines Modell für Projektabläufe

3.4   Datenmodell für Projektabläufe

3.4.1   Zweck

Das allgemeine Modell für Projektabläufe soll als **Gedankenmodell** derart gegliedert werden, dass sich die Erkenntnisse und Resultate der vorliegenden Forschungsarbeit auch mit zeitgemässen Informatik-Hilfsmitteln anwenden lassen. Dazu wird das allgemeine Modell in ein **Datenmodell** umgesetzt, das als Grundlage für ein Informatik-Hilfsmittel dienen kann. Dieses **Hilfsmittel** soll in der Lage sein, die Erzeugung eines idealen Ablaufplanes für Bauprojekte zu unterstützen, indem es "automatisch" Informationen über erforderliche Vorgänge, Abhängigkeiten, Projektzustände und Projektbeteiligte liefert. Für die weitere Gliederung der Abläufe wird die Datenbanktheorie als Strukturierungshilfe herangezogen.

Die marktreife Entwicklung einer entsprechenden Software (die nur mit sehr komplexen relationalen Datenbanksystemen oder mit objektorientierter Programmierung zu erstellen wäre) ist nicht Thema der Forschungsarbeit. Dagegen wurde das Datenmodell im Sinne eines Prototypen in Teilen entwickelt, um die Durchführbarkeit der Ideen zu überprüfen[32].

---

32 Vergleiche Anhang C

3.4.2   Informatikhilfsmittel zur Gestaltung und Kontrolle von Projektabläufen

Die Ablaufplanung und -kontrolle beinhaltet die Tätigkeiten zur Planung, Realisierung und Kontrolle der Zustandsänderungen des Bauprojektsystems. Die Aufgaben im Rahmen der Ablaufplanung und -kontrolle werden heute durch verschiedene Instrumente und Hilfsmittel unterstützt:

projektunabhängige Instrumente und Hilfsmittel

Vorschriften und Normen:	SIA - Normen und Empfehlungen (insbesondere Fachgebiete, technische Systeme und Komponenten)
	SIA - Ordnungen (insbesondere Bestimmung der Entscheidungspunkte, Phasengliederung, Leistungen)
	Baukosten - Kontenpläne
	Organisationshandbücher von Auftraggebern und Auftragnehmern usw.
Theorien und Methoden:	Projektmanagement - Methoden
	Netzplantechnik
	Kommunikationstheorie etc.
Instrumente wie	Standard - Terminpläne
	Beispiele (andere Projekte, laufend oder abgeschlossen) u.a.m.
Hilfsmittel wie	computerunterstützte Terminplanungsprogramme
	CAD - und Grafik - Systeme
	Datenbanksysteme etc.

projektabhängige Instrumente und Hilfsmittel

Vorschriften wie	Projektleitfaden
	Organisationshandbuch etc.
Instrumente wie	Terminpläne
	Terminlisten
	Phasenpläne
	Produktivität und Mitteleinsatzdiagramm
	Zahlungsbedingungen und Finanzbedarf etc.
Hilfsmittel wie	Informationssystem
	Dokumentationssystem
	Checklisten etc.

Diese Hilfsmittel sind mit wenigen Ausnahmen jedoch nicht einheitlich definiert und werden auch nicht einheitlich angewendet. Eine Standardisierung ist nur ansatzweise vorhanden; insbesondere sind kaum Dokumentationssysteme vorhanden, welche die Übertragung von Erfahrungen aus bereits abgewickelten Projekten in die Ablaufplanung aktueller Projekte erleichtern.

Zur Erzeugung von Ablaufplänen ist der Einsatz verschiedener **Mittel** denkbar:
-   Ein Zeichner zeichnet am Zeichenbrett skizzierte Ablaufpläne ins Reine.

- Die Ablaufpläne werden mit Hilfe einer Terminplanungs - Software gestaltet und ausgedruckt.
- Die Ablaufpläne werden mit Hilfe einer Terminplanungs - Software gestaltet und mit einem Plotter gezeichnet.
- Die Resultate der Ablaufplanung mit Terminplanungs - Software werden von einem Zeichner reingezeichnet.
- Die Ablaufpläne werden mit Hilfe einer einfachen Grafiksoftware gezeichnet.
- Die Ablaufpläne werden von einem technischen Zeichner mit einem CAD - System gezeichnet.
- Die Ablaufpläne werden am Bildschirm dargestellt und benutzt.
- Die Ablaufpläne werden aufgrund der CAD - Daten und Leistungsdatenbanken erstellt.

In Zukunft werden in den Planungs- und Projektierungsbüros der Bauwirtschaft die EDV - Anwendungen weiterhin zunehmen. Insbesondere Terminplanungs -, Grafik - und CAD - Systeme werden auf breiter Basis im Einsatz stehen. Daher ist anzunehmen, dass Ablauf- und Terminpläne in naher Zukunft vorwiegend auf computergestützten Systemen erzeugt werden. Es hängt von der Entwicklung im Bereich Terminplanungs-software und von den Ansprüchen der Auftraggeber ab, ob für die Darstellung von Ablauf- und Terminplänen auf eine grafikorientierte Weiterbearbeitung von mit Ter-minplanungssoftware erzeugten Resultaten verzichtet werden kann.

3.4.3 Datenstruktur

Als Grundlage für das Datenmodell für Projektabläufe sind verschiedene Ansätze denk-bar. Die im Moment am meisten diskutierten Ansätze sind dabei die **relationalen** Datenmodelle und die **objektorientierten** Datenmodelle. Für eine fachbezogene Aufar-beitung von Bauprojektabläufen und eine Strukturierung und Systematisierung sind beide Ansätze geeignet. Die Praktikabilität und Verbreitung im echten Anwendungsbe-reich von objektorientierten Ansätzen ist zum heutigen Zeitpunkt noch nicht gross. Im Gegensatz dazu ist das relationale Datenmodell heute auf grosser Breite eingeführt und bietet auf allen gängigen Computersystemen gute Realisierungsmöglichkeiten. Zudem lassen sich mit dem relationalen Datenmodell strukturierte Daten auf der hier zur Dis-kussion stehenden Detaillierungsstufe auch im objektorientierten Ansatz verwenden. Aus diesem Grund wird im weiteren das Datenmodell für Projektabläufe auf der Basis des relationalen Ansatzes entwickelt.

Für den Entwurf relationaler Datenbanksysteme empfiehlt Zehnder[33] folgendes Vorge-hen:
1 Abstecken des Problemrahmens
2 Bildung von Entitätsmengen, Festlegen der Attribute
3 Festlegen von Beziehungen

---

33 *Zehnder C.A., Informationssysteme und Datenbanken, 4. Auflage, Zürich 1987*

4 Definition von Identifikationsschlüsseln
5 Elimination nicht - hierarchischer Beziehungen (globale Normalisierung)
6 Einbezug der lokalen Attribute
7 Darstellung der Konsistenzbedingungen
8 Formulierung von Transaktionen.

Als **Entität** ist ein individuelles Exemplar von Elementen der realen oder der Vorstellungswelt zu verstehen. Eine **Entitätsmenge** ist eine Gruppierung von Entitäten mit gleichen oder ähnlichen Merkmalen, aber unterschiedlichen Merkmalswerten. Eine **Beziehung** im Sinne der relationalen Datentheorie ist die Kombination einer Assoziation [EM1, EM2] mit ihrer Gegenassoziation [EM2, EM1]. Dabei legt eine Assoziation [EM1, EM2] fest, welche Entitäten aus EM2 einer Entität aus EM1 zugeordnet sein können. Jede Assoziation gehört einer bestimmten Assoziationsart an, die angibt, wieviele Entitäten aus EM2 einer Entität aus EM1 zugeordnet sein können. Es werden folgende Assoziationsarten unterschieden:

Art 1	genau eine
Art c	keine oder eine
Art m	mindestens eine
Art mc	keine, eine oder mehrere.

Beziehungen der Art 1 - 1, 1 - c, 1 - m und 1 - mc sind hierarchische Beziehungen. Nichthierarchische Beziehungen müssen beim Datenbankentwurf auf hierarchische Beziehungen reduziert werden. Dazu werden sogenannte Hilfsentitätsmengen eingeführt.

Die Schritte 1 - 3 (Abstecken des Problemrahmens, Bildung von Entitätsmengen, Festlegen der Attribute, Festlegen von Beziehungen) des Vorgehens beim Entwurf relationaler Datenmodelle wurden in den vorangehenden Abschnitten bereits gemacht. Die Resultate werden als Entitätenblockmodell des allgemeinen Datenmodelles für Projektabläufe dargestellt (Figur 3.17).

Die Entitätsmengen werden aus dem allgemeinen Modell für Bauprojektabläufe abgeleitet.

Entitätsmenge	Attribute
Anlageart, Bauobjektart	Objektart-Nummer, Objektbeschreibung, Objektstufe, Anlagenteilezuordnung, Umgebungseinflusszuordnung
Anlagenteile	Anlagenteilnummer, Anlagenteilbezeichung, Anlagenteilstufe, Anlagenoberteil
Umgebungseinflüsse	Einflussnummer, Einflussbezeichnung, Einflussstufe, Teilablaufzuordnung, Zustandszuordnung, Anlagenteilzuordnung
Zustände	Zustandsnummer, Zustandsbezeichnung, Zustandsbeschreibung, Einflusszuordnung, Vorgangszuordnung

Vorgänge	Vorgangssatznummer, Vorgangsnummer, Vorgangsbezeichnung, Vorgangsstufe, Vorgangsdauer, Vorgangskosten, Beteiligtenzuordnung, Vorgangsbeschreibungszuordnung, Anlagenteilzuordnung, Zustandszuordnung, Teilablaufzuordnung, Abhängigkeitszuordnung
Abhängigkeiten	Abhängigkeitsnummer, Vonvorgangsnummer, Nachvorgangsnummer, Abhängigkeitsart, Verzug
Projektbeteiligte	Beteiligtennummer, Beteiligtenbezeichnung, Beteiligtenbeschreibung
Vorgangsbeschreibung	Vorgangszuordnung, Beschreibung

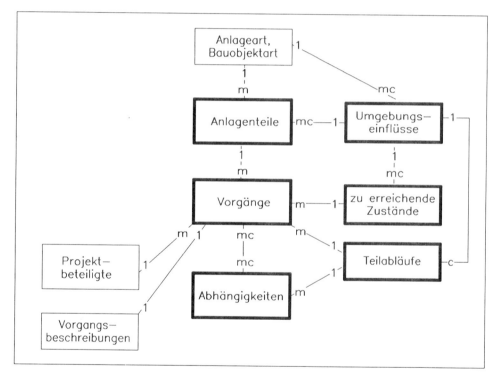

Figur 3.17   Allgemeines Datenmodell für Projektabläufe

3.4.4 Normalisierung

Die Beziehungen der Entitäten im allgemeinen Datenmodell werden mittels globaler Normalisierung und Anfügen weiterer Entitäten hierarchisiert. Als Resultat liegt das Datenmodell in seiner normalisierten Form vor, d.h. im Datenmodell gibt es nur noch hierarchische Beziehungen zwischen Entitätsmengen.

Die Entitätsmengen "Anlagenteile" und "Vorgänge" werden mit einer Entitätsmenge verknüpft, welche die hierarchische Einordnung. der Entitäten "Anlagenteile" bzw. "Vorgänge" angibt. Die Beziehung zwischen den Entitätsmengen "Vorgänge" und "Abhängigkeiten" wird aufgeteilt in die Zuordnung der Vorgänger zu jedem Vorgang und der Zuordnung der Nachfolger zu jedem Vorgang.

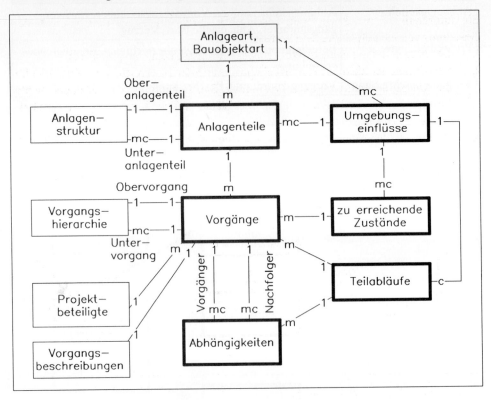

Figur 3.18   Datenmodell nach globaler Normalisierung

3.4.5   Einsatz

Ein Informationssystem, welches den Entwurf eines Ablaufplanes und die Kontrolle von Projektabläufen unterstützt, soll auf systematisiert vorliegende Datenstrukturen zugreifen können. Die Einflüsse der Projektumgebung und der Anlagenstruktur sollen berücksichtigt werden können. Wichtige und sich wiederholende Teilaspekte in Projektabläufen sollen in einer Bibliothek von Erfahrungen abgelegt und greifbar sein. Auch standardisierte Vergleichswerte und Datenbestände bereits abgewickelter Projekte sollen als Erfahrungsbibliothek zugreifbar sein.

Wünschenswert und mit Blick auf die Tendenzen der Entwicklung neuerer Informatik-hilfsmittel[34] nicht unrealistisch ist die Vision einer Bearbeitung an einer grafischen Oberfläche, welche im Hintergrund auf die Datenstrukturen zugreift, eine grafische Bearbeitung der Daten ermöglicht und über alternative Datenbestände Ablaufvarianten vorschlägt.

Ein Informatikhilfsmittel wie oben beschrieben durchläuft im Einsatz, d.h. bei der Gestaltung von Ablaufplänen, fünf Schritte.

1. Bestimmen der Anlagenstruktur und der relevanten Umgebungseinflüsse
2. Bestimmen der einzuhaltenden Teilabläufe und der zu erreichenden Zustände für die Anlage, deren Bauobjekte, Teilsysteme, Bauelementgruppen und Bauelemente
3. Bestimmen der zur Einhaltung der Teilabläufe und zur Erreichung der Zustände notwendigen Vorgänge
4. Bestimmen der Abhängigkeiten zwischen den einzelnen Vorgängen und Teilabläufen
5. Kontrolle aller Daten und Ergänzen weiterer Angaben zu den Vorgängen wie Beteiligte, Zeitbedarf oder Kosten.

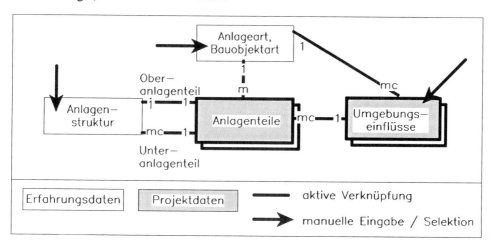

Figur 3.19   Datenmodell im Anwendungsschritt 1

Bei der Gestaltung eines Ablaufes sollen in einem ersten Schritt einerseits die Umgebungseinflüsse analysiert und die für das aktuelle Projekt relevanten Einflüsse ausgewählt werden. Andererseits soll die Anlagenstruktur mit Anlageart sowie Art und Anzahl der einzelnen Bauobjekte aufgebaut werden.

---

34 Vergleiche z.B. Microsoft-Project unter Windows 3.0 als zukunftgerichtete Betriebssystemoberfläche für MS-DOS Rechner

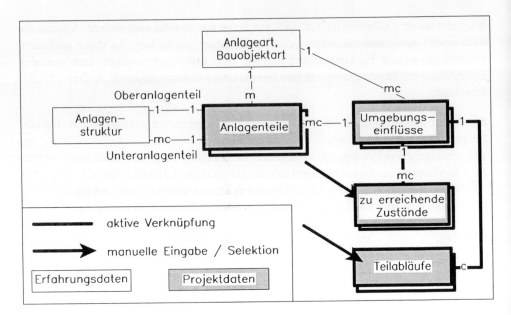

Figur 3.20   *Datenmodell im Anwendungsschritt 2*

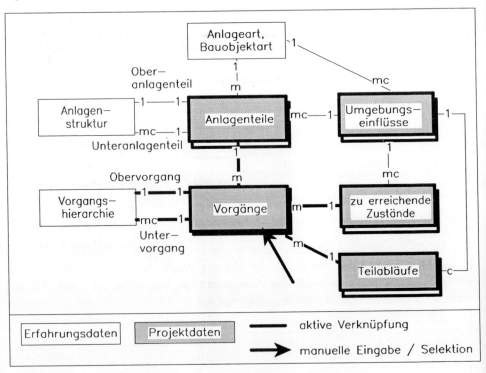

Figur 3.21   *Datenmodell im Anwendungsschritt 3*

In einem zweiten Schritt werden die für die Umgebungseinflüsse relevanten und für die Teilsysteme und/oder Bauelemente notwendigerweise zu durchlaufenden Zustände vorgeschlagen und manuell ergänzt. Auch die Teilabläufe, welche sich aus den Umgebungseinflüssen und den Projektzielen und Führungsaspekten ergeben, werden selektiert.

Als dritter Schritt wird über die Verknüpfung mit den Standardvorgängen ein Entwurf für eine Vorgangsliste vorgeschlagen. Durch die hierarchische Verknüpfung von Vorgängen kann dabei in verschiedenen Bearbeitungsebenen detailliert werden. Im vierten Schritt werden aus den Teilabläufen und der Standardvorgangsfolge die relevanten Abhängigkeiten bestimmt. Durch die Hierarchisierung der Entitäten können mit einfachen Bedingungen ganze Teilnetze angehängt oder weggelassen werden.

Zuletzt werden die Daten ergänzt und kontrolliert. Änderungen sind auf jeder Stufe in jedem Anwendungsschritt möglich.

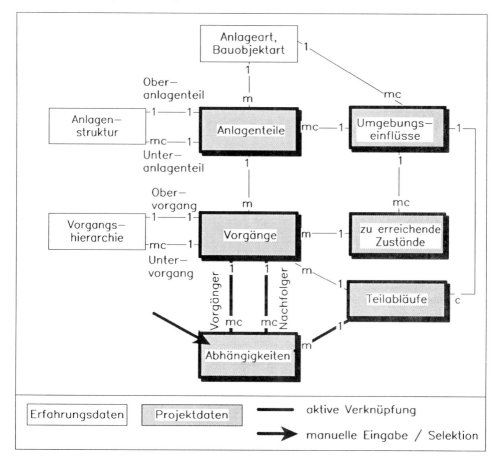

Figur 3.22   Datenmodell im Anwendungsschritt 4

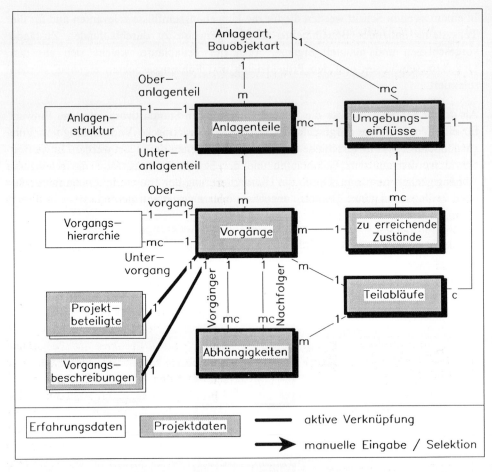

Figur 3.23   Datenmodell im Anwendungsschritt 5

4. MODELLABLAUF FÜR BAUPROJEKTE

4.1 Zweck, Aufbau und Methodik des Modellablaufes

4.1.1 Zweck und Aufbau

Das zentrale Element des Gesamtkonzeptes "Ablaufmodell für Bauprojekte" ist der Modellablauf für Bauprojekte. Dieser Modellablauf dient als Grundlage für die Verwendung von Standardprojektabläufen im Bauwesen. Er ist nicht allein als ein integraler Gesamtablauf für ein ganzes Projekt konzipiert, sondern es wurde ein hierarchischer und modularer Aufbau gewählt. Der Modellablauf für Bauprojekte besteht in diesem Sinne aus drei verschiedenen Teilen, nämlich:
- dem Basisablauf,
- einer Übersicht über Teilabläufe und mögliche Problembereiche im Bauprojektablauf und
- Ablaufalternativen für Problembereiche im Bauprojektablauf.

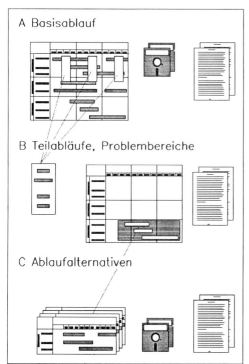

Der Modellablauf für Bauprojekte ist eine Grundlage für die Ablaufplanung von Bauprojekten. Er zeigt im Basisablauf hierarchisch strukturiert und phasenweise detailliert den Ablauf eines durchschnittlichen Bauprojektes. Im Basisablauf sind systematische Teilabläufe integriert, die separat beschrieben werden. Zu gewissen Bereichen im Bauprojektablauf, an denen erfahrungsgemäss Probleme auftreten können, werden im Modellablauf Vorgehens- bzw. Ablaufalternativen angeboten, welche in den Basisablauf eingesetzt werden können. Durch die hierarchische Struktur und den modularen Aufbau des Ablaufes in Basisablauf, Teilabläufe und Ablaufalternativen wird eine einfachere Überblickbarkeit und eine grössere Flexibilität bei der Planung und Kontrolle von Bauprojektabläufen ermöglicht. Die Ablage aller Informationen zu den Ablaufelementen in einem Datenbanksystem ermöglicht den raschen Zugriff auf Daten, und der Modellablauf lässt sich einfach editieren.

Figur 4.1: Aufbau des Modellablaufes für Bauprojekte

4.1.2   Methodik und Strukturen

a)   Ergebnisorientiertes Vorgehen

Die Durchführung eines Projektes hat das Erreichen eines bestimmten Zustandes zum
Ziel. In der Regel wird dieser Zustand nicht in einer Phase erreicht, sondern es müssen
Zwischenzustände bzw. Etappen definiert werden. Ein solcher Projektzustand ist in der
Regel mit einem Entscheid eines Projektbeteiligten gekoppelt. Für diese Entscheide
müssen bestimmte Ergebnisse der Projektbearbeitung (Zustände bzw. Etappen) vorlie-
gen, die als Entscheidungsgrundlage dienen.

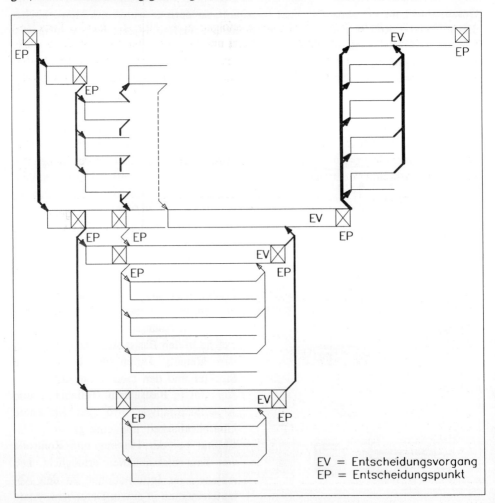

Figur 4.2:   *Ergebnisorientierter Ablauf*

Im Modellablauf zeigt sich dieser Zusammenhang zwischen Projektbearbeitung,
Ergebnissen und Entscheiden in der Ausrichtung des Ablaufes auf Entscheidungspunkte

bzw. Entscheidungsvorgänge (Figur 4.2). Nach jedem Entscheid werden die Aufgaben innerhalb der Beteiligtenstruktur hierarchisch aufgeteilt, indem jeder Beteiligte seine Aufgaben in Teilaufgaben unterteilt, die teilweise von weiteren Beteiligten bearbeitet werden. Nach der Lösung der Teilaufgaben werden die Teilresultate zum Resultat der nächsthöheren Stufe zusammengefasst. Diese Arbeitsweise äussert sich im Modellablauf in einer Auffächerung der Vorgänge nach jedem Entscheidungspunkt und in der erneuten Zusammenführung aller Vorgangsketten des Ablaufes auf dem nächsten Entscheidungspunkt.

b)   Vorgangshierarchie

Die Veränderungen des Bauprojektsystems erfolgen durch eine stufenweise Detaillierung des Zielsystems, des erzeugenden Systems und des erzeugten Systems. Jede Stufe der Detaillierung bringt einen Zuwachs der Arten und der Anzahl der Elemente des Bauprojektsystems und damit auch der Beziehungen zwischen den Elementen mit sich. Dieser Zuwachs an Komplexität des Projektsystems legt den Einsatz von mehreren Bearbeitungs- und Führungsebenen im Gesamtprojekt zur Planung und Kontrolle der Veränderungen nahe. Um solche Bearbeitungs- und Führungsebenen abzubilden, werden im Modellablauf **hierarchische Strukturen** verwendet. Die wichtigste hierarchische Struktur ist dabei die Vorgangsstruktur. Sie umfasst im aktuellen Zustand des Modellablaufes drei Bearbeitungsebenen.

2	Projektierung	Vorgang
21	Vorprojektierung	Stufe
21001	Raumprogramm	0
2100101	Groblayout, Raumprogramm	1
2100101001	konkretere Anforderungen Fachtechnik	2
2100101002	Mitarbeit am betrieblichen Groblayout	2
2100101003	provisorisches Raumprogramm	2
2100101004	betriebliches Groblayout	2
2100101005	Programm betriebliche Einrichtungen	2
2100102	Ueberarbeitung Groblayout	1
2100102001	Ueberarbeitung Anforderungen Fachtechnik	2
2100102002	Ueberarbeitung Raumprogramm	2
2100102003	Ueberarbeitung Groblayout, det.betr. Einrichtungen	2
2100102004	Einholen Richtofferten	2
21002	Vorprojekte (in Varianten) und Ueberarbeitung	0
2100201	Koordination Vorprojekt	1
2100201001	Aufträge an Fachstellen und Projektierende	2
2100201002	Aufbau Projektorganisation Vorprojektierung	2
2100201003	Koordination Vorprojektierung	2
2100201004	Variantenvergleich Vorprojekte, Antrag	2
2100201005	Projektpräsentation	2

Figur 4.3:   *Beispiel für die Vorgangsnumerierung im Modellablauf*

Um eine vernünftige Zunahme des Detaillierungsgrades zwischen zwei Hierarchieebenen zu ermöglichen, wird eine Aufteilung eines Vorganges in vier bis zehn Teilvorgänge angestrebt. In Ausnahmefällen, wo die Gliederung der Anlagenstruktur es notwendig

macht, werden einem Vorgang rund 20 Teilvorgänge zugeteilt. Die hierarchische Eingliederung der Vorgänge wird aus ihrer Vorgangsnummer ersichtlich. Die Vorgangsnummer setzt sich zusammen aus zehn Ziffern, die in vier Blöcken angeordnet sind:
"ppnnniikk". Die ersten beiden Ziffern (pp) bezeichnen die Phase und Teilphase, welchen der Vorgang zugeordnet ist, der zweite Block (..nnn..) mit 3 Ziffern ist die Nummer
der Vorgänge der höchsten Ebene (Stufe 0), der dritte Block (..ii..) diejenige der Vorgänge der zweiten Ebene (Stufe 1) und die Ziffern ..kkk sind die Nummer der dritten
Vorgangsebene (Stufe 2). Diese Vorgangshierarchie kann nach unten beliebig mit weiteren Ebenen ergänzt werden.

Die hierarchische Zuordnung der Vorgänge innerhalb der Vorgangsstruktur ist immer
eindeutig, jeder Vorgang der Stufe 1 ist immer genau einem Vorgang der Stufe 0 zugeordnet, jeder der Stufe 2 immer genau einem der Stufe 1. Das gewählte Numerierungssystem macht diese hierarchische Zuordnung in der Vorgangsliste sichtbar. Die Vorgänge der obersten Ebene sind ihrerseits einer Projektphase zugeordnet. Ein Vorgang
umfasst mindestens zwei Teilvorgänge der nächstunteren Ebene.

4.1.3   Gliederungskriterien im Ablauf

Ein systematischer und klar strukturierter Aufbau des Ablaufes, nicht nur über die verschiedenen Bearbeitungsebenen hinweg, sondern auch innerhalb einer Bearbeitungsebene, ist ein wesentlicher Faktor für die Standardisierung und übersichtliche Gestaltung von Projektabläufen. Dabei sind Kriterien, welche die Planung und Kontrolle von
Abläufen im allgemeinen transparenter machen, in besonderem Masse zu berücksichtigen. Im Modellablauf wird für die folgenden Gliederungskriterien von Abläufen eine
grundlegende, systematische Struktur eingeführt:
- eine hierarchisch ergänzbare Anlagenstruktur, die für alle Projektphasen die wesentlichen Begriffe festlegt und abgrenzt und
- eine Beteiligtenstruktur, welche sich in allen Projektphasen verwenden lässt und von
  den gewählten Vertragsformen unabhängig ist.

Die Darstellung von Abläufen in Ablaufplänen lässt sich grundsätzlich auf zwei Achsen
strukturieren (Figur 4.4). Auf der horizontalen Achse hat sich eine im wesentlichen
zeitliche Gliederung nach Projektphasen und allenfalls mit einem Zeitmassstab bewährt.
Auf der vertikalen Achse sind verschiedene zusätzliche Gliederungsmöglichkeiten
denkbar, die gegebenenfalls auch kombiniert werden können.

Im Modellablauf zeigt sich die **horizontale Gliederung** in einer klaren Phaseneinteilung, die Phasen und Teilphasen unterscheidet, und in einer zeitmassstäblichen Darstellung der Abläufe. Die Phaseneinteilung orientiert sich an gängigen Phasenkonzepten, insbesondere lassen sich die Phasen der Leistungs- und Honorarordnungen des SIA[35] im Phasenkonzept für den Basisablauf unterbringen. Auch die Phasen der HOAI[36] lassen sich in dieses Phasenkonzept umsetzen.

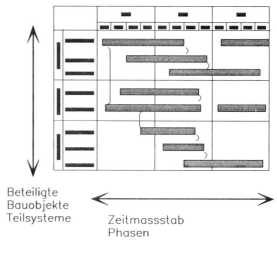

Beteiligte
Bauobjekte
Teilsysteme   Zeitmassstab
Phasen

Figur 4.4:   Gliederungskriterien im Ablauf

Phase	Teilphase	Hauptinhalt
Unternehmensplanung		
1 Vorbereitung	Generelle Vorbereitung	Projektdefinition, Standortwahl
	Vorstudie	generelles Variantenstudium
2 Projektierung	Vorprojektierung	Vorprojekt in Varianten
		überarbeitetes Vorprojekt
	Bewilligungsprojektierung	Erarbeitung Baubewilligungs-
		bzw. Botschaftsprojekt
	Detailprojektierung	Detailstudien und Änderungen
3 Ausführung	Vorbereitung der Ausführung	Ausschreibungsunterlagen,
		Ausschreibungen, Werkverträge
		Realisierung bauliche Mass-
	eigentliche Ausführung	nahmen
4 Inbetriebsetzung	-	Abnahmen, Bezug, Abschluss
Betrieb und Nutzung		

Tabelle 4.1:   Phasenkonzept für den Modellablauf

Der Projektablauf umfasst vier Phasen und wird initialisiert und allenfalls begleitet durch die Unternehmensplanung. Nach dem Projektende und allenfalls begleitend zum Projektablauf erfolgt die Nutzung.

---

35 *SIA: Schweizerischer Ingenieur- und Architekten - Verein*

36 *Verordnung über die Honorare der Architekten und Ingenieure der Bundesrepublik Deutschland*

Auf der **vertikalen Achse** wird der Modellablauf nach Anlagenteilen und Beteiligten gegliedert. Diese Strukturierung des Ablaufes nach Bauobjekten bzw. Realisierungsetappen und nach Projektbeteiligten erlaubt es, einzelne **Aspekte** aus dem Projektablauf mittels **Teilabläufen** darzustellen. Teilabläufe, welche im ganzen Projektablauf immer ähnliche Projektzustände zur Folge haben, können vereinheitlicht und wiederholt verwendet werden. Der Einsatz von Teilabläufen lässt einen modularen Aufbau von Ablaufplänen zu. Die Reaktion auf unterschiedliche oder ändernde Rahmenbedingungen, Beteiligtenstrukturen oder Anlagenarten und -strukturen kann durch den Einsatz von Teilabläufen, die auf diese Situation zugeschnitten sind, vereinfacht, vereinheitlicht, transparenter gemacht und beschleunigt werden, ohne dass der ganze Ablauf von Grund auf neu erarbeitet werden muss.

4.1.4 Darstellung des Modellablaufes

Für die Darstellung der Ablaufpläne des Modellablaufes wurde eine praxisgerechte und leicht verständliche Form gesucht. Zur Diskussion standen Balkendiagramme, Netzpläne oder Balkennetze. Die zeitmassstäbliche Darstellung bietet folgende, in der Praxis relevante Vorteile:
-   Ein Vorgang von vier Wochen Dauer sieht schon auf den ersten Blick anders aus als ein solcher von vier Tagen Dauer.
-   Vorgänge, welche gleichzeitig abzulaufen haben, stehen auch untereinander.
-   Vorgänge in wichtigen Zeitbereichen wie Jahreszeiten, Entscheidungs- bzw. Sitzungszeiträume, Ferienzeiten etc. sind sofort ersichtlich.

Auf der anderen Seite hat auch die Darstellung in Form von Netzplänen in der Praxis wesentliche Vorteile:
-   Durch die Darstellung der Abhängigkeiten sind auch für Aussenstehende und bei Änderungen die Zusammenhänge und Überlegungen ersichtlich.
-   Die Vorgänge sind nicht, wie bei Balkenplänen üblich, am linken Rand des Planes angeschrieben, sondern dort, wo der Vorgang gezeichnet wird.
-   Die Ablaufpläne lassen sich kompakter darstellen, da mehrere Vorgänge auf derselben Zeile dargestellt werden können.

Die Vorteile der zeitmassstäblichen Darstellung und der Netzpläne lassen sich durch die Kombination von Balkendiagrammen und Netzplänen in Form von Balkennetzplänen miteinander kombinieren. Für die zeichnerische Darstellung des Modellablaufes wird daher ein **Balkennetzplan** verwendet. Dabei werden die Vorgänge als auf der rechten Seite offene Balken zeitmassstäblich gezeichnet und direkt in diesem Rechteck auf zwei Zeilen beschriftet (Figur 4.5). Die Abhängigkeiten werden als fein gestrichelte, vertikale Linien dargestellt, die mit einem 45° geneigten Strich vom Vorgang abgesetzt werden und mit einem 45° geneigten Pfeil enden.

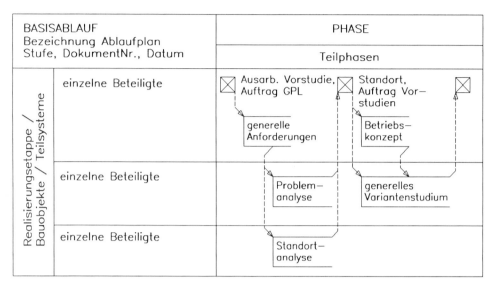

Figur 4.5:   *Darstellung des Modellablaufes*

4.2 Basisablauf

4.2.1 Zweck und Aufbau des Basisablaufes

Im Rahmen des Modellablaufes dient der Basisablauf als **Ausgangsvariante** für einen
Bauprojektablauf. Er zeigt modellhaft den Ablauf eines durchschnittlichen Bauprojektes, wie er heute in der Regel für Bauprojekte in der Schweiz geplant wird. Der Basisablauf dient dabei einerseits als Ausgangslage für Verbesserungsvorschläge, andererseits
gibt er eine gemeinsame Bezugsebene für alle Arten von Bauprojekten. Er macht im
Sinne eines Vorschlages die Aufteilung der Leistungen zwischen einzelnen Beteiligten-
funktionen ersichtlich.

Der Basisablauf in seiner Gesamtheit wird mit verschiedenen Medien repräsentiert. Das
am einfachsten erfassbare Mittel der Darstellung sind Ablaufpläne in Form von Balkennetzplänen. Die Zeitachse des Balkennetzes wird dabei nur angedeutet, ein Zeitmassstab wurde für den Basisablauf nicht eingeführt.

Der gesamte Basisablauf umfasst in übersichtlicher Form Ablaufpläne über **drei Bearbeitungsebenen** (Stufe 0, Stufe 1, Stufe 2) und deckt den gesamten Bauprojektablauf ab,

wobei die Pläne der Stufe 2 phasenweise detailliert vorliegen[37]. Der ganze Basisablauf ist derart aufgebaut, dass ein stark ergebnisorientiertes Vorgehen auf allen Ebenen der Bearbeitung möglich ist und vorausgesetzt wird. Die hierarchische Struktur der Vorgänge des Modellablaufes entspricht dem hierarchischen Aufbau des Basisablaufes. Die Vorgänge sind immer einer von drei Bearbeitungsebenen und einer bestimmten Phase und Teilphase zugeordnet. Die Reihenfolge der Vorgänge ergibt sich durch Abhängigkeiten. Diese Abhängigkeiten ergeben sich aus technischen und organisatorischen Verknüpfungen.

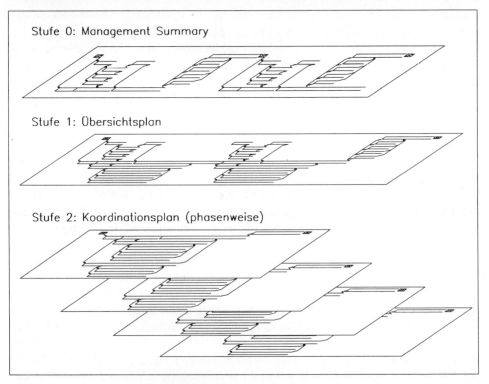

Stufe 0: Management Summary

Stufe 1: Übersichtsplan

Stufe 2: Koordinationsplan (phasenweise)

Figur 4.6:   *Aufbau des Basisablaufes*

Die Vorgänge sind in einer Datenbank strukturiert abgelegt. Die dazugehörigen Abhängigkeiten sind ebenfalls in einer Datenbank abgelegt. Jede Abhängigkeit ist relational mit zwei Vorgängen der Vorgangsdatenbank verknüpft. Die Datenbanken sind in einem Vorgangsinformationssystem zusammengefasst und können dort bearbeitet und ausgewertet werden[38]. Auch die entsprechenden Vorgangsbeschreibungen sind mit diesem Informationssystem abrufbar. Die EDV - gerechten hierarchischen Strukturen für

---

37 *Vergleiche Anhang D: Basisablauf - Ablaufpläne*

38 *Vergleiche Anhang C: Beschreibung des Vorgangsinformationssystemes VIS (Prototyp)*

die Vorgänge und Abhängigkeiten wurden im Basisablauf durch die Darstellung des Basisablaufes auf drei Ebenen auch grafisch umgesetzt.

Die drei Bearbeitungsstufen des Basisablaufes umfassen folgende Ablaufpläne:
- Ablaufplan Stufe 0:   Meilensteinplan, Management Summary
- Ablaufplan Stufe 1:   Übersichtsplan
- Ablaufplan Stufe 2:   Koordinationsplan

Der Ablaufplan der Stufe 0 umfasst den ganzen Projektablauf in einem groben Zeit-massstab (z.B. Quartale). Es werden insgesamt ca. 35 Vorgänge und Entscheide ausge-wiesen. Organisatorisch ist der Ablaufplan der Stufe 0 einzuordnen auf der Ebene der Geschäftsleitung des Bauherrn (Gesamtauftraggeber). Er zeigt im wesentlichen die Pha-sen und Teilphasen für das Projekt, zeigt die zu fällenden Hauptentscheide und stellt die Rahmentermine für das Projekt dar. Der Ablaufplan Stufe 0 dient der Koordination mit anderen Projekten desselben Auftraggebers und der Verdeutlichung der wichtigsten Abhängigkeiten.

Der Ablaufplan der Stufe 1 umfasst den ganzen Projektablauf im Zeitmassstab der Grössenordnung Monate. Es werden insgesamt ca. 100 Vorgänge und Entscheide und etwa ebensoviele Abhängigkeiten ausgewiesen. Organisatorisch ist der Ablaufplan der Stufe 1 auf der Ebene der Projektleitung des Bauherrn einzuordnen. Er zeigt im wesentlichen die Phasen und Teilphasen für das Projekt, sowie die zu fällenden Ent-scheide und stellt die von den wichtigsten Beteiligten zu erbringenden Leistungspakete mit ihren gegenseitigen Abhängigkeiten dar.

Der Ablaufplan der Stufe 2 umfasst phasenweise detailliert eine bis zwei Projektphasen im Zeitmassstab von Wochen oder allenfalls Monaten. Es werden insgesamt ca. 100 Vorgänge und Entscheide und etwa ebensoviele Abhängigkeiten pro Phase ausgewiesen. Organisatorisch ist der Ablaufplan der Stufe 2 auf der Ebene der Gesamtprojektleitung einzuordnen. Er zeigt die von allen Beteiligten zu erbringenden Leistungspakete und die wichtigsten Arbeitsschritte mit ihren gegenseitigen Abhängigkeiten. Der Koordinati-onsplan dient der Gesamtprojektleitung als Instrument für die Koordination der Lei-stungen aller Beteiligten.

Plan	Umfang (Phasen)	Erstellung und Nutzung der Ablaufpläne (Projektphasen)				
		0	1	2	3	4
Meilensteinplan (Stufe 0)	A	BH	BH GL P/P	BH GL P/P	BH GL P/P	BH GL P/P
Übersichtsplan (Stufe 1)	A		GL BH P/P	GL BH P/P A/L	GL BH P/P A/L	GL BH P/P A/L
Koordinationsplan (Stufe 2)	1		GL BH P/P			
	2		GL	GL BH P/P		
	3			GL	GL BH P/P	
	4				GL BH P/P	GL BH P/P

Benutzer des Plans:
BH   Bauherr
GL   Gesamtleiter
P/P Planer und Projektierende
A/L Ausführende und Lieferanten
——   Ersteller und Nachführender des Plans

Umfang des Plans:
A   Alle noch aktuellen Projektphasen
0   Unternehmensplanung
1   Phase Vorbereitung
2   Phase Projektierung
3   Phase Ausführung
4   Phase Inbetriebsetzung

Tabelle 4.2:   Überblick über Erstellung und Nutzung der Ablaufpläne des Basisablaufes

4.2.2 Ausgangslage für den Basisablauf

a) Anlagenstruktur

Die statistischen Werte zur Bautätigkeit in der Schweiz zeigen, dass rund 60 % der erstellten Bauobjekte zu den Bereichen Wohnen, Unterkunft, Verpflegung, Dienstleistung, Gesundheit, Freizeit und Bildung gehören und als Hochbauprojekte bezeichnet werden. Daher wird als bauliche Anlage für den Basisablauf ein komplexes Hochbauvorhaben gewählt, das aus einem einzelnen Bauobjekt der Objektart "Gebäude" besteht. Die Anlagenstruktur für den Basisablauf sieht wie folgt aus:

Anlage, Bauobjekt	Teilsystem	Bauelementgruppe
Gebäude	Grundstück	Ver- / Entsorgung Grundstück Erschliessung mit Verkehrsanlagen
	Vorbereitungsarbeiten	Terrainvorbereitungen Anpassung bestehender Anlagen Provisorien Abbrüche
	Erdbau / Baugruben	Baugrube Kanalisationen
	Rohbau	Fundamente / Bodenplatten Rohbau Tragwerke Gebäude (UG,EG,OG) übriger Rohbau
	Bauwerkshüllen	Fassaden Fenster / Türen / Tore Dächer
	MSR-Installationen HKLKS-Installationen Elektro-Installationen	MSR - Anlagen HKLK- / Sanitär-Anlagen Elektroanlagen
	Ausbau	Trennwände, Innentüren Boden-, Wand-, Deckenverkleidungen Einbauten
	Umgebung	Terraingestaltung, Bepflanzung Verkehrserschliessung im Grundstück
	Betriebseinrichtungen	bauliche Zusatzeinrichtungen betriebliche Einrichtungen
	Ausstattung	Gebäudeausstattungen

Tabelle 4.3: Anlagenstruktur für den Basisablauf

Diese Anlagenstruktur kann einfach ergänzt oder geändert werden. Neben dieser Struktur für den Basisablauf liegen gleich aufgebaute, vorbereitete physische Gliederungen für typische Bauobjekte vor.

Die räumliche Gliederung der einzelnen Bauobjekte einer baulichen Anlage in Teilbauobjekte soll projektspezifisch erfolgen und wird nicht standardisiert. Auch die Gliederung in Ausführungsetappen kann nicht standardisiert werden.

b)   Projektorganisation

Die Grundstruktur für die Projektorganisation basiert auf der schematischen Projektorganisation, wie sie in Kapitel 3 dargestellt wird. Für jedes Bauprojekt muss für jede Phase im Projektablauf eine spezifische Projektorganisation aufgebaut bzw. eine bestehende Projektorganisation angepasst werden. Diese Projektorganisation umfasst die zur Bearbeitung der Aufgaben notwendigen Stellen und Organe mit der eindeutigen Zuordnung der Aufgaben und Zuständigkeiten. Für den Basisablauf wurde eine Struktur von beteiligten Funktionsbereichen gewählt, wie sie in der folgenden Tabelle aufgeführt ist.

Stufe 0	Stufe 1	Stufe 2
Öffentlichkeit	Geldgeber / Versicherer Nachbarn / Behörden	Geldgeber Versicherer Nachbarn und weitere Einspracheberechtigte Bewilligungs- und Genehmigungsbehörden
Bauherr, Betreiber, Benutzer	Bauherr, Betreiber, Benutzer	Gesamtauftraggeber Projektleiter Bauherr Fachstellen Bauherr Betreiber Benutzer
Gesamtprojektleitung	Gesamtprojektleitung, Nutzungs- und Betriebsplanung	Gesamtprojektleitung Betriebsplaner (inkl. Instandhaltung und Nutzungsplanung)

Planer / Projektierende	Planer / Projektierende	Hauptprojektierender
		Projektierender Tragwerke / Baugruben
		Fachkoordinator
		HKLK-Planer
		Sanitär-Planer
		Elektro-Planer
		MSR-Planer
		weitere Planer
		Berater und Experten
Bauleitung, Ausführende, Lieferanten	Bauleitung	Bauleitung
		Fachbauleiter
	Ausführende / Lieferanten	Ausführende / Lieferanten (nach Teilsystemen)

Tabelle 4.4:   *Beteiligtenstruktur für den Basisablauf*

c)   Umgebungseinflüsse

Der Basisablauf zeigt modellhaft den Ablauf eines durchschnittlichen Bauprojektes auf. Daher wurde als Ausgangslage ein häufiges Bauvorhaben in einer normalen Projektumgebung gewählt, die sich in folgenden Umgebungseinflüssen äussert:

Einflussklasse	Einflussgruppe	Ausprägungen (Beispiele)
rechtliche Rahmen- bedingungen	Grenzen, Grundgesetze	Standort anfangs nicht bekannt, später Grundstücksgrenze bekannt
		Schweizerische Bundesverfassung
		Verfassung des Standortkantons
	Wirtschaftsordnung	Obligationenrecht
	Baugesetzgebung im weitesten Sinn	Baugesetz des Standortkantons
		Bauordnung der Standortgemeinde
		baupolizeiliche Vorschriften der Standortgemeinde
		Strassengesetz des Standortkantons
	Umweltschutzgesetze	Gewässerschutzgesetz
		Natur- und Heimatschutz
		Umweltverträglichkeitsprüfung nicht notwendig

organisatorische Rahmenbedingungen	Stammorganisationen	Beteiligte als Einzelleistungsträger zuständiges Gemeinwesen Standortgemeinde Bauherr mit umfassender Struktur
	Rechte/Pflichten	Betriebsbewilligung notwendig (Arbeitsinspektorat)
	Richtlinien/Standards	von Fachverbänden
physische Rahmenbedingungen	Atmosphäre Geosphäre	Sonne, Wetter, Klima, Luft bekannt Landschaft: Stadtrand Geologie unkompliziert Hydrologie: einfache Verhältnisse
	Biosphäre Technosphäre	Fauna und Flora nicht relevant bestehende Anlagen: keine Nachbaranlagen unproblematisch Infrastruktur: erschlossen mit Strassen, weitere Infrastruktur zu erstellen
wirtschaftliche Rahmenbedingungen	Konjunktursituation	Finanzen verfügbar Grundstücke verfügbar Baumarkt variabel Absatzmarkt gut
	Staatliche Interventionen	keine Subventionen Steuerlast bekannt
personelle Rahmenbedingungen	Verfügbarkeit Qualifikationen	knapp gut
technologische Rahmenbedingungen	Projektierungs-Know-how Ausführungs-Know-how	verfügbar verfügbar
Ressourcen	Verfügbarkeit von Mitteln	Energie lieferbar Rohstoffe lieferbar Baumaterialien lieferbar Bodenflächen knapp
	Verfügbarkeit von Grund	Deponieraum teuer
betriebliche Rahmenbedingungen	Anlagen in Betrieb Einflüsse Betrieb der neuen Anlage	keine keine
moralisch/ethische Rahmenbedingungen	Nachbarn Organisationen	kooperativ keine

Tabelle 4.5:　　Umgebungseinflüsse für den Basisablauf

Diese Projektumgebung kann einfach ergänzt oder geändert werden. Neben dieser Zusammenstellung für den Basisablauf liegt eine gleich aufgebaute, vorbereitete allgemeine Checkliste für die typischen Projektumgebungseinflüsse vor[39].

4.3 Teilabläufe im Modellablauf

4.3.1 Zweck der Teilabläufe

In Bauprojektabläufen müssen in verschiedenen Phasen und z.T. in gleichen Phasen für verschiedene Bauobjekte und / oder Teilsysteme der baulichen Anlage oft wieder **gleichartige Leistungen** erbracht oder **ähnliche Projektzustände** erreicht werden. Die Strukturierung des Ablaufes nach Bauobjekten bzw. Realisierungsetappen und Projektbeteiligten erlaubt es, einzelne Aspekte aus dem Projektablauf einzeln zu betrachten. Derartige Aspekte werden im Basisablauf zur einfacheren Planung und Kontrolle von Projektabläufen, aber auch als Element der Standardisierung, mit immer gleichen Teilabläufen abgewickelt. Die Vereinheitlichung und die wiederholte Verwendung ähnlicher Vorgänge und Abhängigkeiten mittels Teilabläufen entspricht dabei in mathematischer Sicht (Petri - Netze) einer **Faltung und Restriktion**, das Einsetzen eines Teillaufes in einem Ablaufplan einer **Einbettung und Entfaltung**. Mit den Teilabläufen werden Vorgänge und Abhängigkeiten einer bestimmten Bearbeitungsebene zu Modulen zusammengefasst und im ganzen Projektablauf einheitlich verwendet.

Der Einsatz von Teilabläufen erlaubt einen modularen Aufbau von Ablaufplänen und ermöglicht eine einfachere, raschere und für alle Beteiligten verständliche, da einheitliche Reaktion auf unterschiedliche und sich ändernde Rahmenbedingungen, Beteiligtenstrukturen oder Anlagenarten und -strukturen. Die im Basisablauf integrierten Teilabläufe können den Wünschen der Beteiligten entsprechend geändert werden. Dabei können zwei Kategorien von Teilabläufen unterschieden werden. Einerseits sind im Basisablauf Teilabläufe integriert, welche unabhängig von der Art, dem Umfang und der Struktur der baulichen Anlage im Basisablauf mehrfach vorkommen. Andererseits umfasst der Basisablauf auch Teilabläufe, welche abhängig sind von der Art der baulichen Anlage und der Bauobjekte und für jede Anlage oder jedes Bauobjekt wiederholt werden.

---

39 *Vergleiche Anhang B4*

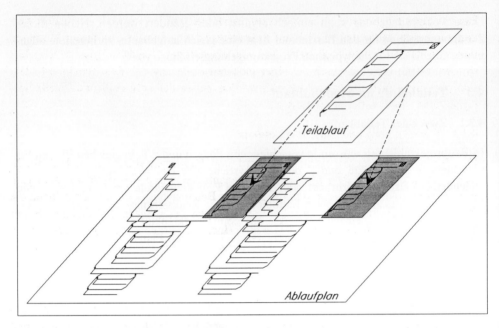

Figur 4.7:   Einsatz von Teilabläufen

Im Basisablauf werden folgende Aspekte im Bauprojektablauf in Form eines Teilab-
laufes behandelt. Dabei sind die ersten fünf Teilabläufe von der baulichen Anlage
unabhängig, die letzten drei dagegen von Anlage und Bauobjekten abhängig:
- Genehmigung und Entscheid Bauherr
- Zusammenarbeit zwischen Gesamtprojektleitung und Bauherr
- Zusammenarbeit in der Projektierung
- Auftragsdefinition
- Ausschreibung - Vergabe - Verträge
- Ausführung Gebäude
- Bewilligungsablauf
- Inbetriebsetzung.

Diese Teilabläufe sind in den Basisablauf integriert. Die Vorgänge und Abhängigkeiten
dieser Teilabläufe sind datenmässig klar von den übrigen Vorgängen und Abhängigkeiten des Basisablaufes unterscheidbar. Damit ist gewährleistet, dass eine Änderung in
einem Teilablauf sich im Basisablauf an jeder Stelle auswirkt, an welcher der Teilablauf
eingesetzt ist. Wenn also beispielsweise der Bauherr einen anderen Entscheidungsablauf
wünscht, kann der Teilablauf "Genehmigung und Entscheid Bauherr" geändert werden,
und diese Änderung überträgt sich an alle Stellen im Ablaufplan, an welcher der Teilablauf eingesetzt ist (Figur 4.7). In der Sicht der Petri - Netze entspricht dieses Vorgehen
einer Faltung und Restriktion (Zusammenfassen ähnlicher Vorgänge zu einem Teilablauf) bzw. einer Einbettung und Entfaltung (Einsetzen eines Teilablaufes an verschiedenen Stellen im Basisablauf bzw. im Ablaufplan).

Ein einzelner eingesetzter Teilablauf kann im Basisablauf jedoch auch modifiziert werden, ohne dass der globale Teilablauf geändert wird. Die Information dieser Modifikation muss datenmässig vom globalen und vom eingesetzten Teilablauf getrennt abgelegt werden. Damit bleibt sie auch bei einer globalen Änderung des Teilablaufes erhalten, und nach der Änderung kann überprüft werden, ob an der entsprechenden Stelle wiederum eine Modifikation notwendig ist.

4.3.2   Genehmigung und Entscheid Bauherr

Der Einfluss der Bauherrenentscheide auf den Bauprojektablauf ist bedeutend. In Terminplänen wird die Zeit für die Bauherrenentscheide und entsprechende Änderungen oft vergessen oder zu knapp bemessen. Der Bauherr erkennt unter Umständen die Tragweite seiner Entscheide und die Auswirkungen der Dauern und Zeitpunkte der Entscheide nicht in vollem Umfang. Um die Dauern für die Entscheide des Bauherrn zu bemessen und den Informationsfluss bei wichtigen Entscheiden und Genehmigungen zu verdeutlichen, ist ein von Auftraggeber und Gesamtprojektleiter gemeinsam erarbeiteter Teilablauf "Genehmigung und Entscheid Bauherr" ein sinnvolles Mittel.

Der Teilablauf "Genehmigung und Entscheid Bauherr" muss gegebenenfalls auf den Sitzungsrhythmus des entscheidungsbefugten Gremiums des Auftraggebers abgestimmt werden. Beim Herbeiführen von Genehmigungen oder Entscheiden ist die rechtzeitige, sachgerechte und formal gut aufbereitete Information der Entscheidungsträger ein wesentlicher Aspekt. Die enge Einbindung der Vertreter des Auftraggebers in die Projektarbeit ermöglicht eine weitgehende Identifikation des Bauherrn mit den Resultaten der Projektarbeit. Die entscheidungsbefugten Organe des Bauherrn müssen ebenfalls in den Prozess eingebunden werden. Wesentlich scheint, dass die entsprechenden Entscheidungsträger laufend, z.B. viertel- oder halbjährlich, in verarbeitbaren und verständlichen Paketen über die wesentlichen Aspekte eines Projektes informiert werden, damit sie beim Anstehen eines Entscheides wenig Zeit mit der Einarbeitung verlieren und sachgerecht entscheiden können. Als Mittel zu diesem Zweck werden beispielsweise[40] periodische Projektpräsentationen durchgeführt.

---

40 Scheifele D., *Bauprojektablauf - Einsatz der Modelle / Referenzprojektuntersuchungen, Arbeitsbericht Nr. 3, IB ETH, Zürich 1991*

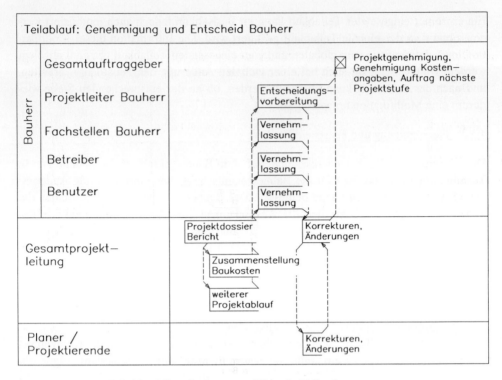

Figur 4.8:   *Teilablauf Genehmigung und Entscheid Bauherr*

4.3.3 Zusammenarbeit Bauherr und Gesamtprojektleiter

Bei der Abwicklung eines Bauprojektes arbeitet der Bauherr eng mit dem Gesamtprojektleiter zusammen. Dabei sind aber die Stellung und Aufgaben des Bauherrn im Bauprojektablauf erst seit einigen Jahren ein Diskussionsthema [41,42].

Der Aspekt der Zusammenarbeit zwischen Beauftragten (Projektierende, Berater) und den Unternehmern und Lieferanten auf der einen und Auftraggeber (Bauherr) auf der anderen Seite wird im Basisablauf berücksichtigt. Ein mögliches Modell der Aufgabenteilung zwischen Bauherr und Projektteam sowie die Koordination und Integration der Leistungen des Bauherrn im Projektablauf werden in einem Teilablauf festgehalten. Dabei sind als wesentliche Merkmale der Zusammenarbeit die folgenden Prinzipien zu nennen:

- Auf der Seite des Auftraggebers werden die Interessen, Anforderungen und Kontrollen durch eine zentrale Stelle, den Projektleiter Bauherr, wahrgenommen. Der Pro-

---

41 *Will L., Die Rolle des Bauherrn im Planungs- und Bauprozess, Frankfurt 1982*

42 *Stellung und Aufgaben des Bauherrn - Unterlagen zum Ausbildungskurs der Schweizerischen Zentralstelle für Baurationalisierung CRB, Zürich 1982*

jektleiter Bauherr wird sichtbar unterstützt von der Geschäftsleitung, seine Zuständigkeiten sind derart festgelegt, dass er handlungsfähig ist.

- Die Geschäftsleitung des Bauherrn fällt nur wichtige Entscheide und genehmigt die wichtigsten Projektzustände. Im wesentlichen wird sie von Einzelaufgaben und Detailentscheiden entlastet.

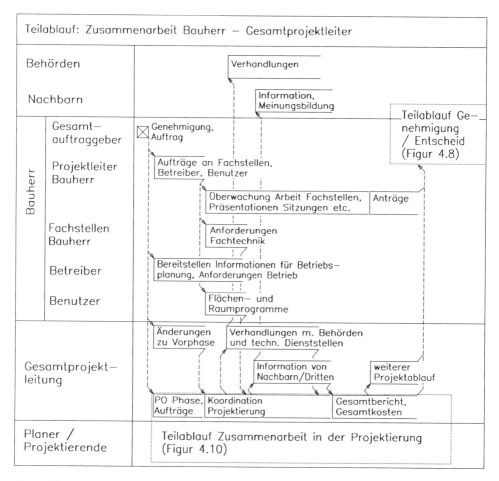

Figur 4.9: *Teilablauf Zusammenarbeit Bauherr - Gesamtprojektleiter*

- Bei den wesentlichen Entscheiden werden die Fachstellen des Bauherrn, die Benutzer und die Betreiber miteinbezogen[43].
- Der Projektleiter Bauherr hat auf der Seite der Beauftragten und der Unternehmer und Lieferanten in der Projektorganisation einen einzigen Ansprechpartner, den Gesamtprojektleiter.

---

43 *Vergleiche auch Teilablauf "Genehmigung und Entscheid durch Bauherrn"*

- Die Gesamtprojektleitung leitet das gesamte Projekt, nämlich die Nutzungs- und Betriebsplanung, die Projektierung, die Ausführung und die Inbetriebsetzung bezüglich des Projektumfanges, der Qualität, der Kosten und der Termine. Die Führungsmethode mit einer verantwortlichen Gesamtprojektleitung ist ein sehr effizienter Führungsstil[44].

4.3.4 Zusammenarbeit in der Projektierung

Für den Basisablauf wurde als Modell der Zusammenarbeit in der Projektierung eine "koordinierte Parallelbearbeitung" gewählt, die sich durch die gleichzeitige Bearbeitung der Teilaufgaben durch alle Projektierenden auszeichnet. Dabei wird grosser Wert gelegt auf eine klare Aufgabenanalyse und Auftragserteilung am Anfang der Bearbeitung, die koordinierenden Tätigkeiten verschiedener Beteiligter (Gesamtprojektleitung, Hauptprojektierender, Fachkoordinator) und die vollständige Integration der Resultate aller Projektierenden vor einem Entscheid durch den Bauherrn.

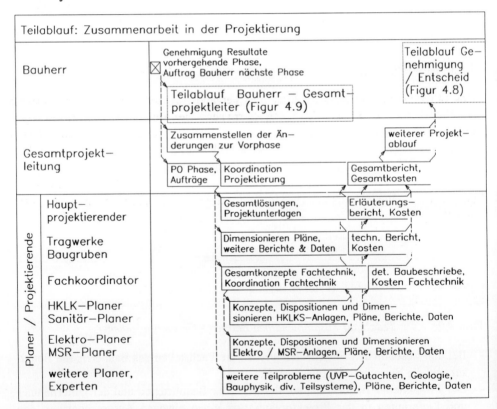

Figur 4.10:   *Teilablauf Zusammenarbeit in der Projektierung*

---

44 Gray C., Dworatschek S., Gobeli D., Knoepfel H., Larson E., International Comparison of Project

4.3.5 Auftragsdefinition

Mit dem Teilablauf Auftragsdefinition wird die Zeit und der Informationsaustausch in der Einarbeitungsphase des Auftragnehmers verdeutlicht. Dieser Teilablauf entspricht dem Teil "Aufträge" des Vorganges "PO Phase, Aufträge" in den Teilabläufen "Zusammenarbeit Bauherr - Gesamtprojektleiter" und "Zusammenarbeit in der Projektierung".

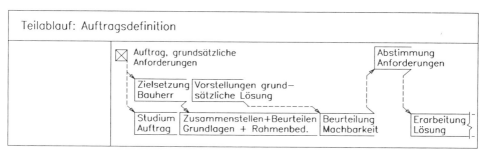

Figur 4.11:   *Teilablauf Auftragsdefinition*

4.3.6 Ausschreibung - Vergabe - Vertrag

Das Vorgehen bei der Ausschreibung und Vergabe von Arbeiten und beim Abschluss von Werkverträgen ist ein stark vom Bauherrn geprägter Teilablauf. Je nach Auftraggeber wird dieser Teilablauf also ändern. Bei der Ausschreibung von technischen Teilsystemen der baulichen Anlage hat sich zur Beschleunigung des Ablaufes folgendes Vorgehen als gangbar gezeigt[45]: Mit den Submissionsplänen werden alle Details festgelegt, danach werden keine definitiven Ausführungspläne mehr erstellt. Die Ausschreibungsunterlagen werden wo immer möglich direkt durch den technischen Bearbeiter selbst erstellt.

Organization Structures - Use and Effectiveness

45 Scheifele D., *Bauprojektablauf - Einsatz der Modelle / Referenzprojektuntersuchungen, Arbeitsbericht Nr. 3, IB ETH, Zürich 1991*

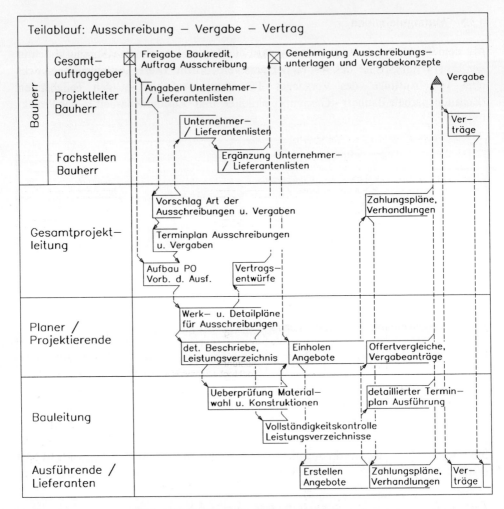

Teilablauf: Ausschreibung — Vergabe — Vertrag

Figur 4.12:   *Teilablauf Ausschreibung - Vergabe - Vertrag*

4.3.7 Ausführung Gebäude

Für die verschiedenen Bauobjektarten ist die Reihenfolge der Realisierung der verschiedenen Teilsysteme im wesentlichen gegeben. Da für den Basisablauf ein Bauobjekt "Gebäude" zugrunde gelegt wird, wird in den Basisablauf der Teilablauf "Ausführung Gebäude" eingebaut.

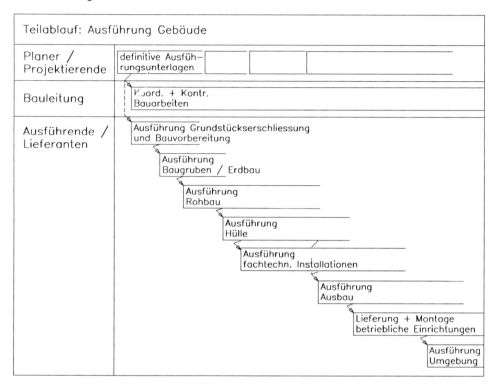

Figur 4.13:   Teilablauf Ausführung Gebäude

4.3.8 Bewilligung

Der Teilablauf "Bewilligung" ist in ausserordentlichem Masse von Einflüssen der Projektumgebung und von der Art der baulichen Anlage selbst abhängig:
- Die rechtlichen Bedingungen legen die Art und den formalen Ablauf des Verfahrens zur Erlangung einer Baubewilligung und die Möglichkeiten für allfällige Gegner des Projektes fest.
- Die Art der Anlage bestimmt, ob und welche zusätzlichen Bewilligungen eingeholt werden müssen.
- Der Standort bestimmt, welche kommunalen, kantonalen und Bundesgesetze eingehalten werden müssen.
- Die einspracheberechtigten juristischen und natürlichen Personen können den Ablauf und die Dauern zur Erlangung einer Bewilligung beeinflussen.

- Bei Projekten der öffentlichen Hand sind in der Regel noch die Zustimmung von Parlamenten oder Volksabstimmungen notwendig.

Im Basisablauf wird ein Teilablauf für die Erlangung der Baubewilligung eines Hochbauprojektes in der Schweiz eingesetzt.

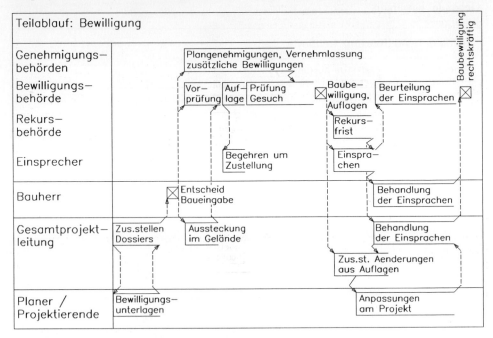

Figur 4.14:   Teilablauf Bewilligung

4.3.9   Inbetriebsetzung

Mit der Inbetriebsetzung soll die Leistungsfähigkeit der baulichen Anlage und das Erreichen der Anforderungen des Auftraggebers geprüft werden und die bauliche Anlage dem Betreiber in technisch einwandfreiem und betriebsbereitem Zustand übergeben werden. Im wesentlichen sind also die Teilsysteme der Anlage abzunehmen im Sinne der Norm SIA 118, das Zusammenwirken der Teilsysteme zu prüfen, die Betriebsvorbereitungen zu treffen, die Dokumentation für den Betrieb und den Bauherrn zu erstellen, Betriebsbewilligungen einzuholen und Betriebskontrollen durchzuführen. Der Inbetriebsetzungsablauf ist stark von der Art der baulichen Anlage und den betrieblichen Einflüssen abhängig.

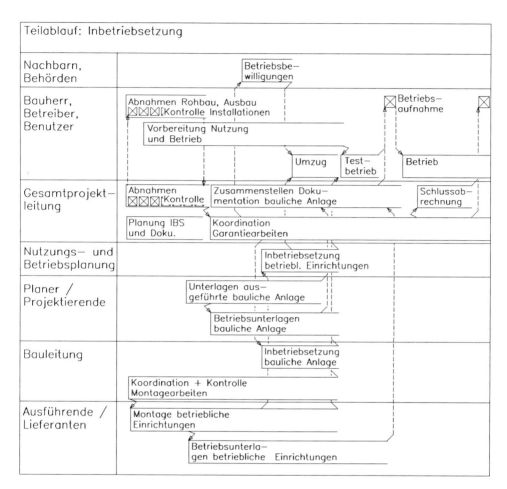

Figur 4.15:   *Teilablauf Inbetriebsetzung*

4.4   Bereiche für Alternativen im Bauprojektablauf

4.4.1   Allgemeines

Die Grundlagen für die Festlegung der Problembereiche ist eine Untersuchung aus dem Jahr 1988. Dabei wurden in Form von Interviews und einem Seminar die Ansichten zur heutigen und künftigen Situation bei der Abwicklung von Bauvorhaben von kompetenten Vertretern der Bauwirtschaft[46] erhoben.

---

46 *Scheifele D., Bauprojektablauf - Problemerfassung und -analyse, IB ETH, Zürich 1988*

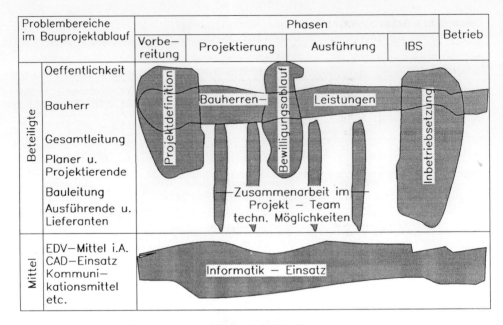

Figur 4.16:   *Problembereiche im Bauprojektablauf*

Für die vorliegende Arbeit wurden folgende Problembereiche näher untersucht:
- Projektdefinition
- Informatik-Einsatz in der Abwicklung von Bauprojekten
- Bewilligungen für die Realisierung von Bauprojekten
- Leistungen, welche durch den Bauherrn zu erbringen sind bzw. erbracht werden
- Zusammenarbeit im Projekt - Team
- Inbetriebsetzung.

4.4.2   Projektdefinition

Die Zielsetzungen für Bauprojekte haben wesentliche Einflüsse auf den Bauprojektab-lauf. Jeder Bauherr, aber auch jeder Projektierende setzt bei der Formulierung von Anforderungen andere Schwergewichte. Das wichtigste Ziel für ein Bauprojekt aus der Sicht des Bauherrn ist die Deckung eines Bedarfes, sei es des eigenen oder desjenigen eines potentiellen Käufers. Da der Bedarf selten zum vornherein definitiv feststeht, werden die Zielsetzungen und Anforderungen für ein Bauprojekt zuerst erarbeitet. In der Schweiz ist dafür in der Regel eine Vorbereitungsphase im Projektablauf üblich, in der die Nutzungs- und Anlagekonzepte und die Grössenordnung der Investitionskosten aufeinander abgestimmt werden. Die Leistungen in dieser Phase ermöglichen dem Bau-herrn den Entscheid, ob ein Vorprojekt ausgearbeitet werden soll oder nicht.

Ob und in welchem Mass dabei durch einen Bauherrn in dieser Vorbereitungsphase Dienstleistungen in Anspruch genommen werden, ist stark vom Typ des Bauherrn abhängig. Professionelle Bauherren erbringen die Leistungen, welche der Projektierung vorausgehen, teilweise selbst und haben dadurch eine klare Vorstellung, welche Projektierenden für das betreffende Projekt geeignet sind. Sie haben die Möglichkeit, viele verschiedene Projektierende zu beauftragen und dabei gewisse Koordinationsleistungen selbst zu erbringen. Allerdings erweist es sich gerade in der Vorbereitungsphase als günstig, Dritte zu beauftragen, um bei der Erarbeitung der Konzepte verschiedene Ideen zu entwickeln und einzubeziehen. Andere Bauherren brauchen und benützen bereits in der ersten Phase aussenstehende Fachleute und kaufen solche Leistungen ein. Sie überlassen tendenziell mehr Aufgaben einem Gesamtprojektleiter, der alle Leistungen koordiniert. Aber auch in diesem Fall muss sich der Bauherr intensiv mit seinen eigenen Zielen und den generellen Anforderungen beschäftigen.

4.4.3 Bewilligung

Mit der Zunahme von Gesetzen und Verordnungen muss bei der Planung und Realisierung von baulichen Anlagen eine immer grössere Anzahl von Amtsstellen angegangen werden. Die heutige Praxis der Baubewilligung ist in der schweizerischen Bauwirtschaft oft derjenige Aspekt, welcher im Bauprojektablauf die grösste Friktion verursacht. Einerseits ist die Dauer von der Baueingabe bis zur Erteilung einer Baubewilligung oft lange, andererseits ist die Unsicherheit gross, ob überhaupt eine Baubewilligung für ein bestimmtes Vorhaben erteilt wird. Dabei liegt die Ursache nicht nur in der eigentlichen Baugesetzgebung, sondern auch in deren Anwendung durch die Behörden. Durch komplizierte Verfahren sind viele amtliche Stellen in einem Baubewilligungsverfahren beteiligt, ohne dass eine klare Regelung zu deren Koordination gegeben ist.

Die Folgen des Bewilligungsverfahrens in Bauprojektabläufen sind vielfältig. Die wichtigste Folge ist die allfällige zeitliche Verzögerung der Bauprojekte, welche einerseits die Investitionskosten des Bauherrn vergrössert und andererseits die Kapazitätsplanung erschwert. Ausserdem gibt es in der Schweiz beträchtliche Unterschiede zwischen den verschiedenen kommunalen Bau- und Planungsreglementen, aber auch zwischen den notwendigen Bewilligungen für Hoch- und Tiefbauprojekte. Bei Hochbauprojekten wird eine Baubewilligung von den kommunalen Behörden erteilt, wenn das Projekt allen gesetzlichen Bestimmungen gerecht wird. Für die Bewilligung von Verkehrswegen dagegen kommt ein Plangenehmigungsverfahren zum Einsatz, in dem die Behörden teilweise als Mittler zur Öffentlichkeit fungieren (z.B. Nationalstrassengesetz und -verordnungen, Eisenbahngesetz und Planvorlageverordnung).

Die Umweltverträglichkeitsprüfung (UVP) ist ein relativ neues Element der Baubewilligung und bezieht sich als solches auf das gesamte Bauprojekt. Die Unsicherheit im Zusammenhang mit der UVP ist gross, da eine Prüfung des Projektes nicht direkt am Projekt Beteiligten die Möglichkeit gibt, in den Projektablauf einzugreifen. Dadurch kann der kritische Weg im Projekt plötzlich über ein übersehenes oder ungewöhnliches Nachweisverfahren laufen.

Durch den Druck der sich verändernden Akzeptanz von Bauwerken treten bei Bauprojekten neue Ziele und Zielprioritäten auf. Dadurch müssen auch die Abläufe angepasst werden. Die Akzeptanz von Bauprojekten hat sich in den letzten Jahren ganz wesentlich geändert. Dabei stehen zwei Aspekte im Vordergrund:
- die verstärkte Sensibilität der Öffentlichkeit gegenüber Immissionen (Lärm, Abgase) und Behinderungen durch Bauwerke und bauliche Massnahmen und
- die Sensibilisierung der Menschen gegenüber Veränderungen der Umwelt im allgemeinen und der Veränderungen durch bauliche Massnahmen im besonderen.

Die starke Sensibilisierung der Menschen gegenüber Bauwerken hat wesentlichen Einfluss auf den Bauprojektablauf. Dies zeigt sich symptomatisch in der Anzahl der Einsprachen bei Baueingaben. Oft ist die Akzeptanz bzw. Nichtakzeptanz sehr widersprüchlich und wenig vorhersehbar.

4.4.4 Bauherren - Leistungen

Die im Rahmen eines Bauprojektes durch den Bauherrn zu erbringenden Leistungen umfassen folgende grundsätzlichen Leistungsarten:
- Bereitstellen von bauherrenspezifischen Projektgrundlagen
- Erarbeitung der Projektziele, Anforderungen und Aufgabenstellungen
- Bereitstellen von Produktions- und Betriebsdaten
- Bereitstellen der finanziellen Mittel und des Grundstückes
- Laufende Beurteilung der erreichten Projektzustände
- Entscheide und Genehmigungen
- Koordination und Kontrolle aller Auftragnehmer und internen Stellen
- Erteilung von Aufträgen und Abschluss von Verträgen
- Übernahme der fertiggestellten Anlage und Übergabe derselben an den Betreiber und den Benutzer.

Bauprojekte verlangen vom Bauherrn eine unterschiedliche Anzahl von Kontakten, Entscheiden und Koordinationsleistungen. Mit steigender Komplexität der baulichen Anlagen verstärkt sich die Unterteilung der Bauherren in "professionelle" (grosse) und "Gelegenheits"- Bauherren. Professionelle Bauherren, ob private oder öffentliche, zeichnen sich dabei durch drei Punkte aus:
- Der "professionelle" Bauherr ist erfahren und hat intern traditionelle, eingespielte Organisationen, die gewohnt sind, Einzelleistungen zu einem Bauprojekt zu vereinen.
- Der "professionelle" Bauherr hat gewisse (geschäfts-)politische Verpflichtungen, möglichst vielen verschiedenen Projektierenden und Ausführenden Aufträge zu erteilen.
- Der "professionelle" Bauherr erstellt zahlreiche, in der Regel auch komplexe bauliche Anlagen, seien es Strassen- und Bahnbauten, Bauten aus dem Gesundheits- oder Bildungsbereich (öffentliche Bauherren) oder Dienstleistungs-, Industrie- und

Gewerbebauten unter sehr vielen verschiedenen, örtlich wechselnden Rahmenbedingungen.

Der Einfluss der Bauherrenentscheide auf den Bauprojektablauf ist bedeutend. Die Art der Entscheidungsfindung ist ein wesentlicher Faktor für die Optimalität von Abläufen. Es kann zusammenfassend konstatiert werden, dass:
- die heute üblichen Abläufe viel Einflussnahme durch den Bauherrn in sehr späten Projektphasen zulassen. Oft wird dabei auf bereits getroffene Entscheide zurückgekommen, und diese werden geändert.
- oft bereits in frühen Phasen vom Bauherrn Detailentscheide gefällt werden, welche den Ablauf stören können,
- auf der anderen Seite der Bauherr häufig die Tendenz hat, sich Entscheide vorzubehalten und in gewissen Bereichen Entscheide aufzuschieben. Dies führt dann zu zeitlich sehr knappen Entscheiden, die einen optimalen Ablauf in der nächsten Projektphase verunmöglichen.
- dem Bauherrn z.T. Einzelentscheide vorgelegt werden, deren Eingliederung in ein Konzept er nicht erkennen kann,
- in den Terminplänen die Zeit für die Bauherrenentscheide und entsprechende Änderungen oft vergessen oder zu knapp bemessen wird.

Bei grossen Organisationen stellt sich auch immer die Frage nach der Entscheidungsbefugnis. Hoch in den Stammorganisationen angesiedelte, in einer Hand konzentrierte Entscheidungsbefugnisse bedingen komplizierte Teilabläufe innerhalb der Bauherrenorganisation. Durch Delegation der Entscheidungsbefugnisse an gewisse Stellen in der Bauprojektorganisation und vermehrte Kontrollen kann der Bauprojektablauf vereinfacht werden. Innerhalb der Bauprojektorganisation stellt sich die Frage nach der Kontrolle und den Einflussmöglichkeiten des Gesamtprojektleiters auf die Leistungen, welche durch den Bauherrn zu erbringen und die Entscheide, welche durch den Bauherrn zu fällen sind.

4.4.5 Zusammenarbeit im Projekt-Team, Technische Möglichkeiten

Durch die zunehmende Komplexität der bauliche Anlagen wird auch ihre Projektierung und Ausführung immer aufwendiger. Dies wirkt sich insbesondere in einer zunehmenden Zahl der am Projekt Beteiligten und in zahlreicheren zu lösenden Problemkreisen aus. Die Anzahl der am Bauprojekt Beteiligten und die Auswirkungen verschiedener technischer Teilsysteme untereinander erzeugen viele Schnittstellenprobleme. Der Einfluss auf den Bauprojektablauf zeigt sich in einer Zunahme von Spezialistenleistungen und dadurch auch in einer Zunahme von Koordinationsleistungen.

Bei grossen, komplexen baulichen Anlagen wird im Bauprojektablauf je länger je mehr der Architekt bzw. Bauingenieur als Person durch verschiedene Funktionsträger ersetzt. Durch viele beteiligte Funktionsträger wird die vermehrte Einführung von Dienstwegen, aber auch eine verstärkte multidisziplinäre Zusammenarbeit nötig. Damit wird die traditionelle Vorherrschaft einer einzigen Person im Bauprojektablauf in Frage gestellt. Anstelle eines einzelnen projektierenden Architekten bzw. Bauingenieurs als beherrschendem "Katalysator" kann ein koordinierender und führender Projektleiter treten, ohne dass die Leistungsaufteilung und die Art der Zusammenarbeit damit bereits vorgegeben ist.

4.4.6   Informatik-Einsatz in der Abwicklung von Bauprojekten

Die Einflüsse der Informatik - Hilfsmittel auf den Bauprojektablauf sind gross und werden noch zunehmen. Im Zentrum des Interesses stehen drei Möglichkeiten, welche sich durch den Einsatz von Informatik - Mitteln ergeben:
- Die gleichen Tätigkeiten können in kürzerer Zeit mit kleinerem Aufwand erledigt werden.
- Die Qualität der Leistungen kann gesteigert werden.
- Es werden neue Produkte und Tätigkeiten überhaupt erst ermöglicht.

CAD ist das wichtigste Hilfsmittel, das im Bauprojektablauf zur Anwendung kommt. In Zukunft wird sich dieser Trend noch verstärken, und auch integrierte Systeme werden eingesetzt werden. Die Entwicklung der CAD - Systeme erfolgt im Moment rasch, und ihr Einsatz ist im Steigen begriffen. Die Unsicherheit ist aber doch beträchtlich, da keines der im Handel erhältlichen Systeme als Standard gelten kann und der Datenaustausch zwischen verschiedenen Systemen ohne grossen Aufwand und ohne Informationsverlust nicht möglich ist. Die neue Technologie wird sich auf die Berufsausübung in der Bauplanung auswirken. Die Verhältnisse zwischen kreativer Leistung und manueller Tätigkeit in der Planung und dem Aufwand für Koordination und Leitung von Bauaufgaben werden sich verschieben.

Die Einflüsse eines konsequenten CAD - Einsatzes auf ein Bauprojekt sind vielfältiger Art und teilweise Gegenstand von Annahmen, da Erfahrungen fehlen. Insbesondere ist der Einfluss auf den Projektablauf noch wenig bekannt.

Der Einsatz von Informatik - Mitteln beschleunigt im heutigen Zustand die **Devisierung** und **Kostenbewirtschaftung** bei Bauprojekten schon beträchtlich. Durch die Informatik - Mittel werden vor allem die Ausschreibung, Kostenkontrolle und Abrechnung stärker vereinheitlicht. In Zukunft wird die Kostenplanung und Devisierung direkt mit dem CAD - System verknüpft sein. Die Genauigkeit der Kostenermittlung wird dabei wesentlich steigen, die Leistungsverzeichnisse werden sich leichter erzeugen lassen, da im CAD - Modell des Projektes Produkt- und Mengendaten vorhanden sind, wenn basierend auf physischen Systemen, Teilsystemen und Elementen gearbeitet wird. Die Unternehmer werden in der Lage sein, die Leistungsverzeichnisse direkt aus Projektdatenbeständen zu übernehmen.

Auch die **Kommunikationsmittel** sind einer raschen Entwicklung unterworfen. Heute gilt als Minimalforderung für alle Projektbeteiligten bereits der Einsatz des Telefax. Die Entwicklung und Einführung von nationalen Glasfasernetzen (ISDN - Integrated Services Digital Network) wird die Informationsübertragung stark beschleunigen. Zugriffe auf Datenbanken ausser Haus werden zum Standard werden. Im Bauprojektablauf laufen bereits Versuche mit verteilten Informatik - Anwendungen zwischen verschiedenen Partnern[47].

4.4.7 Inbetriebsetzung von baulichen Anlagen

Die Abnahme und Inbetriebsetzung technisch komplexer Anlagen (hochinstallierte Gebäude, Bahnanlagen, Tunnels, etc.) und deren Einregulierung sowie die Erprobung des Betriebskonzeptes sind ein klarer Bestandteil der letzten Phase des Projektablaufes. Oft fehlen jedoch in dieser wichtigen Phase die notwendigen Dokumentationen. Es treten sehr viele Schnittstellenprobleme auf, und besonders bei der Leittechnik sind die Verantwortlichkeiten nicht immer klar. Die Inbetriebsetzung ist oft nicht genügend geplant und wird dann vom Ausführenden "einfach gemacht" oder es wird zu einem späten Zeitpunkt der Betreiber gebeten, "die gesamte Anlage zu übernehmen".

Eine gute Dokumentation, insbesondere von technisch komplexen baulichen Anlagen, ist ein absolutes Muss. Die Dokumentationen sind heute im allgemeinen für den Betreiber eher ungenügend, insbesondere integrierte Dokumentationen über Gesamtsysteme sind die Ausnahme. Oft wird gerade bei fachtechnischen Installationen die Dokumentation vom Ausführenden erwartet, der eine gesamthafte, benutzer- und betreibergerechte Aufbereitung nicht in seinen Preis eingerechnet hat.

4.5 Ablaufalternativen

4.5.1 Zweck der Ablaufalternativen

Während Teilabläufe im Ablauf mehrfach eingesetzt und systematisch wiederholt werden, sind Ablaufalternativen auf einen **Problembereich** im Ablauf beschränkt und ersetzen in einem bestimmten Detaillierungsgrad einen Ausschnitt des Basisablaufes. Für jeden der in Abschnitt 4.4 beschriebenen Problembereiche im Bauprojektablauf stehen verschiedene Ablaufalternativen zur Verfügung, die Varianten für den möglichen Projektablauf aufzeigen. Diese Varianten bzw. Ablaufalternativen können dabei verschiedene Hintergründe haben:
- Neue oder geänderte Einflüsse aus der **Projektumgebung** können wesentliche Änderungen des Projektablaufes bewirken.
- Gewisse Anlagearten, **Bauobjekte** oder Teilsysteme können alternative Projektabläufe notwendig machen.
- Alternative Projektabläufe lassen eine **Beschleunigung** des Projektes zu oder verhindern eine Verzögerung.

---

47 *Minder G., Spartenübergreifende Zusammenarbeit mit Hilfe der Telematik im Rahmen eines Grossprojektes, in Schweizer Ingenieur und Architekt Nr. 48, 29. November 1990;*
Projekt der Schweizerischen PTT: Kommunikationsmodellgemeinde Basel "Integrierte Bauplanung"

- Die Struktur und Art der **Projektbeteiligten** und ihrer Einsatzmittel bzw. technologischen Ausstattungen ermöglicht eine alternative Vorgehensweise.
- Wesentlich verschiedene **Projektziele** oder Arten der Führung des Projektes machen andere Projektzustände bzw. Teilabläufe notwendig.

Die Ablaufalternativen können dementsprechend verschiedene Auswirkungen haben:
- Es werden andere Projektarten bearbeitet bzw. andere Projektzustände erreicht und daher andere Leistungen erbracht.
- Die Leistungen werden in einer anderen Reihenfolge erbracht.
- Die Leistungen werden von anderen Projektbeteiligten erbracht, die gegebenenfalls andere Schwergewichte setzen und mit kürzeren Dauern arbeiten, oder es werden zusätzliche Projektbeteiligte notwendig, deren Leistungen in den Ablauf eingebunden werden müssen.

Einige der Ablaufalternativen betreffen Aspekte im Bauprojektablauf, zu denen im Basisablauf Teilabläufe ausgeschieden wurden. Dadurch wird eine Kombination der Ablaufalternativen mit den Teilabläufen möglich, indem die Ablaufalternativen als Alternativen zu einem bestimmten Teilablauf eingesetzt werden können.

Die Untersuchung von Alternativen in der Ablaufplanung stellt aber auch ein Mittel zur Beurteilung von Ablaufkonzepten und -plänen dar. Zudem können Ablaufalternativen als "vorbehaltene Möglichkeiten" vorbereitet werden, um gewisse äussere Ereignisse im Projektablauf, z.B. ändernde Bedingungen der Projektumgebung, zu antizipieren und eine Reaktion auf solche Ereignisse rasch und geplant zu ermöglichen.

4.5.2   Projektdefinition

a)   Basisablauf

Die Projektdefinition ist durch den Entscheid zur Bildung der Bauherrschaft und die Entscheide zum Umfang und zur Zielsetzung des Gesamtprojektes gekennzeichnet. Der Basisablauf zeigt den Ablauf der Projektdefinition und der Standortwahl für ein Projekt, in welchem die Anforderungen des Bauherrn und die betrieblichen Aspekte zusammen mit der Projektdefinition und der Vorstudie bearbeitet werden. Zudem ist vorausgesetzt, dass der Standort für die bauliche Anlage bei Auftragserteilung durch den Bauherrn noch ermittelt werden muss. Dabei stellen sich im heutigen Umfeld zwei Probleme. Einerseits sind die Leistungen in der Phase "Vorbereitung" in den Leistungs- und Honorarordnungen nicht vollständig beschrieben, und andererseits ist es nicht zum vornherein klar, wer diese Leistungen erbringt bzw. zu erbringen hat und in welcher Reihenfolge die Leistungen zu erbringen sind.

Die Standortbestimmung von baulichen Anlagen hat sich in den letzten Jahren aus einer Transport- und Kostenoptimierungsfrage zunehmend in ein komplexes Problem gewandelt. Die Ursachen dafür sind in der Entwicklung der Weltwirtschaft einerseits und in der Wandlung des Verständnisses der Öffentlichkeit für bauliche Massnahmen anderer-

seits zu suchen. Die neuen Aspekte wirken sich auf die Standortbestimmung in dreierlei Hinsicht aus:
- Die örtlichen Auswahlmöglichkeiten werden in den Industrieländern durch ökologische und politische Restriktionen und durch die Baulandhortung eingeschränkt.
- Die Anzahl der zu berücksichtigenden Umgebungseinflüsse steigt und verursacht höhere Investitionsrisiken.
- Die Möglichkeiten für Investitionen in bis anhin nur beschränkt zugänglichen Märkten (Osteuropa, Entwicklungsländer) haben zugenommen.

Die verschiedenen Arten von baulichen Anlagen verhalten sich bezüglich ihrer Gebundenheit bei der Standortwahl sehr verschieden. Während bei gänzlich neuen Anlagen immer ein gewisser Handlungsspielraum gegeben ist, spielt für Anlagen, welche erweitert, ergänzt oder erneuert werden sollen, der bisherige Standort eine dominierende Rolle. Im Basisablauf ist die Standortermittlung und -analyse ausgewiesen. Je nach Rahmenbedingungen ist für ein Projekt eine Standortanalyse und -ermittlung oder nur eine Standortanalyse vorzunehmen

b)   Zielsetzungen für Ablaufalternativen

Am Ende der Vorbereitungsphase sollen folgende Ziele erreicht sein:
- Die Art und der Umfang der vorgesehenen Nutzung sowie das Betriebskonzept sind bekannt.
- Das Grobkonzept der Anlage und der Kostenrahmen für Investition und Betrieb sind geklärt.
- Die Pflichtenhefte bzw. generellen Anforderungen an die bauliche Anlage sind festgelegt.
- Die technische, wirtschaftliche und sozialpsychologische sowie politische und rechtliche Machbarkeit sind nachgewiesen.
- Der wünschenswerte Standort ist ermittelt.
- Die Aufträge für die Ausarbeitung von Vorstudien sind vorbereitet.

Mit Blick auf einen optimalen Projektablauf sind dabei folgende Forderungen an den Ablauf zu stellen:
- Die Anforderungen des Bauherrn müssen früh bekannt sein.
- Es müssen in frühen Phasen mit verschiedenen Spezialisten konzeptionelle Lösungen erarbeitet werden.
- Bei Variantenstudien sollten in einem mehrstufigen Verfahren bereits früh einige gute Varianten erreicht werden.
- Investitionsberatung, Betriebsplanung und Vorstudien von Baufachleuten sind zu koordinieren und zu integrieren.
- Um Friktionen im Bauprojektablauf zu verhindern, sollte nach Beginn der Projektierung und Realisierung keine tiefgreifende Änderung der Nutzungsplanung mehr erfolgen, da insbesondere die Anforderungen an die Fachtechnik stark von der Nutzung abhängen.

c)   **Ablaufalternativen**

Nr. 1: Intensive Betriebsplanung
Während der Basisablauf die Projektdefinition für einen durchschnittlichen Hochbau
aufzeigt, ist in der Ablaufalternative Nr. 1 eine Anlage vorausgesetzt, die an die
Betriebsplanung erhöhte Ansprüche stellt. Dies können insbesondere Anlagen der
Anlagenarten Industrie, Gewerbe, Lagerung und Verteilung, der Anlagenart Transport
und Verkehr oder der Anlagenart Energie, Ver- und Entsorgung sein. Die Aspekte der
Unternehmens-, der Betriebs- und Nutzungsplanung werden früh im Projektablauf an
zentraler Stelle bearbeitet und fliessen in entscheidender Art und Weise in die Anforde-
rungskataloge ein. Dadurch werden die Anforderungen für alle Belange früh und prä-
zise formuliert.

Nr. 2: Erweiterung / Umnutzung einer bestehenden Anlage
Bei der Erweiterung oder Umnutzung einer bestehenden Anlage müssen die Aspekte
der Standortermittlung nicht berücksichtigt werden. Dagegen bekommt die Beurteilung
der bestehenden Anlagen grosse Bedeutung.

Nr. 3: Erweiterung / Umnutzung einer betriebsintensiven Anlage
Bei der Erweiterung oder Umnutzung einer bestehenden Anlage, die an die Betriebsplanung erhöhte Ansprüche stellt, müssen die Aspekte der Standortermittlung nicht
berücksichtigt werden. Dagegen bekommt die Beurteilung der bestehenden Anlagen
grosse Bedeutung. Die Ablaufalternative Nr. 3 ist das Zusammentreffen der Alternativen Nr. 1 und 2.

Nr. 4: Projektdefinition mittels Ideenwettbewerb
Die ganze Phase der Vorbereitung wird als Ideenwettbewerb nach den Bestimmungen
des SIA durchgeführt. Dadurch müssen andere Leistungen und Beteiligte berücksichtigt
werden. Die ganze Phase dauert länger als bei direkter Beauftragung der einzelnen
Projektierenden und verursacht auch höhere Kosten. Der Ideenwettbewerb kann auch
als erste Stufe eines zweistufigen Wettbewerbes eingesetzt werden. Dabei wird in der
zweiten Wettbewerbsstufe ein Projektwettbewerb ausgeschrieben.

Bei privaten Bauherren erfolgt der Wettbewerb meistens auf Einladung, d.h. die Projektierenden werden zur Teilnahme an Wettbewerben aufgefordert. Bei öffentlichen
Bauherren muss in der Regel der Wettbewerb öffentlich ausgeschrieben werden. Die
Aspekte der Ideen- und Projektierungswettbewerbe sind in den einzelnen Ländern meistens in Ordnungen der Berufsverbände festgelegt[48].

---

48 *in der Schweiz: SIA Ordnung 152 Ordnung für Architekturwettbewerbe und SIA Ordnung 153 Ordnung für*
    Bauingenieurwettbewerbe

Nr. 5: Projektdefinition mit Standardanforderungen
Die Ablaufalternative Nr. 5 zeigt das Vorgehen zur Festlegung der Projektdefinition für einen institutionellen Bauherrn, der immer ähnliche Anlagen baut. Die Anforderungen an die bauliche Anlage liegen bis zu einem gewissen Grad benutzer- und betreiberunabhängig vor, entweder in Form von Erfahrungswerten von bestehenden Anlagen oder unter Umständen als Standardbautypen für die entsprechende bauliche Anlage. In der Vorbereitungsphase müssen dadurch nur die benutzerunabhängigen generellen Anforderungen und die standortspezifischen Teile der Projektdefinition erarbeitet werden. Ausserdem muss das Zutreffen der Standardanforderungen verifiziert werden.

4.5.3 Bewilligung

a) Basisablauf

Das Baubewilligungsverfahren ist durch Entscheide von Bewilligungsbehörden geprägt. Durch eine höhere Anzahl der im Baubewilligungsverfahren anzugehenden Amtsstellen und der anzuwendenden Bestimmungen werden die Abläufe komplexer und langsamer, die Erreichung des Projektzustandes "Baubewilligung erteilt" unsicherer. Die Bewilligungsverfahren sind stark von der Anlagenart abhängig.

Der Basisablauf zeigt den Ablauf zur Erreichung einer Baubewilligung für ein Hochbauprojekt unter durchschnittlichen Verhältnissen. Im Basisablauf sind die Phasen klar getrennt. Erst nach der rechtsgültigen Erteilung der Baubewilligung wird die Bearbeitung der Detailstudien ausgelöst, und erst nach der Erarbeitung der Detailstudien wird der Baukredit freigegeben und erfolgen die Ausschreibungen.

b) Zielsetzungen für Ablaufalternativen

Jedes Verfahren bzw. Vorgehen im Problembereich Bewilligung sollte zum Ziel haben, die Investitions- und Planungssicherheit zu erhöhen bzw. eine bestimmte Sicherheit rascher zu erreichen. Der ganze Planungs- und Projektierungsprozess muss im Rahmen eines Bewilligungsverfahrens stehen. Darin können die Meinungen und Interessen der Projektumgebung im Rahmen der gesetzlichen und faktischen Einwirkungsmöglichkeiten wirksam gemacht werden. Dieses Verfahren soll folgende Bedingungen erfüllen:
- Der Gedanke der ganzheitlichen und multidisziplinären Planung darf nicht verletzt werden.
- Der Aufwand soll stufengerecht geleistet werden können.
- Die Mitwirkung der Baubewilligungsbehörden im Projektteam darf keine Befangenheit der Behörden zur Folge haben.
- Alle bekannten Punkte sollen früh erfasst und definitiv festgelegt bzw. bewilligt werden.
- Die Information der Betroffenen über das Projekt sowie die Behandlung der Einsprachen soll parallel zu einem mehrstufigen Bewilligungsverfahren laufen.
- Einsprachen sollen möglichst frühzeitig ausgelöst werden.

-   Nicht gerechtfertigte Einsprachen sollen ohne grossen Aufwand und Verzug abgewiesen werden können.

c)   **Lösungsansätze**

Eine mögliche Lösung, um vorgenannte Bedingungen an Baubewilligungsverfahren zu erfüllen, ist eine stufenweise Bewilligungserteilung mit rechtlich verbindlichem Charakter der einzelnen Bewilligungsstufen. Denkbar sind z.B. Methoden der Raumplanung, wie etwa Gestaltungspläne. Die Behörde müsste also den Bauherrn bei seinem phasenweisen Vorgehen begleiten. Diese Lösung bedingt jedoch eine Änderung der in der Schweiz geltenden gesetzlichen Bestimmungen. Heute sind bereits gewisse Lösungsansätze in Richtung mehrstufiger Baubewilligung erkennbar:

-   Gestaltungspläne, welche die Bebauung in den Grundzügen ihrer Erschliessung und Nutzung festlegen, schaffen in komplexen Verhältnissen frühzeitig Klarheit über die Zulässigkeit von Bauten und über die nachbarschaftlichen Verhältnisse. Sie eignen sich oft für eine erste Stufe der Umweltverträglichkeitsprüfung.

-   Die Baueingabe im Massstab 1 : 200 erlaubt eine Reduktion des Planungsaufwandes bis zur Baubewilligung bzw. Baufreigabe gegenüber einer Baueingabe in grösseren Massstäben (1:100 oder 1:50). Insbesondere im Tiefbau können die Betroffenen und deren Ideen durch gezielte, stufengerechte Orientierungen, Informationen und Werbemassnahmen in ein Bauprojekt integriert werden und so Einsprachen umgangen bzw. früher provoziert werden. Teilweise ist diese Mitwirkung der Öffentlichkeit bei Verkehrsbauten gesetzlich verankert (z.B. im Kanton Bern durch das sogenannte Mitwirkungsverfahren).

-   Die Mitwirkung von Behördenmitgliedern im Projektteam ist ein weiterer oder zusätzlicher Lösungsansatz, der eine rasche Erteilung der Baubewilligung bewirkt. Dabei stellt sich jedoch das Problem, dass die Behörde auf diese Weise in den Verdacht der Befangenheit gerät, was wiederum zu Einsprachen führen kann. Durch eine Präsentation des Projektes vor der Gesamtbewilligungsbehörde und der Öffentlichkeit können vor der eigentlichen Baueingabe Gespräche geführt werden und Korrekturen früh einfliessen. Wenn Bauprojekteingaben von mehreren Ämtern beurteilt werden müssen, kann bereits die grafische Darstellung der realen Abläufe oder ein "Behörden-Management" eine Beschleunigung bewirken.

-   Die Baubewilligung wird in Teilen erteilt, z.B. in Form von Rodungs- und Abbruchbewilligungen, Aushubbewilligungen, Baubewilligungen für Einzelobjekte oder Teilobjekte, etc.

-   Die Dauer der Wirkung von Einsprachen wird verkürzt, indem weniger Instanzen angegangen werden können und die Behandlungszeiten bei allen Einspracheinstanzen klar vorgegeben und eingehalten werden. Dies bedingt jedoch in der Regel eine Änderung der geltenden Gesetze, wie sie im Zusammenhang mit der Projektierung und Realisierung des Programmes "Bahn und Bus 2000" in der Schweiz vorgesehen ist.

Bei diesen Lösungsansätzen besteht jedoch das Problem teilweise darin, dass die Behörden vor dem eigentlichen Bewilligungsentscheid kaum rechtlich verbindliche Aussagen machen können. Ausserdem können üblicherweise keine Einsprachen behandelt werden, bevor die Baueingabe erfolgt ist. Eine mehrstufige Baubewilligung im eigentlichen Sinn ist unter dem geltenden Recht formell nicht praktikabel. Mit einer geschickten Anordnung von Teilabläufen kann versucht werden, den Zeitpunkt der Störungen durch die Umgebung im Bauprojektablauf früh und an einem vorbestimmten Punkt anzusiedeln. Konkret können dabei folgende Mittel wirksam sein:
- Es wird eine Raumverträglichkeitsprüfung im Rahmen der raumplanerischen Entscheide durchgeführt, die ein integrierender Bestandteil der UVP wird.
- Es wird schon bei Gestaltungsplänen eine UVP durchgeführt.
- Die UVP erfolgt stufenweise und stufengerecht. Dazu wird sie mit Vorteil direkt in den Bauprojektablauf integriert. Dadurch kann sie die Qualität der Projekte positiv beeinflussen, da sie Betriebsblindheit verhindert und in frühen Phasen eine Projektoptimierung zulässt.

d)   Ablaufalternativen

Für den Problembereich Bewilligung sind verschiedene Kategorien von Alternativen zu unterscheiden. Die erste Kategorie von Ablaufalternativen für das Bewilligungsverfahren ergibt sich aus gänzlich **anderen Anlagenarten** oder aus anderen **Umgebungseinflüssen**. In diese Kategorie gehören das Bewilligungsverfahren für Eisenbahnanlagen und der Bewilligungsablauf für bauliche Anlagen, für welche eine Umweltverträglichkeitsprüfung notwendig ist.

Zum zweiten besteht für den Bewilligungsablauf einer Anlage die Möglichkeit der **Phasenüberlappung**, d.h. es wird parallel zum Baubewilligungsverfahren mit der Detailprojektierung weitergefahren, oder es soll der Baubeginn mit der Erteilung der rechtskräftigen Baubewilligung zusammenfallen. Die Baubewilligung kann auch in Teilschritten eingeholt werden. Für ein Einzelgebäude können durch Unterteilung der Baubewilligung in Teilbewilligungen gewisse Teilsysteme früher realisiert werden.

Die dritte Kategorie von Ablaufalternativen für Bewilligungsabläufe sind Verfahren und Abläufe **nach erfolgtem Behördenentscheid**, aber vor der endgültigen Rechtskraft des Entscheides. Die durch ein Bauvorhaben betroffenen juristischen oder natürlichen Personen haben verschiedene Rechtsmittel zur Verfügung, um einen Entscheid der Behörde anzufechten. Die dabei notwendigen Neubeurteilungen und Einschaltung von weiteren Behördeninstanzen verursacht in der Regel grosse zeitliche Verzögerungen und hohe Kosten. Ablaufalternativen können dabei zur systematischen Analyse der Störungen des Ablaufes durch äussere Einflüsse wie Einsprachen, Rekurse etc. dienen.

Im Modellablauf liegen für den Problembereich "Bewilligungsablauf" sechs Ablaufvarianten vor.

Nr. 1: Baubewilligungsverfahren mit UVP
Die Alternative Nr. 1 zeigt den Bewilligungsablauf baulicher Anlagen, für welche eine Umweltverträglichkeitsprüfung nach Schweizer Recht notwendig ist.

Nr. 2: Eisenbahnrechtliches Plangenehmigungsverfahren (für die Schweiz)
Die Alternative Nr. 2 zeigt das in der Schweiz geltende Bewilligungsverfahren für Eisenbahnanlagen.

Nr. 3: Vorgezogene Detailprojektierung
Die Alternative Nr. 3 zeigt die Möglichkeiten der Phasenüberlappung. Parallel zum Baubewilligungsverfahren wird mit der Detailprojektierung weitergefahren.

Nr. 4: Vorgezogene Detailprojektierung und Ausschreibung
Der Baubeginn soll mit der Erteilung der rechtskräftigen Baubewilligung zusammenfallen. Dazu muss parallel zum Bewilligungsverfahren mit den Ausschreibungen begonnen werden. Diese Alternative erlaubt eine beträchtliche Beschleunigung des Ablaufes, dafür muss jedoch ein höheres finanzielles Risiko in Kauf genommen werden. Wenn sich die Erteilung der Bewilligung verzögert, muss allenfalls erneut ausgeschrieben werden, wenn die Bewilligung mit Auflagen verbunden ist, müssen gegebenenfalls Projektänderungen eingebracht werden.

Nr. 5: Teilbaubewilligungen
Die Ablaufalternative Nr. 5 stellt die Einholung der Bewilligung in Teilschritten dar. Durch Unterteilung der Baubewilligung in eine Abbruchbewilligung, eine Bewilligung für den Aushub der Baugrube und eine eigentliche Baubewilligung können die Vorbereitungsarbeiten und Erstellung der Baugrube vor der Erteilung der eigentlichen Baubewilligung erfolgen. Diese Beschleunigung wird allerdings mit einem größeren Aufwand für die Kommunikation mit Behörden und einem erhöhten Risiko für die Vorinvestitionen im Falle der Nichterteilung der Gesamtbewilligung erkauft.

Nr. 6: Neues Einsprache- und Rekursverfahren
Die Ablaufalternative Nr. 6 zeigt den Einfluss eines beschleunigten Einsprache- und Rekursverfahrens. Bewilligungs- und Rekurs- bzw. Einspracheverfahren lassen sich nur beherrschen, wenn in Gesetzen und Verordnungen für alle beurteilenden Stellen eine klar definierte, nicht zu lange Frist gesetzt wird.

4.5.4 Bauherren-Leistungen

a)   Basisablauf

Die Vielfalt der Leistungen, welche im Bauprojektablauf durch den Bauherrn zu erbringen sind, macht Alternativen für verschiedene Bereiche der Bauherrenleistungen nötig. Der Umfang, die Art und die Häufigkeit der Leistungen, welche durch den Bauherrn erbracht werden, hängt stark von dessen Organisation ab, insbesondere auch von der Regelung der Zuständigkeiten und Verantwortlichkeiten und vom Informationsfluss. Neben Unklarheiten bezüglich zu liefernder Projektierungsgrundlagen (Bereich Projektdefinition) ist der Bereich der Bauherrenleistungen vor allem durch die Bauherrenentscheide und die dazu erforderlichen Dokumente geprägt. Daher werden im Modellablauf speziell Alternativen für Entscheidungsabläufe angeboten.

Im Basisablauf sind die Genehmigungen und Entscheide des Bauherrn in einem sich für jeden grösseren Entscheid wiederholenden Teilablauf gegeben[49]. Dabei wird von einer relativ umfassenden, bauherreninternen Organisation mit Fachstellen, Betriebsvertretern und Benutzervertretern ausgegangen. Bei den nachstehend beschriebenen Ablaufalternativen handelt es sich um einen wesentlichen Entscheid, der über die Realisierung des Projektes entscheidet. Dabei lassen sich die Entscheide mit guten Entscheidungsgrundlagen durch die Bauprojektorganisation wesentlich beeinflussen. Die für den Entscheidungsablauf benötigte Dauer kann durch klare Terminpläne und rechtzeitige Einleitung der Entscheide beträchtlich beschleunigt werden. Neben Hauptentscheiden sind sehr viele Detailentscheide zu fällen. Dabei sollten die Entscheidungszuständigkeiten derart geregelt sein, dass die Entscheide stufen- und fachgerecht erfolgen können, alle notwendigen Stellen der Stammorganisationen angehört werden und die Zuverlässigkeit der Entscheide für die Projektleitung und die Projektierenden gewährleistet ist.

Die Koordination und Kontrolle aller am Projekt beteiligten Auftragnehmer und internen Stellen des Bauherrn aus der Sicht des Gesamtauftraggebers ist im Basisablauf auf mehreren Stufen delegiert: Während die bauherreninternen Stellen und der Gesamtprojektleiter vom Projektleiter Bauherr bezüglich aller zu erbringenden Leistungen koordiniert und kontrolliert werden, kontrolliert der Gesamtprojektleiter die Projektierenden und Bauleitungen. Diese ihrerseits koordinieren und kontrollieren die verschiedenen Ausführenden und Lieferanten.

b)   Zielsetzungen für Ablaufalternativen

Die durch den Bauherrn zu erbringenden Leistungen im Projektablauf sind derart in den Ablauf einzubinden, dass
- Entscheide phasen- und zeitgerecht sowie im Rahmen der Gesamtkonzepte für die bauliche Anlage gefällt werden,
- der Bauherr ausreichende Kontrollmöglichkeiten im Projektablauf hat und
- die Gesamtleitung den Zeitpunkt und den Umfang der Entscheide koordinieren und kontrollieren kann.

---

49 vgl. Figur 4.8

c)   Ablaufalternativen

Die Ablaufalternativen im Bereich der Bauherrenleistungen umfassen zwei Themenbereiche. Während die Alternativen Nr. 1 bis 4 Beispiele für mögliche Entscheidungsabläufe im Bauprojektablauf zeigen, werden in den Alternativen Nr. 5 und 6 Konzepte für
die Kontrolle durch den Bauherrn im Bauprojektablauf dargestellt.

Nr. 1: Flache Bauherrenorganisation
Der Entscheidungsablauf in einer flach strukturierten Bauherrenorganisation stellt eine
erste Ablaufalternative dar. Durch frühzeitige, periodische Information der Entschei-
dungsgremien wird der Entscheid vorbereitet. Unter Umständen muss der Zeitpunkt
der Entscheidung in einen Sitzungskalender des entscheidenden Gremiums eingepasst
werden. Flache Entscheidungshierarchien sind auch in grossen Organisationen möglich,
indem nur gewisse Organe der Stammorganisation in den bauherreninternen Teil der
Bauprojektorganisation eingebunden werden.

Nr. 2: Hierarchische Bauherrenorganisation
Ein Beispiel eines möglichen Entscheidungsablaufes in einer hierarchisch tief struktu-
rierten Bauherrenorganisation mit hoch angesiedelter Entscheidungskompetenz zeigt
die Ablaufalternative Nr. 2. Hier lassen sich die Entscheidungsabläufe nur mit klaren
Informationsflüssen beherrschen, welche jeder beurteilenden Stufe eine klar definierte
Zeitdauer für die Beurteilung einräumt.

Nr. 3: Kantonale Volksabstimmung
Bei öffentlichen Projekten erfolgt in der Schweiz auf der obersten Bauherrenebene oft
ein einziger Hauptentscheid in Form einer Volksabstimmung. Als Beispiel wird im
Modellablauf eine kantonale Abstimmung angegeben, da die Häufigkeit eines Entscheides über ein Bauprojekt in den Kantonen grösser ist als beim Bund.

Nr. 4: Baubotschaft des Bundes
Für Bauprojekte des Bundes ist in der Schweiz auf der obersten Bauherrenebene ein
einziger Hauptentscheid zu treffen. Die Genehmigung von Projektkrediten erfolgt über
sehr komplexe Entscheidungsstrukturen.

Nr. 5: Ebenenweise Kontrolle
Bei der ebenenweisen Kontrolle werden auf jeder hierarchischen Ebene die Belange der
jeweils darunterliegenden Ebene kontrolliert. Damit ist gewährleistet, dass der Kontrollierende die fachlichen Informationen hat, um wirklich kontrollieren zu können. Andererseits läuft man bei diesem Kontrollkonzept Gefahr, dass der Kontrollierende nicht
unabhängig vom zu kontrollierenden Aspekt ist, da Fehler, die er aufdecken könnte,
auch teilweise ihm angelastet werden.

Nr. 6: Ebenenübergreifende Kontrolle
Das Konzept der ebenenübergreifenden Kontrolle, das auch als begleitende oder übergeordnete Kontrolle bezeichnet werden kann, beruht auf einer völlig unabhängigen

Kontrollstelle, welche nur dem Auftraggeber verpflichtet ist und in einer hierarchisch hoch angesiedelten Stabsstelle verschiedene Aspekte im Projektablauf kontrolliert. Der Aufwand für eine solche Kontrollstelle ist verhältnismässig hoch, da sie organisatorisch weit vom Entstehungsort der Informationen weg ist. Andererseits lassen sich durch eine von der Projektorgansisation weitgehend unabhängigen Kontrollstelle Unregelmässigkeiten in neutraler Art und Weise aufdecken.

4.5.5 Zusammenarbeit im Projekt - Team, Technische Möglichkeiten

a) Basisablauf

Die Zusammenarbeit im Projekt - Team ist durch Entscheide zu den Aufträgen im erzeugenden System, zum Umfang und zur Reihenfolge der Einzelbearbeitungen sowie ihrer Koordination geprägt. Der Regelung der Zusammenarbeit im Projektteam können verschiedene Modelle zugrunde liegen. Im Basisablauf wird angenommen, dass die Zusammenarbeit weitgehend parallel erfolgt. Für einen Hochbau werden beispielsweise je ein technischer Koordinator für die bautechnischen Aspekte und die fachtechnischen Belange eingesetzt. Der Projektleiter ist in der Lage, das Projektteam organisatorisch zu führen und dessen Leistungen zu koordinieren. Die Resultate der verschiedenen Projektbeteiligten werden auf verschiedenen Ebenen abgestimmt und integriert. Damit wird die Loslösung vom sequentiellen Arbeiten hin zu einer ganzheitlichen, parallelen Arbeitsweise postuliert. Die Projektierung in einer Bearbeitungsetappe soll in einem konzentrierten Schub ablaufen, alle Projektierenden sind miteinbezogen und dadurch eingearbeitet. Für eine übergreifende, multidisziplinäre Zusammenarbeit müssen einerseits die einzelnen Sparten und andererseits die Projektierenden und Unternehmer zusammenarbeiten. Die Trennung nach Berufsbildern und von Projektierung und Ausführung muss verringert werden.

Durch die gezielte Bildung von Teilbauobjekten lassen sich bei der Projektierung und Realisierung von baulichen Anlagen die Abläufe durch eine parallele Bearbeitung von Vorgängen verkürzen. Diese Ausnutzung der technischen Möglichkeiten kann oft zu einer Verkürzung der Projektdauer führen, beeinflusst aber in starkem Masse die Zusammenarbeit zwischen den Beteiligten und zieht insbesondere einen erhöhten Aufwand für die technische und organisatorische Koordination mit sich.

b) Zielsetzungen für Ablaufalternativen

Die Zusammenarbeit im Projekt - Team soll folgenden Zielsetzungen gerecht werden:
- Durch eine koordinierte und kontrollierte Leistungserbringung aller am Bauprojekt Beteiligten soll ein termin-, kosten-, mengen- und qualitätsgerechtes Gesamtresultat bewirkt werden.
- Die Zusammenarbeit soll allen Beteiligten eine rasche und wirtschaftliche Arbeitsweise ermöglichen.

- Die Abgrenzung zwischen der technischen bzw. fachlichen Koordination und der Bearbeitung in den Sparten muss klar geregelt sein.
- Die Gesamtleitungsfunktion und die Gesamtverantwortung muss klar geregelt sein.
- Ein Projekt muss auf allen Gebieten in einer Arbeitsweise geführt werden und derart dokumentiert sein, dass eine Übergabe an einen Nachfolger gewährleistet ist.

c)   Ablaufalternativen

Die Ablaufalternativen zeigen verschiedene Arten der Zusammenarbeit zwischen den Beteiligten eines Bauprojektes.

Nr. 1: Lineare Projektierung
In der linearen Bearbeitung erfolgt die Zusammenarbeit nach Beteiligten bzw. Teilsystemen abgestuft in einer Kette, es ist immer nur ein Beteiligter aktiv. Dieses Modell entspricht dem Planzirkulationsverfahren. Es hat den Nachteil langer Bearbeitungsdauern und schwieriger technischer Koordination.

Nr. 2: Zusammenarbeit nach Bedarf
In der Zusammenarbeit nach Bedarf arbeitet der Entwurfsleiter am Projekt. In dem Mass, in welchem er Informationen über verschiedene Teilsysteme benötigt, werden diese durch die weiteren Beteiligten bearbeitet. Dadurch, dass die weiteren Beteiligten oft in kurzen Sequenzen Leistungen erbringen müssen, sind sie zu unwirtschaftlicher Arbeitsweise gezwungen, und es entstehen Fehlerquellen.

Nr. 3: Kombination von linearer und serieller Projektierung
Bei der seriellen Projektierung wird zuerst der Baukörper entworfen, erst anschliessend werden die fachtechnischen Anlagen projektiert und in den Baukörper integriert. Diese Modell hat den Nachteil, dass die Teilsysteme weniger gut aufeinander abgestimmt werden können.

4.5.6   Informatik - Einsatz in der Abwicklung von Bauprojekten

a)   Basisablauf

Der Problembereich des Informatik - Einsatzes ist mit den vorangehenden Bereichen eng verknüpft. Typisch sind hier Entscheide betreffend Art und Darstellung der Daten (Darstellung des zu erzeugenden Systems) und betreffend Art und Umfang der einzusetzenden EDV - Mittel. Der Basisablauf zeigt die Vorgänge und Abhängigkeiten grundsätzlich unabhängig von den durch die Beteiligten bei der Aufgabenbearbeitung eingesetzten Hilfsmitteln. Durch den Einsatz von Informatikhilfsmitteln können jedoch Tätigkeiten in kürzerer Zeit erledigt werden, oder es werden neue Vorgehensweisen bei der Bearbeitung von Aufgaben ermöglicht. Der Einfluss auf den Bauprojektablauf ist bis heute jedoch noch wenig untersucht.

b)   Zielsetzungen für Ablaufalternativen

Auch beim Einsatz von Informatikhilfsmitteln bleiben die Ziele für den Bauprojektablauf die gleichen wie bei konventioneller Aufgabenbearbeitung: Die Leistung aller Beteiligten soll ein termin-, kosten-, mengen- und qualitätsgerechtes Resultat bewirken. Der Einsatz von Informatikmitteln wird jedoch wesentliche Einflüsse auf den Projektablauf haben und wesentliche Änderungen im Ablauf ermöglichen bzw. verursachen:

- Das Variantenstudium und die rasche Erzeugung von Entscheidungsgrundlagen werden vereinfacht.
- Ein zentrales Projektinformationssystem bzw. ein System von koordinierten, dezentralen Datenbanken wird den Austausch von Papier bzw. Datenträgern überflüssig machen. Der Datenbestand und damit der Informationsstand aller Beteiligten ist immer aktuell.
- Durch Schaffung von und Zugriff auf CAD - Bibliotheken müssen weniger Details ausgearbeitet werden. Dadurch steigt die Qualität, und die Bearbeitungsdauer wird kürzer.
- Der Ablauf bei der Entwicklung von Projekten muss disziplinierter erfolgen. Sehr viele Entscheide müssen bereits früh gefällt werden, da der Einsatz eines CAD - Systems genaue Angaben voraussetzt.
- Die Arbeitsweise aller Beteiligten muss sehr diszipliniert sein, die Pläne müssen nach zum voraus festgelegten Standards aufgebaut werden.
- Das Änderungswesen muss stärker formalisiert werden, da informelle Änderungen (per Telefon) nicht mehr vorkommen dürfen. Dafür stehen am Projektende bereits sehr früh die nachgeführten Pläne zur Verfügung.

c)   Ablaufalternativen

Nr. 1: Informatik - Einsatz ohne Anpassung des Ablaufes
Die gleichen Leistungen wie im Basisablauf werden durch dieselben Beteiligten in der gleichen Art und Weise erbracht. Dabei setzt jeder Beteiligte seine Informatikmittel isoliert ein, die Kommunikation erfolgt "klassisch" mittels Papier. Beim CAD - Einsatz erfolgt die erste Bearbeitung mittels CAD bei der Erarbeitung der Bauprojekt- bzw. Bewilligungspläne. Die Qualität der Resultate wird durch den CAD - Einsatz verbessert, unter Umständen findet auch eine Beschleunigung einzelner Vorgänge statt.

Nr. 2: Informatik - Einsatz mit angepassten Bauherrenentscheiden
Die Leistungen werden durch die Beteiligten mit ihren Informatikmitteln unterstützt, der Datenaustausch erfolgt auf Papier. Hingegen wird der Ablauf im Bereich der Bauherrenleistungen den erhöhten Informationsbedürfnissen angepasst, welche durch den Einsatz von CAD in frühen Projektphasen bei der Gesamtprojektleitung und den Projektierenden entstehen. Durch die frühere Präzisierung der Anforderungen und frühere Variantenentscheide werden direkt aus den Vorprojektplänen die Detailstudien und schliesslich die Baueingabepläne und die Ausschreibungsunterlagen entwickelt. Der Einsatz von CAD ermöglicht allen Projektierenden auch die rasche Erstellung der

Schlussdokumentationen und die einfache Ermittlung von Ausmassen. Dadurch können gewisse Vorgänge beschleunigt werden, und die Qualität der Leistungen steigt. Durch die frühe Präzisierung von Anforderungen durch den Bauherrn lassen sich die CAD - Mittel der Projektierenden bereits in der Vorstudien- und Vorprojektphase nutzbringend einsetzen.

Nr. 3: Informatik - Einsatz mit multidisziplinärem System
Alle Projektierenden haben Zugriff auf ein gemeinsames technisches Projektinformationssystem. Der Informationsaustausch erfolgt direkt in diesem System, die Zusammenarbeit erfolgt echt parallel. Durch frühe Entscheide des Bauherrn ist der Einsatz von CAD in frühen Projektphasen sinnvoll. Die Entwicklung des Projektes erfolgt in wenigen Detaillierungsgraden, die Vorprojektpläne werden als Baueingabepläne genutzt. Das Vorprojekt wird direkt zum Detailprojekt ausgearbeitet. Dieses dient als Ausschreibungsgrundlage und wird direkt zu Ausführungsunterlagen weiterentwickelt. Für Teilsysteme, wie die fachtechnischen Anlagen, wurde dieses Vorgehen bereits mit Erfolg getestet[50].

4.5.7   Inbetriebsetzung

a)   Basisablauf

Die Inbetriebsetzung (IBS) ist im Schweizerischen Sprachgebrauch[51] Bestandteil der an die Ausführungsphase anschliessenden letzten Phase des Bauprojektablaufes "Inbetriebsetzung und Abschluss" und betrifft einen Anlagenteil oder die Gesamtanlage. Die Inbetriebsetzung und Abnahme von baulichen Anlagen umfasst in der Regel für verschiedene Teilsysteme verschiedene Teilabläufe. Zu Beginn der Inbetriebsetzung müssen die Arbeiten der Ausführenden und Lieferanten fertiggestellt sein. Es liegen also ausgeführte Anlagenteile bzw. Teilsysteme mit den ihnen zugrunde liegenden Projektierungsgrundlagen, Berechnungen, Plänen, Beschreibungen und Verträgen inkl. Nachträgen vor. Während der Herstellung und Montage wurden von den Bauleitungen auch begleitend die notwendigen Kontrollen an später nicht mehr zugänglichen Teilen, an Materialien etc. durchgeführt. In der Inbetriebsetzungsphase soll die Leistungsfähigkeit und die einwandfreie Funktion der Anlage geprüft und die Anlage zusammen mit einer entsprechenden Betriebs- und Anlagendokumentation an den Betreiber und den Benutzer übergeben werden. Die Inbetriebsetzung ist also durch Entscheide über die effektive, integrale Funktionstüchtigkeit der baulichen Anlage gekennzeichnet. Der Basisablauf stellt einen Ablauf dar, in dem die Erstellung der

50 Scheifele D., *Bauprojektablauf - Einsatz der Modelle / Referenzprojektuntersuchungen, Arbeitsbericht Nr. 3, IB ETH, Zürich 1991*

51 Knöpfel H., Schneider W., Kiefer H., *Stadt Zürich - Kläranlage Werdhölzli - Abnahmen und Inbetriebsetzungen, Sonderdruck aus Schweizer Ingenieur und Architekt Heft 33/34 1985*

Anlagen - Dokumentation insbesondere für die fachtechnischen und betrieblichen Anlagen und die eigentliche Inbetriebsetzung derselben im Zentrum stehen.

b)   Zielsetzungen für Ablaufalternativen

Die Abläufe der Inbetriebsetzung sollen folgende Zielsetzungen erfüllen:
-   Das Zusammenwirken der fachtechnischen und betrieblichen Teilsysteme in der Gesamtanlage ist kontrolliert und die Gesamtanlage einreguliert.
-   Das Betriebspersonal ist ausgebildet, und die Betriebsdokumentation ist vollständig an den Betreiber übergeben worden.
-   Die bauliche Anlage ist ihrem Zweck übergeben und angemessen dokumentiert.

Eine systematische Erfassung von Projektdaten, evtl. auf einem EDV-System, bzw. eine kombinierte Projekt- und Betriebsdokumentation, kann den Unterhalt der Bauwerke wesentlich vereinfachen. Die Erstellung solcher Dokumentationen muss bereits bei der Planung der Bauwerke erfolgen. Das Änderungswesen und insbesondere der Informationsfluss spielen dabei eine zentrale Rolle.

c)   Ablaufalternativen

Die Inbetriebsetzungsphase umfasst grundsätzlich die folgenden Hauptleistungen:
-   Abnahmen im Sinne der SIA 118[52]
-   Betriebsvorbereitungen der Stammorganisation
-   Erstellen der Dokumentation für Betreiber und Bauherr
-   Betriebsbewilligungen und Betriebsaufnahme
-   Betriebskontrollen
-   Koordinations- und Leitungsaufgaben.

Aus der Sicht der Gesamtprojektleitung stellt sich die Frage, ob der Aufbau der Betriebsorganisation und die Instruktion bzw. Schulung des Betriebspersonals als Bestandteil des Projektes verstanden wird oder nicht. Ist dies der Fall, sind durch die Gesamtprojektleitung unmittelbar vor und während der Inbetriebsetzung eine Vielzahl zusätzlicher Leistungen zu erbringen, welche sonst durch den Bauherrn erbracht werden. Auf jeden Fall muss die Gesamtprojektleitung sicherstellen, dass die Betriebsorganisation so früh aufgebaut wird, dass sie an der Inbetriebsetzung teilhaben kann.

Nr.1: Abnahme - IBS - Dokumentation
In der Ablaufalternative Nr. 1 werden die Teilsysteme nach der Abnahme in Betrieb genommen. Die Dokumentation für den Betreiber und den Bauherrn wird erst später geliefert. Dieses Vorgehen ermöglicht eine frühe Betriebsaufnahme, birgt aber die Ge-

---

52 *SIA (Schweizerischer Ingenieur- und Architekten-Verein) Norm 118: Allgemeine Bedingungen für Bauarbeiten*

fahr in sich, dass die Dokumentation nur zögernd erstellt und geliefert wird und die Inbetriebsetzung mit ungenügenden Unterlagen erfolgen muss.

Nr.2:   Dokumentation - IBS - Abnahme

In der Ablaufalternative Nr. 2 werden die Teilsysteme nach Vorliegen der Anlagen- und Betriebsdokumentation in Betrieb gesetzt und getestet. Die juristische Abnahme erfolgt erst als letzte Tätigkeit. Damit ist eher gewährleistet, dass die Dokumentation wirklich den Anforderungen entspricht.

Nr.3:   Mehrstufige Inbetriebsetzung

Vor der gesamthaften Inbetriebsetzung erfolgen detaillierte Tests und Probeläufe aller Teilsysteme in möglichst realistischen Verhältnissen. Erst nach Bestehen dieser Tests erfolgen die Abnahmen und die Gesamtinbetriebsetzung. Mit diesem Vorgehen ist die Wahrscheinlichkeit hoch, dass bei der Betriebsaufnahme alle Systeme richtig funktionieren und auch zusammenwirken. Die Tests der Teilsysteme sind jedoch unter Umständen zeitaufwendig und kostenintensiv.

Nr.4:   Modifikation im Betrieb

Die Betriebsaufnahme der Anlagen erfolgt möglichst früh und ohne detaillierte Probeläufe. Allfällige Fehler werden in einer ersten Betriebsphase, welche noch nicht mit voller Leistung gefahren wird, gezielt behoben, und die Teilsysteme werden unter Betrieb modifiziert. Die Betriebsaufnahme ohne eigentliche Inbetriebsetzung und das direkte Hochfahren von Anlagen unter realen Verhältnissen muss aber gut vorbereitet und auch juristisch gut abgesichert werden. Dieses Vorgehen verursacht mit grosser Wahrscheinlichkeit bedeutende Störungen in der ersten Betriebsphase und kann auch zu Verzögerungen führen.

4.6   Zusammenhänge, Bedeutung und Vorteile der Lösungen im Modellablauf

4.6.1   Zusammenhänge zwischen Problembereichen

Die Problembereiche im Bauprojektablauf sind für die Untersuchung und für die Erarbeitung der Ablaufalternativen wie vollständig abgrenzbare Bereiche behandelt worden. Teilweise sind jedoch die Problembereiche und damit auch die Ablaufalternativen untereinander vernetzt und hängen über verschiedene Teilaspekte zusammen. Verschiedene Themenbereiche beeinflussen sich gegenseitig bzw. betreffen gleiche oder ähnliche Bereiche der Gesamtproblematik. Sie betreffen und werden beeinflusst von verschiedenen Gruppen der Projektorganisation.

Unter dem Aspekt der Bauprojektorganisation betrachtet lassen sich die in dieser Arbeit behandelten Problembereiche wie folgt einordnen:

Projektdefinition: Die Ziele und damit die Projektdefinition werden in erster
                                      Linie durch den Bauherrn und die mit ihm verbundenen

Organe Betreiber und Benutzer bestimmt. Aber auch die in dieser Phase beteiligten Projektierenden nehmen massgeblichen Einfluss auf die Projektdefinition und setzen unter Umständen andere Schwergewichte und Prioritäten.

Bewilligungsablauf:

Die Regelung der Umstände, unter welchen die für die Errichtung und den Betrieb einer baulichen Anlage notwendigen Bewilligungen und Konzessionen erteilt werden, und die Erteilung der Bewilligungen selbst erfolgen ausserhalb der eigentlichen Projektorganisation in der Projektumgebung.

Bauherren-Leistungen:

Die Bauherren-Leistungen werden von allen im Bauprojekt involvierten Stellen der Stammorgansation des Bauherrn erbracht. Sie betreffen daher in erster Linie den Bauherrn selbst und den Betreiber und den Benutzer der baulichen Anlage. Auch die Zusammenarbeit des Bauherrn mit den weiteren Projektbeteiligten wird stark geprägt durch die Leistungen, welche der Bauherr selbst erbringt.

Zusammenarbeit:

Die Zusammenarbeit zwischen den Projektierenden betrifft die Auftragnehmer des Bauherrn. Die technischen Möglichkeiten werden vor allem von den Projektierenden und den Ausführenden wahrgenommen.

Informatik-Hilfsmittel:

Der Einsatz von Informatik - Hilfsmitteln im Bauprojektablauf erfolgt in der Regel durch die Projektierenden sowie durch die Ausführenden und Lieferanten, seltener auch durch den Bauherrn.

Inbetriebsetzung:

Die Inbetriebsetzung tangiert vor allem den Betreiber, aber auch die Projektierenden und die Nutzungs- und Betriebsplanung.

Unter dem Aspekt des Bauprojektablaufes bestehen zwischen den verschiedenen Problembereichen und den dazugehörenden Ablaufalternativen Zusammenhänge. Im einzelnen bestehen folgende gegenseitigen Beziehungen zwischen den in dieser Arbeit behandelten Problembereichen im Bauprojektablauf:

- Die **Projektdefinition** beeinflusst den Bewilligungsablauf und die Zusammenarbeit der Projektierenden ebenso wie die technischen Lösungsmöglichkeiten. Umgekehrt wird jedoch auch die Projektdefinition durch den Bewilligungsablauf geprägt.
- Die **Bauherren - Leistungen** prägen die Art der Zusammenarbeit der Projektbeteiligten und wirken sich stark auf die Projektdefinition aus.

- Die Art der **Zusammenarbeit** zwischen den Projektbeteiligten ist stark geprägt durch den Einsatz der Informatik - Hilfsmittel und hängt auch zusammen mit den Bauherren-Leistungen. Umgekehrt beeinflusst die Art der Zusammenarbeit auch den Einsatz der Informatik - Hilfsmittel .
- Die **Inbetriebsetzung** bestimmt die Art der Zusammenarbeit in der letzten Projektphase.

Die Vorteile der Lösungen in den einzelnen Problembereichen sind an den allgemeinen Zielen für das Bauprojekt zu messen. Je nach Prioritäten des Auftraggebers stehen Vorgehens- und Systemziele mehr oder weniger im Vordergrund:
- kürzere Gesamtprojektdauer bzw. frühere Betriebsaufnahme,
- höhere Sicherheit der Zielerreichung,
- bessere bauliche Anlage am Ende des Projektablaufes oder
- geringere Kosten für das Projekt.

So kann eine angestrebte Verkürzung der Gesamtprojektdauer die Motivation für den Einsatz einer Ablaufalternative sein. Auch die grössere Sicherheit der Zielerreichung, sei es von Vorgehens- oder Systemzielen, kann den Einsatz von Ablaufalternativen auslösen. Die bessere Erreichung der Wirkungen oder Endzustände der baulichen Anlage ist ein häufiger Auslöser für eine alternative Projektabwicklung. Aber auch die Minimierung des Aufwandes, sei es bei einzelnen Projektierenden oder Ausführenden, sei es beim Bauherrn, kann den Einsatz von Ablaufalternativen bewirken. Mit der Minderung des Aufwandes geht auch eine Verminderung der Kosten einher.

4.6.2 Projektdefinition

Die Ablaufvarianten für den Problembereich Projektdefinition beeinflussen verschiedene Ziele und beinhalten verschiedene Massnahmen, welche näher zu diskutieren sind. Einen Überblick gibt die folgende Tabelle:

Ablaufalternative Massnahmen	betroffene Zielparameter	Auswirkungen
Nr. 1 intensive Betriebsplanung (Massnahmen im erzeugenden System)	Gesamtprojektdauer	längere Vorbereitungsphase, danach jedoch optimaler Ablauf möglich
	Sicherheit der Zielerreichung	eher höher
	bauliche Anlage	gut abgestützte Anforderungen erhöhen Qualität der Gesamtanlage, innovative Lösungen möglich
	Kosten	In der Vorbereitungsphase eher höhere Kosten, werden tendenziell kompensiert durch Einsparungspotential in den nächsten Phasen und vor allem im Betrieb

Nr. 2 und 3 keine alternative Standorte	Gesamtprojektdauer	kürzere Vorbereitungsphase
	Sicherheit der Zielerreichung	---
	bauliche Anlage	evtl. keine optimale Lösung möglich am bestehenden Standort
	Kosten	eher kleinere Investitionskosten, dafür höhere Betriebskosten
Nr. 4 Ideenwettbewerb	Gesamtprojektdauer	viel längere Vorbereitungsphase
	Sicherheit der Zielerreichung	eher höher
	bauliche Anlage	breite Palette von Varianten ermöglicht optimale Lösung
	Kosten	In der Vorbereitungsphase höhere Kosten
Nr. 5 Standardanforderungen (Massnahmen im Zielsystem und im erzeugenden System)	Gesamtprojektdauer	viel kürzere Vorbereitungsphase (sofern Standardanforderungen bereits vorhanden, sonst im Gegenteil)
	Sicherheit der Zielerreichung	höher
	bauliche Anlage	flexibler nutzbar, evtl. nicht die optimale Lösung
	Kosten	Einsparungen in Vorbereitungs- und Vorprojektphase (sofern Standardanforderungen bereits vor handen, sonst im Gegenteil)

Tabelle 4.6:   *Überblick über die Bedeutung und die Vorteile der Ablaufalternativen für den Bereich Projektdefinition*

Für das Vorgehen zur Festlegung der Projektdefinition stellt sich die Frage, wie einzigartig die Projektdefinitionen für bauliche Anlagen wirklich sind. Der Neuigkeitswert einer geplanten baulichen Anlage ist dabei von entscheidender Bedeutung. Er hängt direkt ab von der Anzahl ähnlicher Anlagen, welche ein Bauherr bzw. andere Bauherren mit greifbaren Ergebnissen schon realisiert haben und von der Anlagenart. Ein institutioneller Bauherr, der immer ähnliche Anlagen baut, kann seine Anforderungen bis zu einem gewissen Grad benutzer- und betreiberunabhängig formulieren, da bereits Erfahrungswerte von bestehenden Anlagen vorliegen und unter Umständen Standardbautypen für bauliche Anlagen zur Anwendung gelangen (z.B. Festungsanlagen der Armee, Telefonzentralen der PTT, kleinere Bahnhöfe der Bundesbahnen). Dadurch lässt sich der Ausgangszustand für das gesamte Projekt oder der Ausgangszustand von einzelnen Teilsystemen oder Aspekten der baulichen Anlage wesentlich verbessern.

Auch bei Anlagen mit üblicher Nutzung (Bürobauten, Bank- und Gewerbebauten etc.) lassen sich die Anforderungen des Bauherrn oft in einem benutzerunabhängigen Betriebskonzept und dem generellen Flächenbedarf möglicher Benutzer zusammenstellen, d.h. dass in der Vorbereitungsphase weitgehend benutzerunabhängige Anforderungen verwendet werden. Auch die Vorprojektierung kann mit wenigen projektspezifischen Anforderungen des Bauherrn erfolgen, wenn ausreichende bauherrentypische Angaben im Sinne von Standards vorliegen.

Dagegen ist auf die Formulierung von Anforderungen für einzigartige Anlagen, die möglicherweise innovative Technologie umfassen sollen und/oder ausnehmend gross sind (beispielsweise eine neue Fabrik eines Pharmaunternehmens oder die Erweiterung einer sehr grossen Kläranlage) grosses Augenmerk zu richten. Auch die Anforderungen an komplexe Teilsysteme von baulichen Anlagen wie Gebäudeleitsysteme und Mess-/Steuer-/Regel-Systeme sind fallweise zu definieren.

Oft sind bei Bauprojekten für die Vorprojektierung relativ wenige konkrete Anforderungen seitens des Bauherrn bekannt. Insbesondere fehlen sehr oft Pflichtenhefte für die Projektierenden. Die Folgen von suboptimal abgeklärten und formulierten Anforderungen sind suboptimale Ergebnisse. Anforderungen an bauliche Anlagen zu formulieren und Ziele für Bauprojekte festzulegen, ist im Bauprojektablauf einer der ersten und wichtigsten Bauherrenleistungen. Diese Leistung kann unterstützt werden durch verschiedene Berater und Projektierende, verantwortlich bleiben jedoch die entsprechenden Stellen des Bauherrn. Verzögerte oder unvollständige, unsystematische Entscheide über Anforderungen verursachen in der Projektabwicklung gestreckte Abläufe, hohe Aufwände für Koordination und Wiederholung von Leistungen, aber auch schlechtere Qualität von Ergebnissen der Leistungen, weil zu rasch gearbeitet werden muss, um Rückstände aufzuholen. Auch die Änderung von Anforderungen während der Projektabwicklung durch Meinungsänderungen beim Bauherrn bewirkt Aufwände für die Wiederholung von Leistungen. Dagegen ermöglicht eine grundlegende Variantenbearbeitung und Variantenentscheide auf der Basis von klaren Bauherrenanforderungen technisch gute Lösungen ohne zusätzliche Leistungen.

Ist der Bauherr eine Organisation mit Fachstellen, welche klare Anforderungen an neue Anlagen definieren können, ermöglicht die hohe Fachkompetenz der Bauherrenvertreter in der Vorbereitungsphase grundsätzlich einen zielgerichteten, raschen Ablauf. Eine zusätzliche kritische Hinterfragung, nicht nur der von Projektierenden und Beratern gelieferten Resultate, sondern auch der vom Bauherrn gestellten Anforderungen durch die Gesamtprojektleitung, bewirkt zusammen mit einer Bearbeitung der Vorstudie und des Vorprojektes in Varianten in der Regel eine ausgereifte und ausgewogene Lösung. Dieses erweiterte Vorgehen hat dagegen den Nachteil, dass der Zeitbedarf grösser und der Aufwand höher ist.

Durch eine intensivere Bearbeitung in der Vorbereitungsphase kann die Anzahl der in der Vorprojektphase zu erarbeitenden Varianten kleiner gehalten werden, da die Anforderungen des Bauherrn bereits detaillierter formuliert sind. Die Bearbeitung in Varianten muss zu einem gewissen Zeitpunkt mit einem klaren und in der Regel unumstösslichen Entscheid beendet werden.

Bei der Bearbeitung der groben Nutzungs- und Betriebsplanung sind die Projektierenden frühzeitig zuzuziehen. Damit kann einerseits die Teambildung ausreichend früh erfolgen (Einsatzbereitschaft des Projekt-Teams für die nächste Phase), andererseits können von Betriebsplanern und Projektierenden bereits in dieser Phase grundlegende, allseitig abgestützte Konzepte erarbeitet werden. Insbesondere sind bauliche Vorstudienvarianten zu entwickeln, welche den Anforderungen der Betriebsplanung gerecht werden, aber auch die Folgen ihrer Realisierung zeigen. Eine Vorstudie soll nicht die Genauigkeit und Detaillierung eines Vorprojektes erreichen und vom Bauherrn auch nicht als Vorprojekt verstanden werden.

4.6.3   Bewilligung

Im Bewilligungsverfahren kann sich die Dominanz einer unfreundlichen Projektumgebung für das gesamte Projekt in einem verzögerten Gesamtablauf, in gestreckten Abläufen und damit in einer unwirtschaftlichen Arbeitsweise für alle Projektierenden oder sogar in einem gänzlichen "Absturz" des Projektes auswirken. Die Ablaufvarianten für den Problembereich Bewilligung beeinflussen verschiedene Ziele und beinhalten verschiedene Massnahmen, welche hindernde Auswirkungen des Bewilligungs- und Einspracheverfahrens auf den Bauprojektablauf einschränken sollen. Einen Überblick über Auswirkungen des Bewilligungs- und Einspracheverfahrens und Massnahmen gibt die folgende Tabelle:

Ablaufalternative Massnahmen	betroffene Zielparameter	Auswirkungen
Nr. 1 Baubewilligungs- verfahren mit UVP (Massnahmen in der Projekt- umgebung und im erzeugenden System)	Gesamtprojektdauer	längere Projektierung (mehr Aspekte zu berücksichtigen), eher längere Bewilligungsdauer (mehr involvierte Amtsstellen)
	Sicherheit der Ziel- erreichung	eher geringer
	bauliche Anlage	Anforderungen der UVP erhöhen Umweltfreundlichkeit der Gesamtanlage, innovative Lösungen möglich
	Kosten	höhere Kosten für Projektierung und teilweise für Ausführung und Betrieb
Nr. 2 eisenbahnrecht- liches Plangeneh- migungsverfahren	Gesamtprojektdauer	länger als bei einem Hochbauprojekt
	Sicherheit der Ziel- erreichung	höheres Risiko betreffend Einsprachen
	bauliche Anlage	Abgrenzung weniger klar

(Massnahmen in rechtlichen Rahmenbedingungen)	Kosten	tendenziell eher höher (weitergreifende Auswirkungen, aber Einflussmöglichkeiten Bauherr)
Nr. 3 und 4 Phasenüber-lappung (Massnahmen im Projektablauf)	Gesamtprojektdauer	kürzer
	Sicherheit der Zielerreichung	höheres Risiko betreffend Kosten für Detailprojektierung und Vorbereitung der Ausführung
	bauliche Anlage	Arbeiten in Konzepten nötig
	Kosten	eher kleinere Zinskosten, da rascher in Betrieb; dafür höheres Risiko
Nr. 5 Teilbewilligungen (Massnahmen im Projektablauf)	Gesamtprojektdauer	kürzer
	Sicherheit der Zielerreichung	höheres Risiko betreffend Kosten für Detailprojektierung, Vorbereitung der Ausführung und vorgezogenen Bauarbeiten
	bauliche Anlage	Etappierbarkeit und / oder einzelne Bauobjekte notwendig
	Kosten	eher kleinere Zinskosten, da rascher in Betrieb; dafür höheres Risiko
Nr. 6 neues Einsprache-verfahren (Massnahmen in rechtlichen Rahmenbedingungen)	Gesamtprojektdauer	kürzer
	Sicherheit der Zielerreichung	höher
	bauliche Anlage	keine Änderung
	Kosten	kleinere Zins- und Verfahrenskosten

Tabelle 4.7:   Überblick über die Bedeutung und die Vorteile der Ablaufalternativen für den Bereich Bewilligung

Bei länger dauerndem Baubewilligungsverfahren kann mit einem Entscheid für die Weiterbearbeitung des Projektes trotz hängiger Bewilligungen und Einsprachen ein Verzug im Projekt teilweise vermieden werden. Dazu muss parallel zum Bewilligungsverfahren mit der Detailprojektierung und den Ausschreibungen begonnen werden. Diese Phasenüberlappung erlaubt eine beträchtliche Beschleunigung des Ablaufes, dafür muss jedoch der Bauherr ein höheres finanzielles Risiko in Kauf nehmen.

Auch durch eine geschickte Etappierung und entsprechende Bewilligungen lassen sich Teile von Anlagen frühzeitig realisieren. Diese Beschleunigung wird allerdings mit einem grösseren Aufwand für die Kommunikation mit Behörden und einem erhöhten Risiko für die Vorinvestitionen im Falle der Nichterteilung der Gesamtbewilligung erkauft. Mit baurechtlichen Vorentscheiden zur Gesamtanlage (z.B. Umrisse, Nutzungsart) oder zu den späteren Teilsystemen (z.B. Baugrube) und Etappen lässt sich dieses Risiko kontrollieren.

Das Herbeiführen von baurechtlichen Vorentscheiden wird bei innerstädtischen Bauten zunehmend zum wesentlichen Inhalt der Vorbereitungs- und Vorprojektphase von Hochbauprojekten. Der rechtsgültige Vorentscheid durch die Behörde wird dadurch zur wesentlichen Grundlage für den grundsätzlichen Investitionsentscheid.

Trassebauten, insbesondere im überbauten Gebiet, tangieren immer eine grosse Anzahl direkt betroffener Grundeigentümer. Die Einigung mit Grundstückseigentümern bzw. -anstössern ist ein aufwendiger und langdauernder Prozess. Durch frühen Einbezug dieser Eigentümer in den Projektierungsablauf, beispielsweise mit öffentlichen Orientierungen und gezielter Information, kann unter Umständen eine wesentliche Beschleunigung des Gesamtablaufes erreicht werden.

Die vorgängige Klärung aller für die Bewilligungen notwendigen Grundlagen und deren Absprechung mit Bewilligungs- und Genehmigungsbehörden ist unabdingbar.

4.6.4   Bauherren - Leistungen

Im Bauprojektablauf können sich nicht erbrachte, zu spät erbrachte oder mit ungenügender Genauigkeit erbrachte Bauherrenleistungen für das gesamte Projekt in einem verzögerten Gesamtablauf, in gestreckten Abläufen und in unwirtschaftlichen Arbeitsweisen für alle Projektierenden auswirken. Die Ablaufvarianten für den Problembereich Bauherren - Leistungen beeinflussen verschiedene Ziele und beinhalten verschiedene Massnahmen. Einen Überblick gibt die folgende Tabelle:

Ablaufalternative Massnahmen	betroffene Zielparameter	Auswirkungen
Nr. 1 flache Bauherren-organisation	Gesamtprojektdauer	optimaler Ablauf möglich, falls klares Entscheidungskonzept und rechtzeitige und umfassende Informationen
(Massnahmen in der Organisation	Sicherheit der Zielerreichung	bei genügend Rückhalt höher
des Bauherrn und bei Zusammen-arbeit mit	bauliche Anlage	gut abgestützte Anforderungen erhöhen Qualität der Gesamtanlage
Bauherr)	Kosten	tendenziell tiefere Kosten, da weniger Rückkoppelungen im Ablauf
Nr. 2 hierarchische Bauherren-organisation	Gesamtprojektdauer	tendenziell länger, kann gemindert werden durch klares Entscheidungskonzept und rechtzeitige und umfassende Informationen sowie periodische Projektpräsentationen
(Massnahmen in der Organisation	Sicherheit der Zielerreichung	durch Einbezug vieler Stellen einerseits höher, andererseits risikoreicher
des Bauherrn und bei Zusammen-	bauliche Anlage	gut abgestützte Anforderungen erhöhen Qualität der Gesamtanlage

arbeit mit Bauherr)	Kosten	ohne Massnahmen eher höhere, da viele Rückkoppelungen
Nr. 3 kantonale Volks-abstimmung	Gesamtprojektdauer	länger
	Sicherheit der Ziel-erreichung	eher unsicher, wie Entscheid ausfällt
	bauliche Anlage	keine Änderung
	Kosten	eher höher, da langes Verfahren (Stillstand im Projekt)
Nr. 4 Baubotschaft des Bundes	Gesamtprojektdauer	länger
	Sicherheit der Ziel-erreichung	nur hoch, falls gut fundierte Bedürfnis-nachweise für bauliche Anlagen
	bauliche Anlage	Berücksichtigung Standards
	Kosten	eher höher, da langes Verfahren (Stillstand im Projekt)
Nr. 5 ebenen-übergeifende Kontrolle	Gesamtprojektdauer	kürzer als bei übergeordneter Kontrolle, da rasche Rückkoppelung
	Sicherheit der Ziel-erreichung	besser als ohne Kontrolle
	bauliche Anlage	bessere Koordination an Schnittstellen
	Kosten	eher höhere Honorare, evtl. Einsparun-gen durch Vermeidung unnötiger Arbei-ten
Nr. 6 ebenenweise Kontrolle	Gesamtprojektdauer	keine Änderung
	Sicherheit der Ziel-erreichung	besser als ohne Kontrolle
	bauliche Anlage	bessere Gesamtanlage
	Kosten	eher höhere Honorare, evtl. Einsparun-gen durch konzeptionelle Überlegungen

Tabelle 4.8:   *Überblick über die Bedeutung und die Vorteile der Ablaufalternativen für den Bereich Bauherren - Leistungen*

Die Koordination der Ansprüche von Benutzer und Betreiber bzw. der Produktions- und Betriebsplanung mit denjenigen der baulichen Fachstellen und Projektierenden ist eine für rasche Entscheide und straffe Projektabläufe wesentliche Aufgabe, welche auf allen Ebenen der Projektorganisation wahrgenommen werden muss. Eine zu grosse Anzahl von Fachstellen auf Seite des Bauherrn, seien sie ins Projekt eingebunden oder nicht, kann eine zu grosse Anzahl von zu untersuchenden Varianten oder bauherreninterne Konkurrenzkämpfe bewirken. Besonders bei der Dominanz einer Seite (Bau oder Betrieb) oder bei gegensätzlichen Interessen, die nicht koordiniert werden, aber eng zusammenhängen, können Störungen im Projektablauf verursacht werden und sich Mängel bei der Abnahme sowie Probleme bei der Übergabe und Dokumentation der Gesamtanlage ergeben. Hingegen ermöglichen koordinierte, gut organisierte, kleine

Fachstellen beim Bauherrn und entsprechende Gremien in der Projektorganisation (z.B. Arbeitsgruppen als Unterstützung von Linienstellen) eine effiziente und sachgerechte Vorbereitung von Entscheiden und rasche Entscheidungsabläufe.

Die enge Einbindung der Vertreter des Bauherrn in den Projektablauf ermöglicht eine grosse Identifikation des Bauherrn mit dem Resultat der Projektierung. Die Organe des Bauherrn, welche als Geld- bzw. Kreditgeber fungieren, müssen ebenfalls in den Prozess eingebunden werden. Damit brauchen sie weniger Zeit, um Entscheide zu fällen.

Viel direkte Einflussnahme durch den Bauherrn in Details ergibt für alle Projektierenden Mehraufwände, für die Gesamtprojektleitung zusätzliche Koordinationsprobleme und allenfalls eine unklare Verantwortlichkeitssituation. Die Konzentration auf die wesentlichen Entscheide, die dafür zeitgerecht und rasch gefällt werden, und auf die Formulierung der Anforderungen, insbesondere von Pflichtenheften für die Projektierenden, lässt dagegen zügige Projektabläufe zu.

Ein vom Bauherr aus Gründen der Unternehmenspolitik bewirkter Projektstillstand verursacht "Wiedereinstiegsprobleme" bei allen Projektierenden. Es entsteht bei den Projektierenden ein erhöhter Aufwand. Durch das mangelnde Erinnerungsvermögen an Detailentscheide und die unter Umständen veränderte Personalsituation entsteht eine Vielzahl von Fehlerquellen.

Das komplexe Zusammenwirken von verschiedenen Stellen bei öffentlichen Bauten mit Bundesstellen oder kantonalen Stellen als Bauherr, mit kantonalen Behörden als Fachstellen und Gemeindebehörden als Planungsbehörden verursacht lange Entscheidungszeiten in den Projektierungsphasen. Die grosse Zahl von Geldgebern bewirkt eine schwierige Koordination der Finanzpläne von mehreren, verschiedenen öffentlichen und halböffentlichen Organisationen. Durch die verschiedenen Prioritäten, welche diese Geldgeber dem Projekt geben, kann es zu Projektstillständen bzw. -verzögerungen kommen.

4.6.5 Zusammenarbeit im Projekt - Team, technische Möglichkeiten

Die Komplexität der Bauprojekte und ihrer Umgebung wirkt sich in einer grossen Zahl der Beteiligten, in zahlreichen zu bearbeitenden Problemkreisen und in vielen Schnittstellenproblemen aus. Der Einfluss auf den Bauprojektablauf zeigt sich insbesondere in einer grossen Anzahl verschiedenster Spezialistenleistungen, die koordiniert und integriert werden müssen. Die Regelung der Zusammenarbeit aller an einem Projekt Beteiligten ist ein wesentlicher Faktor für den Projekterfolg. Eine nicht optimale Zusammenarbeit, beispielsweise der Projektierenden oder des Bauherrn mit dem Gesamtprojektleiter, wirkt sich auf die fertiggestellte bauliche Anlage aus. Eine Quantifizierung dieser Wirkung ist jedoch schwierig. Neben der objektiven und subjektiven Beurteilung der Wirkungen der erzeugten baulichen Anlage ist in der Beurteilung des Projekterfolges aus der Perspektive jedes einzelnen Beteiligten auch die **Qualität der Zusammenar-**

beit und des Umganges miteinander ein wichtiger Erfolgsparameter in der Projektabwicklung.

Bei der Ablaufplanung können technische Möglichkeiten eine wesentliche Verkürzung der Gesamtprojektdauer erlauben. In Bauprojekten kommen folgende Möglichkeiten in Frage:

Parallelbearbeitung von Objekten:	Eine Gesamtanlage wird in mehrere, für sich alleine projektierbare und realisierbare Einzelobjekte unterteilt, welche in gewissen Projektphasen simultan projektiert und realisiert werden (Verteilte koordinierte Bearbeitung von Objekten).
Parallelbearbeitung von Teilsystemen:	Die Teilsysteme eines Bauobjektes werden alle parallel zueinander projektiert und wo physisch möglich auch überlappend realisiert. Dabei kann die Aufeinanderfolge der Projektierung und Realisierung eines Teilsystems oder Elemente eines Bauobjektes gegebenenfalls überlappend erfolgen (Fasttracking auf der Ebene Teilsystem).

Ablaufalternative (technische Möglichkeiten)	betroffene Zielparameter	Auswirkungen
Nr. 1 Lineare Projektierung	Gesamtprojektdauer	lange Bearbeitungsdauern in allen Projektierungsphasen
	Sicherheit der Zielerreichung	bei guter Planung mindestens genügend
	Qualität der Zusammenarbeit	Intensität gering, wenig Interaktion
	bauliche Anlage	schwierige technische Koordination
	Kosten	höhere Zinskosten, aber geringerer Koordinationsaufwand
Nr. 2 Zusammenarbeit nach Bedarf	Gesamtprojektdauer	weniger lange Bearbeitungsdauern als bei linearer Projektierung
	Sicherheit der Zielerreichung	eher klein
	Qualität der Zusammenarbeit	teilweise zufällig
	bauliche Anlage	evtl. keine optimal integrierte Lösung
	Kosten	eher gering
Nr. 3 Kombination lineare und	Gesamtprojektdauer	kurze Bearbeitungsdauern
	Sicherheit der Zielerreichung	gross

parallele Projektierung	Qualität der Zusammenarbeit	gut
	bauliche Anlage	optimal integrierte Lösung
	Kosten	anspruchsvollere Koordinationsarbeit
(Parallelbearbeitung von Objekten)	Gesamtprojektdauer	wesentlich kürzer
	Sicherheit der Zielerreichung	bei guter Planung mindestens genügend
	bauliche Anlage	gut integrierte Gesamtanlage möglich
	Kosten	höherer Aufwand für technische und organisatorische Koordination
(lineare Erstellung von Objekten und Teilsystemen)	Gesamtprojektdauer	länger
	Sicherheit der Zielerreichung	eher grösser
	bauliche Anlage	evtl. keine optimale Integration
	Kosten	eher kleinerer Koordinationsaufwand, dafür höhere Zinskosten wegen längerer Dauer

Tabelle 4.9:   *Überblick über die Bedeutung und die Vorteile der Ablaufalternativen für den Bereich Zusammenarbeit im Projekt - Team und technische Möglichkeiten*

Für den Gesamtprojektleiter stellt sich die Aufgabe, verschiedene Projektbeteiligte dazu zu bringen, ihre eigene Arbeitsweise derart anzupassen, dass sich eine wünschenswerte Art der Zusammenarbeit im Projekt ergibt. Die Problematik der Motivation von Projektbeteiligten zu einer eigentlichen Teambildung ist Gegenstand vieler neuerer Publikationen in der internationalen Fachwelt[53]. Die Qualität der Zusammenarbeit in einem Projekt - Team soll gewährleisten, dass nicht jeder Beteiligte ohne Verständnis für die Gesamtkonzepte und den Gesamtablauf für sich alleine Teilprobleme bearbeitet. Zur Verbesserung der Qualität der Zusammenarbeit in einem Projekt - Team dienen unter anderem folgende Massnahmen:

-   Alle in einem Projekt notwendigen Beteiligten sollen zur rechten Zeit beigezogen werden, d.h. so früh, dass sie genügend Zeit für Einarbeitung und Studium der Grundlagen und für die Mitarbeit an Konzepten, aber auch an den Beurteilungsmassstäben für die zu liefernden Resultate haben. Die Koordination aller Leistungen nicht nur bezüglich der technischen Inhalte, sondern auch bezüglich Termine ist ausserordentlich wichtig. Bei später Bestimmung und Koordination von technischen Konzepten, auch wenn dies aus Gründen der Optimierung geschieht, läuft man Gefahr, dass sich die Projektierung verzögert.

---

53 *INTERNET International Project Management Association, Handbook of Project Start-up, Zürich 1987*

- Die terminliche Koordination kann mit Ablauf- und Terminplänen erfolgen, die von allen Beteiligten genehmigt werden. Im Terminplan ausgewiesene Pufferzeiten verleiten unter Umständen Projektierende dazu, die Aufgaben spät oder nicht mehr zeitgerecht zu erledigen. Damit lassen sich für einzelne Beteiligte Änderungen an den technischen Resultaten umgehen, da die Zeit für eine Überarbeitung fehlt. Gegen Ende eines Projektes lässt sich oft eine ähnliche, aus Kostengründen verständliche Taktik beobachten. Jeder Beteiligte versucht, seinen Teil möglichst rasch abzuschliessen, um nicht zusätzlich grosse Arbeiten an der Gesamtdokumentation erbringen zu müssen.

- Der Ablauf kann in seiner Gesamtheit auch durch Festlegen von Zwischenpräsentationen gelenkt werden. Für jede Präsentation müssen zum voraus klar definierte, konkrete Resultate von allen Beteiligten vorliegen. Dabei soll der Sitzungsplan so gestaltet werden, dass die Zwischenpräsentation von Ergebnissen möglich ist. Ein zu enger Sitzungsplan lässt keine ruhigen Arbeitsphasen zu.

- Interne Prioritäten bei Stammorganisationen von Projektierenden, d.h. der Einfluss anderer Projekte bei knappen Kapazitäten, können Terminverschiebungen bewirken. Die Kontrolle und Führung der einzelnen Projektierenden ist schwierig, da Zwischenergebnisse teilweise nur von Fachleuten beurteilt werden können und die Lösung von Personal- und Kapazitätsproblemen aufwendig sein kann.

Die Ausnutzung der technischen Möglichkeiten beeinflusst in starkem Masse die Zusammenarbeit zwischen den Beteiligten und zieht insbesondere einen erhöhten Aufwand für die technische und organisatorische Koordination mit sich. In der Ablaufkontrolle eines Projektes, bei welchem sich einzelne Objekte in einer früheren oder späteren Phase als die Gesamtanlage befinden, müssen eine grosse Anzahl verschiedener Projektzustände koordiniert werden. Die sequentielle Erstellung von Teilsystemen verlängert die Projektdauer, die simultane Erstellung von Teilsystemen ist teilweise nicht möglich.

Die Planung der Erstellung einer baulichen Anlage in **Etappen** ist im Modellablauf problemlos abbildbar, indem die einzelnen Etappen wie eigene Bauobjekte behandelt werden. Allerdings ist bei zeitlich dicht aufeinanderfolgenden Etappen und bei engen Platzverhältnissen auf dem Bauplatz eine Durchmischung der Etappen kaum zu umgehen. Die dicht aufeinanderfolgende Ausführungsplanung von zwei Etappen macht bei einer gewissen Etappengrösse zwei Projektierungsteams notwendig, was zusätzlichen Koordinationsaufwand und erschwerten Wissenstransfer bewirkt.

Einschränkungen betrieblicher Art (Aufrechterhaltung von Teilen des Betriebes) können zu zahlreichen neuen Schnittstellen und bei engen Verhältnissen zu Platzproblemen auf dem Gesamtareal führen. Dadurch müssen wiederum eine grosse Anzahl verschiedener Projektzustände beachtet werden, und es kann zu einer problematischen Durchmischung von Baustelle und Betrieb kommen.

Beim Umbau von Hochbauten fallen grössere Vorbereitungsarbeiten weg, und die Rohbauarbeiten benötigen nur geringen Vorlauf, bis andere Teilsysteme realisiert werden können. Beim Ersatz von bestehenden Bauten im eng überbauten Gebiet sind der Abbruch bestehender Anlagen und die Erstellung der Baugrube eine wichtige Voraussetzung.

Bei der Erweiterung von bestehenden Verkehrsanlagen ist der wesentlichste Faktor für die Wahl der Ausführungart der Betrieb, der auf den bestehenden Trassen in der Regel mit einem Minimum an Beeinträchtigungen und einer genügenden Sicherheit möglich sein muss. Dadurch sind in der Ausführung von Verkehrsbauten viele Rahmenbedingungen einzuhalten:
- Der Verkehr soll nach Möglichkeit gar nicht oder nur durch kurze Langsamfahrstrecken beeinträchtigt werden.
- Die Sicherungsanlagen müssen in jedem Bauzustand (während jeder Etappe) zuverlässig in Betrieb sein.
- Die Bauzustände dürfen kein unaktzeptables Unfallrisiko aufweisen.

4.6.6 Informatik-Einsatz

Der Einsatz von zeitgemässen Informatik-Mitteln im Bauprojekt eröffnet für alle Beteiligten neue Chancen, birgt aber auch gewisse Gefahren in sich. Mit neuen Hilfsmitteln können durch die Beteiligten gänzlich neue Leistungen erbracht werden. Die üblichen Leistungen werden in schnellerem Tempo und/oder in besserer Qualität erbracht. Allerdings können auch wertvolle praktische Möglichkeiten der Konsequenz und den Beschränkungen der Software zum Opfer fallen oder sind nur noch mit grossem Aufwand realisierbar. Die Entlastung der Projektierenden von Routinearbeiten ermöglicht eine längere Phase der kreativen Lösungsfindung. Bei der Art und Qualität der Zusammenarbeit werden neue Dimensionen eröffnet. Projektdaten liegen für den Bauherrn, den Betreiber und den Benutzer in weiterbearbeitbarer Form vor.

Ablaufalternative Massnahmen	betroffene Zielparameter	Auswirkungen
Nr. 1 keine Anpassung des Ablaufes	Gesamtprojektdauer	etwas kürzere Bearbeitungsdauern bei den Projektierenden möglich
	Sicherheit der Zielerreichung	Zuverlässigkeit der EDV - Systeme heute in der Regel gross
	bauliche Anlage	erhöhte Qualität der Resultate der Projektierung, mehr Zeit für kreative Arbeit
	Kosten	In der Vorbereitungs- und Vorprojektphase eher höhere Projektierungskosten, werden kompensiert durch Einsparungen in den nächsten Phasen

Nr. 2 frühere Bauherren- entscheide	Gesamtprojektdauer	kürzere Projektdauer durch früh bekannte Anforderungen und "Auslassen" des Projektzustandes "Bauprojekt"
	Sicherheit der Ziel- erreichung	genügend, falls Entscheide des Bauherrn zuverlässig
	bauliche Anlage	erhöhte Qualität der Resultate der Pro- jektierung, mehr Zeit für kreative Arbeit
	Kosten	In der Vorbereitungs- und Vorprojekt- phase eher höhere Projektierungskosten, werden mehr als kompensiert durch Ein- sparungen in den nächsten Phasen
Nr. 3 multidisziplinäres EDV - System	Gesamtprojektdauer	viel kürzere Projektierung durch früh bekannte Anforderungen, "Auslassen" des Projektzustandes "Bauprojekt" und raschere technische Koordination aller Teilsysteme
	Sicherheit der Ziel- erreichung	genügend, falls Entscheide des Bauherrn zuverlässig, Informatik - Systeme zuver- lässig und alle Beteiligte entsprechend ausgebildet
	bauliche Anlage	erhöhte Qualität der Resultate der Pro- jektierung, mehr Zeit für kreative Arbeit, technisch gut integrierte Gesamtanlage
	Kosten	In der Vorbereitungs- und Vorprojekt- phase eher höhere Projektierungskosten, werden kompensiert durch Einsparungen in den nächsten Phasen. Mehraufwand für die Koordination der EDV - Systeme

Tabelle 4.10:   *Überblick über die Bedeutung und die Vorteile der Ablaufalternativen für den Bereich Informatik - Einsatz*

Durch die multidisziplinäre Zusammenarbeit aller Beteiligten auf einem gemeinsamen System werden die Konfliktstellen zwischen den einzelnen Projektierenden klarer, und die Planung kann echt parallel vorangehen. Dadurch sinken die Bearbeitungszeiten. Andererseits fordert diese Art Projektierung viel Disziplin von allen Beteiligten, insbe- sondere auch vom Bauherrn. Nebst der technischen Koordination der Projektbearbei- tung müssen auch die Aspekte der Datenverwaltung und -struktren im CAD - System koordiniert werden. Dadurch sind Leistungen zu erbringen, die in ihrer Art neu sind und deren Abgeltung zwischen den Projektierenden zu regeln ist.

Beim Einsatz von Informatik - Hilfsmitteln muss die Durchgängigkeit der Daten und Dokumente über alle Projektphasen und zwischen den Beteiligten gewährleistet sein.

Die Hilfsmittel müssen Änderungen am Projekt zulassen. Die Sicherheit und der Zugriff auf die Daten muss geregelt und gewährleistet sein. Die Hilfsmittel müssen sich der Arbeitsweise der Beteiligten anpassen lassen.

Der Einsatz von CAD - Systemen als Projektinformationssysteme ist im heutigen Entwicklungsstand limitiert, da nicht alle Projektierenden damit arbeiten und der Bauherr in der Regel nicht über ein CAD verfügt. Als Dokumentationssystem für Pläne ist ein CAD - System heute aber bereits sehr nützlich. Der Informationsaustausch in der Projektierungsphase erfolgt heute jedoch meist durch Erstellen von Koordinationsplänen oder im Planzirkulationsverfahren. Ansätze zu einer übergreifenden Zusammenarbeit zwischen verschiedenen Beteiligten mittels eines CAD - Systems und Datenübermittlung auf einem dienstintegrierten Glasfasernetz befinden sich erst im Stadium von Pilotanwendungen[54].

4.6.7 Inbetriebsetzung

Bei der Inbetriebsetzung von baulichen Anlagen treten viele Schnittstellenprobleme auf, und oft sind die Verantwortlichkeiten nicht klar geregelt. Bei ungenügender Planung und Kontrolle der Inbetriebsetzung tritt eine Verzettelung der Leistungen aller Beteiligten auf, und das Ziel, alle Teilsysteme zur gleichen Zeit betriebsbereit zu haben, wird nicht erreicht. Das Erkennen und die seriöse Behebung von Fehlern an der Anlage noch während der Inbetriebsetzung ermöglicht bereits ab Betriebsaufnahme einen optimalen Betrieb.

Ablaufalternative	betroffene Zielparameter	Auswirkungen
Nr. 1 Abnahme - IBS - Dokumentation	Gesamtprojektdauer	kurze Inbetriebsetzungsphase
	Sicherheit der Zielerreichung	eher kleiner (IBS ohne Dokumentation)
	bauliche Anlage	evtl. ungenügende Dokumentation bei Inbetriebsetzung
	Kosten	eher höhere Betriebskosten in der ersten Betriebsphase (Störungen)
Nr. 2 Dokumentation - IBS - Abnahme	Gesamtprojektdauer	eher längere Inbetriebsetzungsphase
	Sicherheit der Zielerreichung	hoch, bedingt früh ein gutes Dokumentationskonzept
	bauliche Anlage	vollständige Dokumentation bei IBS
	Kosten	eher höhere IBS-Kosten, dafür geringere Betriebskosten in der ersten Betriebsphase

54 vgl. Projekt der Schweizerischen PTT: Kommunikationsmodellgemeinde Basel "Integrierte Bauplanung"

Nr. 3	Gesamtprojektdauer	lange Inbetriebsetzungsphase
mehrstufige IBS	Sicherheit der Ziel-erreichung	gross
	bauliche Anlage	Zusammenwirken aller Teilsysteme optimiert, Betriebspersonal gut geschult
	Kosten	höhere IBS-Kosten, dafür viel geringere Betriebskosten in der ersten Betriebs-phase
Nr. 4	Gesamtprojektdauer	sehr rasche Inbetriebsetzungsphase
Modifikation im Betrieb	Sicherheit der Ziel-erreichung	kleiner, Anlage nicht ausgetestet
	bauliche Anlage	ungenügendes Zusammenwirken der Teilsysteme in der ersten Betriebsphase
	Kosten	höhere Betriebskosten in der ersten Betriebsphase (Störungen)

Tabelle 4.11:   Überblick über die Bedeutung und die Vorteile der Ablaufalternativen für den Bereich Inbetriebsetzung

Grosser Druck von Seiten des Gesamtauftraggebers auf eine rasche Benutzbarkeit der Anlagen und eine rasche provisorische Belegung von Räumen durch den Benutzer bzw. Betreiber erschwert die weiteren Bauarbeiten und die Mängelbehebung.

Der Aspekt der Dokumentation der baulichen Anlage muss von der Gesamtprojektlei-tung zusammen mit dem Bauherrn frühzeitig beachtet und ein entsprechendes Konzept festgelegt werden. Es stellt sich die Frage, auf welchem Medium eine Dokumentation zur Verfügung stehen soll (CAD - Daten, Papier, Mikrofilm etc.) und wie die Informa-tionen erschlossen werden (Numerierungssysteme etc.). Weiter muss festgelegt werden, ob eine spezielle Anlagendokumentation für den Unterhalt und eine Betriebsdokumen-tation (Betriebsanleitungen) notwendig sind oder ob eine gemeinsame Dokumentation ausreicht. Auf der Basis des Dokumentationskonzeptes kann die Gesamtprojektleitung rechtzeitig allen Beteiligten (Projektierende, Ausführende und Lieferanten) die Anfor-derungen an die von ihnen zu liefernden Dokumentationsteile bekanntgeben und allen-falls bestimmen, welcher Beteiligte die einzelnen Teile zu einer Gesamtdokumentation integriert. Bei den Ausführenden und Lieferanten ist zu beachten, dass es sich dabei um einen Bestandteil des Werkvertrages handelt, der bereits bei der Ausschreibung defi-niert sein sollte.

5. LEITLINIEN FÜR DIE ANWENDUNG DES ABLAUFMODELLES

5.1 Ziele der Modellanwendung

5.1.1 Ziele für Bauprojektabläufe

Im Rahmen der Problemerfassung und -analyse wurden Gespräche über die heutige und künftige Situation bezüglich des Bauprojektablaufes geführt. Die erhobenen Zielvorstellungen zeigen Forderungen für die zukünftige bzw. optimale Abwicklung von Bauvorhaben[55].

- Der Bauprojektablauf soll derart gestaltet werden, dass sich die Schnittstellen zwischen technischen Teilsystemen, einer grossen Anzahl von Beteiligten und der Umwelt des Bauprojektes bewältigen lassen. Es muss eine koordinierte, multidisziplinäre Arbeitsweise auf allen hierarchischen Stufen möglich sein.
- Die Gestaltung des Bauprojektablaufes muss die rasche Entwicklung der Technologie berücksichtigen. Insbesondere muss der Bauprojektablauf offen sein für Änderungen und neue Leistungen.
- Die Gestaltung des Bauprojektablaufes kann nicht nur die isolierte Entwicklung des Bauprojektes zum Inhalt haben, sondern muss den vielfältigen Einflüssen aus der Bauprojektumgebung gerecht werden.
- Der Bauprojektablauf muss derart gestaltet werden, dass er von der Form der Bauprojektorganisation weitgehend unabhängig ist.
- Die Gestaltung des Bauprojektablaufes muss auf klare Entscheidungspunkte ausgerichtet sein, die einem Entscheidungskonzept entsprechen. Die Zeiten für Bauherrenentscheide und entsprechende Änderungen müssen berücksichtigt werden.
- Die Mittel zur Gestaltung des Bauprojektablaufes sollen eine hohe Standardisierung und einen grossen Repetitionseffekt erlauben, ohne dass die Freiheit in der Planung und Konstruktion eingeschränkt wird.
- Im Bauprojektablauf muss der Einbezug von zeitgemässen Informatikhilfsmitteln möglich sein, und deren zukünftige Entwicklungen sind zu berücksichtigen. Insbesondere sind auch die Entwicklungsmöglichkeiten im Bereich Kommunikationstechnik miteinzubeziehen.
- Der Bauprojektablauf muss solcherart gestaltet werden, dass er eine rasche, kostensparende Abwicklung der Bauprojekte gewährleistet, ohne dass die Qualität darunter leidet.

---

[55] *Scheifele D., Bauprojektablauf - Interviews und Seminar zur Problemerfassung und Problemanalyse, Zwischenbericht, IB ETH, Zürich 1988*

5.1.2   Ziele des Modelleinsatzes

Als Ziel für den Einsatz des Ablaufmodelles steht die Erstellung von Projektablaufplänen im Vordergrund. Durch den Einsatz des systematischen Ablaufmodelles soll die Erstellung übersichtlicher, rascher und sicherer als bisher möglich sein. Der erstellte Projektablaufplan soll möglichst ideal, vollständig und zuverlässig sein und von entsprechenden Pflichtenheften aller Beteiligten begleitet werden. Mit der Anwendung des Modelles soll im Gesamtprojekt ein besseres Endergebnis des Projektablaufes (bauliche Anlage) in kürzerer Gesamtzeit und mit geringerem Aufwand erreicht werden. Die für die Abwicklung des Projektes notwendigen Vorgänge und Leistungen sollen klar bestimmt sein. Durch Ablaufalternativen soll einerseits die Optimierung von Projektabläufen unterstützt werden und andererseits eine einfache Berücksichtigung von sich ändernden Rahmenbedingungen erreicht und die Reaktionszeit verkürzt werden.

5.2   Vorgehen bei der Ablaufplanung

5.2.1   Ablaufplanung und -kontrolle

Die Ablaufplanung und -kontrolle beinhaltet die Tätigkeiten bezüglich Planung, Realisierung und Kontrolle der Zustandsänderungen des Bauprojektsystems. Die Leistungen, Kosten und Termine im Rahmen eines Projektes können durch eine wirksame Ablaufplanung und -kontrolle nachhaltig beeinflusst werden. Die frühzeitige und systematische Ablaufplanung und -kontrolle ermöglicht die rechtzeitige Bereitstellung **aller** notwendigen Informationen, um mögliche Einsparungen von Zeit und Kosten wahrzunehmen.

Die Ablaufplanung und -kontrolle umfasst insbesondere die folgenden Punkte:
-   Feststellen von Art, Umfang und Anzahl der Objekte, Teilsysteme und Elemente sowie deren Beziehungen untereinander (Projekt- bzw. Anlagenstruktur).
-   Feststellen der Aufgabenträger (Projektbeteiligte).
-   Analyse und Beurteilung der Projektziele und Rahmenbedingungen (Projektumgebung).
-   Festlegen der wichtigsten Teilziele, Feststellen der unabänderlichen Teilabläufe, Gliederung des Projektablaufes in Phasen und Bestimmen der hauptsächlichen Entscheidungspunkte aufgrund der vorgegebenen Projektziele. Beurteilen der Terminbedingungen und Festlegen des Phasenkonzeptes.
-   Festlegen der Etappen und der zu deren Erreichung notwendigen Vorgänge, Feststellen der gegebenen und Festlegen weiterer Abhängigkeiten.
-   Ermitteln des Zeitbedarfs der in Vorgängen zusammengefassten Leistungen.
-   Bestimmen von Orten, Objekten, Aufgabenträgern, Hilfsmitteln und zeitlicher Lage der Vorgänge.
-   Optimierung des Ablauf- bzw. Terminplanes gemäss den Zielen für die Ablaufplanung.
-   Darstellung der für jede hierarchische Ebene und Projektphase angepassten Informationen der Ablauf- und Terminplanung für die Ablaufkontrolle.

- Laufende Kontrolle des Projektablaufes und rechtzeitiges Treffen von Massnahmen bei Planabweichungen.

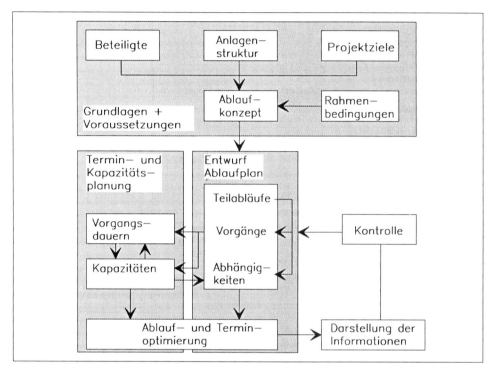

Figur 5.1:   Allgemeines Modell für die Ablaufplanung

Die Ablaufplanung beantwortet die folgenden Fragen:
Was soll gemacht werden (welche Leistungen an welchem Objekt erbracht, welche Aufgaben gelöst, welche Zustände erreicht werden)?
Wie soll es gemacht werden (in welcher Reihenfolge, unter welchen Bedingungen)?
Wann soll es gemacht werden (Beginn, Dauer, Unterbrechungen, Ende)?
Wo soll es gemacht werden (räumliche Zuordnung)?

5.2.2   Darstellung von Abläufen

In der einschlägigen Literatur über Projekt-Management sind viele Formen der Darstellung von Projektabläufen bekannt[56].

- **Phasenpläne** zeigen die wichtigsten geplanten Zustände eines Projektes, ohne auf die notwendigen Leistungen einzugehen.

---

56 Brandenberger J., Ruosch E., Ablaufplanung im Bauwesen, Dietikon 1987

- **Kotierte Flächen** zeigen die Folge von geplanten Bauzuständen eines Projektes (vor allem von Baugruben) mit dem Eintrag der entsprechenden Höhenkoten, Mengen und der notwendigen Leistungen.
- **Meilensteinpläne** zeigen die Hauptereignisse eines Projektablaufes.
- **Zyklusdiagramme** zeigen eine sich wiederholende Folge von einzelnen Arbeitsschritten in einem Teil eines Projektes.
- **Liniendiagramme** zeigen in Projekten mit kontinuierlicher Ausdehnung in einer Hauptachse die zeitliche und örtliche Abfolge der Vorgänge.
- **Zeit - Mengen - Diagramme** stellen in Projekten mit kontinuierlicher Ausdehnung in einer Hauptachse in einer Summenlinie Baufortschritte (oder Lösung von Lagerhaltungsproblemen) anhand von in Vorgängen benötigten bzw. verbrauchten Mengen einzelner Stoffe dar.
- **Zeit - Leistungs - Diagramme** stellen in Projekten mit kontinuierlicher Ausdehnung in einer Hauptachse die für die Abwicklung der einzelnen Vorgägnge notwendigen Leistungen der verschiedenen Einsatzmittel dar.
- **Ablaufschemen** zeigen die Abfolge und Zusammenhänge einzelner Arbeitsschritte schematisch (z.B. Flussdiagramme).
- **Balkendiagramme** zeigen die Vorgänge eines Projektes in ihrer zeitlichen Lage, jedoch ohne ihre gegenseitigen Abhängigkeiten.
- **Netzpläne** (Vorgangsknoten-Netzpläne, Ereignisknoten-Netzpläne, Vorgangspfeil-Netzpläne) zeigen die Vorgänge und Abhängigkeiten eines Projektes ohne deren Zeitbezug.
- **Balkennetzpläne** zeigen die Vorgänge eines Projektes und deren gegenseitige Abhängigkeiten im Zeitmassstab.

Je nach Art und Komplexität des Projektes werden die zweckmässigsten Darstellungsformen ausgewählt. Innerhalb eines Planungssystems sind auch verschiedene Formen kombinierbar. Aufgrund der Kombination der Vorteile von Balkendiagrammen und Netzplänen ist die Darstellung von Abläufen in Form von Balkennetzplänen in der Regel wünschenswert.

Der Umfang und das Format von Ablaufplänen ist innerhalb eines Projektplanungssystems je nach Planstufe stark variabel.

Charakteristika	Phasenplan	Meilensteinplan	Zyklusdiagramm	Liniendiagramm	Ablaufschema	Balkendiagramm	Netzplan	Balkennetz
Zwingt zu exaktem Studium des Projektablaufes	0	0	+	0	+	0	+	+
Überlegungen sichtbar	−	−	0	0	+	−	+	+
Prioritäten sichtbar	+	+	−	−	+	−	+	+
Lesbarkeit	+	+	0	+	0	+	0	+
geeignet für:								
Linienbaustellen	+	*	+	+	*			
Projekte mit repetitiven Teilen		*			*			
einfache Projekte		*			*	+	+	+
komplexe Projekte	+	*			*	*	+	+
Stufe:								
0 Management Summary	+	+				+		+
1 Übersichtsplan	+		+			+	+	+
2 Koordinationsplan			+	+		+	+	+
3 Arbeitsplan				+	+	+	+	+
A Wiederholte Teilabläufe						+	+	+

+ gut   0 teilweise   − weniger   * als Ergänzung

Tabelle 5.1:   Vergleich verschiedener Formen der Darstellung von Abläufen

5.2.3 Konzept eines Vorgangsinformationssystems für Bauprojektabläufe

Ausgehend von der Idee, die Ablaufplanung für Bauprojekte mit einem aktuellen Instrument zu unterstützen, um einen vollständigen, zuverlässigen und möglichst idealen Ablaufplan zu erhalten, wird ein Konzept für ein Vorgangsinformationssystem entwickelt, welches auf folgenden Thesen basiert:

1. Der Ablauf von Bauprojekten lässt sich wenigstens teilweise standardisieren.
2. Die Vorgänge in Bauprojektabläufen weisen wenigstens teilweise projektunabhängige Strukturen auf.
3. Wesentliche Daten über Projektabläufe und Terminpläne werden aus Datenbanken geholt.
4. Die Abläufe komplexer Projekte werden auch in Zukunft mit Hilfe der Netzplantechnik geplant.
5. Die Bearbeitung von EDV - gestützten Terminplänen erfolgt weitgehend am Bildschirm.
6. Eine repräsentative Darstellung von Ablauf- und Terminplänen und des Mitteleinsatzes wird in Zukunft wichtig bleiben. Zur Darstellung der Terminpläne sind Bal-

kennetze (zeitmassstäbliche Netzpläne) ein taugliches Mittel. Dabei sollen die Vorgänge frei angeordnet werden können.
7. Die Ablauf- und Terminpläne werden in Zukunft in der Regel mittels EDV dargestellt.

Ein Vorgangsinformationssystem soll ein Informations- und Dokumentationssystem für die projektabhängigen Leitungsdaten[57] sein und besteht im wesentlichen aus:
- verknüpften Datenbeständen (z.B. relationale Datenbank)
- Rechnungsmodellen (z.B. Netzplanberechnung) und
- Darstellungsmitteln (z.B. CAD).

Aufgrund der heute ersichtlichen Entwicklung im Bereich der Benutzer- und Systemoberflächen (z.B. Windows 3.0 für Personal Computer) scheint eine Sichtung, Bearbeitung und Auswertung von Daten auf einer grafikorientierten Benutzeroberfläche in Zukunft eine Selbstverständlichkeit zu sein.

Ausgangspunkt des Informationssystems bildet eine **projektunabhängige** Ablage von strukturierten Vorgängen (Phasen, Leistungspakete, Leistungsarten, Arbeitsschritte, Teilabläufe) mit den entsprechenden Abhängigkeiten. Für ein zu planendes Projekt werden, angepasst auf Projektart, Anlagenstruktur, Beteiligtenstruktur und Projektumgebung, die im Projektablauf zu erreichenden Projektzustände und die dafür zu durchlaufenden Teilabläufe und Vorgänge bestimmt. Durch die hierarchische Verknüpfung der Vorgänge und ihre teilweise Zusammenfassung in Teilabläufen werden die in den Projektdatenbestand zu übernehmenden Vorgänge und Abhängigkeiten bestimmt.

Nach der Übernahme der Teilabläufe, Vorgänge und Abhängigkeiten werden die Projektdaten durch Ergänzen von Vorgängen und Abhängigkeiten zu einem vollständigen Ablaufplan weiterentwickelt. Dieser Ablaufplan kann dann mit Hilfe eines Berechnungsmodules in einen Terminplan umgesetzt werden. Die Ablauf- und Terminpläne werden anschliessend in einem Darstellungsmodul grafisch editiert. Zusammen mit der Übernahme der Vorgänge und Teilabläufe in den Projektdatenbestand werden auch die Beschreibungen der Vorgänge aktiviert. Dadurch lassen sich projekt- oder beteiligtenbezogene Pflichtenhefte und Pendenzenlisten produzieren.

Zur Überwachung und Kontrolle des Ablaufes werden periodisch die Arbeitsfortschritte bzw. der Arbeitsstand und die Ist - Kosten erfasst und mit den Soll - Werten verglichen. Änderungen am Ablauf selbst werden erfasst. Änderungen des Projektdatenbestandes erfolgen ereignisbezogen und werden dokumentiert. In einem Projekt festgestellte Fehler in der projektunabhängigen Ablage der Vorgänge werden analysiert und gegebenenfalls korrigiert.

---

57 *vgl. Abschnitt 2.3*

Das Vorgangsinformationssystem, wie oben beschrieben, wird im Einsatz bei der Gestaltung von Ablaufplänen sechs Schritte durchlaufen:

1. Analysieren der Projektziele, Bestimmen der Anlagenstruktur und der am Ablauf Beteiligten, Bestimmen und Beurteilen der relevanten Umgebungseinflüsse.
2. Bestimmen der zu erreichenden Hauptzustände für die Gesamtanlage, die Bauobjekte und Teilsysteme, Beurteilen der terminlichen Vorgaben und unabänderlichen Teilabläufen, Festlegen des Phasenkonzeptes.
3. Festlegen der Teilabläufe und Bestimmen der zur Erreichung der Zustände notwendigen Vorgänge und den mit ihnen verknüpften Abhängigkeiten.
4. Bestimmen weiterer Abhängigkeiten zwischen den einzelnen Vorgängen und Teilabläufen.
5. Ergänzen weiterer Angaben zu den Vorgängen wie Beteiligter, Zeitbedarf oder Kosten und Optimierung des Mitteleinsatzes (Kapazitätsplanung).
6. Allenfalls Verfeinerung des Ablaufplanes auf einer tieferen Stufe durch Wiederholung der Schritte 3. bis 5.

Zur Dokumentation des Basisablaufes wurden Teile eines solchen Vorgangsinformationssystems in Form eines Prototypen programmiert. Eine Beschreibung des Prototypen findet sich im Anhang C.

5.3 Grundlagen und Voraussetzungen in der Ablaufplanung

5.3.1 Anlagenstruktur

Eine problemangepasste Anlagenstruktur ist ein grundlegendes Instrument der Ablaufplanung und -kontrolle. Die Strukturierung der baulichen Anlage zum Zweck der Ablauf- und Terminplanung muss verschiedene Bedingungen erfüllen:

- Die Anlagenstruktur muss für alle Projektbeteiligten **einheitlich** sein und die verwendeten Begriffe eindeutig festlegen.
- Die Anlagenstruktur soll derart aufgebaut sein, dass sie sich für die Ablauf- und Terminplanung in allen **Projektphasen** eignet.
- Die Anlagenstruktur muss die **Schnittstellen** zwischen verschiedenen Anlagenteilen klar festlegen.
- Die Anlagenstruktur muss beim Fortschreiten des Projektes und bei Projektänderungen einfach **erweitert** und **geändert** werden können, ohne dass sich grundlegende Begriffe und Schnittstellen ändern.

Die Anlagenstruktur kann in folgenden Schritten bestimmt werden:

1. Bestimmen der Anlagenart, Beurteilen des räumlichen Umfanges der baulichen Anlage und Festlegen der Projektabgrenzungen. Beurteilung der Etappierbarkeit und der Wünschbarkeit einer Etappierung.
2. Unterteilung der Gesamtanlage in Bauobjekte.
3. Gliederung der Bauobjekte in Teilobjekte und Teilsysteme.
4. Gliederung der Teilsysteme in Elementgruppen und Elemente.

Jede bauliche Anlage stellt ein mehr oder weniger komplexes Neben- und Ineinander von verschiedenen Baukörpern dar. Um einen klaren Überblick über eine Anlage oder ein Projekt zu ermöglichen, muss das Projekt abgegrenzt und in Teile zerlegt werden. In der Praxis kommen im Bauwesen eine grosse Vielfalt von Anlagen und Bauobjekten mit den unterschiedlichsten Nutzungsarten und speziellen Begriffen vor. Für die Ablage von Projektinformationen in einer Erfahrungsdatenbank ist eine Systematisierung nach Anlagenarten und Bauobjektarten unabdingbar. Durch eine solche Systematik wird auch die Abgrenzung und Gliederung von Projekten erleichtert.

Die artorientierte Gliederung wird durch einen Anlagenartenkatalog vereinheitlicht. Dabei muss die Anlagenart immer eindeutig sein und richtet sich nach Zweckbestimmung und Art der äusseren Formen der Anlage. Als erste grobe Klassierung werden folgende Anlagearten gewählt:

Nr.	Anlagenart	Anteil an Gesamtbau der Schweiz 1986 (ca.)[58]
1	Wohnen, Unterkunft, Verpflegung	42,0 %
2	Dienstleistung, Gesundheit, Freizeit, Bildung	20,0 %
3	Industrie, Gewerbe, Lagerung und Verteilung	15,3 %
4	Transport und Verkehr	10,8 %
5	Energie, Ver- und Entsorgung, Übriges	11,9 %

Tabelle 5.2:   *Anlagenarten*

Die Gliederung der Gesamtanlage in **Bauobjekte** kann nach verschiedenen Kriterien erfolgen[59]:
- physische / örtliche / geometrische / räumliche Gliederung
- Gliederung nach Nutzungsfunktionen
- zeitliche Abgrenzung, Termine
- rechtliche und finanzielle Aspekte
- organisatorische Aspekte.

Für die Einteilung einer Anlage in Objekte sind vor allem die räumliche Gliederung, die Gliederung nach Nutzungsfunktionen und die Strukturierung nach zeitlichen Abgrenzungen massgebend. Bauliche Anlagen werden durch eine räumliche Gliederung in Bauobjekte gegliedert. Bauobjekte sind räumlich und geometrisch klar abgrenzbare, einheitliche Baukörper. Es handelt sich also um (mehr oder weniger) freistehende Baukörper oder einzelne Abschnitte von gestreckten Anlagen (Trassebauten). Unter Umständen kann es sinnvoll sein, Teile eines Projektes, die einer bestimmten Nutzung

---

58 Bundesamt für Statistik, *Statistisches Jahrbuch der Schweiz 1987, Bern 1987*
    Schweizerischer Baumeisterverband, Schweizer Bauwirtschaft in Zahlen, Zürich 1987

59 *Knöpfel H., Notter H., Reist A., Wiederkehr U., Kostengliederung im Bauwesen, VSS, Zürich 1990*

dienen, als eigene Objekte zu betrachten. Auch die Aufteilung eines Projektes nach zeitlichen Aspekten kann zur Ausscheidung von Objekten führen, die als Projektierungs- oder Ausführungsetappen mit übergeordneten Zielen oder in Betrieb stehenden Anlagen koordiniert werden. Die Gliederung einer baulichen Anlage in Bauobjekte muss **projektbezogen** erfolgen. Es können aber folgende Anhaltspunkte eine Hilfe sein:

- Die einzelnen Bauobjekte sollen klar abgegrenzt sein, und die **Schnittstellen** zu anderen Objekten und der Umgebung sollen eindeutig sein.
- Die Bauobjekte sollen nach Möglichkeit räumlich in sich **geschlossen** sein. Auf der gleichen Gliederungsebene sollen bezüglich Umfang, Volumen und Komplexität vergleichbare Objekte unterschieden werden. Allfällige "Kleinobjekte" sind anderen Objekten zuzuteilen oder in einem "Sammelobjekt" zusammenzufassen.
- Die Gliederung in Bauobjekte soll allen Beteiligten zur besseren **Überblickbarkeit** des Gesamtprojektes dienen.

Jede bauliche Anlage umfasst mindestens ein Bauobjekt. Die Bauobjekte gehören einer bestimmten Bauobjektart an, die sich in Anlehnung an CRB und VSS[60] wie folgt einteilen lassen:

Nr.	Bauobjektart	Einzelobjekte (Beispiele)
1	Gebäude	Wohnhäuser, Heime, Hotels, Gasthäuser Geschäfts-, Verwaltungs-, Spitalgebäude, Schulhäuser Fabrikgebäude, Lagerhäuser, Läden Bahnhofgebäude, Parkhäuser Kläranlagengebäude
2	Trassebauten	Strassen, Eisenbahnen, Wald- /Flurwege Pisten, Rollwege Kanäle, Erddämme, Werkleitungen
3	Ingenieurbauten	Leitungen, Kanäle, Becken Brücken, Durchlässe Mauern, Unterfangungen, Schutzwände Masten
4	Untertagebauten	Tunnels Stollen Kavernen Schächte

Tabelle 5.3:   Bauobjektarten

Grosse Anlagen sind in der Regel stärker aufzuteilen als kleine. Kleinere bauliche Anlagen bestehen oft nur aus einem Bauobjekt, z.B. besteht ein kleineres Hochbauvor-

---

60 *CRB: Schweizerische Zentralstelle für Baurationalisierung*
    VSS: Vereinigung Schweizerischer Strassenfachleute

haben sehr häufig aus einem einzelnen Gebäude. Bei sehr grossen Anlagen können weitere Gliederungsebenen zwischen Gesamtanlage und Bauobjekt notwendig sein.

Die Bauobjekte einer Bauobjektart können leistungsbezogen in **Teilsysteme** und Bauelementgruppen gegliedert werden. Bei der Gliederung sind folgende Anhaltspunkte zu berücksichtigen:

- Die Teilsysteme sollen in der Projektierung im wesentlichen von **einem Beteiligten** gestaltet und dimensioniert werden können.
- Die **Schnittstellen** zu den weiteren Teilsystemen desselben Bauobjektes und zu den entsprechenden Teilsystemen benachbarter Bauobjekte müssen klar geregelt sein.
- Die Teilsysteme müssen eine **geschlossene** Abwicklung in den einzelnen Projektphasen zulassen.
- Objektübergreifende Teilsysteme können als eigene Teilsysteme in einem Bauobjekt "Allgemeines" zusammengefasst werden.

Zur Vereinfachung und Vereinheitlichung lassen sich objektartspezifische Teilsystemgliederungen in einem Katalog (**vgl. Anhang B3**) standardisieren.

5.3.2   Beurteilung der Projektumgebung und -ziele

Die Beurteilung der **Rahmenbedingungen** und die rechtzeitige Berücksichtigung in der Ablaufplanung ist ein wesentlicher Faktor für den Projekterfolg. Durch eine frühzeitige, genaue Bestimmung aller in einem Projekt relevanten Einflüsse aus der Projektumgebung und durch eine ehrliche Abschätzung des Risikos, welches ein bestimmter Umgebungseinfluss auf den Projektablauf haben kann, lässt sich die Erarbeitung von zusätzlichen Unterlagen rechtzeitig einleiten. Die genaue Überprüfung der vorhandenen Grundlagen und das Erkennen des notwendigen formalen Vorgehens bei der Festlegung noch fehlender Grundlagen kann das Risiko von Projektverzögerungen verkleinern. Durch formale Fehler bei der Festlegung von Grundlagen für die aus juristischen Gründen notwendigen Nachweise können Projekte um Monate oder gar Jahre verzögert werden.

Die Einflüsse der Umgebung auf den Projektablauf lassen sich als Einzeleinflüsse darstellen und in einer Checkliste festhalten. Bei der Ablaufplanung auf jeder Stufe und in jeder Phase sind die Umgebungseinflüsse und deren Auswirkungen im Projekt neu zu beurteilen. Für diejenigen Einflüsse, welche als relevant eingeschätzt werden, ist die Art der Berücksichtigung im Ablauf festzustellen und die Auswirkungen auf den Ablauf abzuschätzen und festzuhalten. Bei wichtigen Einflüssen, deren Auswirkungen bei Eintreffen ein gewisses Risiko für den Projektablauf mit sich bringt, sind alternative Vorgehensweisen zu prüfen und alternative Reaktionen bei Eintreten des Einflusses bereits in der Ablaufplanung vorzusehen. Eine Liste der Umgebungseinflüsse ist im **Anhang B4** diesem Bericht angefügt.

Die möglichen Einwirkungen von Umgebungseinflüssen auf ein Bauprojekt sind verschiedener Natur. In Bezug auf den Projektablauf kann unterschieden werden zwischen Rahmenbedingungen, welche **direkt** in den geplanten Ablauf einfliessen, und Umgebungseinflüssen, welche **indirekt** über die Beeinflussung der baulichen Anlage, der Projektorganisation oder die Projektziele Einfluss auf den geplanten Ablauf nehmen[61]. Für die Ablaufplanung wesentlich sind in erster Linie Rahmenbedingungen, welche direkt in den Projektablauf einfliessen, nämlich:

- **unabänderliche Teilabläufe**, die sich aus rechtlichen (z.B. Verfahren zur Erlangung von Konzessionen und Bewilligungen, Enteignungsverfahren, Rekursverfahren) und organisatorischen Rahmenbedingungen (z.B. Abläufe in Behörden und Verwaltungsstellen, Abläufe in den Stammorganisationen wichtiger Beteiligter, Abläufe in der Projektorganisation) ergeben,
- **Projektzustände**, die von rechtlichen (z.B. Bewilligungs- bzw. Auflagedossier, Umweltverträglichkeitsbericht etc.), physischen (Nachbaranlagen, bestehende Anlagen etc.), technologischen (Betriebszustände, die eingehalten werden müssen) oder betrieblichen Rahmenbedingungen erzwungen werden,
- **Abhängigkeiten**, welche notwendig sind wegen personeller (kein Personal mit entsprechendem Know-how verfügbar etc.), technologischer (Stand der Technik, Produktionssysteme etc.), ressourcenbezogener (Mittel und Bodenflächen) oder betrieblicher Rahmenbedingungen der bestehenden Anlage.

Im Projektzielsystem werden auch **Ziele** für die Bauprojektorganisation und insbesondere Ziele für das Vorgehen bei der Projektabwicklung festgelegt. Diese Vorgehensziele werden sich in der Regel äussern in:
- zu erreichenden, hauptsächlichen Projektzuständen,
- in erforderlichen Hauptentscheiden (die ihrerseits wieder als Projektzustände aufgefasst werden können),
- Vorgaben für die Termine und
- Anforderungen für die Art der Bearbeitung in der Projektorganisation.

5.3.3 Ablaufkonzept

Das Ablaufkonzept wird festgelegt durch die Bestimmung der horizontalen und vertikalen Gliederungskriterien des Ablaufes. Im Modellablauf wird als horizontale Gliederung eine im wesentlichen zeitabhängige Gliederung nach Projektphasen und Zeitmassstab eingeführt. Im Ablaufkonzept werden die Projektphasen, ihre Reihenfolge und der Zeitmassstab bestimmt. Um Ablaufpläne besser lesbar und übersichtlicher zu gestalten, hat sich auch eine Gliederung auf der vertikalen Achse bewährt. Diese Gliederung kann nach verschiedenen Kriterien erfolgen, die oft sinnvollerweise kombiniert werden.

---

61 vgl. Abschnitt 3.3.5

Bei der Festlegung der **horizontalen Gliederung** im Projektablauf sind die folgenden Beziehungen aus dem allgemeinen Modell für Projektabläufe zu berücksichtigen:
- Ziele -> Phasen/Zustände und
- Umgebung -> Phasen/Zustände.

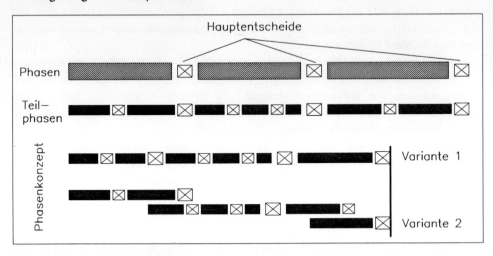

Figur 5.2:   *Phasenkonzept*

Aus den Projektzielen und allenfalls bereits erkannten Auswirkungen aus der Projektumgebung (erzwungene Zustände wie Gestaltungsplan, Baubewilligung etc.) werden in der Ablaufplanung zwei wesentliche Punkte abgeleitet. Einerseits ergibt sich aus den angestrebten hauptsächlichen Projektzuständen oder Hauptentscheiden die **Phaseneinteilung**, andererseits kann aus den Phasen und den Terminvorstellungen das Phasenkonzept mit der **Reihenfolge** der Phasen und einer allenfalls notwendigen Phasenüberlappungen (Fast Tracking) abgeleitet werden.

Im Ablaufkonzept soll neben der Phasengliederung des Ablaufes als horizontale Gliederung im Ablauf auch die **vertikale Gliederung** bestimmt werden. Diese lässt sich ableiten aus:
- der Struktur der baulichen Anlage (Bauobjekte und Teilsysteme, Figur 5.3) sowie allfälligen Projektierungs- oder Realisierungsetappen der baulichen Anlage oder aus
- der Gliederung der für die Projektabwicklung notwendigen Beteiligten (Figur 5.4).

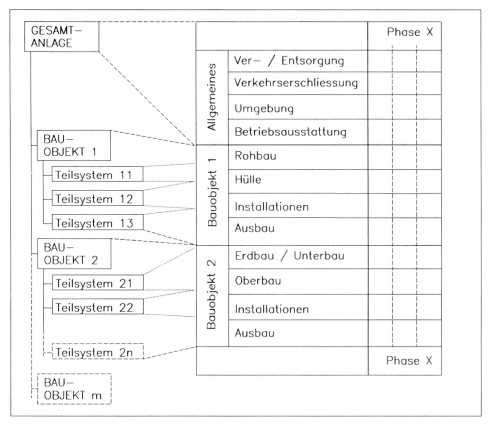

Figur 5.3:   *Vertikale Gliederung des Ablaufes nach Bauobjekten und Teilsystemen*

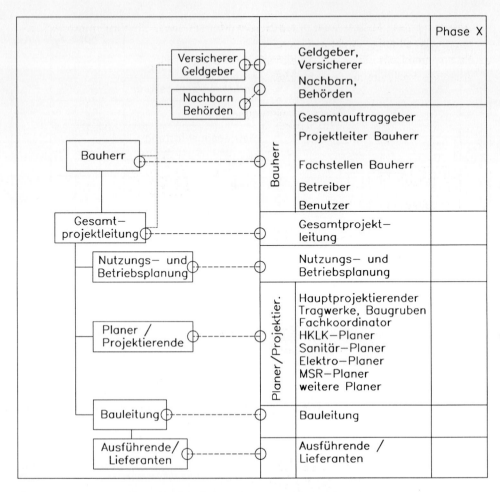

Figur 5.4:   Vertikale Gliederung des Ablaufes nach der Beteiligtenstruktur

5.4   Entwurf von Ablaufplänen mit dem Ablaufmodell

5.4.1   Vorgehen bei der Gestaltung von Ablaufplänen

Nachdem die Grundlagen und Voraussetzungen für die Ablaufplanung (Beteiligte, Anlagenstruktur, Projektziele, Rahmenbedingungen) geklärt sind und das Ablaufkonzept festgelegt ist, kann als nächster Schritt der eigentliche Entwurf von Ablaufplänen für das Bauprojekt erfolgen. Zur Gestaltung von Ablaufplänen werden folgende Schritte vorgeschlagen:

1. Grobterminierung und Überprüfung einer allfälligen Etappierung. Festlegen der zu planenden Stufe und Phase.
2. Festlegen der Teilabläufe.
3. Auswahl des entsprechenden Basisablaufes und einsetzen der Teilabläufe.

4. Anpassung des Ablaufplanes durch Netztransformationen, Überprüfen des Ablaufplanes und allfällige Modifikationen.
5. Bildung und Beurteilung von Ablaufvarianten (Optimierung).
6. Allenfalls Verfeinerung des Ablaufplanes um eine Stufe.

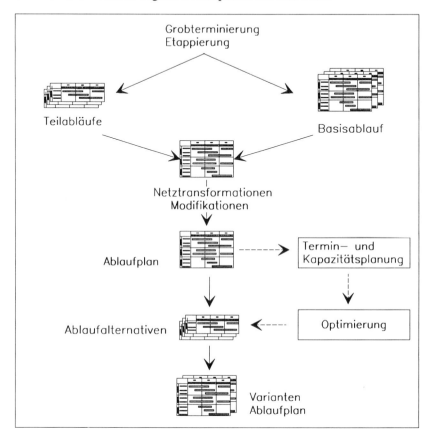

Figur 5.5:   Vorgehen bei der Gestaltung von Ablaufplänen

5.4.2 Grobterminierung, Etappierung

Der erste Schritt beim Entwurf von Ablaufplänen ist die **Analyse der Terminziele**, welche in den Projektzielen oder in übergeordneten Ablauf- und Terminplänen vorgegeben
sind. Terminvorgaben sind in der Regel Zeitpunkte, an denen bestimmte Projektzustände erreicht sein müssen. Beim ersten Schritt der Ablauf- und Terminplanung sind
auf einer groben Stufe (für Gesamtprojekte auf der Stufe 0 der Ablaufplanung) die Zwischentermine für Phasen und Teilphasen, allenfalls auch bereits für die Vorgänge des
Basisablaufes der Stufe 0 festzulegen. Die wichtigsten Zwischenzustände der zu erstellenden Anlage bzw. einzelner ihrer Strukturelemente (Bauobjeke, Teilsysteme) und
ihre kausalen Zusammenhänge sind zu bestimmen. Nach dieser Grobterminierung des
Ablaufes ist zu beurteilen, ob die Terminvorgaben unter den gegebenen Umständen

realisierbar sind. Wenn die Terminvorgaben unrealistisch kurz oder auch zu lange sind, sind Projektziele und/oder übergeordnete Terminpläne zu prüfen.

Lassen sich nicht realisierbare Terminvorgaben nicht verändern, sind weitere Massnahmen zu prüfen. Insbesondere ist zu überlegen,

- ob und unter welchen Umständen die Projektierung und Realisierung der geplanten baulichen Anlage in mehreren Etappen erfolgen kann oder
- ob die Gesamtanlage in mehrere Einzelobjekte gegliedert werden kann, die parallel bearbeitet werden können.

Eine **etappierbare Anlage** wird in mehrere, für sich alleine bzw. zusammen mit den voraus realisierten Etappen betreibbare und benutzbare Teilanlagen unterteilt, die zeitlich versetzt projektiert, realisiert und in Betrieb gesetzt werden. Je nach Nutzung der Anlage werden gewisse Teilanlagen zu einem späteren Zeitpunkt benötigt als diejenigen Teilanlagen, welche das Gesamtprojekt ausgelöst haben. Bei einer Etappierung von baulichen Anlagen ist zu einem frühen Zeitpunkt zu entscheiden, bis zu welchem Projektzustand eine Gesamtanlage projektiert werden soll und ab wann in Etappen weitergearbeitet wird.

Für grosse Anlagen "auf der grünen Wiese" ist eine Etappierung nach Vorliegen der Vorstudie (Masterplan) möglich, für kleinere Anlagen oder für Projekte, welche stark mit der Umgebung vernetzt sind, scheint eine Etappierung nach Vorliegen eines Vorprojektes sinnvoll. Damit kann gegebenenfalls das Baubewilligungsverfahren für die erste Etappe mit einem baurechtlichen Vorentscheid für die weiteren Etappen verbunden werden. Für die Ablaufplanung von Projekten, welche in Etappen projektiert und erstellt werden, können die einzelnen Etappen wie eigene Bauobjekte oder Bauobjektgruppen behandelt werden.

Bei der **parallelen Bearbeitung von Objekten** wird eine Gesamtanlage in mehrere, für sich alleine projektierbare und realisierbare Einzelobjekte unterteilt, welche in gewissen Projektphasen simultan projektiert und realisert werden. Dadurch lassen sich insbesondere in der Projektierung mehr Einsatzmittel einsetzen. Gleichzeitig erhöht sich jedoch der Aufwand für technische und organisatorische Koordination, und in der Ablaufkontrolle müssen eine grosse Anzahl verschiedener Projektzustände koordiniert werden, da sich einzelne Objekte in einer früheren oder späteren Phase als die Gesamtanlage befinden.

5.4.3   Teilabläufe

Der zweite Schritt beim Entwurf von Ablaufplänen hat zum Ziel, notwendige und sinnvolle **Teilabläufe** im Sinne von Modulen im Projektablauf festzulegen. Dabei sind drei Arten der Bestimmung von Teilabläufen denkbar. Diese drei Arten sind alle neben- und miteinander möglich.

- **Unabänderliche** Teilabläufe aus der Projektumgebung müssen übernommen werden.

- **Standardisierte** und im Modellablauf abgelegte Teilabläufe werden auf die aktuelle Situation angepasst und im ganzen Projektablauf eingesetzt.
- Bereits erkennbare, repetitive Abläufe innerhalb des Projektablaufes werden **neu als Teilabläufe** ausgeschieden und eingesetzt.

Bei der Ablaufplanung mit dem Modellablauf müssen mindestens die in den Basisablauf integrierten Teilabläufe überprüft und allenfalls neu festgelegt werden. Diese Teilabläufe liegen auf der Planungsstufe 1 (Übersichtsplan) oder 2 (Koordinationsplan) und beeinflussen im wesentlichen drei Bereiche im Projektablauf:
- die **Art der Zusammenarbeit** und Kontrolle auf den verschiedenen hierarchischen Ebenen der Projektorganisation, insbesondere die Zusammenarbeit von Gesamtprojektleitung und Bauherr und die Art der Kontrolle auf allen Stufen (begleitende Kontrolle, stufenweise Kontrolle, übergeordnete Kontrolle) sowie die Zusammenarbeit in der Projektierung und die Art der Auftragsbearbeitung durch Auftragnehmer,
- die Arbeitsweise des **Bauherrn** bei Entscheiden, insbesondere die Genehmigung und der Entscheid durch den Bauherrn und die Art des Ausschreibung-Vergabe-Vertragsabschluss-Prozederes,
- Teilabläufe, welche sich aus der **Anlagenart** und den entsprechenden Bauobjekten oder aus der Projektumgebung ergeben, insbesondere die Ausführung der Bauobjekte, die Bewilligungsverfahren und die Inbetriebsetzung.

5.4.4 Entwurf Ablaufplan - Netztransformationen

Ausgehend vom Meilensteinplan und der entsprechenden Stufe und Phase, welche geplant werden soll, wird im dritten Schritt beim Entwurf von Ablaufplänen der entsprechende **Basisablaufplan** ausgewählt. In diesen Basisablaufplan werden die im zweiten Schritt festgelegten Teilabläufe an den entsprechenden Stellen eingesetzt (Einbettung und Entfaltung). Die Vorgänge des Basisablaufes werden entsprechend dem Ablaufkonzept nach Anlagenstruktur und Beteiligten gegliedert.

Der so gewonnene Ablaufplan wird unter Berücksichtigung der gegenseitigen Beziehungen der Teilsysteme aus dem allgemeinen Modell für die Projektabläufe weiterbearbeitet. Dazu stehen die Methoden der **Netztransformation**[62] zur Verfügung. Sie entsprechen den Methoden der Netzgraphentheorie und erlauben eine einfache Handhabung des Ablaufplanes:
- Bilden von Teilabläufen für repetitive Prozesse (Faltung und Restriktion)
- Einsetzen von zusätzlichen Teilabläufen (Einbettung und Entfaltung),
- Ersetzen von Vorgängen durch Teilnetze (Verfeinerung),
- Ergänzung von Vorgängen und/oder Abhängigkeiten (Einbettung),
- Streichung von Vorgängen und/oder Abhängigkeiten (Restriktion),
- Allenfalls für als unwichtig betrachtete Teilsysteme und Aspekte Ersatz eines Teilnetzes durch einen Vorgang (Vergröberung).

---

62 *vgl. Abschnitt 2.4.3*

Die einzelnen Netztransformationen und Manipulationen dienen der Berücksichtigung der folgenden Beziehungen zwischen den einzelnen Elementen des Ablaufes:
- Die Struktur der zu erstellenden Anlage bestimmt Vorgänge und Abhängigkeiten im Ablauf.
- Die Projektziele legen Phasen, Vorgänge und Abhängigkeiten fest.
- Durch die Projektumgebung werden Vorgänge bewirkt bzw. provoziert.
- Die Arbeitsweise und Mittel der Beteiligten bestimmen Abhängigkeiten im Projektablauf.
- Durch die in den Projektablaufplan eingeführten Teilabläufe werden Vorgänge und Abhängigkeiten festgelegt. Die Vorgänge der Teilabläufe müssen unter Umständen auch noch in das gesamte Netz eingebunden werden, oder es sind gewisse Abhängigkeiten aus dem Teilablauf in einem speziellen Fall nicht notwendig.

5.5   Termin- und Kapazitätsplanung

5.5.1   Vorgehen bei der Termin- und Kapazitätsplanung

Für die Erstellung eines Terminplanes aufgrund eines bestehenden Ablaufplanes sind folgende Schritte notwendig:
1. Festlegen und Überprüfen der vorgegebenen und wünschenswerten zeitlichen **Fixpunkte** im Terminplan (Meilensteine).
2. Festlegen der grundlegenden **Zeiteinheit** für die Terminberechnung (Arbeitstage, -wochen, -monate, Kalendertage, -wochen, -monate).
3. Annehmen einer **normalen Kapazität** der notwendigen, kritischen Einsatzmittel pro Vorgang.
4. Schätzen der **Dauer** der einzelnen Vorgänge auf der Basis der angenommenen Kapazitäten.
5. Ermittlung der **Projektdauer** und der kritischen Wege im Projektablauf mittels der Methode der Netzplantechnik und Darstellung des Terminplanentwurfes mit Zusammenstellung der notwendigen Kapazitäten.
6. **Besprechen** des Terminplanes mit allen Beteiligten im Projekt und Iteration der Schritte 3 bis 5.

5.5.2   Determinierte Zeitpunkte / Meilensteine

Vorgehensziele beschreiben die wesentlichen Merkmale des Weges bei der Gestaltung des zu erzeugenden Systems und der Projektorganisation, insbesondere durch Zwischenzustände und durch vorgegebene Zeitpunkte. In der Regel umfassen bereits die Ziele des Bauherren für ein Bauprojekt bestimmte Vorstellungen, die den Ablauf oder wenigstens den Zeitpunkt der Inbetriebnahme der neuen Anlage (Fixtermine, Entscheide, etc.) betreffen.

Diese zeitliche Fixierung von Schlüssel- oder Hauptereignissen stellt ein wichtiges Mittel der Ablauf- und Terminplanung dar. Als Haupt- oder Schlüsselereignis bzw. Meilenstein ist dabei ein Ereignis von besonderer Bedeutung im Projektablauf zu verstehen. Mit Meilensteinen werden in der Planung und Kontrolle von Projektabläufen Teilziele bzw. Ziellinien im Ablaufplan zeitlich festgelegt.

5.5.3 Vorgangsdauern

Die Qualität der Zeitberechnung jeder Terminplanung beruht auf zwei wesentlichen Voraussetzungen:
- die **geplanten** Abläufe enthalten keine groben Fehler und
- die angenommene **Dauer** der einzelnen Vorgänge ist zuverlässig.

Um die Dauer der einzelnen Vorgänge in einem Ablauf mit grösstmöglicher Zuverlässigkeit bestimmen zu können, müssen zum voraus folgende Punkte bekannt sein:
- Welche spezifischen Projekteigenschaften spielen für die Abwicklung des Vorganges eine Rolle.
- Welche Erschwernisse und Hindernisse können den Vorgang behindern.
- Welche spezifischen Wünsche haben die Abklärungen mit Beteiligten erbracht.
- Welcher Projektbeteiligte ist für den Vorgang verantwortlich.
- Mit welchem Verfahren und welchen Hilfsmitteln kann der verantwortliche Projektbeteiligte den Vorgang abwickeln.

Wenn diese Punkte und der Leistungsumfang der Vorgänge bekannt sind, kann die Dauer für die einzelnen Vorgänge geschätzt werden. Dabei ist der Einsatz verschiedener Verfahren denkbar:
- Schätzung der Vorgangsdauer
- Verwendung von Erfahrungswerten bzw. Kennwerten aus früheren Projekten
- Berechnung von Mengen und Bestimmen der Vorgangsdauern mittels Leistungsannahmen
- Annahme eines wirtschaftlich sinnvollen Zeitaufwandes auf der Basis von Projektkosten und Bestimmen der Dauern mittels Umsatz der Ausführenden bzw. Honorare der Projektierenden pro Zeiteinheit
- Anfragen und Diskussion mit Beteiligten
- Weiterunterteilung des Vorganges und Bestimmung der Dauer der Teilvorgänge.

Mit welchem Verfahren die Dauer eines Vorganges geschätzt werden soll ist weitgehend von der gewünschten Genauigkeit des Resultates und insbesondere auch von der Stufe und dem Detaillierungsgrad des Vorganges abhängig. Für wenig detaillierte Terminpläne lassen sich Vorgangsdauern recht gut mit **Erfahrungs- oder Kennwerten** schätzen, da in der Regel die Genauigkeit der Schätzung für einzelne Vorgänge in der Grössenordnung Monate liegt und die Terminpläne der oberen Stufe früh in einem Projekt festgelegt werden. Dabei ist die Beurteilung der Rahmenbedingungen von ausserordentlicher Bedeutung. Bei detaillierten Terminplänen z.B. der Stufe Koordinationsplan ist eine genauere Schätzung der Vorgangsdauern nur zu umgehen, wenn die Dauer der Phase gegeben ist und die Dauern der Vorgänge sich aus der Gesamtdauer der Phase ergeben. Durch dieses Vorgehen werden jedoch die einzusetzenden Kapazitäten bestimmt.

Bei der Ermittlung von Vorgangsdauern aufgrund **subjektiver Schätzungen** der Dauern können folgende Verfahren der Schätzung unterschieden werden:
- Einpersonenschätzung: Eine Person gibt aufgrund ihrer Erfahrung eine Schätzung der Vorgangsdauer an, die in die Terminplanung einfliesst.
- Mehrpersonen - Einfachschätzung: Mehrere voneinander unabhängige Personen geben eine Schätzung der Vorgangsdauer an. Die einzelnen Werte werden über eine Mittelwertbildung zu einem Wert zusammengefasst.
- Mehrpersonen - Mehrfachschätzung: Mehrere voneinander unabhängig Personen geben Schätzungen für die Vorgangsdauer an. Die einzelnen Werte werden über eine Mittelwertbildung zu einem Wert zusammengefasst, der anschliessend diskutiert wird.

Die Ermittlung von Vorgangsdauern durch Schätzung ist nur bedingt ratsam. Sie kann sinnvoll sein, wenn rasche Ergebnisse der Terminplanung erforderlich sind oder für die zu schätzenden Vorgänge keine Erfahrungen vorliegen.

Die über **Mengen und Leistungsannahmen** ermittelten Vorgangsdauern sind bei ausreichend genau bestimmten Mengen sehr zuverlässig. Zu beachten ist jedoch, dass meistens die Mengen nicht aus den Leistungsverzeichnissen entnommen werden können, sondern neu bestimmt werden müssen, da die Struktur der Vorgänge in aller Regel nicht mit der Vertrags- und Kostenstruktur eines Projektes übereinstimmt. Die Vorgangsdauern für die Ausführung lassen sich in der Regel über Mengen und Leistungsannahmen ermitteln, indem die in jedem Vorgang zu erzeugenden Mengen bestimmt werden. Die Leistungsannahmen liegen vor allem für die massgebenden Rohbauarbeiten in Tabellen der verschiedenen Baumeisterverbände[63] vor.

Für Vorgänge der Projektierung lassen sich Dauern bestimmen, indem die in jedem Vorgang zu erzeugenden Pläne ausgezogen werden und die für die Erzeugung dieser Pläne notwendigen Arbeitsstunden zusammengerechnet werden. In der Literatur finden sich dazu verschiedene Angaben. Ein Beispiel ist in Tabelle 5.4 angegeben.

Planinhalt	Schwierigkeitsgrad	Dauer in Stunden Format DIN A1	Format DIN A0
Lage- und Übersichtspläne 1:500/1:200	durchschnittlich	8	10
Lage- und Übersichtspläne 1:500/1:200	überdurch- schnittlich	21	-

---

63 vgl. z.B. *Zentralverband des Deutschen Baugewerbes e.V., Hauptverband der Deutschen Bauindustrie e.V. und Industriegewerkschaft Bau-Steine-Erden, Arbeitszeit-Richtwerte Tabellen, Frankfurt 1982*

Grundrisse 1:100	durchschnittlich	13	22
Grundrisse 1:100	überdurch-schnittlich	41	71
Ansichten 1:100		12	19
Schnitte 1:100		13	17
Grundrisse 1:50	durchschnittlich	13	16
Grundrisse 1:50	überdurchschnittl.	23	39
Schnitte 1:50	durchschnittlich	13	20
Schnitte 1:50	überdurchschnittl.	19	-
Details 1:20		10	18
Details 1:10		12	-
Details 1:1		10	-
Gesamtdurchschnitt		13	26

Tabelle 5.4:   *Durchschnittliche Leistungswerte bei der Erzeugung von Ausführungsplä-nen im Hochbau (Architekt) nach Rösel[64]*

Diese Werte beruhen auf der manuellen Erstellung von Ausführungsplänen durch einen gut qualifizierten Zeichner in Bleistift. Die Werte ändern sich beim Einsatz eines computergestützten Zeichnungs- oder Entwurfssystems. Ein guter Zeichner in einem Architekturbüro produziert rund 80m² Pläne pro Jahr oder 7m² Pläne pro Monat. Für den Aufwand bei der Herstellung von Ausführungsunterlagen für das **Tragwerk** (Bauingenieur) kann als Richtwert gelten, dass im Hochbau pro 1000m³ umbauten Raum im Mittel 3,1m² Bewehrungspläne und 1m² Schalungspläne für Stahlbetonkonstruktionen notwendig sind.

In der Projektierung kann die Bestimmung der Dauer von Vorgängen auch über die Annahme von **wirtschaftlich sinnvollen Honorarumsätzen** pro Zeiteinheit erfolgen. Dabei werden für die Projektierenden die Honorare über den gesamten Ablauf phasenweise nach Leistungsanteilen pro Phase aufgeteilt. Diese Leistungsanteile pro Phase sind beispielsweise in der Leistungs- und Honorarordnung (LHO) des SIA angegeben.

Phase / Funktion	Architekt	Bau-Ing [65]	Elektro-Ing	Sanitär-Ing	Heizungs-Ing	Lüftung, Klima, Kälte Ing
Vorprojekt	9 [66]	10	6	6	10	12
Bauprojekt,Bewilligungen	14	16	18	20	20	18
Detailstudien	12	0	0	0	0	0

---

64 *Rösel W., Baumanagement, Berlin 1987*

65 *Bauingenieur als Spezialist (Tragwerke)*

66 *inkl. Vorstudie*

Vorbereitung d. Ausführung	19	7	21	23	23	23
Ausführung						
Pläne / Verträge	10	52	29	25	25	27
Gestalterische Leitung	5	0	0	0	0	0
Bauleitung	27	10	16	16	12	10
Abschluss	4	5	10	10	10	10
Total (%)	100	100	100	100	100	100

Tabelle 5.5:   Honorarleistungsanteile in Prozent nach Phasen gemäss LHO SIA (Hochbau)

Für jeden Beteiligten wird dann die Zusammensetzung seiner internen Arbeitsgruppe abgeschätzt und für diese Arbeitsgruppe ein relevantes Wochenhonorar errechnet. In den folgenden Tabellen sind mögliche Zusammensetzungen einer Arbeitsgruppe bei einem Architekturbüro angegeben.

Mitarbeiter/ Honorar	Tarif[67]	Fr./h	Einsatz	Honorar /h	Honorar /T	Honorar /Wo
Architekt	B	120	0,10	12		
Architekt	C	100	0,50	50		
Zeichner	E	70	1,20	84		
Administration	E	70	0,20	14		
Total Gruppe				160	1280	6400

Tabelle 5.6:   Honorar in Franken (Basis Zeittarif 1990) für eine kleine Arbeitsgruppe in einem Architekturbüro

Mitarbeiter/ Honorar	Tarif	Fr./h	Einsatz	Honorar /h	Honorar /T	Honorar /Wo
Architekt	B	120	0,50	60		
Architekt	C	100	2	200		
Zeichner	E	70	4	280		
Administration	E	70	0,50	35		
Total Gruppe				575	4600	23000

Tabelle 5.7:   Honorar in Franken (Basis Zeittarif 1990) für eine grosse Arbeitsgruppe in einem Architekturbüro

---

67 *Honorarkategorien nach SIA: Experte, Chefarchitekt Tarif A, leitender Architekt Tarif B, Architekt Tarif C, Bautechniker Tarif D, Zeichner Tarif E, Chefbauleiter Tarif B, Bauleiter Tarif C, Hilfsbauleiter Tarif D, Sekretariatspersonal Tarif E*

Die Bestimmung der Honorarsumme erfolgt auf der Basis der honorarberechtigten Bausumme gemäss SIA LHO. Diese Honorarsumme wird durch die relevanten Honorare dividiert. Damit ergibt sich eine Vorgangsdauer für die Arbeiten in den einzelnen Projektphasen. Wenn man im obigen Beispiel von einem Honorar für den Architekten in einem Hochbauprojekt von 570'000 Franken ausgeht, wird die Schätzung der Vorgangsdauern wie folgt aussehen:

Phase / Funktion	Architekt	Bau-Ing	Elektro-Ing	Sanitär-Ing	Heizungs-Ing	Lüftung Klima Kälte
Honorar (in 1000 Fr.)	570	145	80	55	95	40
Vorprojekt	8	2,6	1,0	0,7	1,7	1,2
Bauprojekt Bewilligungsprojekt	12,5	4,2	3,1	5,7	3,5	1,8
Detailstudien	10,7	0	0	0	0	0
Vorbereitung d. Ausführung	16,9	1,8	3,7	6,6	4,0	2,3
Ausführung Pläne / Verträge	8,9	13,6	5,1	7,2	4,3	2,7
Gestalterische Leitung,	4,5	0	0	0	0	0
Bauleitung	24,1	2,6	2,8	4,6	2,1	1,0
Abschluss	3,6	1,3	1,7	2,9	1,7	1,0

Tabelle 5.8:   *Vorgangsdauern bei kleinen Arbeitsgruppen (in Wochen)*

Phase / Funktion	Architekt	Bau-Ing	Elektro-Ing	Sanitär-Ing	Heizungs-Ing	Lüftung, Klima, Kälte
Honorar (in 1000 Fr.)	570	145	80	55	95	40
Vorprojekt	2,2	0,8	0,3	0,2	0,5	0,3
Bauprojekt Bewilligungsprojekt	3,5	1,3	0,9	1,3	1,0	0,5
Detailstudien	3,0	0	0	0	0	0
Vorbereitung d. Ausführung	4,7	0,6	1,0	1,5	1,1	0,6
Ausführung Pläne / Verträge,	2,5	4,1	1,4	1,6	1,2	0,7
Gestalterische Leitung,	1,2	0	0	0	0	0
Bauleitung	6,7	0,8	0,8	1,0	0,6	0,3
Abschluss	1,0	0,4	0,5	0,7	0,5	0,3

Tabelle 5.9:   *Vorgangsdauern bei grossen Arbeitsgruppen (in Wochen)*

5.5.4   Ermittlung der Projektdauer und Beurteilung der Kapazitäten

Für die Ermittlung der **Projektdauer** bei gegebenem Ablauf (Netzplanentwurf) und gegebenen Vorgangsdauern ist die Methode der **Netzplantechnik** ein bereits seit längerem eingeführtes und bestens bekanntes Verfahren. Es soll daher die Netzplantechnik an dieser Stelle nicht weiter erläutert werden. Die Bestimmung der Projektdauer erfolgt heute in der Praxis meistens mit einem computergestützten Terminplanungsprogramm. Damit ist die Möglichkeit von einfacher Änderung des Netzes und der Vorgangsdauern gegeben, und es lassen sich auf einfache Art in kurzer Zeit mehrere verschiedene Netzpläne berechnen.

Bei der Bestimmung der Projektdauer ist es empfehlenswert, gewisse zeitliche Reserven zur Kompensation von Ablaufstörungen vorzusehen. Dabei sollen Reserven dort eingebaut werden, wo das Risiko einer Störung durch Änderung einer Rahmenbedingung am grössten ist, jedoch unmittelbar nach der vermuteten Störung. Zeitreserven am Projektende nützen oft nicht sehr viel, da alle Zwischentermine dennoch verschoben werden. Allzu grosszügige Zeitreserven können, wenn sie nicht in Anspruch genommen werden, Zwischentermine im Projektablauf nach vorne verschieben, oder es entstehen ungenützte Wartezeiten. Zweckmässiger scheint es daher, anstelle von grossen Zeitreserven Ablaufalternativen vorzubereiten, die im Falle des Eintretens der Störung durch ein anderes Vorgehen die allfällige Zeitverzögerung auffangen.

Die **Kapazitätsplanung** verfolgt den Zweck
- bei vorgegebenen Kapazitäten die Gesamtprojektdauer zu minimieren,
- bei vorgeschriebenem Projektende die notwendigen Kapazitäten zu bestimmen oder
- das Verhältnis von Mitteleinsatz und Projektdauer zu optimieren.

Bei der Festlegung von Vorgangsdauern muss für jeden Vorgang der Einsatz von bestimmten Einsatzmitteln angenommen werden. In einer ersten Runde geht man bei der Terminplanung davon aus, dass die angenommenen Einsatzmittel in der erforderlichen Qualität und Quantität und zum erforderlichen Zeitpunkt zur Verfügung stehen. Nach einem ersten Durchlauf der Terminplanung ist der Bedarf an kritischen Einsatzmitteln über die Zeit zu ermitteln und mit den zur Verfügung stehenden Einsatzmitteln zu vergleichen. Durch die Verschiebung von nicht-kritischen Vorgängen lassen sich Einsatzmittelspitzen ausgleichen. Werden für bestimmte Vorgänge die verfügbaren Einsatzmittel kleiner oder grösser als in der Ermittlung der Vorgangsdauern angenommen, muss die Terminplanung mit angepassten Vorgangsdauern wiederholt werden.

Es muss für die Realisierung eines Ablaufplanes Gewähr bestehen, dass die in der Terminplanung vorausgesetzten Kapazitäten in der Realität auch wirklich zur Verfügung stehen. Daher muss die Termin- und Kapazitätsplanung entweder in Rücksprache mit den entsprechenden Beteiligten erfolgen, oder es ist mit vertraglichen Massnahmen für entsprechende Kapazitäten und die Einhaltung der geplanten Termine zu sorgen.

5.6 Optimierung von Projektabläufen

5.6.1 Bildung von Ablaufalternativen

a) **Vorgehen bei der Bildung und Auswahl von Ablaufalternativen**

Das Vorgehen bei der Bildung und Auswahl von Ablaufalternativen kann gemäss dem allgemeinen Problemlösungsprozess des Systems Engineering[68] in drei Schritten erfolgen:
1. Schwachstellenanalyse im Ablaufplan (Zielsuche)
2. Bildung von Ablaufalternativen (Lösungssuche)
3. Auswahl von Ablaufalternativen.

Im Hinblick auf eine adäquate Problemlösung soll die **Situationsanalyse** bei der Zielsuche für Ablaufalternativen umfassend und präzis sein. Diese Forderungen sind nur beschränkt erfüllbar, da sich die Projektumgebung bei der Ablaufplanung wohl hinsichtlich ihres aktuellen Zustandes und bezüglich der Risiken der Änderung gewisser Rahmenbedingungen beurteilen lässt, die genaue Ausprägung der verschiedenen Rahmenbedingungen sich jedoch erst während des Projektablaufes endgültig zeigt.

b) **Ziele in der Ablaufplanung**

Für die Bildung von Ablaufalternativen und die Optimierung von Projektabläufen muss zuerst Klarheit über die prioritären Ziele für die Ablaufplanung geschaffen werden. Die Ziele der Ablaufplanung an sich und der Untersuchung von Ablaufalternativen können sein:
- die Optimierung der Projektdauer nach minimalen Projektkosten,
- eine Minimierung des Zeitbedarfes für die Realisierung des Projektes,
- die Optimierung des Projektablaufes nach gleichmässigem Einsatz der gegebenen Mittel,
- das Erreichen eines bestimmten, aus unternehmerischen Überlegungen festgelegten Projektendtermines,
- die Einhaltung von (beispielsweise aus betrieblichen Gründen) vorgegebenen Zwischenterminen
- die Minimierung des Risikos einer Terminverzögerung oder
- die Antizipation von bestimmten, unsicheren (günstigen oder ungünstigen) Ereignissen und der dadurch verursachten bzw. notwendigen Abläufe.

Bezüglich Kosten eines Projektes gibt es durch die Überlagerung von zeitabhängigen Projektkosten und direkten Vorgangskosten einen Bereich für die Projektdauer, welcher optimal ist. Die optimale Dauer von Projektphasen ist für verschiedene Phasen unterschiedlich. Je weiter fortgeschritten ein Projekt ist, desto zügiger sollten die verbleiben-

---

68 *Daenzer W.F. (Hrsg.), Systems Engineering, 3. Auflage, Zürich 1982*

den Tätigkeiten abgewickelt werden. Nach einem positiven Investitionsentscheid soll eine Anlage rasch realisiert werden, da in der Realisierung Zinskosten anfallen oder unter Umständen ein Einnahmenausfall bei späterem Betriebsbeginn (z.B. Weihnachtsgeschäft in einem Einkaufszentrum) entsteht.

Die Minimierung der Projektdauer zieht in der Regel eine parallele Bearbeitung von Abläufen verschiedener Etappen und Bauobjekte, einen erhöhten Einsatz von Mitteln und Mehrkosten mit sich. Der Aufwand für die Koordination und Kontrolle der einzelnen Vorgänge steigt, und das Risiko von Fehlern bzw. Qualitätseinbussen wird grösser.

Die Abwicklung von Projektphasen in einem bewusst eng gehaltenen zeitlichen Rahmen lässt eine konzentrierte Bearbeitung und den optimalen Einsatz aller Mittel zu. Die zu grosszügige Bemessung der Dauern führt oft zu Terminverschiebungen, da die Beteiligten mit zu geringer Priorität am entsprechenden Projekt arbeiten. Werden jedoch zu knappe Dauern gefordert, besteht die Gefahr von Qualitätseinbussen.

c)   Mögliche Schwachstellen in Projektabläufen

Ein geplanter Projektablauf kann in verschiedenen Bereichen Schwachstellen aufweisen:
- Umgebungseinflüsse sind nicht oder ungenügend berücksichtigt,
- gewisse Projektbeteiligte sind zuwenig zuverlässig,
- die Kapazitäten für gewisse Bereiche stehen nicht zur Verfügung,
- die zu erstellende Anlage umfasst Teilsysteme, deren Technologie noch weitgehend unbekannt ist,
- der Ablaufplan umfasst terminlich kritische Stellen (viele Abhängigkeiten etc.) und keine Zeitreserven oder kein Verkürzungspotential,
- es sind viele Teilabläufe mit hohem Verzögerungspotential notwendig bzw. vorgesehen, oder
- es gibt weitere Schwachstellen (eine grosse Abhängigkeit von bestimmten Faktoren etc.).

Im Ablaufmodell sind gewisse Problembereiche in Bauprojektabläufen[69] umfassend erläutert und Lösungen zur Bewältigung der darin angesprochenen Probleme angegeben. Durch die Anwendung des Ablaufmodelles lassen sich die Rahmenbedingungen eines Bauprojektes systematisch erfassen und umfassend beurteilen. Die Abschätzung der Risiken für die Änderung von kritischen Umgebungseinflüssen ermöglicht eine Lokalisierung von kritischen Stellen im Projektablaufplan und führt zu Zielen für zu planende Ablaufalternativen. In der Schwachstellenanalyse sind zudem auch die terminlich kritischen Konstellationen im Ablauf zu erfassen.

---

69 *vgl. Abschnitt 4.4*

d)   Entwicklung von Ablaufalternativen

Alternativen zu einem geplanten Projektablauf können entweder fallweise und projektbezogen neu erarbeitet werden oder für gewisse Aspekte standardisiert und in einer
Alternativensammlung abgelegt werden. Ablaufalternativen können entweder Umstellungen im geplanten Ausgangsablauf sein oder "echte" Varianten für bestimmte Phasen
oder Bereiche des Ablaufes im Sinne von gänzlich neuen Vorgehensweisen
(beispielsweise die Durchführung eines Ideenwettbewerbes in der Projektdefinition).

Ablaufalternativen können zwei grundsätzlich verschiedenen Zwecken dienen:
- Sie können ein Mittel zur Findung des optimalen Projektablaufes sein oder
- sie werden vorbereitet für den Fall des Eintretens einer Störung, um die Reaktionszeit zu verkürzen und eine allfällige Zeitverzögerung aufzufangen.

Im Ablaufmodell sind für gewisse Bereiche im Projektablauf **vorbereitete Ablaufalternativen** angegeben[70]. Diese Sammlung von Ablaufalternativen hat aber nicht zum Ziel,
für jeden konkreten Fall Varianten anzubieten, sondern sie soll modellhaft die Einsatz-
möglichkeiten von Ablaufalternativen aufzeigen. Im konkreten Fall sind durch den
Anwender des Ablaufmodelles bei der Standardisierung seiner Projektabläufe Alternativen für weitere Bereiche im Projektablauf oder weitere Alternativen für die im
Ablaufmodell gegebenen Problembereiche im Projektablauf zu entwickeln.

Bei der Bildung von Ablaufalternativen sind, wie bei der Ablauf- und Terminplanung
generell, gewisse zeitliche Reserven zur Kompensation von Ablaufstörungen vorzusehen. Zeitreserven sollen in den Terminplänen, welche den der Gesamtprojektleitung
unterstellten Beteiligten abgegeben werden, nicht ausgewiesen werden, da sie die Disziplin bei der Einhaltung von Zwischenterminen aufweichen können.

e)   Reduktion der Projektdauer

Die Reduktion der Projektdauer auf der Basis eines ausgearbeiteten Ablauf- und Terminplanes lässt sich nur mit verschiedenen Massnahmen bewerkstelligen. Eine Verkürzung der Projektdauer kann ohne Änderung der Netzwerkstruktur nur mit einer Verkürzung des kritischen Weges erfolgen. Im einzelnen sind folgende Strategien zur Verkürzung der Projektdauer denkbar:
- Überarbeitung des Ablaufplanes durch Einführung eines alternativen Ablaufkonzep-
  tes und geänderter Vorgänge und Abhängigkeiten.
- Verkürzung der Dauern von Vorgängen, welche auf dem kritischen Weg des Projektes liegen, durch Beschleunigung der Arbeiten (höhere Kapazitäten, allenfalls alternative technische Verfahren).
- Ausnutzung weiterer technischer Möglichkeiten zur parallelen Abwicklung von Vorgängen auf dem kritischen Weg.

---

70 *vgl. Abschnitt 4.5*

-   Weitere Gliederung von Vorgängen in Teilvorgänge, die weitgehend unabhängig
    voneinander ablaufen können.

Bei der Verkürzung von geplanten Projektdauern ist zu beachten, dass, bedingt durch
die Netzwerkstruktur des Ablaufplanes, jeder Verkürzung gewisse Restriktionen entge-
genstehen. So hat jeder Vorgang eine minimale, nicht zu verkürzende Dauer ("crash
limit"). Bei der Verkürzung der Projektdauer können sich neue kritische Wege ergeben,
welche eine weitere Verkürzung der Projektdauer verhindern. Unter Umständen liegen
mehrere parallele, kritische oder beinahe kritische Wege vor, so dass sich eine
Beschleunigung des Projektablaufes nur durch überproportionalen Einsatz von Mitteln
erreichen lässt. Die Beschleunigung eines gegebenen Projektablaufes ist gänzlich
unmöglich, wenn keiner der Vorgänge auf dem kritischen Weg sich weiter verkürzen
lässt. Gegebenfalls ist eine Verkürzung der Projektdauer durch eine alternative, termin-
günstigere technische Lösung zu erreichen. Insbesondere bei der Ausführung von Hochbauten können beispielsweise durch die Wahl eines vorfabrizierbaren Tragwerkes
beträchtliche Zeiteinsparungen realisiert werden.

5.6.2   Auswahl von Ablaufalternativen

a)   Konzept für die Beurteilung von Ablaufalternativen

Die Beurteilung und Auswahl von Ablaufalternativen besteht darin, die zur Auswahl
stehenden Alternativen unter Berücksichtigung der Restriktionen im Hinblick auf die
vorgegebenen Ziele in eine **Rangfolge** zu bringen[71]. Die Grundlage für die Beurteilung
der Alternativen ist die Bewertung ihres **Verbesserungspotentiales** bezüglich der
gesamten Projektziele. Die Beurteilung der Ablaufalternativen erfolgt nach folgendem
Konzept:
-   Bestimmen und allenfalls Gewichten der **ablaufrelevanten Projektziele**.
-   Beurteilen des Grades der Zielerreichung durch den **Ausgangsablauf** (Alternative 0)
    für die relevanten Projektziele.
-   Bestimmen der Verbesserung der Zielerreichung für jedes relevante Projektziel
    durch jede **Ablaufalternative** (positive oder negative Verbesserung gegenüber dem
    Ausgangsablauf).
-   **Rangierung** der Alternativen nach positiver Verbesserung des Zielerreichungsgra-
    des.

Das Kriterium für die Beurteilung der Optimalität von Projektabläufen ist also das
Ausmass der **prognostizierten Erreichung** der Projektziele. Zur Quantifizierung der
Zielerreichung müssen messbare oder vergleichbare Ziele in einem eindeutigen Zielsystem vorgegeben sein. Die Beurteilung von Projektabläufen und des Projekterfolges
generell ist noch wenig untersucht. Einige Hinweise auf Zielsysteme von allgemeiner

---

71 *Zangemeister C., Nutzwertanalyse in der Systemtechnik, München 1976 (4. Auflage)*

Gültigkeit finden sich bei Knöpfel[72]. Eine Bestandesaufnahme und ein Überblick über diverse Studien zu den Erfolgsfaktoren von Projektmanagement - Leistungen findet sich bei Gemünder[73]. Die Erfolgsbestimmung wird umso schwieriger, je komplexer, innovativer und dynamischer ein Projekt ist, je mehr Auswirkungen auf andere Projekte es hat und je langfristiger seine Wirkungen auf die Umgebung sind.

Der **Zeitpunkt** der Beurteilung des Projekterfolges spielt für die Ausprägung der Beurteilung eine grosse Rolle. Im Bauwesen werden die Leistungen der Projektorganisation in der Regel bei der Abnahme und Übergabe des Werkes an den Auftraggeber nach einem vorgeschriebenen Verfahren überprüft. Damit lassen sich aber keine Aussagen über die effektiven Wirkungen der baulichen Anlage und über ihr Verhalten über die Zeit machen. Aussagen über die effektiven Wirkungen der baulichen Anlage können erst durch die Beobachtung im Betrieb gemacht werden. Grundsätzlich kommen vier verschiedene Zeitpunkte der Beurteilung des Projekterfolges in Frage:
- vor dem Projektablauf,
- während des Projektablaufes,
- am Ende des Projektablaufes bei der Abnahme und Übergabe des Werkes an den Auftraggeber oder
- nach x Jahren Betrieb.

Der Zeitraum der Beurteilung von Alternativen in der Ablaufplanung als Mittel zur Optimierung der Bauprojektabläufe liegt vor dem Beginn des zu planenden und beurteilenden Projektablaufes. Die Beurteilung von Projektabläufen kann allenfalls noch während des Projektablaufes erfolgen, um gewisse Korrekturen einfliessen zu lassen. Durch die Beurteilung des Grades der Zielerreichung, bevor die eigentlichen, klar beurteilbaren Resultate vorliegen, ist man bei der Beurteilung von Projektabläufen in der Ablaufplanung auf eine **Prognose** der Erreichung der Ziele angewiesen.

Auch der **Standpunkt** bei der Beurteilung des Projekterfolges ist ein wesentlicher Aspekt, da die Projektbeteiligten für jedes Projekt eine subjektive Zielsetzung haben, die eine ebensolche Beurteilung des Erfolges verlangt. Es kann also unterschieden werden zwischen einer **individuellen** Gesamtbeurteilung durch einen beliebigen Projektbeteiligten oder vom Projekt Betroffenen und der **übergeordneten** Beurteilung des Projektes bezüglich der Projektziele durch die Projektleitung bzw. den Auftraggeber.

b)   Ablaufrelevante Projektziele

Für die Beurteilung von Projektabläufen ist der prognostizierte Grad der Erreichung der Ziele für das Bauprojekt massgebend. Eine Gliederung von Zielen für Bauprojekte

---

72 Knöpfel H., *Culture Through Project Management - Project Management Culture, in Handbook of Management by Projects, Ed. R. Gareis, Wien 1990*

73 Gemünder H.G., *Erfolgsfaktoren des Projektmanagements - eine kritische Bestandesaufnahme der empirischen Untersuchungen, in Projekt Management 1&2/90*

ist im **Anhang A3** vorgeschlagen. Diese Gliederung unterscheidet zwischen Zielen für die zu erstellende oder zu verändernde **Anlage selbst** und Zielen für die Art und Weise der **Bearbeitung in der Projektabwicklung.**

Die Ziele für die zu erstellende oder zu verändernde Anlage umfassen alle Ziele, welche sich auf die fertiggestellte Anlage als Ergebnis der Aufgabenbearbeitung, also das Resultat beziehen. Im einzelnen können hierbei Ziele[74] unterschieden werden für:
- die Nutzung und den Betrieb der Anlage,
- die Instandhaltung und den Unterhalt der Anlage,
- die Dokumentation über die Anlage,
- die Wirtschaftlichkeit der Anlage,
- die Aspekte der Umgebung der Anlage und
- die subjektive Beurteilung der Anlage durch verschiedene Einflussgruppen innerhalb und ausserhalb der Anlage.

Manche dieser Ziele werden durch den Ablauf **direkt** beeinflusst, andere sind im wesentlichen unabhängig vom Projektablauf. Für eine Beurteilung der Wirkungen eines Projektablaufes sind nur die direkt beeinflussten Ziele relevant. Von den Zielen aus der Zielstruktur für die bauliche Anlage sind folgende Ziele direkt durch den Projektablauf zu beeinflussen.

Zielbereiche		beeinflussbare Aspekte
Nutzung und Betrieb	Funktionalität	benutzerkonform (Anforderungen, Benutzerbedürfnisse) Zeitpunkt / Zeitraum der Nutzung
	Betrieb	Anzahl und Dauer der Störungen während des Projektablaufes
Instandhaltung und Unterhalt	Zuverlässigkeit	geordnete und kontrollierte Inbetriebsetzung
Dokumentation über die Anlage	Betriebs-, Wartungs- und Bauherrenunterlagen	vollständig zeitgerecht
Wirtschaftlichkeit	Investitionskosten	Projektdauer etappenweise Betriebsaufnahme
	Betriebskosten	während Projektabwicklung
	Risiko	Termin für Betriebsbeginn
Umgebung / Umwelt	Verträglichkeit mit der Umgebung	"Motivation" der Umgebung
	Rechtskonformität	Berücksichtigung der rechtlichen Rahmenbedingungen

---

74 *Berger R., Bauprojektkosten, Zürich 1988*

Subjektive Beurteilung	Ästhetik	Wettbewerbe, Vernehmlassung, Auflagen

Tabelle 5.10:   Durch den Projektablauf direkt beeinflussbare Ziele für die bauliche Anlage

Die Ziele für die Art und Weise der **Bearbeitung der Gesamtaufgabe** Bauprojekt umfassen alle Ziele, welche sich auf die Erstellung der Anlage, also auf den jeweils aktuellen Projektzustand und seine Veränderung beziehen. Im einzelnen können hierbei Ziele unterschieden werden für[75]:
- kürzere Gesamtprojektdauer bzw. frühere Betriebsaufnahme,
- höhere Sicherheit der Zielerreichung,
- bessere bauliche Anlage am Ende des Projektablaufes oder
- geringere Kosten für das Projekt.

Die Ziele für die Bearbeitung der Gesamtaufgabe "Bauprojekt" sind ebenfalls teilweise direkt durch den Projektablauf beeinflussbar und daher für die Bewertung von Ablaufalternativen massgebend.

Zielbereiche		beeinflussbare Aspekte
Gesamt-projektdauer	Ablauf	klare Projektstruktur
		zweckmässiges Vorgehen
		koordinierter und integrierter Ablauf: alle Teilsysteme, alle Beteiligten, Zusammenarbeit
		wirtschaftliche Arbeitsweise (gleichmässige Kapazitätsauslastung)
	Termine	Projektendtermin
		Zwischentermine für alle Beteiligten klar und akzeptiert
		Zwischentermine erreichbar / eingehalten
		Risiko von Verzögerungen
	Kontrolle	Terminsituation
		Massnahmen
		Änderungen

---

75 *vgl. Abschnitt 4.6.1*

Sicherheit der Zielerreichung	Projektorganisation	Zusammenarbeit Stamm- und Projektorganisationen
	Führung	wirksame Kontrolle
		termin- und sachgerechte Entscheide
		Konflikte bewältigen
		Rascher, effizienter Informationsfluss
	Verträge	Leistungen klar umschrieben (insb. Termine)
	Projektumgebung	Risiko für alle Beteiligten
		Änderungen aus Umgebung vermeiden
		Konflikte und Störungen bewältigen
		Akzeptanz und Image für Projekt
bauliche Anlage	Anforderungen an bauliche Anlage und an Projektmanagement	vollständig (alle Teilsysteme und Beteiligten)
		hinreichend detailliert
		bedürfniskonform
Kosten	Kostenkontrolle	Änderungen lassen sich bewältigen

Tabelle 5.11:   Durch den Projektablauf direkt beeinflussbare Ziele für die Projektleitungsaufgaben

Für die Beurteilung sind die relevanten Ziele fallweise nach Prioritäten zu gewichten. Für eine Beurteilung von Ablaufalternativen nach ihrem Verbesserungspotential gegenüber einer Ausgangsalternative ist eine Gewichtung der Projektziele in drei Stufen genügend:

***   Ziele mit sehr grosser Priorität (Zielgewicht 3),
**   Ziele mit grosser Priorität (Zielgewicht 2) und
*   Ziele mit kleiner Priorität (Zielgewicht 1).

c)   Beurteilen der Zielerreichung

Für die Beurteilung der Ablaufalternativen wird für jedes relevante Projektziel angegeben, ob die Alternative bezüglich des spezifischen Zieles:
- eine Verbesserung gegenüber der Ausgangsvariante (Wert +1) ergibt,
- keine Verbesserung oder Verschlechterung gegenüber der Ausgangsvariante (Wert 0) ergibt oder
- eine Verschlechterung gegenüber Ausgangsvariante (Wert -1) bewirkt.

Zuletzt wird für jede Alternative die Summe aller Produkte aus dem Zielgewicht und dem Grad der Zielerreichung berechnet. Diese Summe ergibt einen positiven oder negativen Wert. Negative Werte bedeuten, dass die Ablaufalternative bezüglich der Erreichung der ablaufrelevanten Projektziele schlechter zu beurteilen ist als der

Ausgangsablauf, positive Werte bedeuten, dass die Ablaufalternative bezüglich der Erreichung der ablaufrelevanten Projektziele besser zu beurteilen ist als der Ausgangsablauf. Je grösser die Summe aller Produkte (Gewicht * Erreichungsgrad) ist, desto besser ist eine Ablaufalternative zu beurteilen. Damit ist eine Rangierung der Alternativen möglich.

d)   Kosten und Nutzen von Terminverschiebungen

Die Ermittlung von Kosten einer Terminverschiebung kann über eine Mehr- / Minderkosten - Abschätzung erfolgen. Erfahrungsgemäss verursacht eine Verlängerung oder Verkürzung der Projektdauer relativ grosse Aufwände (Mehr- oder Minderausgaben im Bereich 1 - 2 % der Investitionssumme pro Monat[76]). Die Mehrausgaben durch eine **Projektverzögerung** setzen sich zusammen aus:
- Gewinnverminderung durch Produktionsausfall
- Verzinsung der bereits investierten Summe
- zeitabhängige Kosten der Projektierung und/oder der Baustelle, insb. des Projektmanagements und der Bauleitung, aber auch höhere Koordinationskosten beim Bauherrn
- höhere Projektierungskosten (z.B. zweimalige Ausschreibung etc.),
- höhere Kosten für den Landerwerb (Grundstücksteuerung) und Realisierung (Bauteuerung)
- Miete bzw. Raumkosten im alten Betrieb wegen längerer Benutzung oder Kosten aus mangelnder Leistung der baulichen Anlage (z.B. Staukosten für Verkehrsanlagen)
- Differenz der Fertigungskosten im alten und neuen Betrieb
- Personalkosten für Wartezeiten,
- Konventionalstrafen, Abfindungen etc. für allenfalls verschobene Fertigungstermine.

Neben dem in Geldwerten quantifizierbaren negativen Nutzen einer Terminverzögerung ist auch der nicht in Geld bewertbare, negative Nutzen zu berücksichtigen, so etwa eine vermehrte Umweltbelastung durch die verspätete Inbetriebnahme einer moderneren Anlage oder eine Einbusse an Image für Bauherr, Gesamtprojektleiter und weitere Beteiligte.

Den Nutzen einer verzögerten Projektabwicklung in Geldwerten zu quantifizieren fällt schwer. Mögliche Faktoren des positiven Nutzens der Verzögerung sind beispielsweise
- architektonisch und bezüglich Umweltschutz zeitgemässeres Projekt oder
- für andere Projekte freiwerdende Finanzmittel.

---

76 *Aggteleky B., Fabrikplanung - Werksentwicklung und Betriebsrationalisierung Bd. 3, München 1990*

5.6.3 Kosten und Nutzen der Ablaufplanung

Durch eine systematische Ablaufplanung und -kontrolle wird ein wesentlicher Beitrag zum Erreichen der allgemeinen und subjektiven Projektziele, vor allem der Ablauf- und Terminziele geleistet. Insbesondere werden die Termine eingehalten und die Kapazitäten optimal genutzt. Daneben wird jedoch durch bessere Informationen über den Ablauf die Ausrichtung der Kräfte aller Beteiligten auf die Projektziele verbessert und uneffiziente Hektik verhindert. Neben dem direkten Beitrag zum Erreichen der Terminziele werden durch die Ablaufplanung und -kontrolle aber auch weitere Erfolgsfaktoren des Projektes positiv beeinflusst. So werden die Faktoren der Projektorganisation beeinflusst, indem weniger Friktionen zwischen den Beteiligten auftreten, die Schnittstellen klarer definiert und die Entscheidungsprozesse eindeutig festgelegt werden.

Die Faktoren der Verträge und Leistungen werden positiv beeinflusst, weil eine gute Ablaufplanung die Leistungen aller Beteiligten derart fixiert, dass sie kontinuierlicher zu erbringen sind. Die Einhaltung der vertraglich zugesicherten Termine für den Beginn der Arbeiten ermöglicht den Auftragnehmern eine bessere Planung ihrer Mittel.

Die Nutzung und der Betrieb werden durch eine systematische Ablaufplanung und -kontrolle insofern begünstigt, dass die erstellte Anlage besser den Anforderungen des Bauherrn gerecht wird und Störungen im Betrieb durch eine klare Inbetriebsetzung abgefangen werden. Dem Bauherrn, dem Betreiber und dem Benutzer stehen frühzeitig umfassende Dokumentationen über die Anlage zur Verfügung. Der Zeitpunkt für den Betriebsbeginn kann im Voraus festgelegt werden und wird zuverlässig eingehalten. Die Vorbereitung des Betriebes (Bereitstellen von Material, Suche, Anstellung und Ausbildung des Betriebspersonales) kann frühzeitig eingeleitet werden.

Die Investitionskosten für die Anlage werden positiv beeinflusst, da kleinere Kapitalkosten und keine Konventionalstrafen zu bezahlen sind und die zeitabhängigen Projektkosten (z.B. Bauleitung) vermindert werden. Der Gewinnanfall in der neuen Anlage kann wie geplant erfolgen.

Für alle Beteiligten ist die Einhaltung aller Termine bei der Planung und Realisierung eines Bauvorhabens förderlich für das Prestige.

5.7 Ablauf- und Terminkontrolle

Die Ablauf- und Terminkontrolle hat zum Ziel, die in der Ablauf- und Terminplanung festgelegten Vorgehensweisen und Zwischen- sowie Endtermine einzuhalten, also insbesondere Verzögerungen im Projektablauf zu verhindern. Unter Kontrolle ist dabei die Gesamtheit aller Überwachungs- und Steuerungsschritte einer Regelung zu verstehen. In der Terminkontrolle werden folgende Schritte durchlaufen:
1. Frühzeitiges **Erkennen** von Abweichungen zum Ablauf- bzw. Terminplan.
2. **Beurteilen**, ob eine Abweichung kritisch ist oder werden kann.

3. Bei kritischer Abweichung **Massnahmen** einleiten, bei nicht kritischer Abweichung zurück zu Schritt 1.

4. Feststellen weiterer Auswirkungen der Abweichung und der daraufhin getroffenen Massnahmen, **Neubeurteilung** und gegebenenfalls Einleiten weiterer Massnahmen.

Abweichungen zum geplanten Projektablauf lassen sich nur erkennen durch laufende Überwachung des Projektablaufes. Dazu ist es notwendig, periodisch Informationen darüber zu erheben,

- ob eine in einem Vorgang umschriebene Leistung zur geplanten Zeit begonnen wurde,
- welcher Anteil der Leistung zum beobachteten Zeitpunkt bereits erbracht ist,
- wieviel Verzug ein Vorgang gegenüber dem geplanten Ablauf hat,
- wieviel Vorsprung ein Vorgang gegenüber dem geplanten Ablauf hat.

Wenn ein Vorgang nicht zur geplanten Zeit begonnen wurde oder Verzögerung aufweist, ist abzuklären, welche Ursache dieser Verzögerung zugrunde liegt. Dabei kommen verschiedene Ursachen in Betracht:

- ein Vorgänger ist noch nicht beendet,
- der Verantwortliche setzt für den Vorgang zu kleine Kapazität ein,
- es fehlen Informationen, welche für den Vorgang notwendig sind, oder
- es wurde ein Entscheid, welcher für den weiteren Verlauf des Vorganges notwendig ist, nicht gefällt.

Dann ist zu überlegen, wie die restliche Abwicklung des betroffenen Vorganges aussehen soll:

- Es sind keine Massnahmen erforderlich, da die Verzögerung unwesentlich oder nicht kritisch ist.
- Die Verzögerung kann durch einen verantwortbaren Mehreinsatz an Einsatzmittel wettgemacht werden.
- Die Verzögerung des Vorganges kann nicht wettgemacht werden und beeinflusst den weiteren Projektablauf.

Zeigt sich bei einer Beurteilung der Verzögerungen eines Vorganges, dass die zeitliche Abweichung im **weiteren Projektablauf** für weitere Vorgänge und für das gesamte Projekt kritisch werden kann, sind unverzüglich Steuerungsmassnahmen einzuleiten:

- Die Kapazitäten werden unter Berücksichtigung der Kostenfolgen erhöht.
- Teilabläufe wie der Entscheidungsablauf werden beschleunigt.
- Es werden Ablaufalternativen zum Einsatz gebracht, insbesondere im voraus geplante Umstellungen im Ablauf, Etappierungen oder alternative technische Verfahren.
- Es werden zusätzliche Alternativen im Ablauf untersucht und eingesetzt.
- Die Anforderungen an die technische Lösung werden herabgesetzt.
- Im voraus vorgesehene vertragliche Massnahmen werden durchgesetzt.

Die Auswirkungen der eingeführten Massnahmen sollen genau beobachtet und beurteilt werden. Wenn die Massnahmen keine Verbesserung der Terminsituation bewirken, sind weitere Massnahmen vorzusehen.

6. ANWENDUNG DES ABLAUFMODELLES

6.1 Entwicklungen in der Praxis

6.1.1 Projektleiterhandbuch Suter + Suter AG

Suter + Suter AG ist eine für schweizerische Verhältnisse grosse, international tätige Unternehmung, welche ganzheitliche Dienstleistungen im Bereich der Beratung und Planung / Projektierung sowie Realisierung von Bauvorhaben anbietet. Im Verlaufe des Jahres 1990 wurde für die Projektleiter der Unternehmung ein Projektleitungs - Handbuch erarbeitet, welches die Erreichung folgender Ziele der Projektleitung unterstützt:
- interdisziplinäre Zusammenarbeit
- kundengerechte Qualität
- Optimierung der betriebsinternen Qualität
- verkürzte Durchlaufzeit der Projekte und damit Senkung der Produktionskosten.
Ausserdem dient das Handbuch auch als Schulungsunterlage für auszubildende Projektleiter.

Das Projektleitungs - Handbuch ist in zwei Teile gegliedert. Der erste Teil umfasst neun kurze Kapitel, welche die Aufgaben der Projektleitung darstellen und jeweils gegliedert sind in die drei Abschnitte Zweck, Aufgaben und Hilfsmittel.

Die neun Kapitel des ersten Teiles umfassen folgende Inhalte:
- Ziele und Aufgaben
- Offert- und Vertragswesen
- Projekt - Controlling
- Führung des Projektes und der interdisziplinären Projektarbeit
- Qualitätsplanung und -sicherung
- Baukostenplanung, -kontrolle und -steuerung
- Terminplanung, -kontrolle und -steuerung
- Einsatz von CAD und PC im Planungsprozess
- Projekt - Administration.

Im ersten Teil wird also angegeben, welche Aufgaben durch die Projektleitung zu bearbeiten sind, aber nicht wie die Aufgaben im Detail zu lösen sind. Zu jedem Kapitel des ersten Teiles werden im zweiten Teil des Projektleitungs-Handbuches Checklisten und/oder Standardbeispiele zur Verfügung gestellt, die Hinweise auf das Wie und Wann der Aufgabenbearbeitung geben. Ein wesentlicher Bestandteil dieses zweiten Teiles ist der "Projektablauf Suter + Suter", der durch die Forschungsarbeit wesentlich beeinflusst wurde. Dieser Projektablauf Suter + Suter dient folgenden Zwecken:
- Er ist ein Werkzeug der Projektleitung, um den Projektablauf richtig zu planen und zu koordinieren.

- Er soll einen weiteren Ausbau der interdisziplinären Arbeitsweise ermöglichen.
- Die Durchlaufzeit der Projekte soll verkürzt werden.
- Die Produktionskosten sollen gesenkt werden.
- Er soll ein Hilfsmittel für die Sicherung der Qualität sein.

Der Projektablauf Suter + Suter ist in vier Phasen unterteilt, wobei jede Phase in Teilphasen aufgeteilt ist, nämlich in

Phase 0	Vorbereitung	Projektdefinition/Standortwahl
		Vorstudie
Phase 1	Projektierung	Vorprojekt
		Projekt
Phase 2	Ausführung	Vorbereitung der Ausführung
		Ausführung
Phase 3	Betrieb	Inbetriebsetzung
		Abschluss
		Betrieb

Im Projektablauf Suter + Suter werden auf drei Ebenen in unterschiedlichen Detaillierungsgraden (Stufe 1: Grobterminplan; Stufe 2: Gesamtterminplan; Stufe 3: Koordinationsterminplan) folgende Elemente **projektunabhängig** festgelegt:
- die Projektbeteiligten,
- wer welche Leistungen zu welchem Zeitpunkt in welcher Abhängigkeit zu erbringen hat,
- welche Projektzustände in welcher Reihenfolge unter welchen Bedingungen erreicht werden müssen sowie
- die notwendigen Entscheide des Auftraggebers.

Der Projektablauf Suter + Suter wird den Projektleitern auf Ablaufplänen in Form von nicht-termingebundenen Vorgangsknotennetzplänen zur Verfügung gestellt. Im weiteren steht der Projektablaufplan in Form von Eingabedateien für eine PC - gestützte Terminplanungs - Software jedem Projektleiter zur Verfügung. Die Ablaufpläne umfassen im jetzigen Bearbeitungsstand auf der Stufe 1 ca. 50 Vorgänge und Entscheide, auf der Stufe 2 ca. 100 und auf der Stufe 3 rund 500 Vorgänge und Entscheide.

6.1.2   Zusammenarbeit und Führung eines Projekt-Teams mit EDV

Im Rahmen eines Bauprojektes der schweizerischen PTT - Betriebe wurde im Sinne eines Pilotversuches ein Telematik - Projekt zur Effizienzsteigerung bei der Zusammenarbeit und Führung einer dezentralen Bauprojektorganisation in Angriff genommen[77]. Für dieses Projekt, welches von der Kommission für Informatik des SIA initiiert

---

77 Minder G., *Spartenübergreifende Zusammenarbeit mit Hilfe der Telematik im Rahmen von Grossprojekten*, in *Schweizer Ingenieur und Architekt Nr. 48, November 1990*

wurde und an welchem die Privatindustrie, die öffentliche Hand und die ETH Zürich mitarbeiten, wurden folgende Ziele gesetzt:
- Die Effizienz bei kleinen und mittleren Planungsbüros soll durch Harmonisierung in den Bereichen Administration und Informatik gesteigert werden.
- Die Koordinationsaufgaben des Bauherrn (Bauabteilung der PTT) für ein Grossprojekt soll durch aktuelle, öffentliche Telematik - Dienste erleichtert werden.
- Es sollen Erfahrungen bei der Zusammenarbeit in verteilten Projektorganisationen und der Führung und Administration von Grossprojekten bei Anwendung von zukunftsgerichteten Informations- und Kommunikationssystemen gesammelt und dokumentiert werden.

Die am Bauprojekt Beteiligten verfügen alle über einen (stationären oder mobilen) Personal Computer (PC), mit dessen Hilfe die projektspezifischen Leitungsdaten bearbeitet werden. Diese PCs haben über Modem und Telefonwählnetz oder Telepac Verbindung mit dem elektronischen Mitteilungsdienst für Text- und Datenaustausch "arcom 400". In diesem "arcom 400" - Dienst kann für verschiedene Benutzer ein hierarchisch strukturierbares Mailbox - System eröffnet und genutzt werden, das auch den Aufbau von Datenbanken erlaubt und die Datensuche unterstützt. Im Rahmen des Pilotversuches sind 12 Projektbeteiligte mit insgesamt 20 elektronischen Briefkästen zu einem Projektinformationssystem (PIS) zusammengeschlossen. Neben dem Austausch von Sitzungseinladungen und dem Versand von Protokollen (die nicht mehr in Papierform verschickt werden) wird eine Pendenzenliste für offene Pendenzen aller Projektbeteiligten und eine Entscheidliste mit allen im Projekt getroffenen Entscheiden zur Verfügung gestellt. Die Sammlung der Protokolle der Projektsitzungen stehen auf dem System zur Verfügung. In diesen Protokollen können über einen Volltext - Suchalgorithmus Textpassagen aufgefunden werden.

Der aktuelle Terminplan, der Sitzungskalender, die Abwesenheiten der Projektbeteiligten und eine jeweils 2 - 4 Wochen vorauseilende Liste der zu bearbeitenden Vorgänge sowie eine Liste der Projektänderungen mit Beschrieben werden auf dem System allen Beteiligten zur Verfügung gestellt.

Die anfänglichen Widerstände gegen eine elektronische Kommunikation, welche bei einem Teil der Beteiligten festzustellen war, konnten durch geschickte Motivation überwunden werden. Auch beim Einsatz moderner Kommunikationsmittel bleibt bei der Festlegung von Terminplänen und bei der Führung von Projekten der zwischenmenschliche Kontakt wichtig. Dagegen lässt sich der reine Informationsaustausch mit Kommunikationssystemen beträchtlich beschleunigen.

Der Einsatz von elektronischen Hilfsmitteln bedingt eine gemeinsame Bezugsbasis auf verschiedenen Ebenen:
- Fachliche Standards ermöglichen eine gemeinsame Terminologie.
- Standards für die Datenstrukturen erlauben eine einheitliche Beschreibung der Datenbanken mit verschiedener Software.

- Technische Standards ermöglichen den Einsatz von Geräten verschiedener Hersteller.

Es zeigt sich, dass für den effizienten Einsatz von EDV auf allen Ebenen Schnittstellen definiert werden müssen, die den Möglichkeiten der neuen Kommunikationsmittel gerecht werden.

6.2   Referenzprojekte

Um die Überlegungen, welche in der vorliegenden Arbeit präsentiert werden, auf einen weiteren praktischen Erfahrungshintergrund zu stellen, und um die Ergebnisse der Arbeit im praktischen Umfeld beurteilen zu können, wurden acht aktuelle Bauprojekte begleitet und bearbeitet. Die Anzahl ist gross genug, um zuverlässige Hinweise bezüglich der angestrebten Ziele geben zu können. Bei der Auswahl der acht Referenzprojekte wurde Wert auf eine möglichst gute Verteilung der Projekte nach folgenden Aspekten gelegt:

- Bauherr
- Organisationsform
- Anlagenart
- geografische Lage der zu erstellenden Anlage
- Projektkosten
- Projektphase.

Bei den Bauherren wurden fünf privatwirtschaftliche Bauherren verschiedener Sparten und drei Bauherren der öffentlichen Hand gewählt. Die Zahlen zur Bautätigkeit zeigen, dass die öffentliche Hand für rund 30% der Gesamtbautätigkeit als Bauherr auftritt. Dabei liegt das Schwergewicht naturgemäss im Bereich Tiefbau, rund 85% der Tiefbautätigkeit werden durch öffentliche Investitionen ausgelöst. Dabei investieren die Bundesstellen vor allem in der Sparte Bahn- und übriger Transportbau, die Kantone überwiegend im Bereich Strassenbau, der allerdings vom Bund in hohem Masse mitfinanziert wird. Die ausgewählten Referenzprojekte der öffentlichen Hand sind daher ein Projekt eines kantonalen Tiefbauamtes und zwei Projekte der SBB.

Bei der privaten Bautätigkeit liegt das Schwergewicht im Bereich Hochbau, wovon besonders der Wohnungsbau (Ein- und Mehrfamilienhäuser) einen grossen Anteil ausmacht. Aber gerade beim Wohnungsbau wird über 50% des Wertes nicht von regelmässigen (professionellen) Bauherren investiert, sondern von Bauherren, welche nur einmal am Baumarkt auftreten (nicht baufachkundige Bauherren). Da für eine fachbezogene Bearbeitung der Referenzprojekte Partner mit Erfahrung wünschenswert waren, wurde diese Gruppe nicht berücksichtigt, sondern drei Bauherren aus dem Bereich Büro-/Gewerbehäuser und zwei aus dem Bereich Fabriken/Anlagen ausgewählt.

Bei der Auswahl der Organisationsform wurde nur zwischen Einzelleistungsträgern und Generalplanern unterschieden, wobei bei den Projekten der SBB eine gewisse Eigenheit beachtet werden muss, da die Fachstellen der SBB gewisse Leistungen selbst erbringen.

Die Verteilung der Referenzprojekte nach Anlagenarten sollte, vom Wohnungsbau abgesehen, die Bautätigkeit in der Schweiz wiedergeben. Daher wurden zwei Projekte der Anlagenart Industrie/Gewerbe, drei Projekte der Anlagenart Dienstleistung und drei Projekte der Kategorie Transport und Verkehr gewählt.

Für die Bestimmung der geografischen Lage der Projekte wurde nach den vier Kategorien Stadt, Agglomeration, Kleinstadt und ländlich unterschieden. Von den ausgewählten Projekten sind dabei drei aus der Kategorie Stadt (innerstädtisch), zwei aus der Kategorie Agglomeration (Stadtrand einer Grossstadt), zwei aus der Kategorie Kleinstadt und eines aus der Kategorie ländlich.

Die betrachteten Projektphasen der Referenzprojekte umfassen den gesamten Projektablauf mit einem leichten Schwergewicht auf der Projektierung vor der Bewilligung und der Vorbereitung der Ausführung.

Projektbezeichnung	beobachtete Projektphasen	Bauherr	Organisationsform	Anlagenart	Geografische Lage	Umfang (SFr.)
Lager + Verladehof	Ausführung, Inbetriebsetzung, Betrieb	Brauerei	Einzelleistungen	Industrie	Stadt	32 Mio
Fabrikanlage Mailand	Vorstudie, Vorprojektierung	Pharmaunternehmung	Beratung	Industrie	Agglomeration	120 Mio
Bürohaus Zürich Seebach	Projektierung, Vorbereitung der Ausführung, Ausführung	Generalplaner	Gesamtplanung	Dienstleistung	Stadt	67 Mio
Bankfiliale Neuhausen	Projektierung, Ausführung Umbau, Inbetriebsetzung	Kantonalbank	Einzelleistungen	Dienstleistung	Kleinstadt	5 Mio
Doppelspur Küsnacht /Zollikon	Bewilligungsverfahren, Vorbereitung der Ausführung	SBB, Kanton	Einzelleistungen	Transport, Verkehr	Agglomeration	24 Mio
Unterführungen Luterbach	Bewilligungsverfahren	Kanton Solothurn	Einzelleistungen	Transport, Verkehr	ländlich	13 Mio

Stadttunnel Aarau	Bewilligungs-verfahren, Vorbereitung der Ausführung	SBB	Einzel-leistun-gen	Trans-port, Verkehr	Klein-stadt	100 Mio
Bürohaus Zürich City	Projektierung, Vorbereitung der Ausführung, Ausführung	Grossbank	Einzel-leistun-gen	Dienst-leistung	Stadt	67 Mio

Tabelle 6.1:   Übersicht über die Referenzprojekte

In einer ersten Phase gaben die Referenzprojekte Hinweise für die Erarbeitung des Basisablaufes und der Ablaufalternativen. In einer zweiten Phase dienten die laufend erhobenen Daten der Referenzprojekte als Hinweise auf Verbesserungsmöglichkeiten und zur weiteren Abstützung der theoretischen Erkenntnisse durch Praxiserfahrungen. Bereits frühere Untersuchungen des Gesamtprojektablaufes[78] stützten sich auf die detaillierte Analyse von zwei realisierten Projekten. Es handelte sich dabei um zwei Industrieanlagen, eine in Bern und eine in Griechenland.

Die aus den Referenzprojekten **gewonnenen Aussagen** sind in den Abschnitten 6.3 und 6.4 zusammengefasst. Im Abschnitt 6.3 werden die Erkenntnisse zum Modellablauf für Bauprojekte zusammengestellt. Die Tabelle 6.2 gibt dabei eine Übersicht darüber, welche der elementaren Strukturen und wesentlichen Grundideen des Modellablaufes durch die Projektleitung in der Abwicklung der realen Referenzprojekte verwendet wurden. Im weiteren sind im Abschnitt 6.3 Aussagen über das Zutreffen des Basisablaufes für die untersuchten Referenzprojekte zusammengestellt (Tabelle 6.3) und weitergehende Erkenntnisse bezüglich des Inhaltes des Modellablaufes festgehalten. Im Abschnitt 6.4 sind dann die Erfahrungen aus der **praktischen Arbeit** bei der Anwendung des Modellablaufes in den Referenzprojekten zusammengestellt.

6.3   Erkenntnisse zum Modellablauf für Bauprojekte

6.3.1   Aussagen zu den Strukturen und Grundideen des Modellablaufes

a)   Überblick

Die folgende Tabelle 6.2 gibt einen Überblick über die von der jeweiligen Projektleitung verwendeten elementaren Strukturen und wesentlichen Grundideen des Modellablaufes in der Abwicklung der realen Referenzprojekte. Die **Referenzprojekte** sind dabei wie folgt bezeichnet:

A   Lager + Verladehof

---

78 *Füllemann H., Knöpfel H., Der Ablauf von Projekten im Bauwesen - Entwurf Übersichtsnetzplan Modellablauf Industriebau, Arbeitsbericht Nr. 2, IB ETH 1977*

B	Fabrikanlage Mailand
C	Bürohaus Zürich Seebach
D	Bankfiliale Neuhausen
E	Doppelspur Küsnacht / Zollikon
F	Unterführungen Luterbach
G	Stadttunnel Aarau
H	Bürohaus Zürich City

Aspekt \ Referenzprojekt	A	B	C	D	E	F	G	H
Phasen	T	S	S	T	S	T	S	S
Beteiligte	T	S E	S E	S	T E	T E	S E	T
Anlagenstruktur	T E	S E	S	S E	S E	T E	S E	T
zeitabhängige Ablaufdarstellung	T	S	S	S	T	T	S	S
Teilabläufe		T	T	T	T E	T E	T E	T
Ablaufalternativen	T	T	T					T
Bearbeitungsebenen	T	S	S	S	T	T	S	T
Vorgangshierarchie	E T		E		E	E	S E	
ergebnisorientiert	T	S	S	S	S	S	S	S
systematische Zwischenziele	E T	E T	T	T	T E	T E	S E	T

Legend

— Modell im Referenzprojekt anwendbar
▨ direkt anwendbar
E mit Ergänzungen anwendbar
☐ nicht anwendbar
? nicht beurteilbar

— Durch Projektleitung im Referenzprojekt verwendet
S systematisch verwendet
T teilweise/vereinzelt verwendet
☐ nicht verwendet
? nicht beurteilbar

Tabelle 6.2: *Überblick über die Verwendung der Strukturen und Grundideen*

Zu jedem Punkt der elementaren Strukturen und Grundideen werden zwei Aspekte beurteilt, nämlich:

1. Wurde die Grundidee im realen Projektablauf durch die Projektleitung verwendet und welcherart: systematisch, teilweise bzw. vereinzelt oder nicht verwendet.
2. Wäre eine systematische Verwendung der Struktur bzw. Grundidee möglich und sinnvoll. Dabei wird die Anwendbarkeit beurteilt nach den Kriterien direkt, d.h. ohne Änderungen anwendbar, mit Ergänzungen anwendbar und nicht anwendbar.

b)   Gliederungskriterien

Phasen

Projektphasen werden in Bauprojekten immer unterschieden, wobei sie trotz der Gliederung der Leistungs- und Honorarordnungen nicht einheitlich benannt und auch in ihrem Umfang nicht einheitlich sind. Die für den Modellablauf gewählte Phasengliederung ist gut brauchbar und unterscheidet sich in der Regel nur durch eine klare Teilphase Detailprojektierung und durch die konsequente Berücksichtigung einer Inbetriebsetzungsphase.

Beteiligte

Es ist nicht immer üblich, in Ablauf- und Terminplänen die Vorgänge nach Beteiligten zu gliedern. Dort wo diese Gliederung eingesetzt wird, zeigt sie sich als handliches Instrument zur Aufgabenverteilung im Projektablauf.

Anlagenstruktur

Eine Gliederung der Vorgänge in Ablauf- und Terminplänen nach der Anlagenstruktur wird für Bauprojekte implizit relativ oft verwendet. Meistens erfolgt jedoch die Gliederung auf der Basis eines Kontenplanes oder einer anderen Kostenstruktur und selten unmittelbar nach einer physischen Anlagenstruktur. Die Gliederung nach einer Anlagenstruktur wurde in einzelnen Fällen für jeden neuen Terminplan in einem Projekt geändert. Eine systematische und durchgängige Gliederung nach einer physischen Anlagenstruktur erweist sich als geeignetes Mittel zur Abgrenzung der Leistungen und ergibt innerhalb des Projektes vergleichbare und leichter verständliche Terminpläne.

Zeitabhängigkeit

Die in Bauprojekten eingesetzten Terminpläne sind immer zeitabhängig. Meistens werden Balkendiagramme verwendet, in denen keine Abhängigkeiten sichtbar sind (in fünf der acht Referenzprojekte wurden Abhängigkeiten für die Berechnung der Termine eingesetzt, jedoch nur in zwei Fällen wurden die Abhängigkeiten in den Terminplänen auch ausgewiesen). Die Einführung der Hauptabhängigkeiten in Ablauf- und Terminplänen erleichtert das Verständnis für die Gesamt- und Detailzusammenhänge.

Teilabläufe

Standardisierte Teilabläufe werden in der Ablaufplanung von Bauprojekten heute nicht verwendet. In einigen wenigen Projekten werden für gewisse Prozesse Standardablaufschemen der Stammorganisationen verwendet. Diese Standardablaufschemen finden jedoch keinen Eingang in die Ablaufpläne.

Ablaufalternativen

Bei der Terminplanung von Projekten werden kaum Ablaufalternativen eingesetzt. In einzelnen Projekten werden Ablaufvarianten als Entscheidungsgrundlagen für das weitere Vorgehen erarbeitet, in sehr seltenen Fällen werden auch Ablaufalternativen im Sinne von vorbehaltenen Entscheiden oder "wenn - dann" - Abläufen verwendet.

c)   Führungs- und Bearbeitungsebenen

Die Abbildung der Führungs- und Bearbeitungsebenen in einer echt hierarchischen Ablaufplanung und -kontrolle, in der auch eine Vorgangshierachie verwendet wird, kommt in Bauprojekten nur in Einzelfällen zum Einsatz. Dagegen werden meistens Terminpläne mit verschiedenem Detaillierungsgrad unterschieden, ohne dass allerdings zwischen einzelnen Terminplänen ein direkter logischer Zusammenhang besteht.

d)   Ergebnisorientiertes Arbeiten und systematische Zwischenziele

In Bauprojekten wird in der Regel ergebnisorientiert gearbeitet. In der Ablaufplanung und -kontrolle werden üblicherweise Zwischenziele gesetzt. Meistens werden sie jedoch nicht systematisch dargestellt, und die Zusammenfassung der Resultate von Teilaufgaben zu einem Gesamtresultat wird in Termin- und Ablaufplänen oft nicht ausgewiesen.

6.3.2   Erkenntnisse zum Basisablauf und den Ablaufalternativen

a)   Überblick

Die folgende Tabelle 6.3 gibt einen Überblick über die Anwendbarkeit des Basisablaufes in der Abwicklung der realen Referenzprojekte. Die Referenzprojekte sind gleich bezeichnet wie in Tabelle 6.2. Dabei werden für jede Phase und jedes Referenzprojekt folgende Punkte angegeben:

1. Wurde der reale Ablauf des Referenzprojektes für die entsprechende Projektphase erhoben:

    Ja: vollständig erhoben;

    Teilweise: soweit vom Fortschritt des Projektes her möglich erhoben;

    Nein: nicht erhoben;

2. Welche Stufe des Basisablaufes ist die detaillierteste angewendete Stufe:
   Stufe 0
   Stufe 1
   Stufe 2
3. Ist der Basisablauf für das aktuelle Referenzprojekt zutreffend :
   zum grössten Teil zutreffend;
   mit Modifikationen zutreffend,
   mit Einsatz einer Ablaufalternative zutreffend;
   unzutreffend.

Phase \ Projekt	A	B	C	D	E	F	G	H
Vorbereitung	0	2 A	1	T 0 A	T 1 A	1 ?	T 2 A	T 1 M
Vorprojektierung	0 A	2 M	1 M	T 0	1 A	1 A	2 A	1
Bewilligungsprojektierung	0 A	2 ?	1 A	2 M	2 A	1 A	2 A	1
Detailprojektierung	0	1 ?	1 A	2 M	2 A	1 A	2 A	1
Vorbereitung der Ausführung	0 M	0 ?	1 M	2 A	2 A	1 ?	1 A	1 M
Ausführung	0 M	0 ?	T 1	2 A	1 ?	1 ?	1 ?	T 1
Inbetriebsetzung	0	0 ?	1 ?	T 0 A	1 ?	1 ?	1 ?	1 ?

Legende

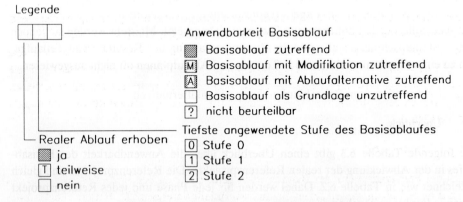

Anwendbarkeit Basisablauf
- Basisablauf zutreffend
- [M] Basisablauf mit Modifikation zutreffend
- [A] Basisablauf mit Ablaufalternative zutreffend
- Basisablauf als Grundlage unzutreffend
- [?] nicht beurteilbar

Tiefste angewendete Stufe des Basisablaufes
- [0] Stufe 0
- [1] Stufe 1
- [2] Stufe 2

Realer Ablauf erhoben
- ja
- [T] teilweise
- nein

Tabelle 6.3:   Überblick über die Anwendbarkeit des Basisablaufes [79]

Bedingt durch die Phasen, in welchen sich die einzelnen Projekte befanden, konnten nicht alle Punkte für alle Projekte und alle Phasen beurteilt werden.

---

79 *Bezeichnung der Projekte wie Seite 168 / 169*

Aus dem Vergleich der realen Projektabläufe mit dem Basisablauf lassen sich zusammenfassend die in den folgenden Abschnitten zusammengestellten Aussagen ableiten.

b) Allgemeine Hinweise

Eine taugliche Terminplanung und -kontrolle zwingt alle Projektbeteiligten, vor allem die Stellen des Bauherrn und den Gesamtprojektleiter, dazu, den Projektablauf durchzudenken, sich mit den Problemen des Ablaufes auseinanderzusetzen und diese zu besprechen. Dadurch werden eine Vielzahl der möglichen Probleme im Projektablauf frühzeitig erkannt und können gelöst werden.

Die Angabe der Zeitpunkte und Dauern für die Bauherrenentscheide in den Terminplänen erlaubt dem Bauherrn, sich auf die Entscheide vorzubereiten, und ermöglicht dem Gesamtprojektleiter, die Bereitstellung entsprechender Dokumente zur Entscheidungsvorbereitung rechtzeitig zu veranlassen.

Durch eine gute Koordination der Geldgeber und die Abstimmung des Projektablaufes auf die Zyklen der Kreditgenehmigung können Projektstillstände bzw. -verzögerungen infolge fehlender Finanzmittel vermieden werden.

Die Erreichung von Bau- und Nebenbewilligungen in einem Bauprojekt sind heikle Teilabläufe, die grossen Einfluss auf die Bauprojekte haben können. Dabei sind auch bei den beurteilenden Behörden Unsicherheiten bezüglich Vorgehen und Verantwortlichkeiten zu beachten.

Die Absicherung des Projektes durch frühzeitige Information über das Projekt ermöglicht die Meinungsbildung bei betroffenen Kreisen und ist ein wichtiges Element im Projektablauf, durch welches einerseits neue Anforderungen eingebracht werden können, andererseits aber die Beeinträchtigung des Ablaufes durch Einsprachen geringer gehalten werden kann. Der frühe Einbezug der Öffentlichkeit schafft Vertrauen in das Projekt und kann auch besser akzeptierte Projekte ermöglichen. Systematische Opponenten können frühzeitig sichtbar gemacht werden, auch wenn sie mittelbar arbeiten. Als Mittel stehen informative Projektauflagen und / oder Orientierungsversammlungen zur Verfügung.

c) Vorbereitung

Auch bei Fachkompetenz der Bauherrenvertreter sollte in der Vorbereitungsphase ein Ablauf ohne Beizug von externen Beratern vermieden werden. Als Resultat der Vorbereitungsphase liegen Pflichtenhefte mit klaren Zielen und firmenspezifischen Anforderungen für die zu erstellende Anlage vor. Insbesondere werden von externen Beratern zusätzliche Erfahrungen auch zu den Bereichen des Betreibers und des Benutzers eingebracht und deren Bedürfnisse formuliert.

Wesentliche Beiträge eines Betriebsplaners in der Vorbereitungsphase führen zu einer Ablaufvariante, welche je nach Anlagenart spezifische Ausprägungen aufweisen kann. Für eine relativ einfache Anlage sind keine wesentlichen Änderungen zum Basisablauf notwendig.

Bei Umbauten ist der Standort in der Regel gegeben. Der Ablauf Standortermittlung kann weggelassen werden.

Die Vorbereitungsphase von mittelgrossen Verkehrsbauprojekten sollte konzentriert innert rund zwei Jahren ablaufen. Darin eingeschlossen sollten zweimal vier Monate Vernehmlassung[80] und Entscheidungsfindung in den betroffenen Gemeinden und zwischen Geldgebern, Benutzern und Betroffenen sein. Durch eine frühzeitige, aber klar befristete Diskussion und Vernehmlassung (evtl. mit dem Mittel einer Auflage) sollte es möglich sein, die Risiken zu mindern und abschätzbar zu machen. Die Koordination der Interessen von Betroffenen, Geldgebern, Bauherren und Benützern ist eine wesentliche Leistung, vor allem bei Bauprojekten der öffentlichen Hand.

d)   Vorprojektierung

Die Dauer, welche die Vernehmlassung zu einem Projekt und die Projektprüfung in grossen Organisationen beanspruchen, kann ein wesentlicher Einfluss im Projektablauf sein.

Eine Umweltverträglichkeits - Voruntersuchung zur Festlegung der genauer zu beurteilenden Aspekte und des Vorgehens zur Erreichung einer allfälligen Umweltverträglichkeitsprüfung sollte bei grösseren Projekten ein integrierender Bestandteil des Vorprojektes sein. Insbesondere sind alle Massnahmen zur Immissionsbegrenzung bereits darzustellen und ihre Auswirkungen soweit bekannt zu umschreiben.

Ein Vorprojekt sollte immer die koordinierten Vorprojekte aller Teilsysteme inklusive der fachtechnischen Teilsysteme umfassen.

Die Erarbeitung einer grossen Anzahl Vorprojektvarianten in einem bis zwei Entscheidungs- bzw. Änderungsdurchläufen hat zur Folge, dass nach dem Auftrag für die Baueingabeprojektierung in der Regel keine wesentlichen Änderungen durch den Bauherrn eingebracht werden müssen. Es soll jedoch klar unterschieden werden zwischen Vorprojektvarianten und der Ausarbeitung des eigentlichen Vorprojektes.

e)   Auflage- bzw. Bewilligungsprojektierung

Die Regelung der Finanzierung ist bei Bauten der öffentlichen Hand ein wichtiger Teilablauf, der sorgfältig zu terminieren ist, da er mit vielfältigen Terminrestriktionen (Bundesratssitzungen, Session, jährliche Investitionskredite) verknüpft ist. Die Kredit-

---

80 *Vernehmlassung: Stellungnahme zu einem Projekt durch Beteiligte und Betroffene*

genehmigung durch einen Kanton als Geldgeber bedarf eines politischen Verfahrens im Kantonsrat, und oft ist eine Volksabstimmung durchzuführen. Der Zeitbedarf für beides kann in der Grössenordnung von ein bis zwei Jahren beziffert werden, und das Risiko einer Ablehnung ist nicht immer einfach abzuschätzen. Für die Projektierung einer baulichen Anlage der öffentlichen Hand ist in der Regel ein Projektierungskredit bei der Legislative einzuholen.

Bei einer Etappierung des Projektes nach dem Vorprojekt ist das Verfahren zur Erlangung einer Baubewilligung bzw. das Verfahren der öffentlichen Auflage genau zu prüfen. Unter Umständen kann es sinnvoll sein, die Baubewilligung für eine erste Etappe mit einem baurechtlichen Vorentscheid für die weiteren Etappen zu verknüpfen.

Eine Straffung der Phasen, indem aus Konzepten für Teilsysteme Vorprojekte und aus diesen Vorprojekten direkt Ausführungsprojekte entwickelt werden, wird im Modellablauf als Alternative beim Einsatz von Informatik-Hilfsmitteln vorgeschlagen. Für die fachtechnischen Anlagen ist diese Straffung technisch machbar. Probleme können entstehen, wenn die Teilsysteme der baulichen Anlage in einem wenig koordinierten Ablauf projektiert werden.

Nach Eingang der Einsprachen ist zu entscheiden, ob die Projektierung fortgesetzt werden soll.

Die Landerwerbsverhandlungen bei Projekten der öffentlichen Hand sind bezüglich Dauer zu beurteilen.

f)   Detailstudien

Die Festlegung des Finanzbedarfes und die Freigabe des Kredites ist auf die Gepflogenheiten des Bauherrn abzustimmen. Öffentliche Bauherren planen in der Regel mit Mehrjahreskrediten über die Gesamtheit aller Projekte. Diese Gesamtkredite (Zahlungskredite) werden in der Regel im vierten Quartal jedes Jahres eingereicht und im ersten Quartal des Folgejahres genehmigt.

g)   Vorbereitung der Ausführung

Die Ausschreibung der Hauptarbeiten kann während des Plangenehmigungs- bzw. Baubewilligungsverfahrens vorbereitet werden, die Ausschreibung erfolgt jedoch erst nach Vorliegen bzw. Zusage der Plangenehmigungsverfügung. Die Vergabe erfolgt erst nach Ablauf aller Rekursfristen und bei Vorliegen aller Besitzeseinweisungen. Als Variante mit entsprechend grösserem Risiko kann die Ausschreibung während des Plangenehmigungs- bzw. Baubewilligungsverfahrens erfolgen. Unter Umständen, wenn die Bewilligung nicht zum geplanten Zeipunkt erteilt oder durch Einsprachen verzögert wird, ist eine Verlängerung der Gültigkeit der Angebote der Unternehmer notwendig. Allenfalls, wenn durch die Bewilligung oder Einsprachen Projektänderungen notwendig werden, sind vor der Vertragsunterzeichnung Änderungen an den Vertragsurkunden notwendig, oder es müssen Nachträge zu abgeschlossenen Verträgen vereinbart werden.

Wenn auf der Baustellle bedeutende Vorbereitungsarbeiten wie Erschliessungen, Abbrüche oder Baugruben ausgeführt werden müssen, soll die Phase der Vorbereitung der Ausführung überlappend mit den Detailstudien erfolgen.

Die Freigabe des Baukredites sollte auf der Basis des Kostenvoranschlages vor Beginn der Ausführungsarbeiten erfolgen. Unter Umständen ist es sinnvoll, gewisse Vorarbeiten wie Abbrüche mit einem separaten Kredit zu genehmigen.

h)   Ausführung

Durch Rückstände in der Planlieferung können unerwünschte Verzögerungen bei der Ausführung entstehen. Der Vorgehensplan des Ausführenden, auf dessen Basis der Planlieferungsplan beruht, darf nicht ohne Einverständnis bzw. Information der entsprechenden Projektierenden geändert werden, da sonst die Lieferung der Ausführungspläne nicht mehr auf die Ausführung abgestimmt ist. Dem Planlieferungsplan sind die Anlagen- und die Beteiligtenstruktur der Ablauf- und Terminplanung zugrunde zu legen.

i)   Inbetriebsetzung und Abschluss

Fehlende Konzepte und mangelnde Koordination zwischen Unternehmern, Projektierenden und Betreiber sowie Benutzer führen zu technisch unbefriedigenden Lösungen, menschlich unbefriedigenden Situationen und einer sehr lange dauernden Inbetriebsetzungsphase.

6.4   Erfahrungen aus der Anwendung des Ablaufmodelles

6.4.1   Anlagenstruktur

Die praktische Erprobung des Ablaufmodelles an den Refrenzprojekten lässt über die im Modellablauf vorgeschlagene Anlagenstruktur folgende Aussagen zu:
- Die Anlagenstruktur (vgl. Anhang B3) lässt sich unproblematisch einsetzen. Insbesondere ist sie wesentlich systematischer als die meisten in der Planung von realen Projekten eingesetzten Projektstrukturen.
- Die Anlagenstruktur des Ablaufmodelles für eine Anlage, bestehend aus einem einzelnen Bauobjekt "Gebäude", passt sehr genau auf die Struktur, die in konkreten Fällen implizit angewendet wird. Die Unterscheidung in Teilsysteme ist eine auch in der Praxis angewendete, wenn auch noch nicht weit verbreitete Systematik (Projekte A,B,C,D,H)[81].

---

81 Bezeichnung der Projekte wie Seite 168 / 169

- Die Anlagenstruktur des Ablaufmodelles für den Umbau einer Anlage, bestehend aus einem einzelnen Bauobjekt der Bauobjektart Gebäude, bedingt lediglich folgende Anpassungen auf der Stufe Teilsysteme, die sich aus der Charakteristik des Umbauprojektes ergeben (Projekt D):

    Die Ver- und Entsorgung sowie die Verkehrserschliessung des Grundstückes sind bei einer bestehenden Anlage in der Regel gegeben.

    Eine wesentliche Elementgruppe der Bauvorbereitung ist die Unterbringung des bestehenden Betriebes in einem Provisorium.

    Die Umgebung wird beim Umbau einer bestehenden Anlage in der Regel nicht wesentlich ändern.

- Die Anlagenstruktur des Ablaufmodelles kann zusammen mit einer Gliederung in Objekte leicht allen Erfordernissen angepasst werden. Auch die Struktur komplexer baulicher Anlagen kann mit wenig Aufwand im Modell abgebildet werden. Die Etappierung einer gesamten Anlage lässt sich einfach erfassen und darstellen (Projekte E,F,G).

6.4.2 Projektumgebung

Für ein "einfaches Hochbauvorhaben" kann die Projektumgebungsstruktur des Ablaufmodelles mit sehr wenig Aufwand auf einen konkreten Fall umgesetzt werden (Projekte A,B,C,D,H). Für die Referenzprojekte war in den meisten Fällen **keine** systematische Erfassung der Umgebungseinflüsse vorhanden (Ausnahme: Projekt B). Die in konkreten Projekten erhobenen Einflüsse lassen sich problemlos im Raster des Modelles abbilden.

Die Bestimmung und Beurteilung der wesentlichen Einflüsse aus der Projektumgebung bleibt jedoch auch bei der Ablaufplanung mit dem Modellablauf ein entscheidender Punkt für die Beurteilung des Risikos der Zielerreichung. Dabei muss die Projektumgebung phasenweise neu beurteilt werden.

Für ein komplexes Bauvorhaben muss die Projektumgebungsstruktur des Ablaufmodelles entsprechend den Verhältnissen im Einzelfall ergänzt werden. Dies ist mit wenig Aufwand möglich (Projekte E,F,G).

6.4.3 Projektbeteiligte

Für die meisten Referenzprojekte musste die Beteiligtenstruktur des Ablaufmodelles ergänzt werden. Vor allem für Hochbauten (Projekte A,B,C,D,H) waren die Ergänzungen jedoch nur unwesentlich und im Bereich der Nutzungs- und Betriebsplanung angesiedelt, die fallweise um folgende Gruppen ergänzt werden mussten:

- Um eine neue Funktion "Liegenschaftenpromotor", da es sich beim konkreten Fall um ein Promotionsprojekt, d.h. die Projektierung und Erstellung eines Bürogebäudes zum teilweisen Verkauf bzw. Vermietung handelt (Projekt C).
- Für die Bereiche Logistik und Produktionstechnologie sind für ein Industrieanlagenprojekt zusätzliche, projektspezifische Planer beigezogen worden (Projekt B).

Für die Verkehrsprojekte (Projekte E,F,G) musste die Beteiligtenstruktur des Ablauf-modelles angepasst werden. Dabei ist insbesondere zu berücksichtigen, dass der Haupt-projektierende ein Verkehrsplaner ist und ein Architekt allenfalls als Berater beigezo-gen wird. Bei kantonalen Verkehrsbauten (Projekt F) sind für den Bereich Nutzungs- und Betriebsplanung als Funktionsträger das kantonale Strasseninspektorat (Unterhalt) und die Kantonspolizei (Betrieb, Nutzung) zu berücksichtigen.

Bei SBB-Projekten sind insbesondere die komplexen Strukturen beim Bauherrn "Schweizerische Bundesbahnen" mit "Fachstellen" in der Bauabteilung des zuständigen Kreises und Fachstellen der Generaldirektion zu berücksichtigen. Diese Fachstellen entsprechen in ihrer funktionalen Aufteilung den Teilsystemen der Gesamtanlage (analog zu den Installationen im Hochbau). Die Fachstellen des Kreises erbringen zum Teil Leistungen nach SIA LHO und treten somit als Projektierende auf. Im Weiteren ist der Hauptprojektierende für ein SBB-Projekt ein Verkehrsplaner. Für den Bereich Nut-zungs- und Betriebsplanung sind als Funktionsträger die Stellen der Schweizerischen Bundesbahnen zu berücksichtigen.

6.4.4   Abläufe

Grundsätzlich lassen sich Projektabläufe mit dem entwickelten Modell planen und kon-trollieren. Der Basisablauf ist für die untersuchten Projekte gut zutreffend. Die hierar-chischen Vorgangsstrukturen unterstützen die Verfeinerung der Ablaufplanung wesent-lich. Der Einsatz von Teilabläufen erweist sich als operabel und sehr handlich. Eine Restriktion oder Einbettung von ganzen Teilabläufen (Modulen) im Ablaufplan ist ohne weiteres möglich. Die Ablaufalternativen sind bei der Planung ein gutes Hilfsmittel.

Auch bei Projekten, die in ihrer Charakteristik nicht einem Hochbau entsprechen, lässt sich der Ablauf mit dem Basisablauf planen und kontrollieren, gegenüber dem Basisab-lauf sind meistens nur wenige Änderungen nötig (Funktionen aus dem Hochbau ersetzt durch analoge, aber anders bezeichnete Funktionen der spezifischen Anlagen- und Objektart). Die Verknüpfung von Anlagenstruktur und Vorgängen erlaubt eine rasche und einfache Adaption des Basisablaufes auch an andere Anlagen- und Objektarten. Die Anwendung von Ablaufalternativen und der Einsatz von Teilabläufen ermöglichen eine einfache Anpassung an die gegebenen Umstände.

In Teilbereichen sind am Basisablauf und an den Ablaufalternativen noch kleine Män-gel festzustellen. So zeigt es sich an konkreten Projekten, dass dem Bauherrn für die Bauausführung ein detaillierterer Ablauf als der Ablaufplan der Stufe 0 oder 1 zur Ver-fügung zu stellen ist. Dabei sind im wesentlichen die Vorgänge interessant, welche grosse Investitionen und physisch sichtbare Resultate (Teilsysteme und Elemente) erzeugen (Projekte A,C,H).

Die Aspekte der Betriebsplanung und Beratung sind für eine Industrieanlage im Basisablauf wenig ausgebildet. Sie lassen sich jedoch ergänzen. Die Vorgänge der

Immobilienpromotion sind im Basisablauf nicht erfasst, können jedoch durch eine Einbettung berücksichtigt werden (Projekte B,C).

Die Zusammenarbeit und die Projektierung der verschiedenen Teilsysteme sind im Basisablauf anders vorgesehen als sie in der Realität in der Regel ablaufen. Es zeigt sich jedoch, dass die parallele Projektierung aller Teilsysteme auf derselben Projektierungsstufe in der Praxis wesentliche Vorteile bringen würde (Beispiel Projekt B). So ist mit diesem Ablauf sichergestellt, dass von Beginn weg die Definitionen der Fachtechniksysteme vorhanden sind und auch entsprechenden Eingang finden in die übrigen Teilsysteme. Auch zusätzliche Teilsysteme, wie beispielsweise Sicherheitsanlagen, sollen ebenfalls auf derselben Projektierungsstufe wie alle übrigen Teilsysteme erarbeitet werden. Damit lassen sich grosse nachträgliche Änderungen vermeiden (Projekte A,C,D,H).

Der Zeitpunkt, zu welchem ein Kostenvoranschlag vorliegt, ist im Basisablauf früher als bei den meisten betrachteten Projekten. Dort liegt der KV meistens nach den ersten Submissionen vor, was recht spät im Projektablauf ist, aber den Vorteil hat, dass die Angaben sehr genau sind, da die Preise bereits bekannt sind. Bei Überschreitungen des Kostenrahmens ist dafür aber auch die Möglichkeit des Eingreifens mit einer "Sparrunde" mit viel mehr Umständen verbunden (Projekte C,D).

Die Dauer der verschiedenen Phasen ist für vergleichbare Projekte sehr unterschiedlich. Es gibt eine Spanne für die Dauer einer Phase, in welcher der Ablauf optimal ist und im Ablauf am wenigsten Probleme auftreten. Zu kurze Dauern führen zu Problemen mit der Qualität der Leistungen, zu lange Dauern verleiten tendenziell zu Disziplinlosigkeit bei allen Beteiligten (Ausnutzen der Pufferzeiten) und zu wenig straffen, weitgefächerten Abläufen. Bei wenig gestörten, aber straff geführten Projektierungsphasen sind früher genauere Kostenangaben vorhanden. Allerdings bedingt dies auch frühere Entscheide. Eine vermehrte Variantenbearbeitung im Vorprojekt und ein klarer Variantenentscheid erlauben raschere Abläufe in den folgenden Projektierungsphasen (Projekt C). Eine Aufteilung in benutzerabhängige und -unabhängige Projektierung bedingt einen Mehraufwand in der Projektierung (Projekte D,H).

6.4.5 Spezielle Punkte

Es entstanden in den letzten Jahren in verschiedenen Projekten Probleme im Ablauf durch zu knappe oder fehlende Kapazitäten für die Ingenieurarbeiten. Diese Probleme sprengen den Rahmen des einzelnen Projektes, sie betreffen die Mehrprojektproblematik. Sie sind ausserdem konjunkturabhängig und können sich unter Umständen in kurzer Zeit ändern. Tendenziell sind jedoch die auf dem Schweizer Markt angebotenen Dienstleistungen der verschiedenen Ingenieurbereiche heute knapper als diejenigen aus dem Architekturbereich (Projekte A,C,D).

Für einen rationellen Projektablauf ist die Abstimmung zwischen Bauherr und Gesamtprojektleiter ("Bauherrenmanagement") ein wichtiges Mittel zum Erwirken rascher, zutreffender und zuverlässiger Entscheide. Die Einbindung von Exponenten aus allen Führungsstufen der Stammorganisation des Bauherrn in die Bauprojektorganisation erzeugt eine Identifikation mit der gewählten Lösung, da alle Beteiligten sich zu einer gemeinsamen Lösung finden müssen (Projekte B,D). Wenn die höchste Entscheidungsebene des Bauherrn nicht miteingebunden wird, können unter Umständen lange Phasen der Entscheidungsfindung auftreten (Projekte E,G).

Das eisenbahnrechtliche Plangenehmigungsverfahren und das Bewilligungsverfahren für Strassenbauten, zusammen mit einer allfälligen Umweltverträglichkeitsprüfung, bergen hohe Risiken bezüglich Terminen und Leistungen (Projekte E,F,G). Aber auch das Bewilligungsverfahren für Hochbauprojekte ist sehr komplex und bedarf eines eigentlichen Behördenmanagements, da sehr viele Amtsstellen in das Verfahren eingebunden sind. Es scheint auch für die Behörden nicht immer ganz klar zu sein, wer im betreffenden Fall zuständig ist (Projekte D,H).

6.4.6 Zusammenfassende Feststellungen

a)   Bauherrenleistungen

Saubere Pflichtenhefte für die Planer und Projektierenden und gut formulierte Anforderungen an die bauliche Anlage schaffen Klarheit im Projekt.
Zusammen mit einer Vorprojektierung in Varianten ergibt die frühe Formulierung der Anforderungen ausgereiftere technische Lösungen und verlässlichere Kosten- und Terminaussagen.
Die Koordination der Anforderungen zwischen Ästhetik, Technik und Betrieb/Unterhalt ist unabdingbar.
Eine gut dokumentierte Entscheidungsvorbereitung ermöglicht zeitgerechte Bauherrenentscheide.
Die benutzerunabhängige Planung verlangt viel Disziplin und Toleranz auf Seiten der Projektierenden.
Der Bauherr muss vom Gesamtprojektleiter geleitet werden, indem alle Bauherrenebenen ins Projekt eingebunden werden, und indem Grundlagen gefordert und Entscheide terminiert und vorbereitet werden.
Projektunterbrüche sind i.A. nachteilig und sollten nach Möglichkeit vermieden werden.

b)   Zusammenarbeit und Koordination

Die oft übliche Phasenverschiebung zwischen der Projektierung der Teilsysteme des Rohbaus und der Projektierung der Fachtechniksysteme, der betrieblichen Einrichtungen und wichtiger Details des Ausbaus birgt ein grosses Risiko von schlecht abgestimmten Lösungen in sich. Es werden immer wieder Änderungen notwendig, weil Fachtechnikaspekte zu spät in das bauliche Konzept und in die Projektierung einfliessen. In Hochbauprojekten wird oft auch der Verkehrs- und Erschliessungsteil zu spät angegangen. Der Beizug aller Beteiligten zu einem frühen Zeitpunkt und die parallele Projektierung aller Teilsysteme bietet diesbezüglich grössere Sicherheit für gut abgestimmte Teilsysteme.

Die Koordination aller Projektierenden gibt oft Probleme auf. Vor allem der Wissensstand über den Stand des Projektes bei anderen Beteiligten ist bei einzelnen Beteiligten oft ungenügend.

Ein vernetztes, multidisziplinär benutztes CAD - System erleichtert die Koordination, muss aber gut organisiert und betreut werden.

Die Ausschreibung von Bauarbeiten mit definitiven Ausführungsplänen erspart Probleme mit der Planlieferung von Ausführungsplänen auf die Baustelle.

c) Bewilligungen

Die Beurteilung der Rahmenbedingungen, insbesondere die Vollständigkeit der Grundlagen, sind wesentliche Faktoren für erfolgreiche Bewilligungsverfahren.

Die Behörden müssen vom Gesamtprojektleiter "geführt" werden ("Behördenmanagement").

Änderungseingaben zur Baubewilligung können als Mittel zur Umgehung bzw. Rückgängigmachung von Auflagen der Baubewilligung eingesetzt werden.

d) Inbetriebsetzung

Die Inbetriebsetzung von baulichen Anlagen muss mit dem Benutzer gut abgestimmt werden und verlangt klare Organisation und Terminplanung, keine Improvisation. Der Zeitbedarf für die Inbetriebsetzung wird sehr oft unterschätzt.

e) Termine und Kapazitäten

Grosszügige Termine können Verzögerungen provozieren, weil von den Beteiligten mit kleiner Priorität am Projekt gearbeitet wird.

Die Termindisziplin der Beteiligten ist bei der Ablaufplanung zu beurteilen (Referenzen). Diese Beurteilung soll Eingang finden in die Art der Führung im Projektablauf. Bei drohender Gefahr von Disziplinlosigkeit ist straffer zu führen (Sitzungen), um Abweichungen früh zu erkennen, und es sollen in Terminplänen für die Beteiligten keine Pufferzeiten ausgewiesen werden.

Die Motivation der Projektbeteiligten und die Identifikation mit dem Projekt sollen positiv beeinflusst werden.

Die Kapazitätsgrenzen bei Projektierenden und Ausführenden, aber auch beim Bauherrn sind zu beachten.

Ein erkennbarer Kapazitätsengpass auf dem Markt ist in der Ablaufplanung zu berücksichtigen.

Bei knappen Kapazitäten bei einem Beteiligten kann versucht werden, die internen Prioritäten beim Beteiligten mit vertraglichen Mitteln zu beeinflussen (z.B. mit Konventionalstrafen).

7. SCHLUSSBEMERKUNGEN UND AUSBLICK

7.1 Beurteilung des Modelles

7.1.1 Vorteile und Nachteile des Modelles

Die wesentlichen Ergebnisse dieser Arbeit sind einerseits die im Ablaufmodell vorgestellten **konzeptionellen Grundlagen** für Projektabläufe im Bauwesen. Andererseits liegen mit dem Modellablauf für Bauprojekte (Basisablauf, Problembereiche und Ablaufalternativen) **wesentliche Lösungen** für eine durchgehende Standardisierung von Bauprojektabläufen vor.

Die wesentlichen **Neuerungen des Ablaufmodelles** sind eine strukturierte und EDV-gerechte Erarbeitung und Verwendung von Projektabläufen im Bauwesen. Die Ablage der Ablaufelemente auf elektronischen Medien erleichtert die Handhabung der Informationen wesentlich. Sie bietet Gewähr für eine strukturierte Ablage von Standardwerten und von Erfahrungswerten aus realisierten Projekten und ermöglicht den raschen Zugriff, die einfache Auswertung und die unkomplizierte Anpassung aller ablaufrelevanten Daten.

Die hauptsächlichen **Neuerungen des Modellablaufes** sind der durchgehend systematische und hierarchische Aufbau des Basisablaufes. Die Verknüpfung des Ablaufes mit der Anlagenstruktur und mit den Einflüssen der Projektumgebung ermöglicht eine bessere Überschaubarkeit aller in der Ablaufplanung zu berücksichtigenden Aspekte. Die hierarchischen Vorgangsstrukturen und die damit verbundene stufenweise Verfeinerung der Ablaufplanung systematisieren die Ablaufplanung wesentlich. Die Faltung von sich wiederholenden Vorgangsfolgen zu Teilabläufen (Ablaufmodulen) und die Restriktion (Entfernen) oder Einbettung (Einfügen) dieser Teilabläufe im Ablaufplan sind ein handliches Instrument der Ablaufplanung, mit dem grundsätzliche Änderungen in Ablaufplänen rasch und mit weniger Fehlern erfolgen können. Die Behandlung von speziellen Gebieten im Projektablauf in Form von Problembereichen und die Bereitstellung von vorbereiteten und standardisierten Ablaufalternativen, die sich im Ablaufplan durch eine Einbettung einfach integrieren lassen, ermöglichen eine raschere und zuverlässigere Verwendung von Ablaufvarianten.

Durch den Einsatz von standardisierten Abläufen und der beschriebenen Instrumente (hierarchische Strukturen, Teilabläufe, Alternativen) lässt sich die Ablaufplanung **rascher und sicherer** bewerkstelligen. Die Resultate der Ablaufplanung sind umfassend. Die im Projektablauf notwendigen Teilvorgänge, Vorgänge und Leistungspakete sind klar bestimmt. Grundsätzliche Änderungen und Anpassungen der Teilabläufe können einfacher und mit grösserer Zuverlässigkeit berücksichtigt werden. Für die durchzuführenden Tätigkeiten sind Checklisten einfach und rasch zugänglich. Bei von ausserhalb des Projektes erzwungenen Ereignissen lässt sich durch vorbereitete Ablaufalternativen die Reaktionszeit wesentlich verkürzen. Klar koordinierte und geführte Projektabläufe ermöglichen bessere Ergebnisse bei geringerem Aufwand.

Diesen Vorteilen des Einsatzes von Standardabläufen stehen auch gewisse Nachteile gegenüber. Durch die mit einer weitgehenden Standardisierung mögliche **Überinstrumentierung** der Ablaufplanung besteht die Gefahr, dass die initiativen Beteiligten in ihrer Freiheit eingeschränkt werden und weniger Eigeninitiative entwickeln. Die Notwendigkeit einer systematischen Bearbeitung ist bei neuartigen Projektabläufen mit einem eher höheren Anfangsaufwand verbunden. Bei eher schwächeren oder bequemeren Projektleitern besteht die Gefahr, dass mit einer sehr weitgehenden Standardisierung die mit abnehmender Belastung durch Routinearbeit gewonnene Zeit nicht für eine genauere Prüfung der unsicheren Aspekte eingesetzt wird. Vielmehr kann ein grosses Vertrauen in die Standards dazu führen, dass sich diese Projektleiter in einer falschen Sicherheit wähnen.

7.1.2   Beurteilung der Zielerreichung

Die Zielsetzung für das Forschungsprojekt "Bauprojektablauf" wurde im Jahre 1987 erarbeitet und in Gesprächen mit Vertretern der schweizerischen Bauwirtschaft bestätigt. Sie umfasst im wesentlichen drei Punkte:
- Mit den Ergebnissen sollte eine übersichtliche Gestaltung und teilweise Standardisierung der Abläufe von Bauprojekten ermöglicht werden,
- Grundlagen für eine wirksame Koordination, eine wirtschaftliche Zusammenarbeit und eine effiziente, individuelle Arbeit aller Beteiligten und
- eine Basis für Projekthandbücher sollten erarbeitet werden.

Das Ablaufmodell als konzeptionelles Ergebnis ist auf vier wesentlichen Grundlagen aufgebaut:
- der Anwendung des Systemdenkens auf Bauprojekte und Bauprojektabläufe,
- der Anwendung der Netzplantechnik,
- der Verwendung von mathematischen Grundlagen der Netztheorie und
- der Verwendung von Grundlagen der Informatikunterstützung.

Die übersichtliche Gestaltung von Projektabläufen wird konzeptionell durch die konsequente Verwendung von Systemen und Systemzuständen und der Grundlagen der Netztheorie erreicht. Die Standardisierung von Bauprojektabläufen wird unterstützt durch die Berücksichtigung der Informatikhilfsmittel bereits bei der Erarbeitung der Standards und durch die umfassende Gliederung der Bauprojektabläufe und ihrem Hintergrund.

Für eine wirksame Koordination aller Projektbeteiligten ebenso wie für eine effiziente, individuelle Arbeitsweise wird eine Systematisierung der Methoden der Zusammenarbeit und der Arbeitsweisen in Teilabläufen und Problembereichen mit verschiedenen Ablaufalternativen vorgestellt.

Dass die Resultate der vorliegenden Arbeit als Basis von Standardabläufen und Projekthandbüchern dienen können, hat sich in der Zusammenarbeit mit Suter + Suter AG und`der Umsetzung eines Teiles der Ergebnisse in einen Standardablauf, der Bestandteil der neuen Fassung des Projektleiterhandbuches von Suter + Suter AG ist, gezeigt. Auch die Umsetzung von Standardabläufen auf einem EDV-Hilfsmittel zur Unterstützung der Ablauf- und Terminplanung wurde in diesem Zusammenhang erprobt.

7.2 Standardisierung von Projektabläufen in Zukunft

Die vorliegenden Ergebnisse der Forschungsarbeiten zeigen einerseits konzeptionelle Grundlagen für Projektabläufe im Bauwesen. Diese Grundlagen können auch für andere Bereiche, wie etwa Informatikprojekte, Anregungen geben. Andererseits liegen mit den Ergebnissen dieser Forschungsarbeit für den Bereich der Bauprojekte wesentliche Lösungen für eine Standardisierung von Bauprojektabläufen vor. Die vorgestellten Ansätze können an die speziellen Erfordernisse eines Bauherren oder Projektleitungsbüros angepasst werden und dienen dann als praxisnahe Grundlage für Standardabläufe oder Projekthandbücher.

Die Verwendung von Projekthandbüchern und Standardabläufen, aber auch der rasche Zugriff auf Projektabläufe und Erfahrungen aus vorangehenden Projekten und die raschere Erarbeitung von Ablaufalternativen auf der Basis strukturierter und auf elektronischen Datenträgern abgelegter Erfahrungen, wird in Zukunft bei professionellen Bauherren und Bauprojektleitern die Ablauf- und Terminplanung schneller und kostengünstiger, aber vor allem auch transparenter machen. Durch die Einführung von Standards werden Verständigungsprobleme abnehmen, und das Know-how wird innerhalb von Unternehmungen und Projektorganisationen portabler werden. Für alle Projektbeteiligten steht ein Erfahrungshintergrund zur Verfügung, und der Erfahrungsaustausch wird durch die Bildung von Standards erleichtert. Die Projektabläufe lassen sich durch den Einsatz optimaler Arbeitsmittel in der Ablaufplanung und den Einbezug systematisierter Erfahrungswerte bereits in der ersten Fassung in besserer Qualität erstellen und anschliessend leichter optimieren.

Der Einsatz von CAD im Bauwesen wird eine einheitliche Strukturierung der Daten, eine stärkere Vereinheitlichung in Details der technischen Lösungen und damit der physischen Anlage mit sich bringen. Dadurch wird eine einheitliche Terminologie gefordert und gefördert. Im Bereich der Ablaufplanung wird die Anlagenstruktur durch den Einsatz von objektorientierten CAD - Systemen als Basis der Ablaufplanung noch stärker zum Tragen kommen. Generell unterstützt der EDV - Einsatz und die Verwendung von Telekommunikationsmitteln die Bildung und Verwendung von Standards nicht nur für Daten, sondern in zunehmendem Masse auch für technische und begriffliche Aspekte.

Anstelle des Einsatzes von Standardabläufen ist heute bei der Ablauf- und Terminplanung in der Praxis die Anpassung der Ablaufpläne und der Werte aus einem früheren, ähnlichen Projekt weit verbreitet. Der Einsatz von Standardabläufen bietet demgegenüber die Vorteile einer transparenteren und vollständigeren Erfassung aller Elemente der Ablaufplanung. Die zusätzliche Verwendung von Erfahrungsdaten ist möglich und durchaus wünschbar. Die Einflüsse der Umgebung werden bei der Abwicklung von Bauvorhaben im eng besiedelten Raum von Zentraleuropa zunehmend wichtiger werden. Ihre rasche und vollständige Erfassung in der Ablauf- und Terminplanung und rasche Reaktion auf Änderungen der Umgebung wird in Zukunft noch wichtiger werden.

Die in dieser Arbeit vorgestellten Lösungen können trotz des breiten Bearbeitungsumfanges nicht als abschliessend betrachtet werden. Vor allem in zwei Bereichen müssen die Resultate für eine breitere Anwendbarkeit weiter entwickelt werden:

- Es gibt heute ausser dem in dieser Arbeit vorgestellten Prototyp (Anhang C) keine Terminplanungs - Software, welche die strukturellen Grundlagen und Bedingungen des Ablaufmodelles für Bauprojekte unterstützt. Eine **kommerzielle Software** ist noch zu entwickeln. Sinnvollerweise sollte diese Software auch Optionen aus dem Bereich der wissensbasierten Systeme beinhalten.
- Der Basisablauf, wie er in dieser Arbeit dargestellt wird, lässt sich in der Schweiz relativ einfach umsetzen, da er auf die in der Schweiz geltenden Rahmenbedingungen (z.B. Leistungs- und Honorarordnungen für Ingenieure und Architekten) und teilweise auf schweizer Usanzen abgestimmt ist. Eine Anpassung an die Rahmenbedingungen **anderer Länder** wie der BRD oder Österreich ist jedoch durch den gesamten Aufbau des Basisablaufes mit vertretbarem Aufwand möglich. Die Anpassung der Terminologie lässt sich durch das klare Begriffssystem (Anhang A5) und die Ablage aller Informationen der Arbeit auf EDV ebenfalls bewerkstelligen.

SUMMARY

Subject and Goal

The topic of the research project is the planning and control of schedules for construction projects under Swiss conditions. The influence of different aspects on the sequence of activities of construction projects are examined. The sequence of activities of a project becomes evident in the changes which happen to the parts of the project system. These parts are the aims, the project organization as the producing system and the constructed facility as the produced system or product. In so far as these changes of the project system take place, they are planned and controlled by means of project scheduling.

The results of the research project should make possible a more transparent and partly standardized scheduling of construction projects. They should be a base for effective time scheduling and control, a profitable teamwork and efficient, individual performance of each project team member. These results should provide a basis for project manuals, which can be used to support construction project managers in the future.

Fundamentals

The model for planning the sequence of activities of complex construction projects is based on the idea of the change of project-states by activities. The theory of Petri-nets concept is the mathematical basis of the concept. Other Fundamentals of this work are:
- system theory,
- new developments and possibilities of EDP and telecommuncation,
- multi-disciplined way of working together in the planning, design and realization of constructed facilities by means of CAD-Tools and
- simulation models on the basis of the net-graph-theory for processes of the construction concerns.

Model for Planning the Sequence of Activities of Complex Construction Projects

The model for planning the sequence of activities of complex construction projects in a complex environment consists mainly of three parts:

I   **Principles** of time scheduling and control of construction projects with methods for planning, scheduling and controlling activities, a common model for the sequence of activities of a project and a relational data model for sequences of activities.

II   **Standard Schedules** as a background for planning construction projects with
the basic standard network for construction projects,
a synopsis of standard network modules and frequent problem in construction
projects and
alternative sequences (network modules) for problem areas.

III Recommendations for **practical use** of the Standard Schedules.

Standard Schedules for Construction Projects

The Standard Schedules for planning construction projects are a background for the planning of the sequence of activities of any construction project. The basic standard network as a first main part of the Standard Schedules offers a systematic structure and phasing of the activities and a system of hierarchical schedules as a basis for an avarage construction project. The basic standard network includes different network-modules, which offer easy handling of repetitive sequences of activities.

The Standard Schedules for planning construction projects offer alternative sequences of activities (network modules) for certain areas of construction projects, where problems have occured earlier. The hierarchical structure and the modular disposition of the Standard Schedules with basic standard network, network-modules and alternative sequences makes the planning and control of construction projects more transparent and flexible. The storage of all data in a relational data base system allows fast and easy use and manipulation of the data of the Standard Schedules.

Recommendations for Practical Use of the Standard Schedules

The aim of the use of the Standard Schedules is to support the project manager in planning and controlling the sequence of activities of complex construction projects in a complex environment. Using the systematic Standard Schedules offers to the project manager an efficient, partly automated, transparent and safe way to get an optimal, complete and reliable project schedule including complete task summaries for each project team member.

The planning of the sequence of activities of a project covers the following topics:
-   Determine and define the break down structure of the facility
-   Determine the necessary functions of the project organization
-   Define the main aims and the phases of the project
-   Determine the unchangeable network-modules and judge the project environment
-   Define the phases and the activities, estimate the duration of the activities and find out the dependencies
-   Define the responsible project team member, the resources and the target date and duration of each activity
-   Represent the information of the planning of the sequence of activities

- Control the activities while performing and take actions when there is a deviation in the plan.

Recommendations and strategies have been offered for these topics.

Application of the Standard Schedules for Construction Projects

The Standard Schedules for construction projects were developed on the base of data taken from actual construction projects and were tested at the same time. This test of the Standard Schedules led to the following conclusions:
The schedules of construction projects can be planned and controlled with the aid of the Standard Schedules. The basic standard network is applicibale to the schedules for the analysed projects. The employment of network-modules is efficient and useful. The alternative sequences are a well suited tool for planning projects. The connection between break down structure of the project and activities allows fast and easy adaption of the basic standard network to different types of facilities and objects. The use of alternative sequences and the application of the network-modules offers easy adaption to different circumstances.

The application of Standard Schedules allows a faster and more reliable scheduling of projects. The results of the scheduling are complete. All necessary network-modules, activities and work tasks are well defined, and checklists are easily accessible for all activities. Well coordinated and well led sequencies of activities allow better results with less expense and energy.

INDEX

ABKÜRZUNGEN

BAV	Bundesamt für Verkehr
BUWAL	Bundesamt für Umwelt, Wald und Landschaft
BKP	Baukostenplan (des CRB für Hochbauten)
CAD	Computer Aided Design
CAE	Computer Aided Engineering
CRB	Schweizerische Zentralstelle für Baurationalisierung
DIN	Deutsche Industrienorm
EDV	Elektronische Datenverarbeitung
HKLK	Heizung, Klima, Lüftung, Kälte
HKLKS	Heizung, Klima, Lüftung, Kälte, Sanitär
HOAI	Honorarordnung für Architekten und Ingenieure (D)
IB ETH	Institut für Bauplanung und Baubetrieb an der ETH Zürich
IBS	Inbetriebsetzung
KS	Kostenschätzung
KV	Kostenvoranschlag
LHO	Leistungs- und Honorarordnung (des SIA)
MSR	Messen, Steuern, Regeln
NPK	Normpositionenkatalog
PO	Projektorganisation
PTT	Post, Telefon, Telegraf
SBB	Schweizerische Bundesbahnen
SCGA	Swiss Computer Graphics Association
SIA	Schweizerischer Ingenieur- und Architektenverein
VSS	Vereinigung Schweizerischer Strassenfachleute

ANHANG A: ALLGEMEINE ANHÄNGE

Inhalt

ANHANG A1: LITERATURVERZEICHNIS

Abel P.,	Petri-Netze für Ingenieure, Berlin, 1990
Aggteleky B.,	Fabrikplanung - Werksentwicklung und Betriebsrationalisierung, Band 3, München 1990
Baumgarten B.,	Petri-Netze - Grundlagen und Anwendungen, Mannheim/Wien/Zürich 1990
Berger R.,	Bauprojektkosten, Zürich, 1988
Berthel J.,	Zielorientierte Unternehmungssteuerung, Stuttgart 1973
Bleicher K.,	Die Organisation der Unternehmung aus systemtheoretischer Sicht, in: K. Bleicher (Hrsg.),Organisation als System, Wiesbaden 1972
Brandenberger J.,	Ruosch E., Ablaufplanung im Bauwesen, Zürich 1988
Brandenberger J.,	Ruosch E., Projektmanagement im Bauwesen, Zürich 1985
Brankamp K.,	Heyn W., Schütze, Standardisierte Netzpläne, Berlin 1971
Briner H.,	Der Ablauf von städtischen Tiefbauprojekten - Eine Modellstruktur, Institut für Bauplanung und Baubetrieb, Zürich, 1986
Burger R.,	Bauprojektorganisation - Modelle, Regeln und Methoden, Institut für Bauplanung und Baubetrieb, Zürich 1985
CRB	Stellung und Aufgaben des Bauherren - Unterlagen zum Ausbildungskurs der Schweizerischen Zentralstelle für Baurationalisierung CRB, Zürich 1982
Daenzer W.F. (Hrsg.),	Systems Engineering, 3. Auflage, Zürich 1982
DIN	Deutsche Norm 69'900, Teil 1, Netzplantechnik - Begriffe
DIN	Deutsche Norm 69'901 Projektwirtschaft; Projektmanagement; Begriffe, Ausgabe August 1987
Diverse Autoren	Beiträge zum CAD - Forum 1989, SIA und SCGA

Duden	Der Duden in 10 Bänden, Band 10 "Bedeutungswörterbuch", Mannheim, 2. Aufl. 1985
Duden	Der Duden in 10 Bänden, Band 5 "Fremdwörterbuch", Mannheim, 4. Aufl. 1982
Duden	Duden "Informatik", Dudenverlag, Mannheim 1988
Fletchner H.J.,	Grundbegriffe der Kybernetik, Stuttgart 1966
Franz V.,	Planung und Steuerung komplexer Bauprozesse durch Simulation mit modifizierten höheren Petri-Netzen, Dissertation, Kassel 1989
Gabriel E.,	The Future of Project Management - The new Model, in: Handbook of Management by Projects, Wien 1990
Gaddis Paul O.,	The Project Manager, in Harvard Business Review, Boston, May/June 1959
Gehri M.,	Computerunterstützte Baustellenführung, Arbeitsbericht Nr. 1, Institut für Bauplanung und Baubetrieb, Zürich 1988
Groth A.,	Methodische Beiträge zur Beschreibung von Anforderungen an integrierte DV-Systeme (CAD) für verteilte Bauentwurfsorganisationen, Düsseldorf 1990
Haberfellner R.,	Die Unternehmung als dynamisches System, Zürich 1974
Halpin D.W.,	Microcyclone User's Manual, West Lafayette 1988
Hubka V.,	Theorie technischer Systeme, 2. Auflage, Berlin 1984
Knöpfel H.,	Modelle für die Leitung von Bauprojekten, in SI+A Heft 7, Zürich 1983
Knöpfel H.,	Notter H., Reist A., Wiederkehr U., Kostengliederung im Bauwesen, Institut für Bauplanung und Baubetrieb, Zürich 1990
Knöpfel H.,	NPK und Kostenüberwachung, in Strasse und Verkehr Nr. 9/89, Sept. 89
Martino, R. L.,	Project Management and Control, New York 1964/65, Vol. I, Finding the Critical Path

Miller G.A.,   Galanter E., Pribram K., Strategien des Handelns - Pläne und Strukturen des Verhaltens, Stuttgart 1973

Minder G.,   Spartenübergreifende Zusammenarbeit mit Hilfe der Telematik im Rahmen eines Grossprojektes, in Schweizer Ingenieur und Architekt Nr. 48, 29. November 1990

Nagel P.,   Die Zielsetzung in der projektorientierten Planung, Zürich 1975

Niewerth H.,   Schröder J. (Hrsg.), Lexikon der Planung und Organisation, Quickborn 1968

Petri, C.A.,   Kommunikation mit Automaten, Schriften des Rheinisch-Westfälischen Institutes für Instrumentelle Mathematik, Dissertation, Universität Bonn 1962

Polya G.,   Schule des Denkens, Bern 1949

Pozzi A.,   Knöpfel H.,   Autografie Projekt-Management, Institut für Bauplanung und Baubetrieb 1978

Rapp M.,   CAD im Planungsteam - Machtkampf oder Zusammenarbeit, Beitrag zum CAD - Forum 1989

REFA   Verband für Arbeitsstudien, Methodenlehre der Planung und Steuerung, Teil 1, München 1974

Ronner H.,   Suter H.R.A., Hüppi W., Verwijnen J., Die Verwendung von strukturellen Komponenten des konstruktiven Entwerfens für CAD, Forschungsarbeit der Kommisson für die Förderung der wissenschaftlichen Forschung 1987

Rösel W.,   Baumanagement, Berlin 1987

Rosenstengel, B.,   Winand U., Petri-Netze, Braunschweig 1982

Schalcher H.R.,   Optimale Gestaltung und Nutzung des Kommunikationssystems für die Verwirklichung eines Bauvorhabens, Institut für Bauplanung und Baubetrieb, Zürich 1979

Scheifele D.,   Bauprojektablauf - Grundlagen, Arbeitsbericht Nr. 1, Institut für Bauplanung und Baubetrieb, Zürich 1989

Scheifele D.,   Bauprojektablauf - Interviews und Seminar zur
                                Problemerfassung und Problemanalyse, Zwischenbericht,
                                Institut für Bauplanung und Baubetrieb, Zürich 1988

Scheifele D.,   Bauprojektablauf - Modelle, Arbeitsbericht Nr. 2, Institut
                                für Bauplanung und Baubetrieb, Zürich 1990

Scheifele D.,   Bauprojektablauf - Einsatz der Modelle / Referenz-
                                projektuntersuchungen, Arbeitsbericht Nr. 3, Institut für
                                Bauplanung und Baubetrieb, Zürich 1991

Schregenberger J. W.,   Methodenbewusstes Problemlösen, ETH Dissertation Nr.
                                6625, revidierte Fassung, Zürich 1981

Schröder, H. J.,   Projekt-Management - Eine Führungskonzeption für
                                aussergewöhnliche Vorhaben, Wiesbaden 1970

Schwarz H.,   Betriebsorganisation als Führungsaufgabe, München 1969

SIA   SIA - Dokumentation D510, Bauprojektkosten mit EDV,
                                Zürich 1989

Suter H.R.A.,   Hersberger A., Gestaltung und Projektmanagement, in: SIA
                                Dokumentation D 008 Bauprojektorganisation, Zürich 1985

Will L.,   Die Rolle des Bauherrn im Planungs- und Bauprozess,
                                Frankfurt 1982

Zangemeister C.,   Nutzwertanalyse in der Systemtechnik, München 1976 (4.
                                Auflage)

Zehnder C.A.,   Informationssysteme und Datenbanken, 4. Auflage, Zürich
                                1987

Zogg A.,   Systemorientiertes Projekt-Management, Zürich 1974

ANHANG A2: FIGUREN- UND TABELLENVERZEICHNIS

Figurenverzeichnis

Tabellenverzeichnis

ANHANG A3: ERGÄNZUNGEN ALLGEMEINE GRUNDLAGEN

A3.1 Hauptbegriffe

A3.1.1 Projekt - Bauprojekt

Das deutsche Wort Projekt ist ein Fremdwort, welches vom lateinischen "proicere" bzw. "projectum" abgeleitet ist. Die Bedeutung des lateinischen Wortes lässt sich in etwa mit werfen oder vorwärtswerfen übersetzen. Nach Duden[1] ist ein Projekt ein Plan, Entwurf, Vorhaben.

Der Begriff Projekt, wie er heute verwendet wird, hat in den späten fünfziger Jahren unseres Jahrhunderts im Zusammenhang mit dem Aufkommen der Netzplantechnik Eingang in die betriebswirtschaftliche Literatur, insbesondere im angelsächsischen Raum, gefunden[2]. Für den deutschsprachigen Raum ist die wahrscheinlich am weitesten verbreitete Definition für "Projekt" die in der Deutschen Norm[3] festgelegte. Ein Projekt ist ein

"**Vorhaben**, das im wesentlichen durch Einmaligkeit der Bedingungen in ihrer Gesamtheit gekennzeichnet ist, wie z.B.
- Zielvorgabe
- zeitliche, finanzielle, personelle oder andere Begrenzungen
- Abgrenzung gegenüber anderen Vorhaben
- projektspezifische Organisation."

Martino bezeichnet in seiner Definition[4] ein Projekt als "task", was Schröder[5] in seinem Zitat mit **Aufgabe** übersetzt. Ob man ein Projekt mehr als Vorhaben oder mehr als Aufgabe versteht, ist eine Frage des Blickwinkels. Für einen Auftraggeber (Bauherr) ist ein Projekt eher ein Vorhaben, während ein Beauftragter das gleiche Projekt mehr im Sinne einer Aufgabe betrachtet.

Als weitere, zusätzlich zur Definition in der DIN 69901 angeführte Charakteristik führt Martino an, dass ein Projekt zur Erreichung des Ziels einer Anzahl verschiedener, miteinander verbundener und voneinander wechselseitig abhängiger Vorgänge bzw. Tätigkeiten bedarf.

---

1   Der Duden in 10 Bänden, Band 5 "Fremdwörterbuch", Mannheim, 4. Aufl. 1982

2   Vgl. z.B. Gaddis, Paul O., The Project Manager, in Harvard Business Review, Boston, May/June 1959

3   DIN 69'901 Projektwirtschaft; Projektmanagement; Begriffe, Ausgabe August 1987

4   Martino, R. L., Project Management and Control, New York 1964/65, Vol. I, Finding the Critical Path

5   Schröder, H. J., Projekt-Management - Eine Führungskonzeption für aussergewöhnliche Vorhaben, Wiesbaden 1970

In neuerer Zeit wird der Projektbegriff stark verallgemeinert. So sagt beispielsweise Gabriel[6] "A project is the realization of an intention to change" (Ein Projekt ist die Verwirklichung einer Absicht zur Veränderung). Insbesondere werden auch viele kleinere Aufgaben in Unternehmungen als Projekte betrachtet und entsprechend bearbeitet.

Projekte im Bauwesen können nach Pozzi/Knöpfel[7] bzw. Berger[8] als zeitlich und leistungsmässig abgegrenzte Aufgaben beschrieben werden, die eine nutzungsbereite bauliche Anlage zum Ziel haben. Der Aufgabeninhalt umfasst die Planung, Projektierung, Herstellung bzw. Veränderung und Inbetriebsetzung von baulichen Anlagen unter den besonderen Bedingungen des Bauwesens. Diese Bedingungen sind im wesentlichen:
- Einzelfertigung
- Ortsgebundenheit der Anlage
- Grösse und Langlebigkeit der Ergebnisse
- Auftragsproduktion.

Die individuellen Bedürfnisse und Anforderungen der Bauherren und Nutzer sowie die grossen topografischen und baurechtlichen Unterschiede lassen kaum eine Standardisierung der baulichen Anlagen zu. Dadurch bekommen die einzelnen baulichen Anlagen in der Regel den Charakter von **Einzelfertigungen**.

Bauliche Anlagen zeichnen sich vorerst durch eine enge Verbindung zum Boden aus. Sie sind in der Regel **ortsfeste Anlagen**, die wenigstens teilweise mittels temporärer Produktionsanlagen am Ort produziert bzw. zusammengebaut werden müssen. In Zukunft werden wahrscheinlich auch im Weltraum bauliche Anlagen errichtet werden, die keine Verbindung zum Boden haben werden.

Bauliche Anlagen sind in der Regel recht **grosse und langlebige** Systeme, die in ihrer Umwelt langfristig sichtbar sind. Sie binden Kapital und können meist nur mit erheblichem Aufwand entfernt werden. Sie sind auch Teile und Ausdruck unserer Kultur und wesentliche Elemente des menschlichen Lebensraums. Bauliche Anlagen sind also von ihrem Ausmass, ihrer Augenfälligkeit und ihrer Langlebigkeit her dazu angetan, öffentliche Interessen zu berühren. Daher muss bereits zu frühen Zeitpunkten eine breit abgestützte, sorgfältige Analyse der Bedürfnisse und Anforderungen stattfinden.

---

6 *Gabriel E., The Future of Project Management - The new Model, in: Handbook of Management by Projects, Wien 1990*

7 *Pozzi A., Knöpfel H., Autografie Projekt-Management, IB ETH, Zürich 1978*

8 *Berger R., Bauprojektkosten, Zürich 1988*

Bauliche Anlagen sind aufgrund ihres individuellen Charakters Produkte, die erst **auf Auftrag** eines Kunden entworfen und gefertigt werden. Gemäss einer besonderen Vereinbarung wird ein qualitativ, quantitativ, zeitlich und kostenmässig spezifiziertes Produkt hergestellt.

Diese besonderen Bedingungen führten in der Vergangenheit zur traditionellen Struktur des Bauens und der **Bauwirtschaft**. Eine bauliche Anlage wird mittels arbeitsteiliger Leistungen oft durch lokale Unternehmungen geplant, projektiert und erstellt. Auf diese Arbeitsteilung sind die zahlreichen Spezialunternehmungen und die Aufteilung in Projektierung und Ausführung zurückzuführen. Durch neue Organisationsformen und zusätzliche Leistungsangebote werden sich die traditionellen Strukturen allmählich verändern.

A3.1.2 Projektmanagement

a) Begriff

Projektmanagement ist eine Führungsmethodik zur Planung, Realisierung und Kontrolle von Projekten, d.h. Vorhaben, die sich durch eine gewisse Einmaligkeit in bezug auf ihre Zielvorgabe und ihren Standort, durch ihre zeitlichen, personellen, finanziellen Begrenzungen, durch ihre Abgrenzung gegenüber anderen Vorhaben und durch eine spezifische Organisation auszeichnen. Eine Methodik ist zu verstehen als eine Arbeitsweise, die sich durch den Einsatz von einzelnen Methoden im Sinne von auf Regeln basierenden Verfahren zur Erlangung von Resultaten auszeichnet.

Der Ausgangspunkt im Projektmanagement ist die Definition des Projektes: Bedürfnisse, Zielsetzungen, Anforderungen, Rahmenbedingungen etc. sind zu erarbeiten und zu analysieren. Das Gesamtprojekt als System muss gegliedert werden. Anschliessend muss eine geeignete Projektorganisation aufgebaut und geführt werden. In jeder Phase des Projektablaufs sollen wirkungsvolle Planungs- und Kontrollinstrumente zur Termin- und Kostenbeherrschung, für das Qualitätsmanagement, das Vertrags- und Änderungswesen sowie für das Informations- und Dokumentationswesen zum Einsatz gelangen.

b) Projektstrukturierung

Durch sinnvolle und zielgerichtete Strukturierung eines Projektes in Subsysteme, Objekte, Aspekte, Phasen etc. nach verschiedensten Gesichtspunkten lassen sich differenzierte Aussagen über die wesentlichen Aspekte eines Projektes machen. Die Strukturen eines Projektes sollen früh im Projektablauf definiert und dann nach Möglichkeit in wesentlichen Punkten nicht mehr geändert werden[9].

---

9   *SIA - Dokumentation D510, Bauprojektkosten mit EDV, Zürich 1989*

c)   **Hauptaufgaben der Projektleitung**

Zur Erfüllung ihrer Ziele muss die Projektleitung die folgenden Hauptaufgaben wahr-
nehmen:
- Klären der vorgegebenen Ziele und Rahmenbedingungen sowie Festlegen der detail-
  lierten Projektziele
- Gliederung des Gesamtprojektes als System
- Aufbau, Führung und Anpassung der Projektorganisation
- Kostenplanung und -kontrolle
- Ablauf- und Terminplanung und -kontrolle
- Qualitätswesen
- Vertrags- und Änderungswesen
- Schriftverkehr, Dokumentation und Ablage.

Durch klare, strukturierte Ziele für alle Ebenen einer Projektorgansation werden für
alle Beteiligten Handlungsspielräume geschaffen und Vorgaben festgelegt.

Die **Projektorganisation** ist die temporäre Organisation, welche die zur detaillierten
Festlegung und Bearbeitung sämtlicher Aufgaben im Rahmen der Gesamtaufgabe notwendigen Leistungen erbringt. Sie muss aufgebaut, geführt und während des Projektablaufes angepasst werden.

Eine wirkungsvolle **Kostenplanung**[10] soll möglichst früh im Projektablauf gültige Aussagen über die optimalen Anforderungen, Leistungen und Kosten des Projektes ermöglichen. Eine wirkungsvolle Kostenkontrolle soll ein frühzeitiges Erkennen von Kostenab-
weichungen gewährleisten.

In der **Ablauf- und Terminplanung** werden die Zustände und Vorgänge, ihre Reihenfolge und ihre Termine und Dauern festgelegt. Die Einhaltung der gesetzten Termine
wird gewährleistet. Dabei sollen die zur Verfügung stehenden Mittel möglichst wirtschaftlich verwendet werden. Die Leistungen aller Projektbeteiligten müssen einerseits
in ihrer Reihenfolge und andererseits fachlich koordiniert werden. Die hauptsächlichen
Schwierigkeiten bei der Projektsteuerung in Organisationen, welche viele Projekte miteinander abwickeln, bestehen in der Koordination der verschiedenen Projekte
(Mehrprojektsteuerung).

Das **Qualitätswesen** umfasst im wesentlichen drei Hauptbereiche:
- die Qualitätsplanung,
- die Qualitätssicherung und
- die Qualitätserhaltung.

Die Qualitätsplanung setzt ein bei der Ausarbeitung der Grundlagen des Bauherrn, wo
Erfahrungswerte aus Projektierung, Bau und Betrieb bestehender Anlagen in die For-

---

10 *Berger R., Bauprojektkosten, Zürich 1988*

mulierung von Anforderungen einfliessen müssen. Die Qualitätssicherung hat zum Ziel, die Einhaltung der Anforderungen in Projektierung und Ausführung, aber auch bei Materiallieferungen zu gewährleisten. Zuletzt sollen durch gezielte Kontrollen bei der Inbetriebsetzung und Abnahme bauliche und betriebliche Mängel festgestellt werden. Die Qualitätserhaltung soll die Betriebstauglichkeit der bestehenden Anlagen nach dem Projektabschluss gewährleisten. Mängel in der Nutzung sollen festgestellt werden, aus den Ergebnissen müssen Grundlagen für Unterhalt und Sanierung, aber auch Erfahrungswerte für die Projektierung und Bauausführung neuer Anlagen erarbeitet werden.

Mit einem Vertragswesen werden die Leistungen aller beauftragten Projektbeteiligten klar und einheitlich umschrieben. Änderungen werden systematisch erfasst, beurteilt und abgewickelt.

Zur **Dokumentation** von Entscheiden, Projektänderungen etc. und für einen geregelten Informationsfluss ist für den Bereich der Projektleitungsdaten ein geordnetes Projektablage- und Dokumentationssystem eine wesentliche Unterstützung der Projektleitung.

A3.1.3 Auftrag - Aufgabe - Leistung

a)   **Auftrag**

Das Wort Auftrag ist im allgemeinen deutschen Sprachgebrauch in zwei Bedeutungen zu verstehen[11]: Einerseits wird Auftrag im Sinne von **Anweisung** verwendet, anderseits als **Bestellung** oder Anforderung von Dienst- bzw. Sachleistungen. In der Schweiz ist der Begriff "Auftrag" in beiden Bedeutungen üblich: als Anweisung im militärischen Sprachgebrauch, als "Bestellung" einer Dienstleistung in der juristischen Begriffswelt. Im Schweizerischen Obligationenrecht lautet der Artikel "Der Auftrag, Begriff" (Art. 394) wie folgt:

"Durch die Annahme eines Auftrages verpflichtet sich der Beauftragte, die ihm übertragenen Geschäfte oder Dienste vertragsgemäss zu besorgen.
Verträge über Arbeitsleistung, die keiner besonderen Vertragsart dieses Gesetzes unterstellt sind, stehen unter den Vorschriften über den Auftrag.
Eine Vergütung ist zu leisten, wenn sie verabredet oder üblich ist."

Durch die Erteilung bzw. Übernahme eines Auftrags, was im Bauwesen meist durch einen Vertrag geschieht, entsteht also ein Rechtsverhältnis zwischen zwei (juristischen oder natürlichen) Personen in Form von Verpflichtungen (Obligationen), welche beide Vertragspartner eingehen. Der Vertrag (oder ein anderer Rechtsgrund) ist einerseits Voraussetzung für die Entstehung der Forderung (sie ist ein einklagbares Recht auf Leistung), auf der anderen Seite aber auch der Schuld (sie ist eine ebenfalls einklagbare Pflicht zur Erbringung von Leistung). Das Begriffstripel Obligation - Forderung - Schuld umschreibt also den gleichen Tatbestand jeweils von einem anderen Standpunkt aus.

---

11 *Der Duden in 10 Bänden, Band 10 "Bedeutungswörterbuch", Mannheim, 2. Aufl. 1985*

Somit kann Auftrag in Anlehnung an das Obligationenenrecht und an Brandenberger/Ruosch[12] als Aufforderung bzw. Verpflichtung verstanden werden, gegen Vergütung eine nach Menge, Qualität, Ort und Zeit bestimmte Leistung zu erbringen. Dabei ist diese Verpflichtung nicht im engen, juristischen Sinne gemeint, sondern sie kann sich auch aus einem übergeordneten, rechtlichen Verhältnis ergeben, das nicht einzelne Aufträge umfasst, sondern das Recht einer Person oder Stelle beinhaltet, einer anderen Person oder Stelle Arbeiten in einem bestimmten, z.B. arbeitsvertraglichen Rahmen aufzutragen (Anordnung[13]).

b)　Aufgabe

Aufgabe ist insbesondere in der betriebswirtschaftlichen Organisationslehre ein zentraler Begriff. In der Literatur wird er von den meisten Autoren umschrieben, die Definitionen sind vielfältig. Ein Überblick über die Begriffsbestimmungen zeigt im wesentlichen drei grundsätzliche Auffassungen:

1　Die Aufgabe als **Zielsetzung** des menschlichen **Handelns** (z.B. F. Nordsieck, Grundlagen der Organisationslehre; H. Ulrich, betriebswirtschaftliche Organisationslehre; G. Wöhe, Einführung in die allgemeine Betriebswirtschaftslehre; Niewerth H. und Schröder J. (Herausgeber), Lexikon der Planung und Organisation)

2　Die Aufgabe als **Diskrepanz** zwischen einem Ist-Zustand und einem anzustrebenden Soll-Zustand bzw. als **Problem** (z.B. Duden, Band 10 "Bedeutungswörterbuch"; G. Polya, Schule des Denkens; J. Berthel, Zielorientierte Unternehmungssteuerung; A. Zogg, Systemorientiertes Projekt-Management)

3　Die Aufgabe als **Verpflichtung zur Handlung** bzw. zur Leistungserbringung (z.B. J. Schregenberger, Methodenbewusstes Problemlösen)

Eine umfassende Bestimmung des Begriffs der Aufgabe, welche die drei oben genannten Aspekte beinhaltet, findet sich bei Pozzi/Knöpfel (Autografie Projekt-Management) und Burger[14].

Für die vorliegende Arbeit scheint die Unterscheidung von Auftrag und Aufgabe sinnvoll. Durch einen Auftrag wird eine Aufgabe von der anordnenden Instanz einem bestimmten Aufgabenträger (ausführende Instanz) zur Bearbeitung zugewiesen. Eine Aufgabe soll also nicht nur isoliert als Zielsetzung verstanden werden, sondern als die Diskrepanz zwischen dem Ist-Zustand eines Tatbestands und einem angestrebten Soll-Zustand. Das Erreichen dieses Soll-Zustands bedingt menschliche Leistung. Eine Aufgabe umfasst also den aktuellen Zustand (Situation) eines Objekts, die Beschreibung

---

12　*Brandenberger J., Ruosch E., Projektmanagement im Bauwesen, Zürich 1985*

13　*Pozzi A., Knöpfel H., Autografie Projekt-Management, IB ETH, Zürich 1978*

14　*Burger R., Bauprojektorganisation - Modelle, Regeln und Methoden, IB ETH, Zürich 1985*

des zu erreichenden, erwünschten Zustands (Soll-Zustand) und evtl. auch Hinweise auf den Weg, auf dem der Soll-Zustand zu erreichen ist. Eine Aufgabe lässt sich nach Schwarz[15] durch folgende Merkmale beschreiben:
- die Verrichtung, die ihre Erfüllung bewirkt
- das Objekt, an dem sich die Verrichtungen vollziehen sollen
- den Aufgabenträger, der zu ihrer Durchführung vorgesehen ist
- die Sachmittel, welche den Aufgabenträger unterstützen
- den Raum, welcher die Erfüllung der Aufgabe örtlich festlegt
- die Zeit, welche Dauer und Wiederholung der Aufgabenerfüllung kennzeichnet.

c)   Leistung

Der Begriff der Leistung wird im allgemeinen Sprachgebrauch in verschiedenen Bedeutungen benutzt[16]. Dabei ist er nur in der Physik eindeutig definiert. Physiker sprechen von Leistung als dem Verhältnis der Arbeit zur Arbeitszeit. Im Sinne der Systemtechnik und des Projektmanagements kann Leistung auch als **Ausmass der sachlichen Zielerreichung** innerhalb eines bestimmten Zeitraums verstanden werden[17]. Sie gibt dann den Grad der Übereinstimmung des Ergebnisses menschlicher Arbeitsprozesse mit einem gesetzten Ziel an. In dieser Bedeutung ist Leistung vor allem ein Ergebnis von Arbeit. Die Zeit, in der dieses Ergebnis erarbeitet wird, ist zwar von Bedeutung, aber nicht in jedem Fall entscheidend. Die Leistung ist also keine eindeutig messbare Grösse mehr, sondern der Grad der Erfüllung muss bei schwierigeren Arbeiten bewertet werden.

In der Betriebswirtschaftslehre bezeichnet Leistung das bewertete **Ergebnis des Produktionsprozesses** bzw. einer menschlichen Tätigkeit oder Arbeit. Die Leistung umfasst eine wert- und eine mengenmässige Komponente. In diesem Sinne definiert Berger[18] Leistung als "bewertete, bezweckte Güterentstehung" und setzt ihr als korrelative Begriffe die Kosten ("bewerteter, leistungsbezogener Güterverbrauch") und den Nutzwert ("Tauglichkeit einer Leistung zur Bedürfnisbefriedigung") gegenüber. Die Bewertung einer Leistung erfolgt unter diesen Annahmen auf einer nutzenorientierten Wertebene aufgrund von subjektiven Kriterien.

In der Organisationslehre wird Leistung aber auch definiert als die eigentliche **Tätigkeit** zur Erfüllung einer Aufgabe bzw. als menschliches **Verhalten** in einem soziotechnischen System, das vom betreffenden Menschen als Arbeit empfunden wird. In den Ordnungen für Leistungen und Honorare der Architekten und Ingenieure in der Schweiz[19] und in

---

15 *Schwarz H., Betriebsorganisation als Führungsaufgabe, München 1969*

16 *Der Duden in 10 Bänden, Band 10 "Bedeutungswörterbuch", Mannheim, 2. Aufl. 1985*

17 *Daenzer F.W. (Hrsg.), Systems Engineering, 3. Auflage, Zürich 1982*

18 *Berger R., Bauprojektkosten, Zürich 1988*

19 *SIA Ordnungen 102, 103, 108 und 110*

Deutschland[20] wird der Begriff Leistung im Sinne des Gesetzes (Obligationenrecht) verwendet. Leistung ist im obligationenrechtlichen Sinn eine Schuld in Form eines Aufwands, der zum Vorteil eines Anderen erbracht wird. Er wird diesem mit Abschluss eines Vertrages zugesichert. Bezogen auf Bauprojekte kann Leistung daher in Anlehnung an Burger[21] wie folgt definiert werden:

Eine Leistung ist eine vorbestimmte, geschuldete und zielgerichtete Tätigkeit als Beitrag zur Leitung, Planung, Projektierung, Ausführung und Inbetriebsetzung einer baulichen Anlage.

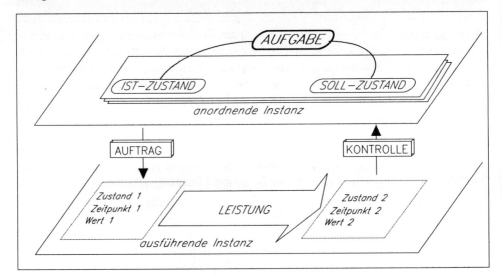

Figur A.1   Aufgabe, Auftrag und Leistung im Bauprojekt

Die Leistungen im Bauwesen werden in verschiedenen Dokumenten beschrieben. Die Leistungen zur Leitung, Planung und Projektierung sind in den Leistungs- und Honorarordnungen festgehalten und werden in einem Vertrag für Architekten- bzw. Ingenieurleistungen für das betreffende Bauvorhaben vereinbart. Die Leistungen der Bauausführung werden aufgrund von Werkverträgen und detaillierten Leistungsverzeichnissen vereinbart, welche auf die betreffenden Arbeiten zugeschnitten sind. Die Ausführungsleistungen sind in den deutschsprachigen Ländern in umfassenden Katalogen von eindeutig formulierten, computergerecht normierten Leistungsbeschreibungen festgehalten[22].

---

20 *HOAI: Honorarordnung für Architekten und Ingenieure*

21 *Burger R., Bauprojektorganisation - Modelle, Regeln und Methoden, IB ETH, Zürich 1985*

22 *Schweiz: Normpositionen-Kataloge Bau 2000*
    BRD: Standardleistungsbuch

Durch die Leistung, welche eine ausführende Instanz erbringt, wird ein Objekt bzw. der Projektgegenstand, wie er im Ausgangszeitpunkt in einem Ausgangszustand und zu einem Ausgangswert feststeht, transformiert. Das Ergebnis dieser Transformation sind der neue Zustand und der neue Wert des Objektes bzw. Projektgegenstandes, wie sie im neuen Zeitpunkt vorliegen (Figur A1).

A3.1.4 Projektzustand - Projektbearbeitung

Der Projektzustand besteht aus den zu einem bestimmten Zeitpunkt vorhandenen Resultaten der bereits erfolgten Projektbearbeitung. Zu Beginn der Projektdauer steht das neue, als erste Idee umrissene Vorhaben, am Ende die vollendete, nutzungsbereite bauliche Anlage. Der Projektzustand stellt also zu jedem Projektzeitpunkt den jeweils aktuellen Zustand der Projektinformationen bzw. -daten und der konkreten baulichen Anlage dar. Die Entwicklung des Projektes erfolgt zielgerichtet in Etappen bzw. Phasen. Das Resultat bzw. der Projektzustand am Ende einer Phase wird als Projektstufe bezeichnet.

Die Projektbearbeitung besteht aus der Gesamtheit der sach- und zielbezogenen Tätigkeiten im Rahmen eines Projektes. Diese Tätigkeiten sind die Leistungen, welche infolge der Aufgabenbearbeitung bzw. der Auftragserfüllung erbracht werden.

A3.2 Bauprojektsystem

A3.2.1 Systembegriff

a)   Allgemeiner Systembegriff

Ein System wird als Gesamtheit von Elementen bezeichnet[23], die miteinander durch Beziehungen verbunden sind, oder als eine **geordnete** Gesamtheit von Elementen[24], welche Eigenschaften haben und miteinander durch Relationen verknüpft sind. Durch Abstraktion der Eigenschaften und Wirkungen der Elemente und Beziehungen zu einer formalen Abbildung erhält man die **Struktur** des Systems. Die Beziehungen zwischen den Elementen eines Systems sind Wirkungen, welche ein Element beeinflussen (Input) bzw. von einem Element ausgehen (Output).

Ein System kann auf theoretisch beliebig vielen hierarchischen Ebenen in Untersysteme gegliedert werden. Diejenige Ebene, welche im Zusammenhang mit dem Problem zum Betrachtungszeitpunkt nicht mehr weiter unterteilt wird, wird durch die Systemelemente gebildet. Die Gliederung von Systemen erfolgt nach gewissen Kriterien, die z.B. sein können:
- räumliche Gliederung
- zuständigkeitsbezogene Gliederung
- artbezogene Gliederung
- zeitliche Gliederung.

Ein System kann auch in übergeordnete Systeme integriert werden. Übergeordnetes System, System und Subsystem sind also relative Begriffe. Neben der strukturbezogenen Betrachtungsweise von Systemen kann auch eine Betrachtung mit Blick auf ausgewählte Eigenschaften bzw. Funktionen eines Systems oder seiner Elemente und Beziehungen erfolgen. Das System, welches sich aus dieser Betrachtung ergibt, wird als **Teilsystem**[25] bezeichnet. Die Teilsystembetrachtung eines Systems kann z.B. nach folgenden Aspekten erfolgen:
- tragende Funktion
- abgrenzende, umhüllende Funktion
- Energieversorgung
- Informationsübertragung.

---

23 Daenzer W.F. (Hrsg.), Systems Engineering, 3. Auflage, Zürich 1982

24 Zangemeister C., Nutzwertanalyse in der Systemtechnik, München 1976 (4. Auflage)

25 Daenzer W.F. (Hrsg.), Systems Engineering, 3. Auflage, Zürich 1982

Die Menge der Berührungspunkte des Systems mit seiner Umgebung heisst **Systemgrenze**. Was ausserhalb des Systems liegt, wird als **Systemumwelt** bezeichnet. Die Gesamtheit der Umweltelemente, welche mit Elementen des Systems verknüpft sind, heisst **Systemumgebung**. Die Notwendigkeit der Abgrenzung eines Systems von seiner Umwelt begründet sich in der beschränkten Vorstellungskraft menschlichen Denkens, das ein beliebig grosses und komplexes System nicht bewältigen kann. Die Abgrenzung von Systemen ist ein subjektiver Akt, der von Personen vorgenommen wird. Sie soll sich nach der Zweckmässigkeit für das zu behandelnde Problem richten. Ob ein konkretes Element noch zum System oder bereits zur Umgebung gehört, kann abhängig gemacht werden von der Intensität der Beziehungen, welche es zu den übrigen Elementen aufweist. Als **offene** Systeme werden solche bezeichnet, die Elemente enthalten, welche Beziehungen zu Elementen der Umwelt aufweisen.

Die Systeme, welche für diese Arbeit interessieren, sind Veränderungen unterworfen. Solche sich ändernde Systeme heissen **dynamische** Systeme. Die Dynamik von Systemen zeigt sich in der Folge von verschiedenen Systemzuständen in Abhängigkeit von der Zeit. Folgende Merkmale eines Systems können sich verändern:
- Art und Intensität der Beziehungen zwischen Umwelt und System
- Art und Intensität der Beziehungen im Inneren des Systems
- Anzahl und Eigenschaften von Elementen.

Zur Beschreibung von Systemen kommen noch weitere Merkmale in Betracht wie[26]:
- Art der Entstehung (natürliche und künstliche, von Menschen geschaffene Systeme)
- Erscheinungsform (konkrete oder abstrakte, in Modellen oder Theorien vorliegende Systeme)
- Natur der Systemelemente (soziale, technische oder soziotechnische Systeme)
- innere und äussere Aktivität (statische oder dynamische Systeme)
- Bestimmtheitsgrad des Verhaltens (determinierte oder probabilistische Systeme).

b)   Verhalten dynamischer Systeme

Künstliche Systeme werden für einen bestimmten Zweck gestaltet. Sie sollen ein gewünschtes und beabsichtigtes Verhalten an den Tag legen oder bestimmte Wirkungen erzeugen. Dies äussert sich in Auswirkungen des Gesamtsystems auf seine Umgebung. Im Systeminnern zeigt sich ein Komplex von Aktivitäten der Subsysteme und Elemente, die gegenseitig Materie, Energie, Information oder beliebige Kombinationen dieser Grössen austauschen. Dadurch entstehen die Beziehungen zwischen den Elementen. Auch das System als Ganzes tauscht mit seiner Umwelt Grössen aus, die als Eingangsgrössen (Input) und Ausgangsgrössen (Output) erscheinen.

Damit ein bewusst geschaffenes, künstliches System nicht eine ziellose Dynamik entwickelt, muss sein Verhalten beeinflussbar sein: Es sind Lenkungsmassnahmen nötig.

---

26 *Berger R., in Anlehnung an Haberfellner, Bauprojektkosten, Zürich 1988*

Gezielte Systemänderungen bzw. zweckorientiertes Systemverhalten können durch zwei Formen der Lenkung von Abläufen erfolgen:
- durch Steuerung und
- durch Regelung.

Bei der **Steuerung** wird dem System das Ziel von aussen gesetzt[27], und die Richtung und Art des Verhaltens werden von aussen bestimmt. Es findet keine Rückkopplung statt, sondern der Sollwert für den Output des Systems ist gegeben, und eine Steuerinstanz beobachtet den Input. Wenn der Input gestört wird, löst sie Massnahmen aus. Für eine wirkungsvolle Lenkung von Abläufen mittels Steuerung muss also die Steuerinstanz alle möglichen Störungen und ihre Auswirkungen auf den Output kennen, was nur bei sehr einfachen Systemen der Fall sein wird.

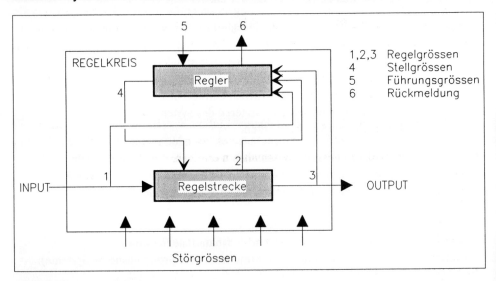

Figur A.2   Regelkreis

Im Gegensatz zur Steuerung findet bei der **Regelung** eine Rückkopplung statt. Die zu regelnde Grösse (die Regelgrösse) wird fortlaufend erfasst und mit einer Sollgrösse (der Führungsgrösse) verglichen. Bei einer Abweichung der beiden Grössen wird die Regelgrösse im Sinne einer Angleichung an die Führungsgrösse beeinflusst. Dadurch ergibt sich ein geschlossener Wirkungskreis, ein sog. Regelkreis, der aus Regelstrecke und Regler besteht[28] (Figur A.2). Die Regelstrecke ist dabei als System zu verstehen, das einen bestimmten Input zielgerichtet in einen gewünschten Output transformieren soll. In diesem System laufen also Vorgänge oder Prozesse ab, die Dienst- oder Sachleistungen erzeugen.

---

27 Fletchner H.J., Grundbegriffe der Kybernetik, Stuttgart 1966

28 Haberfellner R., Die Unternehmung als dynamisches System, Zürich 1974

Der Regler auf der anderen Seite ist ein System, welches dafür sorgt, dass die in der Regelstrecke erzeugten Leistungen den Zielvorgaben oder Führungsgrössen entsprechen. Diese Zielvorgaben oder Führungsgrössen werden dem Regler von einer äusseren Instanz mitgeteilt. Als weitere Informationen benötigt der Regler Grössen, welche den Zustand der Regelstrecke hinreichend beschreiben. Diese sogenannten Regelgrössen kann der Regler an drei verschiedenen Orten erfassen:

- Am Input der Regelstrecke erfasst er die für das Verhalten der Regelstrecke wichtigen Inputgrössen inklusive allfälliger Störgrössen.
- An der Regelstrecke selbst erfasst er die massgebenden Zustandsgrössen, um auch die Störgrössen innerhalb der Regelstrecke zu erkennen.
- Am Output der Regelstrecke erfasst er die zielrelevanten Outputgrössen.

Diese drei Grössen werden durch den Regler einer laufenden Analyse unterzogen. Werden infolge von Störungen im Regelkreis Abweichungen vom Zielverhalten festgestellt, trifft der Regler Massnahmen, die in Form von Stellgrössen zur Regelstrecke zurückfliessen und deren Verhalten in Richtung der Führungsgrösse beeinflussen. Durch einen weiteren Informationsweg meldet der Regler wichtige Grössen an eine übergeordnete Instanz ausserhalb des Regelkreises.

Als Störung kann jeder äussere oder innere Einfluss verstanden werden, welcher die gewünschte oder erwartete Form eines Ablaufes be- oder verhindert. Die Bewältigung einer Störung kann durch folgende Massnahmen erfolgen:
1. Der Regler ignoriert die Störung, da sie innerhalb einer erlaubten Toleranz liegt.
2. Der Regler lässt der Regelstrecke Stellgrössen zukommen.
3. Die Prozesse innerhalb der Regelstrecke werden verändert.
4. Die Regelhierarchiestruktur wird verändert.
5. Der Regler versucht eine Änderung der für die Störung verantwortlichen Umgebung zu erwirken.
Im Projektablauf sind grundsätzlich alle fünf Massnahmen denkbar.

Über die Vorgabe von Führungsgrössen durch die anordnende Instanz und die Weitermeldung gewisser wichtiger Grössen durch den Regler lassen sich hierarchische Strukturen aufbauen, die auch die Regelung von komplexen Aufgaben ermöglichen, ohne die Kapazität eines bestimmten Reglers zu überschreiten.

c)   **Entstehung und Veränderung von Systemen**

Künstliche Systeme werden von Menschen zweckgerichtet erzeugt, um bestimmte, gewollte Auswirkungen auf ihre Umgebung auszuüben. Bei der Betrachtung von Systemen unter dem Blickwinkel ihrer Entstehung und Veränderung sind zwei Arten von Phasen zu unterscheiden:
- **Lebensphasen** des Systems und
- **Projektphasen** bei der Erzeugung oder Veränderung von Systemen.

Das System durchläuft folgende Lebensphasen:
- Entstehung des Systems
- Nutzung des Systems
- Auflösung des Systems.

Bei der **Erzeugung** von neuen oder der **Veränderung** von bestehenden Systemen werden im Systems Engineering verschiedene Projektphasen unterschieden, welche den Werdegang, bzw. die Veränderung eines Systems in überschaubare Etappen einteilen:
- Entwicklungsphase
- Realisierungsphase
- Einführung.

Die **Entwicklungsphase** geht von einem Projektanstoss aus und umfasst die drei Stufen Vorstudie, Hauptstudie und Detailstudien. In einer **Vorstudie** werden die Bedürfnisse abgeklärt und daraus die Anforderungen an das zu entwickelnde System formuliert. Der Bereich für das System und seine Grenzen wird festgelegt, mögliche Lösungsprinzipien untersucht, und das erfolgversprechendste wird bestimmt. Wenn der anschliessende Entscheid über die Weiterführung des Projekts positiv ausfällt, wird im Rahmen der **Hauptstudie** aus dem Rahmenkonzept der Vorstudie die Struktur des Gesamtsystems entwickelt und die Prioritäten für die weitere Bearbeitung festgelegt. Kritische und besonders wichtige Systemteile werden dabei bereits detaillierter bearbeitet. Als Resultat der Hauptstudie sollen Investitionsentscheide und die Definition von Teilprojekten vorliegen. In der Phase der **Detailstudien** werden detaillierte Lösungen für Systemteile erarbeitet und die einzelnen Systemteile derart vorbereitet, dass sie anschliessend ohne Probleme realisiert werden können. Für die Qualität des zu erzeugenden oder zu verändernden Systems ist es wesentlich, dass alle Detaillösungen im Rahmen des Gesamtkonzeptes eingebettet werden, d.h. die Detaillösungen müssen in die Gesamtlösung integriert werden.

Die **Realisierungsphase** schliesst an die Entwicklung des Systems an und umfasst die Stufen Herstellung und Einführung. In der Phase der **Herstellung** werden das System, Anlagen, Anlageteile und Geräte hergestellt, geliefert und zusammengebaut. Die entsprechenden organisatorischen Massnahmen für den Betrieb (Benützer- und Betriebsdokumentation, Betriebsorganisation, Informationsweg, Regelungen für Störungen etc.) werden vorbereitet, und die Betreiber und evtl. die Benutzer werden geschult.

Nach Fertigstellung folgt die Phase der **Einführung** mit der Inbetriebsetzung und Übergabe des Systems an die Benutzer. Dabei werden oft nicht das ganze System, sondern stufenweise Teile oder Elemente davon eingeführt bzw. in Betrieb genommen. Die Sequenz dieser Phasen (Detailstudien - Herstellung - Einführung) bezieht sich dabei bei komplexeren Systemen in der Regel nicht auf das Gesamtsystem, sondern jeweils auf bestimmte Teil- oder Subsysteme im Rahmen des Gesamtsystems.

Sobald das System als Ganzes oder Teile davon genutzt werden, befinden es sich in der **Nutzungsphase**. Erst jetzt können die effektive Wirkungsweise des Systems und der effektive Aufwand für Entwicklung und Realisierung sowie Nutzung beurteilt werden. Wenn sich in dieser Phase eine Unzufriedenheit bezüglich Funktion oder Nutzungsaufwand herausstellt, kann dies Anlass für die Neu- oder Umgestaltung oder sogar Auflösung des Systems sein. Damit beginnt der gesamte Ablauf der Entstehung bzw. Veränderung von Systemen von neuem.

A3.2.2 Bauprojekt als System

a)   Der Begriff Bauprojektsystem

Ein Bauprojekt wird als zeitlich und leistungsmässig abgegrenzte Gesamtaufgabe definiert. Mit dieser kurzen Umschreibung erhält das Bauprojekt den Charakter einer Aufgabe in einem umfassenden Sinn. Es geht darum, in begrenzter Zeit, d.h. zwischen Projektanfang und Projektende, eine Zielsetzung mit geeigneten Mitteln im Detail festzulegen und zu erreichen. Das Bauprojekt wird also verstanden als die Aufgabe einschliesslich ihrer Zielsetzung und Erfüllung, der entsprechenden, temporär eingesetzten Produktionseinheiten und der Resultate der Aufgabenbearbeitung. Burger[29] bezeichnet das Bauprojekt auch als ein offenes, dynamisches, soziotechnisches System mit Beziehungen zu seiner Umwelt. Auch Suter/Hersberger[30] verwenden den Begriff Bauprojektsystem und verstehen darunter das Bauwerk an sich, die Bauprojektorganisation und die entsprechenden Tätigkeiten der Gestaltung des Bauwerkes und des Projektmanagements. Briner[31] verfolgt diesen Gedanken weiter und bezeichnet die Bauprojektorganisation und den Projektgegenstand als Bauprojektsystem im engeren Sinne. Als Bauprojektsystem im weiteren Sinne werden noch die Tätigkeiten, welche zu den beiden Subsystemen führen, in das System integriert: das Projektmanagement und die Projektbearbeitung.

b)   Struktur des Bauprojektsystems

Das Verständnis eines Projektes als Gesamtaufgabe bedingt die Abgrenzung eines Projektsystems, welche über die bisher in der Literatur beschriebene hinausgeht. Ausgehend von den beiden Subsystemen Bauprojektorganisation und bauliche Anlage sowie der Unterscheidung von Resultaten und Tätigkeiten wird versucht, die möglichen und notwendigen Elemente bzw. Aspekte bei der Betrachtung einer Gesamtaufgabe zu erfassen und in einem einfachen Modell darzustellen. Von den vielen Aspekten, welche

---

29 *Burger R., Bauprojektorganisation - Modelle, Regeln und Methoden, IB ETH, Zürich 1985*

30 *Suter H.R.A. & Hersberger A., Gestaltung und Projektmanagement, in: SIA Dokumentation D 008 Bauprojektorganisation, Zürich 1985*

31 *Briner H., Der Ablauf von städtischen Tiefbauprojekten, IB ETH, Zürich 1986*

in Betracht zu ziehen sind, werden die wichtigsten ausgewählt, damit das Bauprojektsystem einfach und überblickbar bleibt.

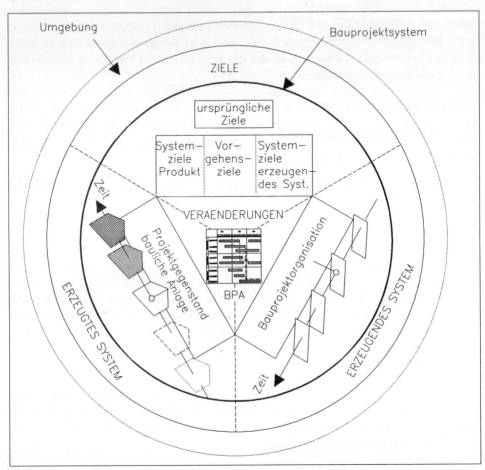

Figur A.3   Bauprojektsystem unter dem Aspekt der Systemveränderungen

Ein Bauprojektsystem besteht, unabhängig von einer zeitlichen Betrachtung als reine
Zustandsbeschreibung zu einem beliebigen Zeitpunkt, aus den drei folgenden Subsystemen (Figur A.3):
- dem **Zielsystem**, im wesentlichen gegliedert in zwei Zielschichten (ursprüngliche
  Ziele des Auftraggebers als Zielrichtungen und daraus abgeleitete, detaillierte Ziele
  im Sinn von Soll-Zuständen),
- dem **erzeugenden System**, welches als Projektorganisation mit allen Produktionsmit-
  teln verstanden wird sowie
- dem **erzeugten System**, welches den jeweiligen Projektzustand - im Bauwesen den
  jeweils aktuellen Zustand der zu erstellenden baulichen Anlage - darstellt. Das
  erzeugte System kann auch als Produkt des erzeugenden Systems betrachtet werden.

Das Bauprojektsystem grenzt an eine Umgebung, die sich in den Rahmenbedingungen äussert.

Die drei **Subsysteme** sind veränderliche Systeme. Sie weisen über die Dauer der Projektbearbeitung eine grosse Dynamik auf. Sie werden nach Projektbeginn geschaffen, geändert und bearbeitet, bis die zu erstellende oder zu verändernde Anlage betriebsbereit ist. Dann ist die Zielsetzung erfüllt, die Projektorganisation wird aufgelöst und die bauliche Anlage ist in den Händen einer permanenten Organisation. Die **Veränderungen** der drei Subsysteme Zielsystem, erzeugendes System und erzeugtes System ergeben in ihrer Menge den Projektablauf, der aus diesem Grund eine zentrale Stellung im Bauprojektsystem aufweist. Alle drei Subsysteme haben Beziehungen zum Projektablauf und beeinflussen sich auch gegenseitig.

Die Betrachtung des Bauprojektes unter anderen Gesichtspunkten wie Kommunikation, Information, Dokumentation etc. bewirkt den Austausch des Subsystems Projektablauf durch ein neues Subsystem, beispielsweise durch die Informatikmittel, welche im Projektablauf zum Einsatz gelangen.

c)   Zeitliche Aspekte

Das beschriebene Projektsystem liegt nicht in einem zeitlosen Raum, sondern hat eine starke Zeitbezogenheit und verändert sich häufig und schnell über die Zeit. Die Tätigkeiten des erzeugenden Systems dienen in der Regel einzig der Systemveränderung bzw. der Systemerhaltung (Figur A.4).

Das **Zielsystem** ist über die Zeit gesehen wohl ständig vorhanden, aber es ändert seine Zustände. Im Bauprojektsystem werden vorwiegend Ziele für die Erzeugung der baulichen Anlage (die auch als Ziele für die Investition verstanden werden können) gesetzt und verfolgt. Während der Nutzung der baulichen Anlage werden Ziele für die Erzeugung von Produkten gesetzt und verfolgt.

Das **erzeugende System** besteht aus der temporären Projektorganisation mit den im wesentlichen ebenfalls temporären Bauproduktionsanlagen, die bei der Erstellung der baulichen Anlage zum Einsatz kommen. Die temporäre Organisation erzeugt mit den temporären Produktionsanlagen das Produkt "bauliche Anlage".

Dieses Produkt wird während der Nutzung seinerseits zu einem Produktionsmittel für die Erzeugung von Produkten (Dienst- oder Sachleistungen). Zusammen mit der permanenten Nutzerorganisation stellt also die bauliche Anlage ein neues, erzeugendes System dar, das jedoch permanenten Charakter hat.

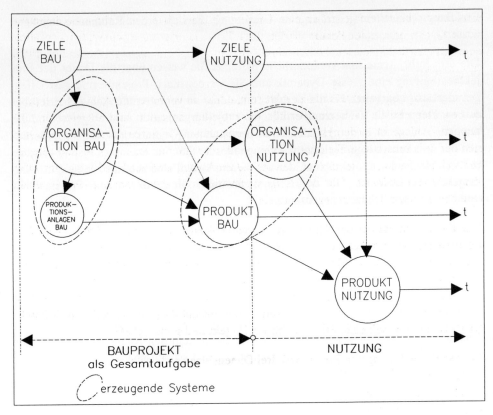

Figur A.4   Zielsystem, erzeugendes System und Produkt

A3.2.3 Zielsystem für Bauprojekte

a)   Zielbegriff

Jedes künstliche, also von Menschen geschaffene System wird gestaltet für ganz bestimmte Zwecke, die es erfüllen soll. Die Gestaltung von Systemen ist zielorientiert. Als Ziel im Sinne eines Handlungsziels wird etwas bezeichnet, worauf **jemandes** Handeln, Tun o.ä. bewusst gerichtet ist, und was man als Sinn und Zweck, als angestrebtes Ergebnis seines Handelns, Tuns zu erreichen sucht. Diese Umschreibung weist darauf hin, dass Ziele immer von **Menschen** gefunden und getragen werden müssen.

Nagel[32] weist auf die uneinheitliche Verwendung des Zielbegriffes hin und definiert: "Ziele kennzeichnen einen durch ein Individuum oder ein Kollektiv gewollten (oder explizit nicht gewollten) zukünftigen Sachverhalt, der durch menschliche Aktivität

---

32   Nagel P., Die Zielsetzung in der projektorientierten Planung, Zürich 1975

erreichbar scheint." Schregenberger[33] definiert ein Ziel als ein von einem soziotechnischen System oder einer Person erwünschten Zustand oder ein erwünschtes Verhalten eines Objektes. Mit diesen Umschreibungen kommen viele Aspekte des Zielbegriffes zum tragen.

Der zukünftige Sachverhalt muss **gewollt** sein, d.h. er muss bewusst angestrebt und positiv bewertet werden (oder ein allenfalls eintretender, unerwünschter Sachverhalt wird bewusst verhindert). Ziele beschäftigen sich mit **zukünftigen** Sachverhalten, sie beziehen sich auf bekannte oder unbekannte Zeitpunkte oder -räume der Zukunft. Ziele beziehen sich auf Sachverhalte, also auf Ereignisse im Ablauf, aber auch auf Verhalten oder Zustände von Objekten. Der zukünftige Sachverhalt soll durch menschliches Handeln erreichbar sein, d.h. er muss **machbar** sein.

Das Zielsystem hat bei der Abwicklung eines Projektes einen grossen Stellenwert. Die Bestimmung der richtigen Ziele ist wichtiger als die Auswahl der richtigen Lösung[34]. Werden falsche Ziele gewählt, können nicht die relevanten Problemstellungen bearbeitet werden. Wird dagegen eine Lösung aufgrund von seriös ausgearbeiteten Zielen gefunden, ist sie im schlimmsten Fall nicht die optimale, aber doch wenigstens eine richtige Lösung. Hierzu ist die Überprüfung der **Feasibility** (Machbarkeit und Wünschbarkeit) der entscheidende Prüfstein für ein Projekt und seine Teile[35].

Bei der Formulierung von Zielen sind drei Dimensionen zu beachten:
- der Zielinhalt,
- das angestrebte Ausmass und
- der zeitliche Bezug.

Unter dem **Zielinhalt** kann der Gegenstand verstanden werden, auf den sich die Zielformulierung bezieht. Obwohl bei Zieläusserungen im allgemeinen subjektive Wertvorstellungen von Individuen zugrunde liegen, sollten Ziele für eine bessere Beurteilbarkeit objektbezogen, aber auch mittel- und lösungsneutral formuliert werden[36]. Ziele für ein System können als gewünschte Wirkungen des Systems formuliert werden. Damit eine Kontrolle der Zielerreichung möglich ist, muss für jede gewünschte Wirkung eine erwartete Ausprägung, ein "Wert" (Mindest-, Durchschnitts-, Maximalwert, Wertgabel etc.) bestimmt werden.

---

33 Schregenberger J. W., Methodenbewusstes Problemlösen, ETH Dissertation Nr. 6625, revidierte Fassung, Zürich 1981

34 Daenzer W.F. (Hrsg.), Systems Engineering, 3. Auflage, Zürich 1982

35 Pozzi A., Knöpfel H., Autografie Projekt-Management, IB ETH, Zürich 1978

36 Nagel P., Die Zielsetzung in der projektorientierten Planung, Zürich 1975

Die Wirkungen eines Systems sind zeitabhängig. Es stellen sich daher im Zusammenhang mit dem **Zeitbezug** von Zielen die folgenden Fragen:
- Zu welchem Zeitpunkt oder in welchem Zeitraum sollen die Wirkungen auftreten ?
- Welche Vor- und Nachwirkungen infolge der Zeitverzögerungen der Wirkungskette sind zu berücksichtigen ?
- Sind im Verlauf der Zeit Änderungen der Wertvorstellungen zu erwarten ?

Die Ziele eines Zielsystems sind miteinander durch **Beziehungen** verknüpft. Es werden eine ganze Reihe von Zielordnungen nach vertikalen und horizontalen Ordnungskriterien unterschieden[37]. In der **vertikalen** Ordnung im Sinne einer Bildung von Ober- und Unterzielen können Zielstufen (Zielketten aufgrund von Zweck-Mittel-Beziehungen) und Zielebenen (aufgrund von hierarchischen Organisations- bzw. Entscheidungsstrukturen) unterschieden werden. **Horizontale** Merkmale der Zielordnung sind u.a. Haupt- und Nebenziele (bei Zielen mit gemeinsamem Oberziel), funktionale Aspekte (ausgehend von den Wirkungen bzw. Funktionen des zu gestaltenden Systems) oder sachlich-logische Aspekte.

Bei gleichrangigen Zielen lassen sich drei Arten von Verhältnissen zwischen den Zielen unterscheiden. Wenn für einen höheren Grad der Zielerreichung eines Ziels A auch der Grad der Zielerreichung eines Ziels B steigt, spricht man von komplementären Zielen. Beeinflussen sich zwei Ziele überhaupt nicht, sind sie indifferent. Wenn die Erreichung eines Ziels A die Erreichung eines Ziels B be- oder verhindert, konkurrenzieren sich die Ziele.

b)   Persönliche Ziele

In den persönlichen Zielen oder Individualzielen kommen die Ansprüche der Persönlichkeit des Menschen zum Ausdruck. Diese sind das Forschungsobjekt von Psychologen und werden in sogenannten Bedürfnis- oder Motivationstheorien beschrieben. Die bekanntesten dieser Theorien sind die Bedürfnispyramide von Maslow und der Satisfier-/Dissatisfier-Ansatz von Herzberg. Diese Theorien sind aber zum heutigen Zeitpunkt umstritten, uneinheitlich und teilweise deutlich widersprüchlich. Zudem entstehen Schwierigkeiten bei der Umsetzung solcher abstrakt formulierter und sich stetig wandelnder Bedürfnisse.

Die menschlichen Ziele sind die Basis aller weiteren Ziele, insbesondere von Organisationen und Projekten. Das Zusammenspiel und der gegenseitige Einfluss aller miteinander in Beziehung stehenden menschlichen Ziele sind Inhalt von Entscheidungs- und Konfliktlösungstheorien. Dem in einer Organisation tätigen Menschen wird die Erbringung der geforderten Leistung erleichtert, wenn seine aus persönlichen Motiven, Bedürfnissen und Ansprüchen entstehenden Erwartungen berücksichtigt werden und sich seine persönlichen Ziele daher mit den Zielen der Organisation wenigstens teil-

---

37 *Zangemeister C., Nutzwertanalyse in der Systemtechnik, München 1976 (4. Auflage)*

weise decken. Die Ziele eines Bauprojektes sind mit weniger Konflikten realisierbar, wenn sich die persönlichen Ziele von wichtigen projektbeteiligten Einzelpersonen und die Ziele der Stammorganisationen auf die Bauprojektziele abstimmen lassen.

c)   Ziele von Organisationen

Bei den Zielen einer Organisation kann unterschieden werden[38] zwischen einem objektivistischen Zielansatz (Ziele **der** Organisation), der ausgehend von den notwendigen Organisationszielen nach ihrem Inhalt und nach Methoden zu ihrer Realisierung sucht, und einem **subjektivistischen** Ansatz (Ziele **für** die Organisation), der ausgeht von den Individualzielen, welche die in der Organisation beteiligten Menschen in oder mit der Organisation zu erreichen suchen. Wichtig ist die Erkenntnis, dass letztlich alle Ziele von Menschen gesetzt werden und daher auf persönlichen Erwartungen basieren und von Wertungen abhängig sind.

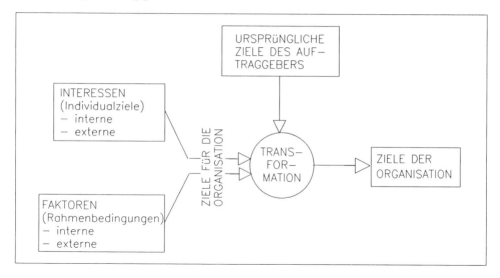

Figur A.5   Einflüsse auf die Ziele von Organisationen

Der Übergang von Individualzielen und Rahmenbedingungen zu den generellen Zielen einer Organisation kann als Transformationsprozess[39] verstanden werden, in dem die Ziele der Organisation durch externe und interne Interessen sowie durch externe und interne Faktoren beeinflusst werden (Figur A.5). Während die externen und internen Faktoren lediglich passiv auf die Zielsetzung einwirken (im Sinne von Rahmenbedingungen), versuchen Menschen innerhalb und ausserhalb der Organisation die Zielbildung aktiv zu beeinflussen. Sie haben bestimmte Vorstellungen darüber, welche

38 *Berthel J., Zielorientierte Unternehmungssteuerung, Stuttgart 1973*

39 *Haberfellner R., Die Unternehmung als dynamisches System, Zürich 1974*

zukünftigen Zustände wünschenswert sind. Sie formulieren Ziele **für** die Organisation und bringen diese vor.

Ziele müssen von Menschen getragen bzw. angestrebt werden. Die Ziele einer Organisation können zu einem beliebigen Zeitpunkt als eine Menge von Individualzielen verstanden werden, die sich gegenseitig beeinflussen. Beim Neueintritt eines Individuums in eine Organisation werden die Ziele der Organisation in der Regel akzeptiert und folglich übernommen. Dadurch werden sie zu einem Teil der persönlichen Ziele und stehen in Interaktion mit den weiteren Zielen des Individuums. Die von einem Individuum in eine Organisation eingebrachten Ziele können auch nach dem Ausscheiden des betreffenden Menschen aus der Organisation weiter angestrebt werden, wenn sie von anderen Individuen akzeptiert worden sind. Diese Darstellung von Zielen eines Kollektivs kann insbesondere auch auf die Ziele der Gesellschaft übertragen werden, wo die Ziele von Individuen Eingang finden in die kollektiven Ziele (beispielsweise die Verfassung) und von weiteren Individuen noch dann weiter getragen werden, wenn das auslösende Individuum nicht mehr Teil der Gesellschaft ist.

d)   Projekt-Zielstruktur

Eine Projektorganisation wird ins Leben gerufen, um eine bestimmte Aufgabe zu bearbeiten bzw. ein System zu erzeugen. Die Ziele der Projektorganisation können nur von den darin beteiligten Menschen formuliert und kontrolliert werden. Die Bauprojektorganisation hat ihre Aufgabe erfüllt, wenn das System erzeugt ist und seinen Zweck erfüllt.

Die Ziele der Bauprojektorganisation entstehen wie die Ziele jeder Organisation durch einen Transformationsprozess aus den ursprünglichen Zielen des Bauherrn bzw. Auftraggebers (Figur A.6). Diese stehen in enger Beziehung zu den Zielen der Stammorganisation des Bauherrn, also zu seinen generellen und spezifischen Unternehmungszielen. Für die ursprünglichen Bauherrenziele werden wirtschaftliche Ziele (wirtschaftliche Ziele des Betriebes und wirtschaftliche Ziele bezüglich des Objektes) und Nutzungsziele unterschieden[40]. Die Nutzungsziele können unterteilt werden[41] in eigentliche **Bedarfsdeckungsziele** als Vorgaben für die Funktionen der baulichen Anlage (Betriebs-, Infrastrukturfunktionen) und **Qualitätsziele** für die bauliche Anlage als Vorgaben für die Qualität des Betriebes der Anlage, für das Befinden der Menschen in der Anlage und für das Verhalten der Anlage über die Zeit. Ausserdem können die **Bauherrenziele** die Bauprojektorganisation (Präferenzen bezüglich Projektbeteiligte etc.) und weitere Bereiche (Fixtermine und sonstige Bedingungen) betreffen.

---

40 *Will L., Die Rolle des Bauherrn im Planungs- und Bauprozess, Frankfurt 1982*

41 *Berger R., Bauprojektkosten, Zürich 1988*

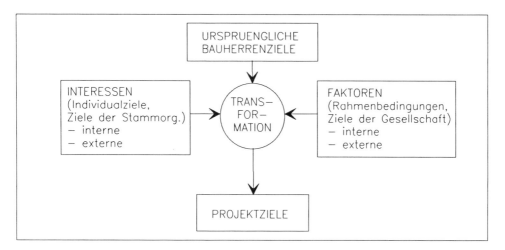

Figur A.6   Einflüsse auf Projektziele

Die internen Interessen umfassen die Interessen der projektbeteiligten Individuen und der projektbeteiligten Organisationen (Stammorganisationen). Externe Interessen sind im wesentlichen diejenigen der vom Bauprojekt betroffenen Individuen und Organisationen sowie die Interessen der Öffentlichkeit. Interne Faktoren umfassen Einflussgrössen wie technische Möglichkeiten und Knowhow der beteiligten Organisationen, ihre Kapazitäten etc. Externe Einflussgrössen sind die Rahmenbedingungen eines Bauprojektes.

Die **Projektziele** können in drei Zielarten gegliedert werden (Figur A.7):
- Systemziele für das erzeugende System,
- Systemziele für das erzeugte System und
- Vorgehensziele für beide Systeme.

Dabei umfassen die Systemziele für das erzeugende System die angestrebten Merkmale, Soll-Zustände und Verhaltensweisen des aufgabenbearbeitenden Systems, insbesondere auch die Anforderungen an die Mittel für die Produktion. Die Systemziele für das erzeugte System beinhalten die gewollten Merkmale, Zustände und Verhaltensweisen der entstehenden baulichen Anlage. Die Vorgehensziele beschreiben die wesentlichen Merkmale des Weges bei der Gestaltung und Erstellung der beiden Systeme, insbesondere durch Zwischenzustände und durch das Element Zeit.

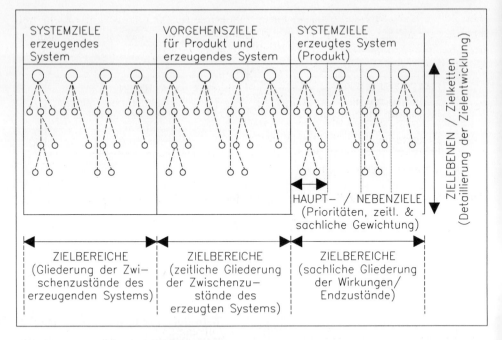

Figur A.7   Struktur der Projektziele

Innerhalb der drei Zielarten werden die Ziele in Zielbereiche gegliedert. Durch die zunehmende hierarchische Detaillierung von Zielen innerhalb der Zielbereiche entstehen Zielketten bzw. Zielebenen. Auf einer solchen Zielebene können die Ziele nach Prioritäten und sachlichen bzw. zeitlichen Gewichtungen in Haupt- und Nebenziele aufgeteilt werden.

e)   Ziele für Bauprojekte

Die Projektleitung will das Gesamtprojekt bedürfniskonform sowie termin- und kostengerecht realisieren. Dieses Oberziel der Projektleitung entspricht den Zielen, wie sie für das Bauprojekt als Ganzes festgelegt werden. Die Ziele der Projektleitung können daher mit den Zielen für das Bauprojekt gleichgesetzt werden. Die erste Hauptaufgabe der Projektleitung ist es, die vorgegebenen Ziele, Interessen und Faktoren zu klären und für das Projekt detaillierte Ziele festzulegen. Die Ziele der Projektleitung lassen sich in zwei grundsätzliche Zielbereiche unterteilen, nämlich in **Ziele für die zu erstellende oder verändernde Anlage** (Systemziele für das erzeugte System) und in Ziele, welche sich auf die Art und Weise der **Bearbeitung der Gesamtaufgabe** Bauprojekt beziehen (Systemziele erzeugendes System und Vorgehensziele).

Die Ziele für die zu erstellende oder zu verändernde Anlage umfassen alle Ziele, welche sich auf die fertiggestellte Anlage als Ergebnis der Aufgabenbearbeitung, also das Resultat beziehen. Im einzelnen können hierbei Ziele unterschieden werden für:
- die Nutzung und den Betrieb der Anlage,
- die Instandhaltung und den Unterhalt der Anlage,
- die Dokumentation über die Anlage,
- die Wirtschaftlichkeit der Anlage,
- die Aspekte der Umgebung der Anlage und
- die subjektive Beurteilung der Anlage durch verschiedene Einflussgruppen innerhalb und ausserhalb der Anlage.

Die weitere Unterteilung dieser Ziele ergibt eine Zielstruktur für die bauliche Anlage.

Nutzung und Betrieb	Funktionalität Infrastruktur Betrieb
Instandhaltung und Unterhalt	Zuverlässigkeit Instandhaltungseignung technische Lebensdauer wirtschaftliche Nutzungsdauer
Dokumentation über die Anlage	Betriebsunterlagen Wartungsunterlagen Bauherrendokumentation
Wirtschaftlichkeit	Investitionskosten Betriebskosten Nutzen Rentabilität Risiko
Umgebung / Umwelt	Verträglichkeit mit der Umgebung Reaktion der Umgebung Konformität mit rechtlichen Rahmenbedingungen
Subjektive Beurteilung	Ästhetik Repräsentation, Prestige Sicherheit, Gefahren Bequemlichkeit, Behaglichkeit

Tabelle A.1:   Zielraster für die bauliche Anlage

Die Ziele für die Art und Weise der **Bearbeitung der Gesamtaufgabe** Bauprojekt umfassen diejenigen Ziele, welche sich auf die Erstellung der Anlage, also auf den Projektzustand und seine Veränderung beziehen. Im einzelnen können hierbei Ziele unterschieden werden für:
- die Anforderungen,
- die Kosten und Finanzen,

- den Ablauf und die Termine,
- die Projektorganisation und
- die Projektumgebung.

Die weitere Unterteilung dieser Ziele ergibt ein Zielraster für die Projektleitungsaufgaben.

Anforderungen	an bauliche Anlage	vollständig (alle Teilsysteme und Beteiligten)
		hinreichend detailliert
	an Projektmanagement	bedürfniskonform
		vollständig
		hinreichend detailliert
		bedürfniskonform
Kosten und Finanzen	Kostenplanung	klare Kostengliederung
		optimales Verhältnis Kosten / Nutzen
	Kostenkontrolle	jederzeit Klarheit über Kostensituation
		wirksame Einflussnahme
		Änderungen bewältigt
		Risiko
	Abrechnung	Ergebnis zu veranschlagten Kosten
Ablauf und Termine	Ablauf	klare Projektstruktur
		zweckmässig
		koordiniert und integriert (alle Teilsysteme, alle Beteiligten, Zusammenarbeit)
		wirtschaftliche Arbeitsweise (gleichmässige Kapazitätsauslastung)
	Termine	für alle Beteiligten klar und akzeptiert
		erreichbar / eingehalten
		Risiko von Verzögerungen
	Kontrolle	Terminsituation
		Massnahmen
		Änderungen

Projektorgani-sation	Aufbau	zielgerechte Struktur
		Zusammenarbeit Stamm- und Projekt-organi-sationen
	Führung	Zuordnung von Aufgaben und Zuständig-keiten
		wirksame Kontrolle
		termin- und sachgerechte Entscheide
		Einzelinteressen beurteilt im Rahmen des Gesamtprojektes
		Konflikte bewältigen
		optimaler Einsatz der beteiligten Stellen
	Administration	rascher, effizienter Informationsfluss
		klare Dokumentation
	Verträge	sicheres Auffinden der Dokumente
		Leistungen klar umschrieben
		Risiko für alle Beteiligten
Projekt-umgebung		Änderungen aus Umgebung vermeiden
		Konflikte und Störungen bewältigen
		Akzeptanz und Image für Projekt

Tabelle A.2:   Zielraster für die Projektleitungsaufgaben

A3.2.4 Subsystem erzeugtes System (Bauliche Anlage)

a)   Begriff "Bauliche Anlage"

Der Gegenstand und das Oberziel jedes Bauprojektes ist die Planung, Projektierung und Erstellung bzw. Veränderung sowie Inbetriebsetzung einer baulichen Anlage. Als Anlage werden nach einem Plan für bestimmte Zwecke angelegte Flächen, Räume o.ä., aber auch Einrichtungen und Vorrichtungen im Sinne von Apparaturen sowie Pflanzen und vom Menschen eingerichtete, räumlich begrenzte Ökosysteme bezeichnet. Wenn für die Erstellung einer Anlage bautechnische Massnahmen notwendig sind, die Anlage von ihrer Beschaffenheit und ihrem Ausmass her in der Regel öffentliche Interessen berührt und in irgendeiner Form eine Verbindung zum Erdboden und zur Atmosphäre aufweist, kann sie als bauliche Anlage bezeichnet werden. Bauliche Anlagen sind also vom Menschen geschaffene Systeme, die Anlageteile mit sehr verschiedenen Charakteristiken umfassen können: bautechnische, natürliche, verfahrenstechnische sowie ver- und entsorgungstechnische Teile werden in einer baulichen Anlage vereinigt. Bauliche Anlagen können daher als **physische Systeme**[42] bezeichnet werden.

---

[42] *Knöpfel H., Modelle für die Leitung von Bauprojekten, in SI+A Heft 7, Zürich 1983*

b)   Bauliche Anlage als Physisches System

Technische Systeme sind künstliche, vom Menschen für bestimmte Zwecke geschaffene Systeme. Sie erfüllen das Kausalitätsprinzip, indem sie als Ursachen (Mittel) von gewissen Wirkungen dienen. Der zielgerichtete Mensch muss Ursachen bzw. Systeme schaffen, die zum gewünschten Zeitpunkt die geforderten Wirkungen erzeugen.

Natürliche Systeme werden nicht vom Menschen eingerichtet, sondern treten in der Natur auf. Sie können vom Menschen nur durch Veränderung von Rahmenbedingungen beeinflusst werden. Das innere Geschehen und die innere Struktur von natürlichen Systemen lässt sich nicht direkt verändern. Bauliche Anlagen sind künstliche, also vom Menschen geschaffene, physische Systeme mit technischen und natürlichen Teilen. Der übergeordnete Zweck aller künstlichen Systeme ist die Befriedigung menschlicher Bedürfnisse. Bei baulichen Anlagen werden diese Bedürfnisse durch eine Nutzung der Anlage zur direkten Bedarfsdeckung (Konsum, Infrastruktur) oder durch Nutzung zum Erzeugen von Leistungen befriedigt[43].

Das beabsichtigte und zielgerichtete **Verhalten** eines künstlichen Systems äussert sich in seinen Wirkungen. Diese Wirkungen ergeben bei einer baulichen Anlage die Nutzungsmöglichkeiten der Anlage. Wenn das Verhalten eines Systems richtig und zweckgebunden ist, kann man auch von Funktionen des Systems sprechen. Sie entstehen aus einer Reihe von erzwungenen, internen Vorgängen (Prozesse, Transformationen), die notwendig sind, um die äusseren Systemwirkungen zu erreichen.

Die Beschreibung von **Systemzuständen** ist bei dynamischen, also sich verändernden Systemen von Bedeutung. Ein Zustand wird beschrieben durch die Systemstruktur und die Gesamtheit der Werte aller Systemeigenschaften zu einem bestimmten Zeitpunkt. Systeme können sich in abstrakten (gedachten, gezeichneten, fotografierten) oder konkreten Zuständen befinden. Bauliche Anlagen zeigen während der Projektabwicklung eine grosse Dynamik. Dabei liegen bauliche Anlagen während ihrer Gestaltung zuerst als Bedarf oder Anforderungen (gewünschte Wirkung), dann als Idee und schliesslich als Plan und Zeichnungen vor. Dieser zunehmend genaueren Beschreibung der baulichen Anlage folgt während der Herstellung eine zunehmende Konkretisierung. Durch die Nutzung der baulichen Anlage werden dann ihre Wirkungen endgültig bestimmt.

Durch das gewünschte Systemverhalten ist der **Systemaufbau,** die Struktur eines Systems nicht eindeutig bestimmt. Umgekehrt werden aber durch den Aufbau des Systems seine Wirkungsmöglichkeiten eindeutig festgelegt. Die äusseren Wirkungen oder Eigenschaften eines Systems haben ihre Ursache in elementaren konstruktiven und natürlichen Eigenschaften. In der Phase des Entwurfs eines physischen Systems werden diese elementaren Eigenschaften festgelegt und zusammengefügt. Damit werden alle übrigen Eigenschaften einer baulichen Anlage erzielt. Unter den Elementareigenschaften beste-

---

43 *Berger R., Bauprojektkosten, Zürich 1988*

hen aber Relationen, die den Entwurfsablauf einer baulichen Anlage komplizieren. Die elementaren Konstruktionseigenschaften können wie folgt zusammengefasst werden[44]:
- Struktur, innerer Aufbau
- Gestalt, Form
- Abmessungen, Toleranzen
- Material, Oberflächen
- Konstruktions- und Herstellungsart.

Als **Struktur** wird der innere, konstruktive Aufbau des Systems, die innere Ordnung seiner Subsysteme und Elemente verstanden. Durch die Struktur wird das Verhalten eines Systems eindeutig bestimmt. Die Elemente sind Träger von untergeordneten Funktionen, welche in der entsprechenden Kombination durch die Beziehungen zwischen bestimmten Eigenschaften der Elemente (mechanisch, elektrisch, magnetisch, chemisch, thermisch, zeitlich, räumlich etc.) das äussere Verhalten des Systems in seiner Erstellung und Nutzung bewirken[45].

Das äussere Erscheinungsbild eines Systems, Subsystems oder Elementes wird beschrieben durch seine **Gestalt bzw. Form**, also seine Objektgeometrie. Als Merkmal ist die Gestalt bzw. Form von ausschlaggebender Bedeutung für das Erscheinungsbild, die äussere und innere Ästhetik und die Platzverhältnisse für die Nutzung, z.B. die Ergonometrie der baulichen Anlage. Aber auch die Herstellungs- und Transporteigenschaften werden stark beeinflusst durch die Gestalt bzw. Form.

Die **Abmessungen** legen die Grösse eines Systems, Subsystems oder Elementes fest, die **Toleranzen** die erlaubten Abweichungen von den Soll-Abmessungen. Die Abmessungen beeinflussen die Herstellungs-, Montage- und Transporteigenschaften des Systems und seiner Teile, aber auch weitere Eigenschaften wie die Steifigkeit oder das Erscheinungsbild. Andererseits sind sie abhängig von der Materialwahl, der Festigkeit und der Wirtschaftlichkeit. Die Toleranzen sind bedingt durch das Material und die Herstellungsart des Systems und haben starken Einfluss auf die Montage von vorfabrizierten Teilsystemen und Elementen, sind jedoch auch für die Qualität von entscheidender Bedeutung.

Das **Material** und die **Oberflächen** zeigen sich in der Beschaffenheit eines Systems, Subsystems oder Elementes und in deren äusserem Erscheinungsbild. Die Materialspezifikationen wie z.B.
- Festigkeit
- Steifigkeit bzw. Elastizität
- Abnutzungs- und Korrosionsbeständigkeit
- Farbe und andere Oberflächeneigenschaften

---

44 Hubka V., *Theorie technischer Systeme, 2. Auflage, Berlin 1984*

45 Knöpfel H., *Modelle für die Leitung von Bauprojekten, in SI+A Heft 7, Zürich 1983*

- Bearbeitbarkeit
- Bedienungs-, Reinigungs-, Wartungs- und Unterhaltsfreundlichkeit
- relative Häufigkeit der Verwendung

sind vor allem aus der Sicht der Nutzung wichtig, aber auch für die Projektierung, Beschaffung, Herstellung, Montage und Qualitätskontrolle wesentlich.

Die **Konstruktions- und Herstellungsart** beeinflusst die äusseren Eigenschaften eines Systems, Subsystems oder Elementes nur indirekt. Bei baulichen Anlagen wird dagegen die Konstruktions- und Herstellungsart zu einem hohen Grad durch die Anforderungen an alle übrigen elementaren Eigenschaften beeinflusst (konstruktiver Aufbau, Gestalt bzw. Form, Abmessungen und Toleranzen, Materialwahl und Oberflächenbeschaffenheit). Aber auch durch weitere, nicht mehr elementare (d.h. durch Kombination von elementaren Eigenschaften ableitbare) Anforderungen an die bauliche Anlagen wie

- Aufbau und Aussehen
- Betriebseigenschaften oder
- wirtschaftliche Eigenschaften (möglichst einfache Gestalt, kleine Abmessungen bei grösserer Elastizität, preisgünstiges Material mit wenig nachzubearbeitenden Oberflächen),

wird die Konstruktions- und Herstellungsart festgelegt.

Bauliche Anlagen stehen während ihres ganzen Lebenslaufs mit der **Systemumgebung** in Verbindung. Sie stehen in Wechselwirkung mit umgebenden Systemen. Berger[46] bezeichnet als Systemumgebung alle Elemente, die auf das System bauliche Anlage einwirken, deren Umgestaltung aber als nicht möglich, nicht vertretbar oder nicht wünschenswert erachtet wird.

A3.2.5 Bauprojektorganisation (erzeugendes System)

a)   Begriff "Bauprojektorganisation"

Ein Bauprojekt ist eine zeitlich und leistungsmässig abgegrenzte Gesamtaufgabe. Die Bauprojektorganisation ist demzufolge die temporäre Organisation, welche die zur detaillierten Festlegung und Bearbeitung sämtlicher Aufgaben im Rahmen der Gesamtaufgabe notwendigen Leistungen erbringt. Die Bauprojektorganisation als erzeugendes System besteht aus der Gesamtheit der zur Abwicklung eines Projektes eingesetzten Personen und Sachmittel[47], ihren Beziehungen untereinander sowie den organisatorischen Regelungen, soweit sie nicht der Projektumgebung zugeordnet werden.

---

46 Berger R., Bauprojektkosten, Zürich 1988

47 Bleicher K., Die Organisation der Unternehmung aus systemtheoretischer Sicht, in: K. Bleicher (Hrsg.), Organisation als System, Wiesbaden 1972

Die **Projektbeteiligten** sind all diejenigen juristischen oder natürlichen Personen, welche im Rahmen der Projektorganisation eine Funktion haben. Ein **Organ** ist eine Gruppierung von Stellen, die innerhalb der Projektorganisation mit bestimmten Funktionen (Arbeitsgruppen, Sitzungen, etc.) betraut ist. Eine **Stelle** ist ein Aufgabenkomplex, der von einer Person oder einer einheitlich auftretenden Personengruppe (Stelleninhaber) wahrgenommen wird, jedoch theoretisch von Personenwechseln unabhängig ist. Sie ist die kleinste organisatorische Einheit. Dabei wird als Funktion die verantwortliche Teilnahme an der Erfüllung einer Aufgabe bezeichnet.

Unter **Zuständigkeit** versteht man die einer Stelle oder einem Organ zugeordnete Ermächtigung, sachbezogene Entscheidungen zu treffen, Handlungen zur Bearbeitung von Aufgaben vorzunehmen und Anordnungen zu geben. Zuständigkeiten schaffen die Handlungsmöglichkeiten der entsprechenden Stelleninhaber. Im Gegensatz dazu soll unter **Kompetenz** die reine Sachverständigkeit oder Befähigung, Entscheidungen zu treffen, Handlungen vorzunehmen und Anordnungen zu geben, verstanden werden.

b)   Bauprojektorganisation als soziotechnisches System

Eine Organisation ist ein soziotechnisches System, das im Falle einer Bauprojektorganisation als Subsystem des Bauprojektsystems verstanden werden kann. Sie erhält vom Zielsystem die generellen System- und Vorgehensziele, die sie in detaillierte Ziele und operationale Aufgaben umsetzt. Die Zielsetzungen und das Mass der Zielerreichung werden allerdings von der Organisation auch mitgeprägt. Sie ist also selbst sowohl zielabhängig als auch zielbestimmend. Die Struktur der Projektorganisation wird im Einzelfall von der zu erstellenden oder zu verändernden Anlage wesentlich beeinflusst. Allgemein kann das System Organisation unterteilt werden in die Subsysteme Personal- und Sachmittelsystem, Aufgabensystem und Informationssystem. Dazu können Zielsetzungs-, Leitungs- und Ausführungsaspekte unterschieden werden. Die Gesamtheit der Organisationselemente wird durch die Gestaltung der Beziehungen formal strukturiert.

Das **Personal- und Sachmittelsystem** der Bauprojektorganisation umfasst alle projektbeteiligten Personen und die ihnen zugewiesenen Sachmittel. Diese Projektbeteiligten sind auf jeder Hierarchieebene in mehreren Organisationseinheiten zusammengefasst, die sich ihrerseits aus weiteren Organisationseinheiten oder aus Stellen zusammensetzen. Beim Aufbau einer Bauprojektorganisation werden einerseits die notwendigen Organe und Stellen festgelegt, andererseits werden die Stellen dann mit Personen, den Stelleninhabern, besetzt. Die Stellen, Organisationseinheiten und Organe der Organisation sind die eigentlichen Leistungsträger bei der Bearbeitung der Gesamtaufgabe Bauprojekt. Da es sich bei einer Bauprojektorganisation um eine **temporäre** Organisation handelt, werden diese Leistungsträger für das jeweilige Projekt ausgesucht und vertraglich bzw. durch Anordnungen einer Stammorganisation in die Projektorganisation eingebunden. Die für die Leistungen letztlich verantwortlichen Organisationen (Unternehmungen etc.) werden als Stammorganisation bezeichnet.

In einer Bauprojektorganisation können folgende Typen von Projektbeteiligten unterschieden werden:
- **Auftraggeber:** dasjenige Organ in der Bauprojektorganisation, welches als Auftraggeber (Bauherr) für das Gesamtprojekt auftritt.
- **Projektleiter Bauherr:** diejenige Stelle in der Bauprojektorganisation, welche auf der Seite des Auftraggebers die Anordnungsbefugnis gegenüber dem Gesamtprojektleiter hat.
- **Benutzer:** diejenige Organisationseinheit in der Bauprojektorganisation, welche die bauliche Anlage nach der Inbetriebsetzung benützt.
- **Betreiber:** diejenige Organisationseinheit in der Bauprojektorganisation, welche nach der Inbetriebsetzung der geplanten baulichen Anlage deren Betrieb und Unterhalt besorgt.
- **Gesamtprojektleiter:** für den Gesamtprojekterfolg verantwortliche Stelle (steht der Gesamtprojektleitung vor).
- **Gesamtprojektleitung:** für die Dauer eines Projektes geschaffenes Organ, welches für Planung, Steuerung und Überwachung des Projektes verantwortlich ist. Die Gesamtprojektleitung kann den Bedürfnissen der Projektphasen angepasst werden.
- **Projektierende:** alle Projektbeteiligten, welche mit der Projektierung oder der Planung und Beratung im Rahmen eines Bauprojektes beauftragt sind.
- **Bauleitung:** diejenige Organisationseinheit in der Bauprojektorganisation, welche mit der Koordination und Kontrolle der Erstellung der baulichen Anlage betraut ist.
- **Ausführende und Lieferanten:** alle Projektbeteiligten, welche sich durch Unterzeichnung eines Werkvertrags zur Erstellung oder Lieferung einer baulichen Anlage oder Teilen davon verpflichtet haben.

Je nach Leistungsangebot der Stammorganisation können dabei derselben Stammorganisationen verschiedene Stellen in der Projektorganisation zugewiesen werden.

Die wichtigsten Arten von Stellen der Projektumgebung sind:
- **Geldgeber:** stellt die Finanzierung des Projektes sicher (Bauherr selbst, Banken, Versicherungen, Subventionsgeber oder andere).
- **Versicherer:** Institutionen, welche während der Dauer des Projektes und während der Lebensdauer der realisierten Anlage beim Eintreten bestimmter Risiken die finanziellen Folgen oder Teile davon decken.
- **Nachbarn:** Nachbarn besitzen oder benützen die Grundstücke und baulichen Anlagen, welche an das Areal des Bauprojektes angrenzen oder in der Nähe des Areals liegen.
- **Behörden:** Behörden, Ämter, Werke und andere öffentlichrechtliche Organe vertreten die Interessen der Öffentlichkeit und der Umwelt. Sie erteilen bzw. besitzen auf verschiedenen Gebieten Konzessionen (Leitungsnetze etc.).

Zwischen den Elementen des Personalsystems bestehen Beziehungen verschiedener Natur. Die gewollten, in Organisationsreglementen festgehaltenen Beziehungen ergeben die **formale** Struktur, welche die hierarchischen Verhältnisse der verschiedenen Organe und Stellen untereinander festlegt. Durch soziale Beziehungen ergibt sich nebst der formalen noch eine **informale** Struktur der Organisation. Das Auftreten von Ziel- und Strukturkonflikten und die entsprechende Dynamik ist für soziotechnische Systeme charakteristisch und kann auf die Leistungserbringung und Wirtschaftlichkeit des Systems erhebliche günstige oder ungünstige Einflüsse haben.

Das **Aufgabensystem** der Organisation besteht aus den hierarchisch stukturierten Aufgaben, welche im Rahmen des Bauprojektes zu lösen sind. Sie ergeben sich aus der Zielstruktur, und ihre Formulierung ist selbst ein Aufgabenkomplex, der im Rahmen der Bauprojektorganisation zu bearbeiten ist. Die Entwicklung des Aufgabensystems erfolgt laufend in dem Mass, in dem sich das durch die Organisation zu gestaltende, physische System bzw. seine Abbildung in Plänen, Berichten etc. entwickelt. Die Aufgaben werden dann aufgrund von Verteilungsbeziehungen den einzelnen Organisationseinheiten der Projektorganisation zur Bearbeitung zugeordnet. Die Gestaltung dieser Verteilungsbeziehungen ist Grundlage für die vertragliche Einbindung der verschiedenen Stammorganisationen in die Projektorganisation mittels Auftrags- oder Werkvertragsverhältnissen.

Das letzte Subsystem des Organisationssystems ist das **Informationssystem**. Ein Informationssystem kann als die Gesamtheit aller Einrichtungen, Hilfsmittel und Methoden und deren Zusammenwirken bei der Erfassung, Weiterleitung, Be- und Verarbeitung, Auswertung und Speicherung von Informationen aufgefasst werden[48]. Dabei wird Information im Sinne der Informatik als eine gedankliche, grafische oder sprachliche Darstellung von realen oder gedachten Sachverhalten verstanden. Informationen umfassen Daten und diejenigen Zusammenhänge zwischen den betroffenen Daten, welche für die Darstellung eines gewissen Sachverhaltes relevant sind. Für Schalcher[49] bedingt Information einen Zuwachs an Wissen bei einem Empfänger, bzw. es wird von diesem als Mangel empfunden, wenn die Information fehlt. Informieren ist die Tätigkeit des Informierens, also der gezielten Weitergabe von Informationen oder Daten ohne eigene Stellungnahme.

Das Informationssystem setzt sich in seiner allgemeinen Struktur im wesentlichen zusammen aus einem Kommunikationssystem und einem Dokumentationssystem. Kommunikation ist der Austausch von Informationen oder Daten zwischen den Stellen oder Teilsystemen der Organisation oder zwischen Organisationen. Kommunikation kann nur stattfinden, wenn Sender und Empfänger ein gemeinsames Bezugssystem haben. Sie wird letztlich durch Menschen realisiert. Aufgabe des Dokumentationssystems ist das Erfassen, Sammeln, Ordnen, Speichern und Aufschliessen von Dokumenten derart, dass eine gesuchte Information rasch und einfach gefunden werden kann.

---

48 Brandenberger J., Ruosch E., *Ablaufplanung im Bauwesen, Dietikon 1987*

49 Schalcher H.R., *Optimale Gestaltung und Nutzung des Kommunikationssystems für die Verwirklichung eines Bauvorhabens, IB ETH, Zürich 1979*

Im Bauwesen, ebenso wie in den gesamten Natur- und Ingenieurwissenschaften, stellt Information eines der Grundbedürfnisse dar. Eine Projektorganisation kann nur funktionieren, wenn alle Beteiligten die notwendigen Informationen erhalten. Information wird vom Mitarbeiter als Ausdruck der Wertschätzung verstanden[50] und erfüllt insofern eine soziologische Funktion. Die einzelnen Projektbeteiligten benötigen zur Bearbeitung ihrer Aufgaben rechtzeitig die vollständigen und genauen Informationen zum Projekt, welche Voraussetzung für ihre zielgerechte Aufgabenerledigung sind. Im Projektablauf kann zwischen notwendigen und unnötigen Informationen unterschieden werden. Notwendige Informationen sind diejenigen, welche ein Projektbeteiligter benötigt, bevor er seinen nächsten Arbeitsschritt unternehmen kann. Sie müssen in verständlicher Sprache abgefasst, vollständig, fehlerfrei und rechtzeitig verfügbar sein, um den Bauprojektablauf nicht zu verzögern. Durch die Arbeit des Projektbeteiligten werden wiederum Informationen erzeugt, die in geeigneter Form weitergegeben, weiterverarbeitet oder abgelegt werden müssen.

A3.2.6 Umgebung von Bauprojekten

a)   **Gliederung der Umwelt**

Die Betrachtung eines Bauprojektablaufes als offenes, dynamisches und soziotechnisches System bedingt seine Abgrenzung. Damit wird eine Systemumgebung definiert. Die Einflüsse der Umgebung auf das Bauprojekt müssen laufend erkannt, analysiert und miteinbezogen werden. Zur einfacheren Behandlung dieser Einflüsse werden sie gegliedert.

Burger[51] beschreibt die Bauprojektumgebung mittels vier Arten von Rahmenbedingungen mit entsprechend ihrer Reihenfolge zunehmend dominanter Wirkung:
- technologische (physische),
- ökonomische,
- juristische und
- sozialpsychologische Rahmenbedingungen.
Die Rahmenbedingungen sind standortgebunden und beeinflussen die Zielstruktur des Bauprojektes stark. Sie sind über die Zeit veränderlich und müssen allenfalls während des Bauprojektablaufes geschaffen oder geändert werden.

Berger[52] versteht die Umgebung einer baulichen Anlage und der Projektorganisation als Restriktionen, welche dem Projektablauf von Elementen auferlegt werden, die auf das System einwirken, deren Umgestaltung aber als nicht möglich, nicht vertretbar oder

---

50 *Brandenberger J., Ruosch E., Ablaufplanung im Bauwesen, Dietikon 1987*

51 *Burger R., Bauprojektorganisation - Modelle, Regeln und Methoden, Institut für Bauplanung und Baubetrieb, Zürich 1985*

52 *Berger R., Bauprojektkosten, Zürich 1988*

nicht wünschenswert erscheint. Diese Umgebungselemente werden in drei Umgebungs-
sphären gegliedert:
- physische Restriktionen
- gesellschaftsbezogene Restriktionen
- wirtschaftsbezogene Restriktionen.

Dabei werden auf dieser obersten Ebene keine juristischen Restriktionen unterschieden,
weil für Berger letztlich alle Rahmenbedingungen juristisch relevant sind, da sich zwischenmenschliche Beziehungen nie im rechtsleeren Raum abspielen. Die eigentlichen
rechtlichen Rahmenbedingungen (öffentliches und privates Recht) werden aber auf der
nächsttieferen Strukturstufe unter den gesellschaftsbezogenen Restriktionen aufgeführt.

Briner[53] geht bei seiner sehr gründlichen Strukturierung des Umfeldes von Bauprojekten von zwei allgemeingültigen Gegensatzpaaren aus. Diese Gegensatzpaare sind Wille
und Verfügbarkeit sowie Veränderung und Bewahrung. Durch Kombination von je zwei
benachbarten Elementen der übers Kreuz angeordneten Begriffspaare lassen sich vier
Kategorien von Rahmenbedingungen und Zielsetzungen unterscheiden Figur A.8):
- durch Verfügbarkeit und Bewahrung die **Gegebenheiten und Ordnungen,**
- durch Wille und Bewahrung die **Schutzbestrebungen**
- durch Verfügbarkeit und Veränderung die **Potentiale** und
- durch Wille und Veränderung die **Verbesserungsbestrebungen,** die den Zielsetzungen für das Bauprojekt entsprechen.

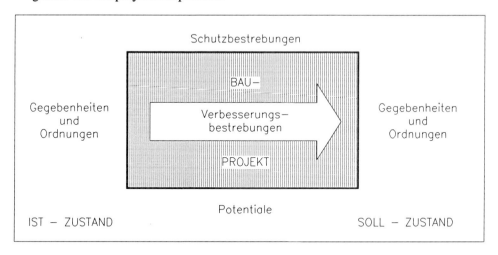

Figur A.8   Der Rahmen von Bauprojekten nach Briner

53 Briner H., Der Ablauf von städtischen Tiefbauprojekten - Eine Modellstruktur, Institut für Bauplanung und
    Baubetrieb 1986

Daenzer[54] beschreibt die Umwelt eines zu gestaltenden Systems als eine Quelle von Erkenntnissen für die Systemgestaltung, welche
- Anstösse zur Systemveränderung,
- Möglichkeiten und Beschränkungen für neue Systeme,
- Mittel zur Realisierung von Problemlösungen und
- Fakten zur Bewertung und Entscheidung liefert.

Dabei können natürliche, ökologische, technische, soziale, praktische, juristische, personelle, volkswirtschaftliche, betriebswirtschaftliche und finanzielle Einflussfaktoren unterschieden werden. Die Einflussfaktoren aus der Umwelt können passiver oder aktiver Art sein, fördernd oder hindernd wirken und qualitativer oder quantitativer Natur sein. Sie sind normalerweise nicht auf einen bestimmten Zustand fixiert, sondern können sich eigen- oder fremdbestimmt weiterentwickeln.

Die Einflussfaktoren auf das System Bauprojekt können als Interessen und andere Faktoren verstanden werden, die sich auf das Bauprojektsystem oder dessen Subsysteme beziehen. Bei der Unterteilung des Bauprojektsystems in die drei wesentlichen Subsysteme Zielsystem, Bauprojektorganisation und bauliche Anlage sowie den Bauprojektablauf als Veränderungen der Subsysteme können die Einflussbereiche und Rahmenbedingungen gemäss Figur A.9 unterschieden werden.

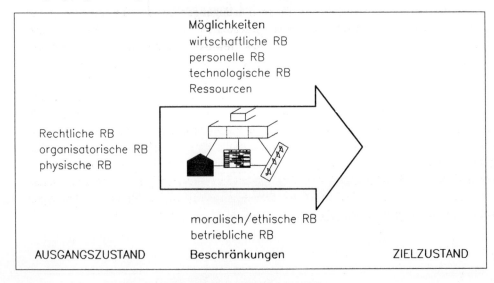

Figur A.9   Die Rahmenbedingungen von Bauprojekten

54 Daenzer W.F. (Hrsg.), Systems Engineering, 3. Auflage, Zürich 1982

b) Ausgangszustand

In dieser Kategorie von Rahmenbedingungen werden alle Faktoren und Elemente zusammengefasst, welche den Ist-Zustand oder die Ausgangslage beschreiben. Dies sind insbesondere rechtliche Rahmenbedingungen, organisatorische Rahmenbedingungen sowie physische Rahmenbedingungen.

Ausgangszustand	rechtliche Rahmenbedingungen
	organisatorische Rahmenbedingungen
	physische Rahmenbedingungen

I. Rechtliche Rahmenbedingungen

Die rechtlichen Rahmenbedingungen umfassen die übergeordneten Ordnungen von Staat und Wirtschaft. Sie beeinflussen das Bauprojekt als Ganzes. Insbesondere umfassen sie auch die in einem Projekt zu berücksichtigenden rechtlichen Verfahren und die vorgeschriebenen administrativen Abläufe. Auch alle Anforderungen an ein Bauprojekt, die eine Begrenzung, bzw. Verhinderung von Belastungen der natürlichen und bebauten Umwelt (Menschen, Fauna und Flora, Bebauungen) mit schädlichen Einflüssen zum Ziel haben, sind in den rechtlichen Rahmenbedingungen erfasst. Darunter fallen vor allem das **Umweltschutzgesetz** und die entsprechenden Verordnungen, die Lärmschutzverordnung, die Luftreinhalteverordnung, das Gewässerschutzgesetz mit den entsprechenden Verordnungen, alle übrigen Bestimmungen des Naturschutzes, die im Interesse der Gesunderhaltung der Biosphäre und ihrer Kreisläufe festgelegt wurden und die Bestimmungen der Raumplanung, des Städtebaus und des Heimatschutzes. In der **Baugesetzgebung** werden technische Bedingungen an eine bauliche Anlage festgelegt. Alle Anforderungen an ein Bauprojekt, welche der Verhinderung bzw. Begrenzung von Personen- und Sachschäden dienen, gehören ebenfalls zu den rechtlichen Rahmenbedingungen. Darunter fallen insbesondere die Vorschriften der Bau-, Verkehrs-, Feuer-, Gesundheits- und Bahnpolizei, die Vorschriften zur Unfallverhütung und zum Schutz von Leitungen. In ihrer Gesamtheit beeinflussen die rechtlichen Rahmenbedingungen vor allem den Bauprojektablauf und können wie folgt gegliedert werden:

rechtliche Rahmenbedingungen	Grenzen Grundgesetze Wirtschaftsordnung Baugesetzgebung im weitesten Sinn Umweltschutzgesetze und Heimatschutz rechtliche Verfahren administrative Abläufe

II. Organisatorische Rahmenbedingungen

Die organisatorischen Rahmenbedingungen beschreiben die Umgebungselemente der Projektorganisation und wirken dabei auch auf die Bauprojektorganisation. Sie umfassen insbesondere die Verhältnisse in den Stammorganisationen, die Rechte und Pflichten in den Organisationen sowie die Richtlinien und Standards, welche zur Anwendung kommen.

III. Physische Rahmenbedingungen

Die physischen Rahmenbedingungen beschreiben im wesentlichen die natürliche und technische Umgebung der baulichen Anlage. Sie wirken daher vorrangig auf das zu gestaltende technische System und lassen sich gliedern in Atmosphäre, Geosphäre, Biosphäre und Technosphäre.

c)   Möglichkeiten und Beschränkungen

In der zweiten Kategorie von Rahmenbedingungen sind alle Faktoren und Elemente zusammengefasst, die als Werte, Mittel oder **Möglichkeiten** bei der Abwicklung eines Bauprojekts in Erscheinung treten können sowie die **Beschränkungen**, welche den Freiheitsgrad für die Projektierung und Erstellung einer baulichen Anlage einengen.

Möglichkeiten / Beschränkungen	Wirtschaftliche Rahmenbedingungen personelle Rahmenbedingungen technologische Rahmenbedingungen Ressourcen betriebliche Rahmenbedingungen moralisch / ethische Rahmenbedingungen

I. Wirtschaftliche Rahmenbedingungen

Die wirtschaftlichen Rahmenbedingungen umfassen alle übergeordneten Faktoren der Wirtschaft, welche bei der Abwicklung eines Bauprojektes Einfluss auf das Bauprojektsystem haben. Sie lassen sich in gesamt- und einzelwirtschaftliche Einflussgrössen gliedern, nämlich Konjunktursituation und staatliche Interventionen.

II. Personelle Rahmenbedingungen

Die personellen Rahmenbedingungen ergeben sich aus der Anzahl und den Qualifika-
tionen der in der Bauprojektorganisation zur Verfügung stehenden Arbeitskräfte. Die
projektierenden und ausführenden Projektbeteiligten sowie der Bauherr sind abhängig
von den zeitlichen und kostenmässigen Bedingungen der Inanspruchnahme von Personal. Diese Bedingungen wirken sich vorrangig auf den Bauprojektablauf, aber auch auf
die Bauprojektorganisation aus.

III. Technologische Rahmenbedingungen

Die technologischen Rahmenbedingungen beschreiben die Grenzen der Projektierbarkeit und Ausführbarkeit eines Bauprojektes. Für die Projektierbarkeit zählt insbesondere die Verfügbarkeit des einsetzbaren Know-hows, der aktuelle und verfügbare Stand
der Technik, die entsprechenden Produktionssysteme und die notwendigen, grundlegenden Informationen. Die Ausführbarkeit hängt ab vom verfügbaren Know-how bezüglich
Bauverfahren, von den einsetzbaren Produktionssystemen, Maschinen und Geräten
sowie den zur Verfügung stehenden Spezialfabrikaten.

IV. Ressourcen

Die ressourcenmässigen Rahmenbedingungen umfassen die Verfügbarkeit aller Mittel,
die als Basis-Input von Bauprojekten gelten können. Insbesondere fallen hierunter die
Energieträger, Rohstoffe und Baumaterialien, Produkte, die Bodenflächen sowie die
Deponievolumen.

V. Betriebliche Rahmenbedingungen

Durch die betrieblichen Rahmenbedingungen wird das zulässige Mass einer allfälligen
zeitlichen und/oder räumlichen Einschränkung des Betriebes einer bestehenden Anlage
beschrieben.

VI. moralisch / ethische Rahmenbedingungen

Die sozialpsychologischen Rahmenbedingungen sind zu verstehen als die üblichen
Wertungen, Reaktionen und Verhaltensweisen von Individuen oder Gruppen, welche
sich durch ein Bauprojekt vor eine bestimmte Situation gestellt sehen. Im wesentlichen
kann dabei unterschieden werden zwischen einer direkten Reaktion und Einflussnahme
der Betroffenen durch juristische (Einsprachen), politische (z.B. Initiativen) oder unter-
nehmerische und persönliche (z.B. Gespräche, Gegenmassnahmen) Schritte und der
indirekten Einflussnahme durch die Umsetzung von prophylaktischen Vorschriften
durch Beamte in den betreffenden Amtsstellen.

Die direkte Einflussnahme drückt sich aus in der "öffentlichen" Meinung und den daraus
resultierenden Vorschriften bezüglich der Einordnung von baulichen Anlagen in ihre
Umgebung wie etwa Nachbarrecht, Heimatschutz, Denkmalpflege, Bau- und Planungsrecht.

A3.2.7 Veränderungen im Bauprojektsystem: Bauprojektablauf

a)   Begriff Bauprojektablauf

Das Wort Ablauf wird im deutschen Sprachgebrauch[55] definiert als "vom Anfang bis zum Ende **geregelter**, organisierter Verlauf". In der betriebswirtschaftlichen Terminologie wird unterschieden zwischen dem Ablauf als Folge von zusammenhängenden **Ereignissen** und der Ablaufstruktur als Gesamtheit der Relationen zwischen den Elementen eines Ablaufes[56]. Anstelle einer Folge von Ereignissen wird auch von einer Folge von **Zuständen** eines Objektes[57] oder von einer Folge von **Vorgängen**, welche sich aus den technologischen Bedingungen ergibt, um den Fortgang des Vorhabens in Richtung des angestrebten Ziels zu erhalten[58], gesprochen. Als Merkmale von Planungs- und Bauabläufen kann ihre **Mehrlinigkeit** (bedingt durch die arbeitsteilige Leistungserbringung) und ihre **Vernetzung** (bedingt durch die technologische Abhängigkeit der Vorgänge) angegeben werden. Der Projektablauf ist nicht nur eine sequentielle Folge von **Leistungen**, sondern umfasst auch Rückkopplungen[59].

Das Ziel der Ablaufsynthese ist die sach- und formalzielgerechte Aufgabenerfüllung[60] durch Einführung der Ordnungskomponenten Raum und Zeit. Dabei werden im wesentlichen Zuordnungs-, Reihenfolge-, Standort- und Prognoseprobleme gelöst und die verfügbaren Produktionsfaktoren nach Art, Menge, Raum und Zeit bestimmt. Die Ablaufstruktur eines Bauprojektes kann als zeitliche Folge von Aufgaben und Teilaufgaben in einer Organisation beschrieben werden[61].

Der Projektablauf kann als Menge aller Veränderungen des Projektsystems aufgefasst werden. Er besteht im wesentlichen aus Zuständen, Vorgängen und Ereignissen, die untereinander durch Beziehungen verknüpft sind. Dadurch ergibt sich ihre innere Ordnung und insbesondere Reihenfolge.

Der **Bauprojektablauf** kann also definiert werden als zeitliche Folge von bei der Abwicklung eines Bauprojektes auftretenden Zuständen, Vorgängen und Ereignissen.

---

55 *Der Duden in 10 Bänden, Band 10 "Bedeutungswörterbuch", Mannheim, 2. Aufl. 1985*

56 *Niewerth H. und Schröder J. (Hrsg.), Lexikon der Planung und Organisation, Quickborn 1968*

57 *Schregenberger J. W., Methodenbewusstes Problemlösen, ETH Dissertation Nr. 6625, revidierte Fassung, Zürich 1981*

58 *Rösel W., Baumanagement, Berlin 1987*

59 *Pozzi A., Knöpfel H., Autografie Projekt-Management, IB ETH, Zürich 1978*

60 *Zogg A., Systemorientiertes Projekt-Management, Zürich 1974*

61 *Burger R., Bauprojektorganisation - Modelle, Regeln und Methoden, IB ETH, Zürich 1985*

b)   Vorgänge und Ereignisse

Laut DIN[62], welche die Begriffe der Netzplantechnik normiert, kann unter einem Ablaufelement ein Element zur Beschreibung von Sachverhalten (Zustände, Geschehen, Abhängigkeiten) eines Ablaufes verstanden werden. Mit den Elementen des Projektablaufes sind Merkmale bzw. Eigenschaften verknüpft, nämlich:

- **Art** des Ablaufelementes,
- **Inhalt** des Ablaufelementes,
- **Objekt** und **Raum** (geometrischer Ort), auf welche sich das Element bezieht,
- **Zeitpunkt** und **Zeitdauer** des Ablaufelementes,
- **Sachmittel**, welche für das Ablaufelement benötigt werden und
- **ausführende Instanz** für das Ablaufelement.

I.   *Art des Ablaufelementes*

Gemäss DIN 69'900 gibt es drei Arten von Ablaufelementen: Vorgänge, Ereignisse und Anordnungsbeziehungen. Ein **Vorgang** wird definiert als Ablaufelement, das ein bestimmtes **Geschehen** beschreibt. Ein Vorgang erfordert Zeit, sein Anfang und sein Ende sind definiert. Unabhängig von der Feinheit der Gliederung eines Ablaufs werden alle Ablaufelemente, die sich auf ein zeiterforderndes Geschehen im Projektablauf beziehen, als Vorgang bezeichnet.

Ein **Ereignis** beschreibt das Eintreten eines bestimmten **Zustandes**. Dabei kann es sich um einen angestrebten Projektzustand oder um eine durch die Projektumgebung sich ergebende oder erzwungene Situation handeln. Die Beziehungen zwischen Vorgängen und Ereignissen werden als Anordnungsbeziehungen oder Abhängigkeiten bezeichnet.

II.   *Inhalt der Ablaufelemente*

Die **Vorgänge** als Geschehen im Projektablauf haben meist in irgendeiner Form eine Aufgabenbearbeitung zum Inhalt. Diese Aufgabenbearbeitung ist eine Leistungserstellung bzw. -erbringung einer ausführenden Instanz und als solche eine zielgerichtete Tätigkeit. Die Leistungen, welche erbracht werden, können Dienst- oder Sachleistungen sein. Dementsprechend werden also entweder vorwiegend Informationen oder überwiegend Material verarbeitet. Bei Vorgängen mit überwiegender Informationsverarbeitung handelt es sich entweder um informationelle Sachbearbeitung (z.B. Bemessung eines Tragwerkteils) oder um die Führung bzw. Leitung von Arbeiten. Vorgänge mit überwiegend materialverarbeitendem Charakter haben in der Regel eine Ver- und Bearbeitung sowie den Transport von realen Objekten zum Inhalt .

Ereignisse werden beschrieben durch den Zustand, der erreicht werden soll bzw. der eintrifft; z.B. "Baubewilligung eingetroffen" oder "Schalungsplan Nr. 0349 geliefert". Ereignisse ermöglichen eine Gliederung der Vorgänge im Ablauf und haben die Wirkung von Entscheidungs- und Kontrollpunkten.

---

62 *Deutsche Norm 69'900, Teil 1, Netzplantechnik - Begriffe*

III.   Objekt und Raum der Ablaufelemente

Vorgänge als zeiterforderndes Geschehen und Ereignisse als Zustände beziehen sich im Projektablauf immer auf einen Teil der Anlagenstruktur der baulichen Anlage. Sie können sich dabei auf verschiedene hierarchische Ebenen dieser Struktur beziehen, etwa auf einen ganzen Bauwerksteil oder auf ein einzelnes Element. Mit der Verknüpfung von Ablaufelement und Objekt ist auch der räumliche Bezug des Ablaufelementes gegeben.

Auf welche Ebene der Anlagenstruktur sich ein Vorgang bezieht, hängt vom Detaillierungsgrad der Aufgabenstellung für die ausführende Instanz und von der Feinheit des Ablaufplanes ab. So kann in einem groben, wenig detaillierten Ablaufplan ein Vorgang "Ausführungspläne Rohbau" auftreten, der ein grosses Aufgabegebiet umfasst und dessen ausführende Instanz als Einsatzmittel über eine Gruppe von Projektierenden verfügt. In einem detaillierten Ablaufplan kann ein Vorgang im extremen Fall die einzelne Tätigkeit einer projektbeteiligten Person sein, z.B. "Zeichnen des Schnittes A-A zum Schalungsplan Nr. 0349". Diese Aussage gilt in gleichem Sinn auch für Ereignisse, die sich auf ganze Anlagen oder kleine Elemente beziehen können (z.B. "ganzes Gebäude ist nutzungsbereit" oder "Garage A23 ist nutzungsbereit").

IV.   Zeitpunkt und Dauer des Ablaufelementes

Beim zeitlichen Bezug der Ablaufelemente lassen sich zwei verschiedene Bezugsarten unterscheiden:
- Zeitpunkte legen den Ort des Ablaufelementes auf der Zeitachse fest.
- Zeitdauern legen die Ausdehnung des Ablaufelementes auf der Zeitachse fest.

Dabei soll eine festgelegte Stelle in einem zeitlichen Ablauf als **Zeitpunkt** verstanden werden. Deren Lage auf einer Zeitachse wird durch Zeiteinheiten beschrieben. Ein Zeitpunkt wird **Termin** genannt, wenn er durch ein Kalenderdatum und eine Uhrzeit ausgedrückt wird. Die Dauer eines Ablaufelementes ist eine genau bestimmte Zeitspanne auf einer Zeitachse. Die Zeitspanne vom Anfang bis zum Ende eines zeiterfordernden Elementes wird als Vorgangsdauer bezeichnet. Aus der Definition der Ablaufelemente lässt sich ableiten, dass der zeitliche Bezug von Vorgängen eine Dauer und ein Zeitpunkt, derjenige von Ereignissen ein Zeitpunkt ist.

Bei der Betrachtung des zeitlichen Bezugs spielt die Zeitachse an sich eine grosse Rolle. Auf der einen Seite muss der Massstab der Zeitachse mit dem Detaillierungsgrad des Ablaufplanes übereinstimmen. Es ist nicht sinnvoll, für ein Ablaufelement eines wenig detaillierten Ablaufplanes zur Beschreibung des zeitlichen Bezugs kleine Zeiteinheiten wie Tage oder Stunden zu verwenden. Auf der anderen Seite ist die Wahl des Kalenders der Zeitachse ein wichtiges Kriterium: Es ist zu entscheiden, ob alle Kalendertage oder nur Arbeitstage betrachtet werden, und ob ein Zeitpunkt in Kalendertagen oder in Zeiteinheiten seit Beginn des Ablaufs angegeben wird. Je nach Jahreszeit müssen für gewisse Vorgänge (z.B. der Bauausführung) auch Einschränkungen bezüglich der täglichen möglichen Arbeitszeit oder Unterbrüche wegen der Witterung berücksichtigt werden. Die Produktivität ist also auch von der Kalenderzeit ahängig. Die Qualität wird in der Regel als gegebene Anforderung vorausgesetzt.

V. Einsatzmittel, welche für das Ablaufelement benötigt werden
Ein bestimmter Projektzustand wird erreicht durch ihm vorangehende Tätigkeiten und Geschehnisse. Daher benötigen Ereignisse keine Einsatzmittel, wogegen in den Vorgängen Mittel eingesetzt werden müssen. Nach DIN 69'902 versteht man unter Einsatzmitteln Personal und Sachmittel, die wiederholt oder nur einmalig einsetzbar sind. Sie können in Wert- oder Mengeneinheiten beschrieben und für einen Zeitraum disponiert werden. Die Zuteilung von Einsatzmitteln auf einen Vorgang hat direkten Einfluss auf seine Dauer, aber auch auf die Kosten und Qualität des Ergebnisses.

VI. Ausführende Instanz
Mit einem Auftrag bestimmt die anordnende Instanz eine ausführende Instanz, die über entsprechende Einsatzmittel verfügt, um einen Vorgang durchzuführen. Die ausführende Instanz trägt dabei die Verantwortung für den Vorgang, braucht aber auch die entsprechenden Ermächtigungen und das notwendige Sachverständnis.

c) Abhängigkeiten

Die Beziehungen zwischen Vorgängen und Ereignissen werden in der DIN 69'900 Anordnungsbeziehungen genannt. Briner[63] verwendet dafür den Begriff der Abhängigkeit. Unter einer Abhängigkeit soll eine Beziehung zwischen Ereignissen oder Vorgängen verstanden werden, die deren Abfolge im Ablauf bestimmt. Dieser Beziehung kann ein Zeitabstand mit Vorzeichen als Minimal- oder Maximalbedingung zugeordnet werden. Die Abhängigkeit zeigt, welches Ablaufelement in welchem Zustand sein muss, bevor das nächste eintreten kann.

Die Abhängigkeiten zwischen Vorgängen und Ereignissen können sehr verschiedene Ursachen haben:
- **Technische** Abhängigkeiten resultieren aus technisch nötigen Reihenfolgen im Bearbeitungsablauf (z.B. Kostenschätzung aufgrund Vorprojekt, Bodenbelag auf Unterlagsboden).
- **Kapazitative** Abhängigkeiten beruhen auf Beschränkungen der Einsatzmittel in der Projektabwicklung (nur ein Plotter in einem Büro, nur ein grosse Aushubgerät auf der Baustelle).
- **Organisatorische** Abhängigkeiten ergeben sich aus den Bedingungen der Projektorganisation (zuerst Anmeldung der Fertigstellung, dann Abnahmeprüfung).
- **Weitere** Abhängigkeiten können sich z.B. aus der Umgebung (Witterung etc.) ergeben.

---

63 *Briner H., Der Ablauf von städtischen Tiefbauprojekten - Eine Modellstruktur, Zürich 1986*

ANHANG A4: GRUNDLAGEN DER INFORMATIKUNTERSTÜTZUNG

A4.1 Begriffe

Das Wort **Informatik** ist eine Wortschöpfung, die sich aus Information und Automatik zusammensetzt. Informatik wird als die Wissenschaft der systematischen Verarbeitung von Informationen, insbesondere der automatischen Verarbeitung mit Hilfe von Computern bezeichnet[64]. Die Informatik wird seit ca. 1960 als eigene Grundlagenwissenschaft angesehen, die sich mit drei Schwerpunkten beschäftigt:
- mit der Formulierung und Untersuchung von Rechenvorgängen zur Erlangung, Verarbeitung, Speicherung und Darstellung von Daten,
- mit der Bereitstellung von Problemstellungen und Daten in einer für den Computer verwendbaren Form und
- mit dem logischen Entwurf und funktionellen Aufbau von Computern und zugehörigen Geräten (Hardware).

Informationen umfassen Daten und ihre Zusammenhänge. **Daten** sind Elemente, die Teile der realen oder gedachten Welt mittels Objekten, ihrer Merkmale (Attribute) und der zugehörigen Werte[65] in abstrakter, **diskretisierter** Form beschreiben. Daten können formatiert oder unformatiert sein. Von formatierten Daten spricht man, wenn die Beschreibung eines Attributs ausschliesslich durch die Angabe einer oder mehrerer erlaubter Werte aus einem zulässigen Wertbereich dieses Attributs erfolgt, von unformatierten Daten, wenn die innere Struktur des Wertebereichs frei ist.

Als **Datenübertragung** wird der Transport von Daten zwischen zwei oder mehreren räumlich auseinanderliegenden Geräten bezeichnet. Diese Geräte bestehen aus einer Datenübertragungseinrichtung (z.B. Modem zur Übertragung auf dem öffentlichen Telefonnetz) und einer Datenendeinrichtung mit den Funktionen Synchronisation, Steuerung und Koordination, Eingabe / Ausgabe und Speicherung (z.B. PC, Telefax, etc).

Datenaustausch oder Kommunikation ist die gegenseitige Datenübertragung zwischen den Elementen oder Subsystemen eines Systems oder zwischen Systemen. Dieser Austausch bedingt eine Verbindung zwischen den Elementen, Subsystemen bzw. Systemen und eine Vereinbarung über die Art und Weise der Übertragung der Daten (Protokoll) zwischen den entsprechenden Geräten, d.h. ein gemeinsames System von Begriffen, Zeichen und Signalen.

Die Betriebssysteme **verschiedener** Rechnertypen können meist keine Daten untereinander austauschen. Beim Aufbau und Betrieb von computerbasierten Kommunikations-

---

64 *Duden "Informatik", Dudenverlag, Mannheim 1988*

65 *Zehnder C.A., Informationssysteme und Datenbanken, 4. Auflage, Zürich 1987*

systemen muss aber genau dies sichergestellt werden, die Computer müssen also eine standardisierte Kommunikationsbasis besitzen.

A4.2 Datenbanken

Datenbanken spielen heute in der EDV eine immer grössere Rolle. Sie werden für einfache Adressverwaltungen bis zu Datenverwaltungen komplexer CAD - Systeme eingesetzt. Im Gegensatz zu den Anfangszeiten der Informatik sind nicht mehr die Kosten für die Hardware oder die Software die grössten EDV - Investitionen, sondern heute zeigt sich eine deutliche Verschiebung in Richtung der Datenkosten (z.B. Kundenlisten bei Versandhäusern, Kalkulationsgrundlagen in Bauunternehmungen, Plandaten bei CAD - Anwendungen, etc.).

Als **Datenbank** ist eine selbständige, auf Dauer und für flexiblen Gebrauch ausgelegte Datenorganisation, umfassend einen Datenbestand und die dazugehörige Datenverwaltung, zu verstehen. Zur Verwaltung von Daten in Datenbanken eignen sich primär formatierte Daten, oft muss jedoch auch unformatierter Text gespeichert werden können (z.B. ganze Dokumente).

Der Einsatz von Datenbanken ist im Bauprojektablauf von grosser Wichtigkeit. Wie bei vielen Informatik - Anwendungen spielen die im Hintergrund stehenden Daten eine wichtige Rolle. Bei Datenbanken verlagert sich die eigentliche Problemstellung von der Software zur Datenorganisation, d.h. zu der Art und Weise, wie Daten gegliedert und auf dem Speichermedium abgespeichert werden. Für einen rationellen Einsatz muss der Datenorganisation die notwendige Aufmerksamkeit geschenkt werden.

Beim Einsatz von Datenbanken sind drei wesentliche Tätigkeiten zu unterscheiden:
- Datenbankentwurf
- Erfassung und Verwaltung von Daten
- Abfrage und Auswertung von Daten.

Der **Datenbankentwurf** umfasst die Erarbeitung des Datenbankkonzeptes. Eine einfache Datenbank ist im wesentlichen eine Tabelle mit Spalten (den Datenfeldern einer Datenbank) und Zeilen (von denen jede einen Datensatz repräsentiert). Zu Beginn muss das Aussehen einer Datenbank definiert und in Abhängigkeit des Einsatzgebiets die Datenstruktur, insbesondere Art und Umfang der Datenfelder festgelegt werden.

Die Daten werden in der definierten Struktur **erfasst und verwaltet**. Über Eingabemasken können sowohl die Erfassung, als auch Änderungen der Einträge (Mutationen) gemacht werden. Nach Erfassen der Daten können diese bearbeitet werden. Dazu wurden sog. Datenmanipulationssprachen entwickelt, welche den Zugriff auf Daten in einer Datenbank ermöglichen.

Die **Abfrage einer Datenbank** besteht aus zwei einzelnen Aktionen, der Datenauswahl und der Datenausgabe. Bei der Datenauswahl wird über eine Filterbedingung die

gewünschte Teilmenge der Datenbank bestimmt. Die Datenausgabe dient der Sicht-
barmachung der ausgewählten Daten. Je nach Wunsch des Benutzers wird die Anzahl
der zutreffenden Datensätze, deren vollständiger Inhalt oder ein Teil des Inhalts angezeigt oder ausgedruckt.

Auf einer Datenbank soll ein Teil der realen Welt **abgebildet** werden. In einer Adress-
datei können nicht die Personen selber auf der Datenbank "abgelegt" werden, sondern
nur Informationen über sie. Für die Abbildung der realen Welt auf Datenbanken wurden verschiedene Datenmodelle entwickelt:
- Hierarchisches Modell
- Netzwerkmodell
- Relationales Modell.

Das Hierarchische Datenmodell basiert auf der Baumstruktur. Die ganze Datenstruktur
besteht aus Vater - Sohn - Beziehungen. Es wird dabei unterschieden zwischen einstufi-
gen und mehrstufigen Hierarchien. Eine **einstufige** Hierarchie besteht aus einer Menge
von Gruppen mit genau einem Vaterelement pro Gruppe. Allen Vaterelementen ist
eine unbestimmte Zahl von Sohnelementen zugeordnet. Mehrere Hierarchien lassen
sich zu einer **mehrstufigen** Hierarchie zusammenfügen, wobei jedoch jedes Element nur
in einer Gruppe Sohnelement sein darf. Um zyklische Hierarchien zu verhindern, wird
ein oberstes Vaterlement (das sogenannte Wurzelelement) eingeführt, von welchem
direkt oder indirekt alle übrigen Elemente abhängen. Das Wurzelelement darf selbst
nirgends Sohnelement sein. Hierarchische Datenmodelle bieten grosse Vorteile in der
Datenverarbeitung, haben aber den Nachteil, als Modell stark vereinfacht zu sein.

Netzwerke im Sinne von Datenstrukturen entstehen dadurch, dass ein Element gleichzeitig mehreren Hierarchien angehören darf. Dabei weisen alle zugehörigen Hierarchien je ein Wurzelelement auf. Das Netzwerkmodell erlaubt Modelle mit wesentlich
grösserer Realitätsnähe, vermaschte Strukturen und Mehrfachbeziehungen. Diesen
Vorteilen stehen jedoch Nachteile im Bereich der Datenverarbeitung und Übersichtlichkeit gegenüber.

Das relationale Modell wurde erst in den Jahren 1969/70 entwickelt. Es beruht auf der
Struktur "Tabelle". Jede Tabelle beschreibt eine Relation. Relationen eignen sich gut
zur datenmässigen Darstellung von Entitätsmengen. Eine Entitätsmenge ist eine Gruppierung von Entitäten mit gleichen oder ähnlichen Merkmalen, aber unterschiedlichen
Merkmalswerten. Eine Entität ist ein individuelles Exemplar von Elementen der realen
oder der Vorstellungswelt. Im relationalen Datenmodell wird jede Entitätsmenge durch
eine Relation abgebildet. In dieser Relation wird die Entitätsmenge durch eine Gruppe
ihrer Merkmale (Attribute) repräsentiert. Im Relationenmodell werden nur Daten und
keine Beziehungen zwischen diesen explizit dargestellt. Beziehungen zwischen Daten
sind implizit vorhanden, wenn der Wert eines Attributs (z.B. eine Personalnummer) in
mehreren Relationen vorkommt. Diese Beziehungen werden erst bei einer Abfrage
oder Manipulation der Datenbank aktiviert.

Die Darstellung von realen Objekten im relationalen Datenmodell ist einfach und übersichtlich. Tabellen können leicht in physikalischen Speicherstrukturen abgebildet werden. Die Durchführung von Abfragen und Manipulationen an den Datenbeständen ist jedoch relativ aufwendig, da die Relationen keinen schnellen Suchalgorithmus unterstützen. Entweder muss sequentiell nach einem Merkmal gesucht werden, oder der Algorithmus muss effizienzsteigernde Hilfsdatenstrukturen selbst erzeugen.

A4.3 Wissensbasierte Systeme

Wissensbasierte Systeme sind die ersten Ergebnisse von intensiven Forschungsarbeiten in einem Bereich der Informatik, der als "Künstliche Intelligenz" bezeichnet wird. Im weitesten Sinne sind darin Versuche zu sehen, mit Computerhilfe Gebiete zu bearbeiten, die sich bis anhin dem Zugriff der "Berechenbarkeit" entzogen haben, wie etwa
- Bild- und Spracherkennung und -verarbeitung,
- Robotik oder
- Neuronale Netze.

Das heute am breitesten diskutierte Ergebnis der Forschung im Bereich der künstlichen Intelligenz sind sogenannte Experten - Systeme. Im englischen Sprachgebrauch hat das Wort "Experte" mehrere Bedeutungen. U.a. wird damit ein Mensch bezeichnet, der über detailliertes und verlässliches Fachwissen in einem genau umgrenzten Bereich verfügt (deutsch: Sachverständiger, Spezialist)[66]. "Expertensysteme" sind Programme, welche die Vorgehensweise und das spezielle Faktenwissen eines Experten im obenstehenden Sinn bei der Bearbeitung von Routineaufgaben nachbilden. Expertensysteme sind auf bestimmte, klar abgegrenzte Problemkreise zugeschnitten.

Alle heute bekannten Expertensysteme sind ausgesprochene Insellösungen. Die Realisierung praxistauglicher Expertensysteme für den Einsatz im Bauwesen bedingt, dass vorhandene Software genutzt werden kann. Dies erfordert Schnittstellen zu Datenbanken, zu externen Programmen und zu anderen Expertensystemen[67].

Mit der Erfindung der Schrift liess sich das Wissen in der menschlichen Kultur erstmals vom Wissenden trennen und dem Lernenden zur Verfügung stellen. Trotz vorhandener Nachschlagewerke ist es aber nach wie vor erforderlich, dass der Wissensanwender Bescheid weiss über Existenz und Standort des abgespeicherten "Wissens" und über die Art seines Abrufs. Bedingt durch seinen Einsatz als reine Datenverarbeitungsmaschine, mit der man Querschnittswerte berechnet oder einen Kostenvergleich erstellt, hat der Einsatz von Computern vorerst nur einen geringen Anteil an der Verbreitung von Wissen gehabt.

---

66 Gehri M., *Computerunterstützte Baustellenführung, Arbeitsbericht Nr. 1, IB ETH, Zürich 1988*

67 Gehri M., *Computerunterstützte Baustellenführung, Arbeitsbericht Nr. 1, IB ETH, Zürich 1988*

Für die Verwendung in einem wissensbasierten System wird das Wissen in kleine Einheiten zerlegt und in der Wissensbank abgelegt. Diese Einheiten werden bei der Aufgabenbearbeitung problembezogen derart zusammengesetzt, dass daraus eine Lösung auf die gestellte Frage resultiert. Dabei wird die Bearbeitung über eine Inferenzkomponente oder über die Wissenselemente selbst gesteuert.

Die **Darstellung des Wissens** in wiederauffindbarer Form stellt das zentrale Problem wissensbasierter Systeme dar. Es werden verschiedene Arten von Wissen unterschieden:

compiliertes Wissen

(Compilieren: Umsetzen eines EDV-Programmes in maschinenlesbare Anweisungen) Experten sind oft nicht in der Lage, über ihre Lösungswege sowie angewandte Regeln Auskunft zu geben, weil ihr Wissen in implizierter Form vorliegt. Es ist dann die Aufgabe des Knowledge-Engineers (Wissensingenieurs), diese Lösungen und Regeln zusammen mit den Experten herauszufinden und explizit zu formulieren.

Domain-Wissen

Wissen, das sich auf einen engen, definierten Sachverhalt bezieht.

Fakten-Wissen

Eindeutiges Wissen, das in Datenbanken gespeichert werden kann (z.B. die Blume ist rot).

Regel-Wissen

Wissen über Regeln ("Wenn... dann..."Wissen) z.B. Wissen über Abhängigkeiten in Abläufen. Die Regeln nehmen Bezug auf Fakten. Fakten-Wissen ist also notwendige Bedingung für die Anwendung von Regel-Wissen.

Existiert zu einer Fragestellung eine Menge realer beobachteter Lösungen, kann daraus durch Elimination redundanter Lösungen und Suchen der besten Korrelation Erfahrungswissen abgebildet werden. Bei dieser Variante der Wissensrepräsentation handelt es sich im Grunde genommen um einen **deterministischen Entscheidungsbaum**, dem einzelne Äste fehlen. Einzelne Expertensystem-Shells können solche Bäume von sich aus ergänzen und fragen den Ersteller nach fehlenden Systemzuständen.

Ein Grossteil des Wissens kann in Form von Regeln formuliert werden. Auf dieser Annahme beruht der Ansatz der **regelbasierten Wissensrepräsentation**. Solche Regeln können etwa die folgende Form haben:

Wenn Fakt1 *dann* Fakt2 *sonst* Fakt3.

Die Fakten können auch aus zusammengesetzten Fakten bestehen, z.B.

Wenn Bauobjekt = Gebäude *und* Nutzung = Büro/Gewerbe und Ort = Zürich...

arithmetische Ausdrücke umfassen,

... *dann* Baukosten = Volumen3 * Preis7 * 1,10 ...

oder Aktionen auslösen

... *sonst* starte Programm5

Die Regeln werden in einer Wissensbasis abgelegt. Bei der Aufgabenbearbeitung wird der Regelbaum vorwärts oder rückwärts abgesucht, bis eine Lösung gefunden wird oder alle Wege in "Sackgassen" enden. In diesem Fall wird das System versuchen, mittels Rückfragen beim Benutzer weitere Fakten zu erheben, um dennoch zu einer Lösung zu kommen.

Bei der **objektbezogenen Wissensrepräsentation** werden Modelle des relevanten Teils der realen Welt erzeugt. Durch Vererbung von Objekt zu Unterobjekt können einzelne Objekte (Informationsträger) immer genauer definiert werden, ohne dass übergeordnete Informationen verloren gehen. Alle Objekte (z.B. ein Raum in einer Wohnung) enthalten Attribute, die sowohl aus Fakten,

die Farbe ist beige

aus Regeln,

wenn Raumtemperatur > 28°, *dann* Raumkühlung ist ungenügend

als auch aus ganzen Programmen bestehen können.

Wenn Bauobjekt = Gebäude *und* Anlageart = Wohnen *und* Phase = Ausführung Ausbau, *dann* rechne Termine mit Programm9

Die Grundidee der objektorientierten Programmierung ist, die einzelnen definierten Objekte und Unterobjekte der Objekthierarchien **miteinander kommunizieren** zu lassen, d.h. Objekte senden Informationen an andere Objekte. Durch den Empfang von Informationen können Objekte ihren Zustand verändern oder Informationen an den Sender zurückgeben. Falls jedoch die angefragten Objekte keine Informationen zur Verfügung stellen können, müssen sie den Dialog mit dem **Benutzer** starten. Der objektbezogene Ansatz stellt im heutigen Entwicklungsstand den meistversprechenden Ansatz der Wissensrepräsentation dar.

Sehr oft ist das erforderliche Wissen zum Beantworten von Fragen bei den Experten nur implizit (nicht in ausformulierter Form) vorhanden. Überdies ist es schwierig, den "sechsten Sinn", die Intuition eines Menschen in Regeln und Objekthierarchien zu fassen. Der Erwerb von Wissen durch Computersysteme, z.B. Versuche mit selbstlernenden Expertensystemen, steht erst am Anfang der Entwicklung.

A4.4 CAD: Computer Aided Design (Drafting)

Der Begriff CAD kann auf zwei verschiedene Arten interpretiert werden. CAD für Computer Aided Drafting steht für eine Unterstützung des reinen Zeichnens. Demgegenüber steht CAD als Computer Aided Design, das im Sinne einer Unterstützung für das Entwerfen und das Konstruieren verwendet wird.

Zeichnungssysteme erlauben das Arbeiten mit geometrischen Figuren oder Formen, die in einer Bibliothek abgespeichert und in Zeichnungen in beliebiger Lage und Grösse verwendet werden können. Diese Figuren enthalten wohl gewisse veränderbare Darstellungsattribute wie Farbe, Schraffur, Lage usw., sie sind aber nicht mit weiteren Informationen, wie Länge, Fläche, Struktur, Material o.ä. verbunden. Um die Bezeichnung CAD-Programm auf ein Zeichnungsprogramm anwenden zu können, muss es wenigstens den Einsatz von Layern erlauben, d.h. die verschiedenen Zeichnungselemente müssen sich verschiedenen, beliebig kombinierbaren Zeichnungsschichten zuordnen lassen.

Die Layertechnik erlaubt beispielsweise die Integration von Elementen der Haustechniksysteme in den Schalungsplan, lässt jedoch auch deren Einzelbearbeitung und separate Darstellung in einem Installationskoordinationsplan zu. Der Einsatz von Zeichnungsschichten verlangt nicht nur viel Disziplin vom Konstrukteur bzw. Zeichner, sondern als minimale organisatorische Vorbereitung auch eine Zuordnung der Schichten zu den einzelnen Beteiligten und Teilsystemen. Einfache Zeichenprogramme unterstützen 10-100 Schichten, grosse CAD-Programme müssen weit über 100 Schichten verwalten können.

Echte **Entwurfssysteme** unterscheiden sich von Zeichnungssystemen dadurch, dass im geometrischen Sinn konstruiert werden kann. Eine Gerade ist immer eine Verbindung zweier bestimmter Punkte. Wird nun ein Punkt in einem Plan verschoben, so werden alle mit ihm verbundenen Geraden beeinflusst (inklusive der zugehörigen Masslinien). Bei der Verschiebung eines Wandanschlusses werden also alle anschliessenden Räume geändert und die neuen Flächen entsprechend berechnet.

Zudem können definierten Objekten (Elementen) wie Wänden, Türen, Räumen, etc. darstellungsunabhängige Attribute zugeordnet werden. Diese Attribute können mit geometrischen Informationen verknüpft (z.B. Fläche), aus der CAD-Bibliothek stammen (z.B. Farbe, Artikelnummer), aber auch völlig unabhängig sein (beispielsweise Materialeigenschaften, Preise, Lieferfristen oder Verknüpfungen zu weiteren Datenbanken).

A4.4.1 Einsatz von CAD im Bauwesen

Seit einigen Jahren werden in der Schweiz im Bauwesen für die Projektierung von baulichen Anlagen aller Art zunehmend CAD-Systeme eingesetzt. Dabei spielt heute für den CAD-Einsatz nicht mehr nur das Argument der Arbeitszeiteinsparung eine Rolle, sondern immer mehr rücken Argumente wie Verbesserung der Arbeitsplatzqualität, Optimierung der Kommunikation mit Bauherrn und anderen Projektierenden und in einigen Fällen auch eine gesteigerte Optimierungsmöglichkeit bei Bemessungen in den Vordergrund[68].

Die Arbeitszeiteinsparung beim erstmaligen Zeichnen eines Plans liegt bei den repetitiven Tätigkeiten, vor allem bei den Beschriftungsarbeiten und allgemeinen Hilfsarbeiten wie Schraffieren usw. Bei sehr einfachen Arbeiten bringt der CAD-Einsatz nur einen Vorteil, wenn ein hoher Repetitionseffekt möglich ist. Dagegen bringt die Anwendung von CAD bei sehr komplexen Aufgaben wesentliche Vorteile, da im Massstab 1:1 konstruiert wird und alle Pläne übereinstimmen, unabhängig vom Massstab, in welchem sie ausgedruckt werden. Ein grosser Vorteil des CAD-Einsatzes in der Projektierung liegt jedoch an der Möglichkeit, mit relativ kleinem Aufwand Planänderungen vorzunehmen.

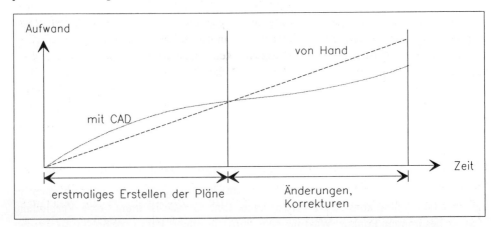

Figur A.10   *Zeitlicher Verlauf des kumulierten Aufwands bei der Planerstellung*

Der zeitliche Verlauf von Aufwand und Nutzen entspricht bei CAD-gestützten Projektierungen nicht mehr dem traditionellen Verlauf. Es wird bereits bei der ersten Erfassung der Rahmenbedingungen und bei den ersten Entwürfen viel investiert. Diese Vorinvestition zeigt erst im weiteren Projektverlauf ihren Nutzen[69]. Andererseits kann eine Unterbewertung der traditionellen Vorentwürfe dazu führen, dass in einem frühen

---

68 *Diverse Autoren, Beiträge zum CAD - Forum 1989, SIA und SCGA*

69 *Rapp M., CAD im Planungsteam - Machtkampf oder Zusammenarbeit, Beitrag zum CAD - Forum 1989*

Projektstadium zu wenig Alternativen untersucht werden. Daher müsste die traditionelle Honorarstruktur überdacht werden.

Dem Austausch von Informationen bzw. der Kommunikation zwischen CAD-Systemen kommt heute grosse Bedeutung zu. In Zukunft wird er noch verstärkt eine herausragende Bedeutung im Bauprojektablauf erlangen. Der Informationsgehalt einer CAD-Zeichnung nimmt bei der Datenübertragung je nach verwendetem Austauschformat ab. Vollständig ist die Informationsübertragung nur, wenn beide Kommunikationspartner das gleiche EDV-System mit dem gleichen Programm verwenden. Am wenigsten Informationen werden übermittelt, wenn auf der Basis von ASCII-Dateien oder Plot-Dateien Daten ausgetauscht werden.

A4.4.2 Integration von CAD in umfassendere Systeme

CIM (Computer Integrated Manufacturing) ist zu einer wichtigen Technologie in der Fertigungsindustrie geworden. Im Bauwesen ist über CIM wenig zu hören. Dies ist zur Hauptsache bedingt durch die Besonderheiten der Bauindustrie. In der Fertigungsindustrie wird ein zu fertigendes Teil mit einem CAD-System entworfen und mit CAE-Hilfsmitteln (CAE: Computer Aided Engineering) dimensioniert. Dabei können Parameter wie Materialart, -bedarf, Fertigungsbedingungen und -dauer etc. bereits festgelegt und mitgespeichert werden. Das Teil wird dann in der Arbeitsvorbereitung weiterbearbeitet, indem es bestimmten Produktionseinheiten zugeordnet und der genaue Fertigungsablauf mit CAP-Hilfsmitteln (Computer Aided Planning) ausgearbeitet wird. Die dabei gewonnenen Informationen werden direkt in die Fertigung weitergegeben, wo sie an die Maschinen, welche das Teil fräsen, drehen, stanzen, richten etc., übermittelt werden. Die Informationen zur Montage werden Robotern weitergegeben, die das Teil selbständig montieren.

Für die Produktion einer bestimmten Anzahl des betreffenden Teils kann den Informatik-Hilfsmitteln der Materialbewirtschaftung der genaue Bedarf an Rohstoffen und Halbfabrikaten mitgeteilt werden. Dabei prüft das EDV-System, ob alle benötigten Materialien an Lager sind und erstellt allenfalls Bestellvorschläge. Die Arbeitsvorbereitung erhält aus demselben System die Maschinenbelegungszeiten, die Auftragskalkulation bekommt Vorgaben und kann für den Kunden einen Preis ermitteln. Mit diesem Preis wird dann innerhalb eines CIM automatisch Rechnung gestellt und der Zahlungseingang kontrolliert.

Die wesentlichen Elemente für das CIM sind numerisch gesteuerte Maschinen, die Konstruktionsdaten physisch umsetzen können. Solche Maschinen bedingen einen hohen Investitionsaufwand. Daher sind heute in der Fertigungsindustrie vor allem einzelne CIM-Inseln innerhalb eines Betriebs zu finden. Diese Inseln sind dann sehr stark lateral integriert.

Lateral bedeutet dabei, dass ein Produkt vom ersten Entwurf bis hin zum Lieferschein, mit dem eine Bestellung die Fertigung verlässt, weitgehend EDV-mässig bearbeitet wird. Der Aufwand dafür ist gross, ändert sich aber kaum mit der Komplexität des Teils. Er rechtfertigt sich durch Flexibilität in der Fertigung, da ein Bauteil nur einmal im System erfasst werden muss und dann in beliebigem Rhythmus produziert werden kann, ohne dass wesentlich mehr Aufwand entsteht.

Eine so umfassende laterale Integration steht im Bauwesen nicht zur Diskussion, da die Fertigungsbedingungen gänzlich anders sind als in der Fertigungsindustrie. Im Bauwesen sollte dagegen gleichartige Arbeit von verschiedenen Projektbeteiligten (Bauherr, Architekt, Ingenieure, Unternehmer, etc.) integriert und abgestimmt werden und ein weitgehender Datenaustausch auf EDV-Basis zwischen den Beteiligten möglich sein (horizontale Integration).

Beispielsweise erstellt der Architekt zusammen mit dem Bauherrn oder einem Vermessungsbüro einen Grundplan (Darstellung aller bekannten Rahmenbedingungen wie bereits existierende Anlagen, Baulinien, Werkleitungen etc.). Aus diesen Angaben erstellt der Architekt einen Gebäudeentwurf, der vom Statiker für die Dimensionierung des Tragwerks und zur Erstellung von Schalungs- und Armierungsplänen bzw. Stahlbauplänen eingesetzt wird. Klimatechniker, Sanitär- und Elektrofachleute benutzen die Informationen des Gebäudemodells als Eingangsdaten für ihre Berechnungsmodelle und ergänzen den Gebäudeentwurf mit den von ihnen entworfenen und dimensionierten Teilsystemen. Aus den Datenmodellen der Teilsysteme lassen sich Mengenauszüge erstellen, die im Leistungsverzeichnis als Vorausmass verwendet werden und allenfalls direkt zur Abrechnung Verwendung finden. Der Unternehmer kann nun den kombinierten Plan zur Arbeitsvorbereitung bzw. Erstellung von Werkstattplänen nutzen.

Der Ausführende kann also die Informationen über das zu erstellende Bauobjekt digitalisiert erhalten. Auf absehbare Zeit wird er sie jedoch noch nicht dazu verwenden können, einen Schalungsbau- oder Mauerwerksroboter zu programmieren. Dagegen kann in den "Randbereichen" der Bauindustrie mit Werkstattfertigung (Eisenbiegerei, Stahlbau, Metallbau, teilweise Haustechnik) bereits heute eine gewisse Integration der computergestützten Produktion beobachtet werden.

Die letzten Nutzniesser der CAD-Informationen im Bauprojektablauf sind der Bauherr und der Benutzer, die zusammen mit den Plänen für ihr erstelltes Bauobjekt eine vollständige Dokumentation als Basis für ein Anlagenbewirtschaftungssystem erhalten, das bei der Instandhaltung und bei späteren Nutzungsänderungen oder baulichen Änderungen von grossem Wert ist.

A4.4.3.   Vorteile des CAD-Einsatzes

Die Vorteile und Nachteile eines systematischen Einsatzes von CAD-Systemen[70] in der Projektierung von baulichen Anlagen, aber auch die Probleme beim alltäglichen Einsatz sind mannigfaltig:

- Eine sinnvolle Systemanwendung fordert vom Benutzer die konsequente Auswertung der einmal gewählten Datenorganisation. Da sich diese in der Objektstrukturierung und -benennung manifestiert, ist es für den Benutzer mit grossen Hindernissen verbunden, wenn er sich nicht an das einmal gewählte Prinzip halten will. Damit entsteht in umgekehrter Richtung ein Zwang zu Klarheit und Konsequenz.
- Bei richtiger Verwendung der Datenstrukturen kann der CAD-Benutzer in der Darstellung des Projektes so lange schematisch bleiben, bis die tatsächlichen Entscheidungen über die konstruktive Durcharbeitung gefallen sind.
- Die Arbeit aller Projektierenden beginnt im Schemazustand des Projektes. Ihre aktive Mitarbeit an der Erzeugung des Konzeptes ist möglich, die Projektausarbeitung besteht nicht in einer Unterordnung der technischen Teilsysteme unter ein nach formalen Gesichtspunkten erzeugtes Konzept. Dieser Vorteil tritt nicht a priori beim Einsatz eines CAD-Systems auf, sondern die heutigen CAD-Systeme verführen ohne geeignete Datenstrukturierung dazu, in einem zu frühen Projektzustand zu detaillierte, durch schlecht fundierte Entscheidungen abgesicherte Informationen grafisch darzustellen.
- Dreidimensionale Darstellungen von einzelnen Bereichen der Datenstruktur können wesentlich dazu beitragen, die bauliche Anlage in jedem Projektierungszustand einleuchtend zu beschreiben und allen Beteiligten die gleichen Vorstellungen von der Anlage zu vermitteln.
- Bei der Erstellung von Werkplänen kann CAD wesentlich zu einer systematischeren konstruktiven Durcharbeitung der baulichen Anlage beitragen.
- Jede Plandarstellung repräsentiert einen Zusammenhang zwischen physischer Plangrösse bzw. Massstab und gedanklichem Planinhalt. Mit CAD werden z.T. Pläne erstellt, welche zu dichten oder aber belanglosen Planinhalt haben und deren Informationsmengen mit der physischen Grösse des Planes nicht übereinstimmen.

Alle bisher beschriebenen Fakten in der CAD-Anwendung lassen erkennen, dass mit CAD nicht nur der heutige Projektierungsablauf rationalisiert wird, sondern dass der Ablauf selbst durch dieses neue Hilfsmittel verändert wird und verändert werden muss, um die möglichen Qualitätssteigerungen zu erzielen. Dies ist aber nur möglich, wenn die Datenstrukturen von allen Beteiligten richtig verstanden und sinnvoll verwendet wer-

---

70 *Ronner H., Suter H.R.A., Hüppi W., Verwijnen J., Die Verwendung von strukturellen Komponenten des konstruktiven Entwerfens für CAD, Forschungsarbeit der Kommisson für die Förderung der wissenschaftlichen Forschung 1987*

den. Daher müssen für einen CAD-Einsatz differenzierte, in ihrer Detaillierung auf die einzelnen Projektphasen abgestimmte Datenstrukturen festgelegt werden. Diese Datenstrukturen bauen mit Vorteil auf der Struktur der physischen Anlage auf. Sie müssen gut dokumentiert, für alle Beteiligten verbindlich erklärt und entsprechend kommuniziert werden.

ANHANG A5: GLOSSAR

Abbruch, Abbruchbewilligung	(Bewilligung zur) Demontage bzw. (zum) Niederreissen von baulichen Anlagen oder Teilen davon.
Abhängigkeit	Zeitlich quantifizierbare Beziehung zwischen zwei Ereignissen oder Vorgängen, welche deren logische Aufeinanderfolge im Projektablauf bestimmt. Die Abhängigkeit zeigt, in welchem Zustand das Projekt sein muss, bevor das nächste Ablaufelement beginnen kann.
Ablauf	Folge von Zuständen. Es werden dabei auch die zustandsverändernden Leistungen (Tätigkeiten) und deren Arten, Objekte, Hilfsmittel, Zeiträume und Träger betrachtet.
Ablaufelement	Element zur Beschreibung von Sachverhalten eines Ablaufes. Ein Ablaufelement hat die Merkmale Art, Inhalt und Umfang, Objekt oder Raum, Zeitpunkt und Zeitdauer, Sachmittel und ausführende Instanz. Ablaufelemente sind Vorgänge, Ereignisse und Abhängigkeiten.
Ablaufmodell	Verallgemeinerte Abbildung der wesentlichen bzw. interessierenden Aspekte eines Ablaufes.
Ablaufplanung	Die Ablaufplanung und -kontrolle beinhaltet die Tätigkeiten zur Planung, Realisierung und Kontrolle der Zustandsänderungen des Bauprojektsystems. Die Ablaufplanung gibt Antwort auf die Fragen: Was soll gemacht werden (welche Leistungen an welchem Objekt erbracht, welche Aufgaben gelöst, welche Zustände erreicht werden)? Wie soll es gemacht werden (in welcher Reihenfolge, unter welchen Bedingungen)? Wann soll es gemacht werden (Beginn, Dauer, Unterbrechungen, Ende)? Wo soll es gemacht werden (räumliche Zuordnung)?
Ablaufschema	Grafische Darstellung eines Ablaufes mittels Symbolen für die Ablaufelemente. Ablaufschemen zeigen die Abfolge und Zusammenhänge einzelner Arbeitsschritte.
Ablaufstruktur	Aufbau eines Ablaufes, der sich im wesentlichen aus der gegenseitigen Anordnung und den Beziehungen unter den

	Ablaufelementen ergibt. Die Ablaufstruktur eines Bauprojektes kann als zeitliche Folge von Aufgaben und Teilaufgaben in einer Organisation beschrieben werden.
Ablaufkonzept	Aufbau der Ablaufpläne eines Planungssystems. Im Ablaufkonzept werden vertikale und horizontale Gliederungen eingeführt nach Kriterien wie Projektbeteiligte, Projektstruktur, Phasen, Zeitmassstab etc.
Abnahme	Mit der Abnahme ist ein Werk (oder cin in sich geschlossener Teil eines Werkes) abgeliefert und geht in die Obhut des Bestellers über. Die Abnahme erfolgt in der Regel nach der Feststellung der Mängelfreiheit des Werkes anlässlich einer gemeinsamen Prüfung von Besteller und Unternehmer.
Abschlussarbeiten	Tätigkeiten im Bauprojektablauf, welche die Abrechnung, Übergabe und Dokumentation der fertiggestellten baulichen Anlage umfassen.
Aktennotiz	Kurzes, informelles Dokument zur schriftliche Fixierung wesentlicher Punkte.
Aktionsplan	Plan, der die zur Erreichung eines Zieles notwendigen Tätigkeiten und Handlungen beschreibt. Synonyme: Vorgehensplan
Akzeptanz	Bereitschaft, etwas als für einen Zweck geeignet anzuerkennen.
Analyse	Zergliederung eines Ganzen in seine Teile und Untersuchung der Teile in ihrem gegenseitigen Verhältnis und im Verhältnis zum Ganzen.
Änderung, Änderungswesen	Als Änderung wird jede Modifikation, Um- und Neudefinition von im Rahmen eines Projektes bereits erarbeiteten Sachgegenständen, Informationen oder Daten verstanden. Das Änderungswesen umfasst alle Mittel und Methoden zur systematischen Behandlung von Änderungen im Rahmen eines Projektes, insbesondere Protokollierung, Darstellung der Kosten-, Termin- und Qualitätskonsequenzen sowie Information der betroffenen Projektbeteiligten.
Änderungsprotokoll	Formular zwecks systematischem Festhalten von während des Projektablaufes beschlossenen Änderungen von einer

Phase zur nächsten Phase mit Darstellung der Kostenkonsequenzen und der terminlichen Auswirkungen.

Angebot -> Offerte

Arbeit   Ausübung von Tätigkeiten.

Arbeitsplanung,
Arbeitsvorbereitung   Gedankliche Vorwegnahme der zur Lösung einer Aufgabe notwendigen Tätigkeiten und Bestimmung und Bereitstellung der für die Tätigkeiten notwendigen Personal- und Sachmittel.

Arbeitsweise   Individuelle Art der Arbeitsausführung hinsichtlich ihrer Gestaltung, ihrer gegenseitigen Verbindung und der Bindung an Einsatzmittel und technische Prozesse.

Architektenpläne   Verbindliche und verständliche Visualisierung der Resultate des Entwurfs- und Konstruktionsprozesses durch den Architekten mittels 2-dimensionaler Darstellungen.

Aufgabe   Beschreibung der Diskrepanz zwischen einem unbefriedigenden Ist-Zustand und einem durch menschliche Leistung zu erreichenden Endzustand (Soll-Zustand).
Eine Aufgabe umfasst den aktuellen Zustand eines Objektes, die Beschreibung des gewünschten und zu erreichenden Zustandes (Soll-Zustand) und evtl. auch Hinweise auf den Weg, auf dem der Soll-Zustand zu erreichen ist. Bei der Aufgabenlösung wirkt der Mensch durch Arbeit und den Einsatz von Sachmitteln.
Korrelative Begriffe: Leistung, Auftrag
Diskussion: Im Gegensatz zum Auftrag ist eine Aufgabe nicht die Aufforderung (durch den Auftraggeber) bzw. die Verpflichtung (des Auftragnehmers), eine Leistung zu erbringen, sondern der Soll-Zustand, der durch diese Leistung erreicht werden soll.

Auflageverfahren   Verfahren der Publikation und öffentlichen Auflage von Projekten zur Feststellung von Einwänden bzw. Einsprachen von durch ein Projekt betroffenen (juristischen oder natürlichen) Personen.

Auftrag   Aufforderung bzw. Verpflichtung, gegen Vergütung eine nach Menge, Qualität, Ort und Zeit bestimmte Leistung zu erbringen. Der Beauftragte (Auftragnehmer) verpflichtet

sich, die ihm übertragenen Leistungen vertragsgemäss zu besorgen, während der Auftraggeber sich verpflichtet, die Leistungen zu vergüten.
Korrelative Begriffe: Leistung, Aufgabe
Diskussion: Ein Auftrag kann erteilt werden durch eine rechtliche Verpflichtung eines Auftragnehmers durch den Auftraggeber. Diese Verpflichtung kann sich auch aus einem übergeordneten rechtlichen Verhältnis ergeben, das nicht einzelne Aufträge, sondern das Recht einer Stelle beinhaltet, einer anderen Stelle Aufträge in einem bestimmten z.B. arbeitsvertraglichen Rahmen zu erteilen (Anordnung).

Auftraggeber Dasjenige Organ in der Bauprojektorganisation, welches als Auftraggeber für das Gesamtprojekt (Bauherr) auftritt.

Ausbaukonzept Übergeordnete Planung im Rahmen von Gesamtunternehmungen, welche den langfristigen Endzustand von Gesamtanlagen beschreibt.

Ausführende / Lieferanten Alle Projektbeteiligten, welche sich durch Unterzeichnung eines Werkvertrages zur Erstellung oder Lieferung einer baulichen Anlage oder Teilen davon verpflichtet haben.
Synonyme: Unternehmer

Ausgangslage, Ausgangszustand Zustand bei Beginn einer geplanten und gewollten Veränderung eines Systems.

Ausgangszeitpunkt Zeitpunkt des Beginnes einer geplanten und gewollten Veränderung eines Systems.

Ausmass, -rapport Das Ausmass ist die ermittelte Menge der zu Einheitspreisen vereinbarten und im Rahmen eines Werkvertrages bereits erbrachten Unternehmerleistungen. Der Ausmassrapport ist ein Ausweis über das Ausmass, der kontradiktorisch zwischen Unternehmer und Bauleitung ausgestellt wird. Er wird immer in Kategorien des Mengengerüstes ausgestellt.

Ausnahmebewilligung Zusatzbewilligung zu einer Baubewilligung bei Baugesuchen, welche Nutzungspläne oder Bestimmungen der kantonalen oder kommunalen Bauvorschriften verletzen. Die Ausnahmebewilligung kann nur erteilt werden, wenn
- wichtige Gründe vorliegen,
- keine öffentlichen Interessen verletzt werden,

- keine wesentlichen nachbarschaftlichen Interessen verletzt werden, welche durch Entschädigungen nicht vollwertig ausgeglichen werden können.

Balkendiagramm	Mittel zur grafischen Darstellung von Abläufen. Balkendiagramme zeigen die Vorgänge eines Projektes in ihrer zeitlichen Lage, jedoch ohne ihre gegenseitigen Abhängigkeiten.
Balkennetzplan	Mittel zur grafischen Darstellung von Abläufen. Balkennetzpläne zeigen die Vorgänge eines Projektes und deren gegenseitige Abhängigkeiten im Zeitmassstab.
Bauausführung	Erstellung der baulichen Anlage in ihrer physischen Form.
Baubeginn	Zeitpunkt der Aufnahme der Arbeiten für die Bauausführung.
Baubewilligung	Öffentlichrechtliche Bewilligung zur Erstellung einer baulichen Anlage. Die Bewilligung umfasst die Feststellung, dass das Bauvorhaben keine Baubestimmungen verletzt, indem präventiv die Erfüllung der baupolizeilichen Vorschriften überprüft wird.
Baubotschaft	Begehren um einen Verpflichtungskredit für ein einzelnes Bauvorhaben der öffentlichen Hand, welches der Legislative unterbreitet wird.
Baubuchhaltung	Buchhaltung mit Kontenplan entsprechend der Gliederung im KV mit dem Ziel, den finanziellen Ist - Zustand des Projektes ständig nachzutragen. Instrument zur Erstellung der Verpflichtungs- und Zahlungskontrolle und Grundlage des Kostenstandes.
Baueingabe, Baugesuch	Die Einreichung eines Baugesuches an die zuständige Behörde. Ein Baugesuch setzt sich in der Regel zusammen aus: - dem Baubewilligungsgesuch und - dem Planmaterial. Mit der Baueingabe beginnt das Baubewilligungsverfahren.
Bauen	Verwirklichung eines Bauplanes in der Absicht, ein mängelfreies Bauwerk unter Befolgung der allgemein anerkannten Regeln der Bautechnik zu errichten.

Baugesetzgebung	Die sich auf den Grund und Boden beziehenden, öffentlichrechtlichen Vorschriften von Bund, Kantonen und Gemeinden. Insbesondere wird unterschieden zwischen:

- Baupolizeirecht (Wahrung öffentlicher Interessen bei der Nutzung des Grundeigentums);
- Erschliessungs- und Landumlegerecht (Herbeiführung der Baureife des Grundstücks);
- Planungsrecht (Regelung der geordneten Besiedelung und zweckmässigen Nutzung des nationalen und kantonalen Raumes).

Baugesuch -> Baueingabe	
Bauhauptgewerbe	Zweig der Bauwirtschaft, welcher Bauarbeiten im engeren Sinne ausführt (insbesondere Erdarbeiten und Rohbau).
Bauherr	Sammelbegriff für alle Organe in der Bauprojektorganisation, welche dem Gesamtauftraggeber organisatorisch in seiner Stammorganisation unterstellt sind.
Bauherrenorganisation	Innere Führungsstruktur des Bauherrn.
Bauhülle	Alle Elemente eines Bauobjektes, welche eine umhüllende, abgrenzende und verkleidende Funktion wahrnehmen.
Baukontenplan	Gliederung der Gesamtkosten von Bauprojekten in verschiedene Kostenarten.
Baukonzept	Übergeordneter Gesamtplan der baulichen Lösung.
Baukosten	Bewerteter, leistungsbezogener Güterverbrauch im Zusammenhang mit der gesamten Erstellung einer betriebsbereiten baulichen Anlage.
Baukostenauswertung	Ermittlung von Kostenkennwerten aus ausgeführten Bauobjekten.
Baukostenermittlung	Ermittlung der zu erwartenden baulichen Anlagekosten. Dabei sind folgende Stufen der Kostenermittlung möglich:

- Schätzung der Grössenordnung
- Grobschätzung der Kosten
- Kostenschätzung
- Kostenvoranschlag
- Kostenberechnung.

Bauleitung	Diejenige Organisationseinheit in der Bauprojektorganisation, welche mit der Koordination und Kontrolle der Erstellung der baulichen Anlage betraut ist.
bauliche Anlage	Physisches System, welches planmässig und für einen bestimmten Zweck realisiert wurde, zu dessen Erschaffung ein wesentliches Mass bautechnischer Massnahmen erforderlich ist, das an wenigstens einer Stelle eine Verbindung mit dem Boden hat und das von seiner Beschaffenheit und seinem Ausmass her ein öffentliches Interesse berührt. Synonyme: Bauten, Bauwerk
Baulinien	Instrument der Baugesetzgebung, bezeichnen Mindestabstände der Bauten von den Grundstücksgrenzen.
Bauobjekt	Bauliche Anlagen werden durch eine räumliche Gliederung in Bauobjekte gegliedert. Bauobjekte sind räumlich und geometrisch klar abgrenzbare, einheitliche Baukörper. Es handelt sich also um (mehr oder weniger) freistehende Baukörper oder einzelne Abschnitte von gestreckten Anlagen (Trassebauten).
Bauordnung	Bauvorschriften der Gemeinden, umfasst als integrierenden Bestandteil auch den Zonenplan. Die Bauordnung legt die Nutzungsart, Bauhöhe, Ausnutzung, Grenz- und Gebäudeabstände fest. Im weiteren finden sich in der Bauordnung in der Regel Bestimmungen über Erschliessung, Natur- und Heimatschutz, Parkplätze, Spielplätze und vieles mehr. Synonyme: Baureglement
Bauplanung	Bauplanung ist die gedankliche Vorwegnahme einer baulichen Anlage oder deren Umgestaltung als immobiles Werk sowie die gedankliche Vorwegnahme der Prozesse, die zu diesem Werk führen. Das Produkt der Bauplanung sind Weisungen in schriftlicher, grafischer oder mündlicher Form. Andere Aspekte: Planung ist prozessorientiert, während der objektorientierte Aspekt im Entwurf behandelt wird.
Baupolizeirecht	Das Baupolizeirecht regelt die Ausübung der Baufreiheit zum Zwecke der Wahrung der öffentlichen Interessen. Es umfasst die verwaltungsrechtlichen Normen und Massnahmen, welche die Polizeigüter im Bauwesen zur Geltung bringen und schützen.

Bauprojekt	Projekt zur Planung, Projektierung und nutzungsbereiten Erstellung oder zur Veränderung einer baulichen Anlage unter den besonderen Bedingungen des Bauwesens - Einzelfertigung - ortsgebunden - grosse, langlebige Ergebnisse - Auftragsproduktion. Diskussion: Das Bauprojekt beginnt in der Regel mit einem Studienauftrag des potentiellen Bauherrn und endet bei vollständigem Ablauf mit der Übergabe des nutzungsbereiten Bauwerkes an den Bauherrn. Die Garantiefristen können sich dabei über das Projektende hinaus erstrecken. Das Bauprojekt umfasst somit nur einen Teil des Lebenszyklus der baulichen Anlage.
Bauprojektablauf	Zeitliche Folge von bei der Abwicklung eines Bauprojektes auftretenden Vorgängen und Zuständen. Der Bauprojektablauf kann als Menge aller Veränderungen des Bauprojektsystems aufgefasst werden.
Bauprojektsystem	Ein Bauprojektsystem besteht, unabhängig von einer zeitlichen Betrachtung als reine Zustandsbeschreibung zu einem beliebigen Zeitpunkt, aus den drei folgenden Subsystemen: - dem Zielsystem, im wesentlichen gegliedert in zwei Zielschichten (ursprüngliche Ziele des Auftraggebers als Zielrichtungen und daraus abgeleitete, detaillierte Ziele im Sinn von Soll-Zuständen), - dem erzeugenden System, welches als Projektorganisation mit allen Produktionsmitteln, aber ohne den Auftraggeber (im funktionalen Sinn) verstanden werden kann sowie - dem erzeugten System, welches den eigentlichen Projektzustand - im Bauwesen den jeweils aktuellen Zustand der zu erstellenden baulichen Anlage - darstellt. Das erzeugte System kann auch als Produkt des erzeugenden Systems betrachtet werden. Das Bauprojektsystem grenzt an eine Umgebung, die sich in den Rahmenbedingungen äussert.
Bauübergabe	Übergabe der baulichen Anlage durch einen Ausführenden bzw. Lieferanten nach Abschluss der vertraglich eingestandenen Leistungen an den Vertreter der Bauherrschaft.
Bauverfahren	Bestimmte Art des Vorgehens bei der Bauausführung.

Bauwirtschaft	Derjenige Wirtschaftszweig der Gesamtwirtschaft, welcher die Gesamtheit aller Einrichtungen und Massnahmen zur planvollen Deckung des menschlichen Bedarfes nach Gütern des Bauwesens bereitstellt. Diskussion: Innerhalb der Bauwirtschaft lassen sich vier Gruppen unterscheiden, nämlich Planung, Bauhauptgewerbe, Ausbaugewerbe und Zulieferindustrien.
Bebauungsplan	Anordnung aller vorgesehenen und existierenden Bauobjekte auf einem Grundstück.
Bedarf, Bedarfsermittlung	Bedarf ist das Verlangen des Benutzers nach etwas, das in einer bestimmten Situation benötigt oder gewünscht wird. Die Bedarfsermittlung ist die Erhebung und Formulierung des Bedarfs der Benutzer einer geplanten baulichen Anlage zur Feststellung der notwendigen und wünschbaren Leistung bzw. Grösse und Qualität der baulichen Anlage.
Behörden	Gesamtheit der staatlichen oder kommunalen Verwaltungsstellen, welche im Bauprojektablauf angehört oder angegangen werden müssen. Behörden, Ämter, Werke und andere öffentlichrechtliche Organe vertreten die Interessen der Öffentlichkeit und der Umwelt. Sie erteilen bzw. besitzen auf verschiedenen Gebieten Konzessionen (Leitungsnetze etc.).
Benutzer	Diejenige Organisationseinheit in der Bauprojektorganisation, welche die bauliche Anlage nach der Inbetriebsetzung benützt.
Beratung	Stellung nehmen und Antrag stellen aufgrund der besonderen Kenntnisse, Erfahrungen und Informationen.
Beratungsverantwortung	Beratungsverantwortung ist die Verantwortung für die Angemessenheit eines Antrages oder Vorschlages aufgrund bestmöglicher Fachkenntnisse und Informationen.
Berichtswesen	Regelung innerhalb einer Organisation über die Art und Periodizität der Berichterstattung an die vorgesetzte Stelle.
Betreiber, Betriebsorganisation	Diejenige Organisationseinheit in der Bauprojektorganisation, welche nach der Inbetriebsetzung der geplanten baulichen Anlage deren Betrieb und Unterhalt besorgt.

Betriebsanalyse	Die Betriebsanalyse hält in Berichtform alle Merkmale und funktionalen Abläufe des Bauherrn z.B. als Produktionsbetrieb oder Institution fest. Sie ist eine Bestandesaufnahme der vorhandenen Verhältnisse. Für Neubauprojekte werden alle Anforderungen auf der Grundlage einer Kriterienliste erfasst.
Betriebsbewilligung	Öffentlichrechtliche Bewilligung zum Betrieb einer industriellen Anlage. Die Bewilligung umfasst die Feststellung, dass die bauliche Anlage und die Einrichtung des Betriebes keine Vorschriften der Gesundheitsvorsorge und Unfallverhütung verletzt, indem präventiv die Erfüllung der entsprechenden Vorschriften überprüft wird.
Betriebskonzept	Ein Betriebskonzept zeigt die grundsätzliche Funktionsweise einer Anlage anhand der wesentlichen betrieblichen, verfahrenstechnischen und technologischen Abläufe und der Gliederung der Betriebsbereiche mit ihrer groben Anordnung untereinander auf.
Betriebsplanung	Planung der verschiedenen betrieblichen Führungssysteme und Aufbau der Verwaltung bzw. der überbetrieblichen Planungs- und Führungsbereiche. Themen der Betriebsplanung sind insbesondere die Erarbeitung von: - Personalplanung, -anstellung und -schulung - Produktionsunterlagen wie Produktionsplanung, Material, Instandhaltung, Reparatur und Kontrolle - administrativen Unterlagen wie Kostenrechnung, Organisation, Formulare, Checklisten, etc.
Betriebsunterlagen	Unterlagen, die für den Betrieb, die laufende Kontrolle, den Unterhalt und die Instandhaltung einer baulichen Anlage erforderlich sind.
Bewilligung	Offizielle, evtl. amtliche Erlaubnis.
Bewilligungsprojekt, Auflageprojekt	Zustand, in dem eine geplante bauliche Anlage den Bewilligungs- und Genehmigungsbehörden sowie allenfalls Dritten (Öffentlichkeit, insbesondere Nachbarn) zur Beurteilung der Einhaltung aller einschlägigen Vorschriften sowie der Angemessenheit der Beeinträchtigung der Rechte Dritter unterbreitet wird.

Ein Bewilligungs- , Eingabe- oder Auflageprojekt besteht aus einem Dossier mit folgendem Inhalt:
- Erläuternder Bericht
- Umweltbericht (evtl. Bestandteil des Erläuterungsberichtes)
- Planunterlagen, auf welchen die zu bewilligende bauliche Anlage in ausreichend genauem Massstab dargestellt ist (Situation 1:1000 / 1:500, Grundrisse der Hauptbauobjekte 1:200 / 1:100, Schnitte, Ansichten)
- Evtl. Modelle, welche die Wirkung der Anlage in ihrer Umgebung zeigen.

Blocklayout - > Layout

Botschaftskredit   Kredit, welcher mit der Genehmigung eines Bauvorhabens durch die Legislative genehmigt wird.

Botschaftsprojekt   Zustand, in dem eine geplante bauliche Anlage mit dem Begehren um einen Verpflichtungskredit der Legislative zur Genehmigung unterbreitet wird.

CAD, CAD-System   CAD (Computer Aided Design bzw. Drafting) ist ein Sammelbegriff für alle Aktivitäten, bei denen die EDV zur grafisch-interaktiven Erzeugung und Manipulation von digitalen Objektdarstellungen eingesetzt wird. Dabei unterscheidet man die zweidimensionale Zeichnungserstellung (Drafting) und die dreidimensionale Modellbildung (Design).

Datei   Für eine bestimmte Aufgabe, bzw. unter einem bestimmten Gesichtspunkt zusammengestellte Datenmenge.
Synonyme: File

Daten   Elemente einer abstrakten, diskretisierten Beschreibung von Teilen der realen oder gedachten Welt mittels Objekten, ihrer Merkmale (Attribute) und der zugehörigen Werte. Daten können formatiert oder unformatiert sein. Von formatierten Daten spricht man, wenn die Beschreibung eines Attributes ausschliesslich durch die Angabe einer oder mehrerer erlaubter Werte aus einem zulässigen Wertbereich dieses Attributes erfolgt, von unformatierten Daten, wenn die innere Struktur des Wertebereiches frei ist.

Datenaustausch   Übergabe von Daten zwischen den Elementen oder Subsystemen eines Systems oder zwischen Systemen. Dieser

Austausch bedingt eine Verbindungsstelle zwischen den Elementen bzw. Systemen und eine Vereinbarung über die Art und Weise des Austausches der Daten (Protokoll).

Datenbank

Selbständige, auf Dauer und für flexiblen und sicheren Gebrauch ausgelegte Datenorganisation, welche einen Datenbestand (Datenbasis) und die dazugehörige Datenverwaltung umfasst.

Datenbanksystem

Gesamtheit aller für den Betrieb einer Datenbank notwendigen Informations- und Informatikkomponenten, insbesondere
- Datenbasis
- Datenbankverwaltungssystem
- Anwenderprogramme
- Dienstprogramme
- Benutzer

Datenbestand, Datenbasis

Inhalt der Datenbank, bestehend aus Benutzerdaten, Hilfsdaten und Systemtabellen (Datenkatalog, Zugriffsbefugnistabelle, Datenreferenztabellen).

Datenübertragung

Transport von Daten zwischen zwei oder mehreren räumlich auseinanderliegenden Geräten. Diese Geräte bestehen aus einer Datenübertragungseinrichtung (z.B. Modem zur Übertragung auf dem öffentlichen Telefonnetz) und einer Datenendeinrichtung mit den Funktionen Synchronisation, Steuerung und Koordination, Eingabe / Ausgabe und Speicherung (z.B. PC, Telefax, etc).

Dauer

Genau bestimmte Zeitspanne, z.B. vom Anfang bis zum Ende einer Phase, eines Vorganges oder einer Tätigkeit.
Diskussion: Mit dieser Definition wird Dauer explizit nicht als Zeitbedarf für ein unterbrochenes Ablaufelement verstanden. Die Dauer ist also auch abhängig von der Zeitachse, die dem Ablaufelement zugrunde liegt.

Delegation

Übertragen von Aufgaben mit entsprechenden Kompetenzen und Verantwortung von Stellen höherer auf solche niederer Ordnung (Dienstweg).

Devisierung

Erstellen von Leistungsverzeichnissen (Devis).

Dialog

Wechselseitiger Informationsaustausch zwischen zwei kommunizierenden Knotenpunkten. Während der Dauer der

	Verbindung können beide Knotenpunkte senden und empfangen.
Dimensionieren	Festlegen von geometrischen Abmessungen und Leistungsmerkmalen eines Systems im Rahmen des Entwurfsprozesses.
Dokument	Informationsträger mit fixierter Information. Diese kann numerischer, alphanumerischer, alphabetischer, grafischer oder gemischter Natur sein.
Dokumentation	Erfassen, Sammeln, Ordnen, Speichern und Aufschliessen von Dokumenten solcherart, dass eine gesuchte Information rasch und einfach gefunden werden kann. Als Dokumentationssystem bezeichnet man die Gesamtheit aller Einrichtungen, Hilfsmittel und Methoden zur Dokumentation sowie deren Zusammenwirken.
EDV	EDV (Elektronische-Daten-Verarbeitung) ist die Speicherung und Verarbeitung von Daten mittels einer elektronischen Rechenanlage.
Einsatzmittel	Gesamtheit von Personal und Sachmitteln zur Abwicklung von Projekten, Vorgängen oder Tätigkeiten. Sie können wiederholt oder einmalig einsetzbar sein, in Mengen- oder Werteinheiten beschrieben und für einen Zeitpunkt oder einen Zeitraum disponiert werden. Synonyme: Ressourcen
Einsatzmittel-Bedarf	Die zur Erbringung einer bestimmten Leistung zu einem bestimmten Zeitpunkt oder innerhalb eines bestimmten Zeitraumes notwendige Menge eines Einsatzmittels.
Einsprache	Ausübung des öffentlich-rechtlichen Anspruches auf rechtliches Gehör im Rahmen eines Baubewilligungs- oder Enteignungsverfahrens. Eine Einsprache richtet sich gegen das Gesuch und hat daher nicht den Charakter eines Rechtsmittels. Die Einsprachen werden dem Gesuchsteller übermittelt, und es können Einigungsverhandlungen stattfinden.
Einsprachefrist	Nach summarischer Vorprüfung eines Gesuches um Baubewilligung durch die Behörden wird das Bauvorhaben öffentlich ausgeschrieben. Zu diesem Zeitpunkt beginnt die Einsprachefrist zu laufen und endet mit dem Bauentscheid der Behörden, welcher in der Regel frühstens nach 30 Tagen

erfolgen kann. Mit dem Bauentscheid beginnt die Rekurs-
bzw. Beschwerdefrist zu laufen.

Einspracheverfahren

Formelles, im Baurecht vorgeschriebenes Vorgehen bei der
Ausübung des Einspracherechtes und der allfälligen Eini-
gungsverhandlungen.

Elektroanlagen

Gesamtheit aller elektrischen Einrichtungen in einem Bauobjekt, welche der Übertragung und Verteilung von elektri-
scher Energie innerhalb des Bauobjektes dienen. Sämtliche
Einrichtungen, die elektrische Energie verbrauchen und
baulich mit dem Bauobjekt verbunden sind, gehören ebenfalls zu den Elektroanlagen.

Energiegesetz

Vorschriften über die Einsparung bzw. den haushälterischen
Einsatz von Energie im Zusammenhang mit Bauten und
Anlagen.

Entscheid

Festgelegte Meinung nach eingehender Prüfung einer oder
mehrerer Möglichkeiten.

Entscheidungsprozess

Weg von der Idee bis zur Anweisung. Er beinhaltet:
- Erkennen und Klarlegen des Problems
- Suchen und Ausarbeiten von alternativen Lösungsmög-
  lichkeiten
- Erkennen und Bestimmen der zweckmässigsten Lösung
- Entschluss zur Durchführung.

Ereignis

Ablaufelement, welches das Eintreten eines definierten
Zustandes im Projektablauf beschreibt.
Korrelative Begriffe: Meilenstein (Schlüsselereignis)

Etappe

Zu bewältigender, räumlicher oder zeitlicher Abschnitt
einer Strecke oder Aufgabe.

Etappierung

Unterteilung einer Gesamtanlage in mehrere, für sich
alleine bzw. zusammen mit den voraus realisierten Etappen
betreibbare und benutzbare Teilanlagen. Diese Teilanlagen
werden zeitlich gestaffelt projektiert, realisiert und in
Betrieb gesetzt.

Feasibility Study

Durchführbarkeitsstudie mit dem Ziel, die gesamtwirt-
schaftlich beste Lösung zu finden.

File -> Datei

Funktion	Verantwortliche Teilnahme an der Erfüllung einer Aufgabe.
Funktionendiagramm	Grafische Darstellung der Zuordnung von Aufgaben und Zuständigkeiten auf organisatorische Einheiten oder Stellen bzw. Stelleninhaber in Form einer Matrix.
Garantieverpflichtung	Werkvertragliche Verpflichtung des Unternehmers gegenüber dem Bauherrn, für die fachgemässe rechtzeitige Erstellung des Bauwerkes einzustehen und für eventuelle Werkmängel zu haften.
Geldgeber	Stellt die Finanzierung des Projektes sicher (Bauherr selbst, Banken, Versicherungen, Subventionsgeber oder andere).
Genehmigung	Zustimmung zu einem vorgelegten Plan bzw. zur Verwirklichung einer vorgetragenen Absicht.
Gesamtleiter	Für die Gesamtleitung verantwortliche Stelle.
Gesamtleitung	Aufgabenpaket bei der Abwicklung eines Bauvorhabens, welches umfasst: - die Beratung des Auftraggebers - die Vertretung des Auftraggebers gegenüber Dritten - die Leitung aller an der Planung und Ausführung mitwirkenden Fachleute und die Leitung der Gesamtkoordination ihrer Tätigkeiten - die Projektadministration.
Gesamtprojektleiter	Für den Gesamtprojekterfolg verantwortliche Stelle (steht der Gesamtprojektleitung vor). Synonyme: Projekt-Manager
Gesamtprojektleitung	Für die Dauer eines Projektes geschaffenes Organ, welches für Planung, Steuerung und Überwachung des Projektes verantwortlich ist. Die Gesamtprojektleitung kann den Bedürfnissen der Projektphasen angepasst werden.
Gesamtterminplan	Terminplan über die gesamte vorgesehene und absehbare Projektdauer.
Haustechnik, Gebäudetechnik	Überbegriff für alle Gebäudeinstallationen und haustechnischen Anlagen in einem Bauwerk. Die Haustechnik umfasst insbesondere:

Heizungs-, Lüftungs-, Kälte-, Klima-, Elektro-, Sanitär- und Regeltechnik

HKLKS

Teil der Haustechnik, umfassend Heizungs-, Klima-, Lüftungs-, Kälte- und Sanitärbereich.

Inbetriebnahme,
Inbetriebsetzung

Phase der Abnahme der fertiggestellten baulichen Anlage und deren Übergabe an die Betreiberorganisation. Unter der Inbetriebnahme ist der sukzessive Anlauf der verschiedenen Teilsysteme der baulichen Anlage, deren Probebetrieb und die Schulung des entsprechenden Betriebspersonals zu verstehen.

Informatik

Wissenschaft der elektronischen Datenverarbeitungsanlagen und der Grundlagen ihrer Anwendungen.
Synonyme: Informationstechnik

Informatikhilfsmittel

Gesamtheit der Einrichtungen der Informatik, welche als für einen bestimmten Aufgabenbereich zur Unterstützung der Aufgabenbearbeiter eingesetzt werden.

Information

Gedankliche, grafische oder sprachliche Darstellung von realen oder gedachten Sachverhalten. Informationen umfassen Daten und diejenigen Zusammenhänge zwischen den betroffenen Daten, welche für die Darstellung eines gewissen Sachverhaltes relevant sind.

Informationsfluss

Informationsübertragung zwischen verschiedenen Elementen oder Subsystemen eines Systems oder zwischen Systemen. Eine institutionalisierte, regelmässig benutzbare Übertragungsverbindung heisst Informationskanal.

Informationssystem

Gesamtheit aller Einrichtungen, Hilfsmittel und Methoden und deren Zusammenwirken bei der Erfassung, Weiterleitung, Be- und Verarbeitung, Auswertung und Speicherung von Informationen.

Informieren

Informieren ist die gezielte Weitergabe von Informationen oder Daten ohne eigene Stellungnahme (engl. to inform).

Input

Zum Beginn einer Tätigkeit notwendige Informationen.
Im Bereich der Informatik: Dateneingabe für die elektronische Datenverarbeitung.

Instandhaltung	Massnahmen zur Bewahrung und Wiederherstellung des Sollzustandes sowie zur Feststellung und Beurteilung des Istzustandes.
Investition	Eine für längere Frist beabsichtige Bindung finanzieller Mittel in matriellen oder immateriellen Objekten mit der Absicht, diese Objekte in Verfolgung einer individuellen Zielsetzung zu nutzen.
Kalkulation	Leistungs- bzw. produktebezogene Kostenrechnung.
Kapazität, Kapazitätsplanung	Die Kapazität umschreibt das Leistungsvermögen eines Einsatzmittels innerhalb eines bestimmten Zeitraumes in Form von Leistungseinheitenmenge pro Zeiteinheit. Die Kapazitätsplanung ergänzt die Ablaufplanung durch Festlegung der Mengen der eingesetzten Hilfsmittel, bzw. Produktionsfaktoren sowie durch die Festlegung der Orte und Zeiträume ihres Einsatzes.
Kommunikation	Austausch, Verarbeitung (Aufnahme) und Speicherung von Informationen oder Daten zwischen den Elementen oder Subsystemen eines Systems oder zwischen Systemen. Sie kann nur stattfinden, wenn Sender und Empfänger ein gemeinsames Bezugssystem haben.
Kompetenz	Sachverständigkeit oder Befähigung Entscheidungen zu treffen, Handlungen vorzunehmen und Anordnungen zu geben. Korrelative Begriffe: Zuständigkeit Diskussion: Im umgangssprachlichen Gebrauch wird unter Kompetenz sowohl die Sachverständigkeit als auch die Zuständigkeit bzw. Befugnis verstanden.
Kontrolle	Sammelbegriff für Überwachungs- und Steuerungsschritte (Regelung).
Konzept	Übergeordneter Plan in Form eines knapp gefassten Entwurfs.
Koordination	Systematisches, zielgerichtetes Abstimmen von Ansichten, Aufgaben und Tätigkeiten, die zueinander in gewisser Beziehung stehen. Dadurch soll ein geordnetes und wirtschaftliches Zusammenwirken aller beteiligten Stellen sichergestellt werden.

Kosten	Bewerteter, leistungsbezogener Güterverbrauch.
Kosten-Nutzen-Rechnung	Ermitteln der längerfristigen Rentabilität der Baumassnahmen unter Verwendung der Zahlen aus der Kostenschätzung nach Elementgruppen bzw. den Nutzungskosten in der Regel als Teil einer Gesamtbeurteilung (Feasibility Study).
Kostenermittlung	Verfahren, mit deren Hilfe Kosten auf der Basis vorhandener Entwürfe für die bauliche Anlage prognostiziert und bereits entstandene Kosten festgestellt werden können.
Kostenplanung	Disposition aller durch Projektentscheidungen beeinflussbaren, während der Lebensdauer einer baulichen Anlage anfallenden Kosten zu den Projektzeitpunkten, in denen die Entscheidungen getroffen werden.
Kostenrahmen	Nach Abstimmung der Kostenschätzung und Risikoüberwachung (evtl. mehrere KS) zwischen Bauherr und den Projektierenden wird eine für alle Beteiligten gültige (und verbindliche) Kostengrenze festgelegt. Der Kostenrahmen enthält einen Gesamtzielbetrag und die Einzelzielbeträge für die Fachplaner.
Kostenschätzung (KS)	Kostenermittlung in der Vor- oder Bauprojektphase aufgrund von betrieblichen oder baulichen Kennwerten zu Hauptbezugsmengen (Grobschätzung) oder Elementen.
Kostenvoranschlag	Kostenermittlung auf der Grundlage von geschätzten oder offerierten Preisen zu einzelnen Leistungen. Er enthält die klar umschriebenen Leistungen nach Ausführungsgesichtspunkten gegliedert.
Kritischer Weg	Der kritische Weg im Projektablauf ist die Folge derjenigen Vorgänge, welche als Vorgangskette die minimale Gesamtdauer des Ablaufes bestimmen. Kritische Vorgänge sind solche mit einer Pufferzeit, die gegen Null strebt.
Layout	Massstabsgetreue Anordnung und Zuordnung physischer Elemente einer baulichen Anlage unter Berücksichtigung der Verkehrswege, der Versorgung etc.
Leistung Definition (1):	Vorbestimmte, geschuldete und zielgerichtete Tätigkeit als Beitrag zur Leitung, Planung, Projektierung, Ausführung und Inbetriebsetzung einer baulichen Anlage.

Definition (2):	Leistung kann auch als Ausmass der sachlichen Zielerreichung innerhalb eines bestimmten Zeitraums verstanden werden. Sie gibt dann den Grad der Erfüllung einer Zielsetzung durch das Ergebnis menschlicher Arbeitsprozesse an. Die Leistung ist also keine eindeutig messbare Grösse mehr, sondern der Grad der Erfüllung muss bei schwierigeren Arbeiten bewertet werden. Korrelative Begriffe: Auftrag, Aufgabe, Tätigkeit
Liniendiagramm	Grafische Darstellung der Abfolge einzelner Bearbeitungsschritte in Projekten mit kontinuierlicher Ausdehnung in einer Hauptachse.
Linienorganisation	Die Linienorganisation teilt die zur Erreichung der Unternehmensziele erforderlichen, ständigen Aufgaben und Zuständigkeiten zu und sorgt für die nötigen Verbindungen.
Modell	Durch Abstraktionsprozesse gewonnene Abbildung der wesentlichen und interessanten Aspekte einer bestehenden oder künftig gewollten Wirklichkeit.
Nachbarn	Nachbarn besitzen oder benützen die Grundstücke und baulichen Anlagen, welche an das Areal des Bauprojektes angrenzen oder in der Nähe des Areals liegen.
Nachtrag	Zusatz zum Vertrag, eventuell nur Zusatz zum Leistungsverzeichnis für Leistungen, von welchen erst nach Auftragserteilung bekannt wird, dass sie zur fachgerechten und vollständigen Erfüllung des Vertrages notwendig sind resp. für Zusatzleistungen.
Netzplan	Grafische oder tabellarische Darstellung von Projektabläufen mit allen ihren Elementen und Abhängigkeiten.
Netzplan-Modul	Logisch in sich geschlossener Teil eines Netzplanes, der als Standardelement zur wiederholten Anwendung bestimmt ist.
Netzwerk	Vielfältig verflochtenes, mehrfach verzweigtes System zum Transport von Signalen (optischen oder akustischen Zeichen) oder materiell Vorhandenem zwischen Knotenpunkten.
Normposition	In einem Katalog standardmässig vorgegebene, EDV-gerecht aufgebaute Beschreibung einer Leistung.

Nutzer -> Benutzer

Nutzungskosten | Aufwendungen, die sich nach Abschluss der Baumassnahme als Betriebs-, Unterhalts- und sonstige Folgekosten ergeben.

Offerte | Schriftlicher Preisvorschlag und ergänzende Informationen eines Unternehmers oder Lieferanten für die ausgeschriebenen Leistungen. Eine Offerte ist ein rechtlich verbindliches Angebot im Sinne des Obligationenrechtes.
Synonyme: Angebot

Offertvergleich | Materielle und rechnerische Prüfung der eingereichten Offerten zum gleichen Leistungsverzeichnis und deren Vergleich bezüglich eines einheitlichen und ganzheitlichen Kriterienkatalogs.
Synonyme: Angebotsprüfung

Organ | Gruppierung von Stellen, die innerhalb der Projektorganisation mit bestimmten Funktionen (Arbeitsgruppen, Sitzungen, etc.) betraut ist.

Organigramm | Grafische Darstellung aller Stellen einer Organisation in ihrer hierarchischen Über- und Unterordnung und ihrer aufgabenmässigen Bezeichnung. Jede Stelle wird durch ein Symbol (z.B. Rechteck) gekennzeichnet, das die Stellenbezeichnung enthält.

Output | Daten- bzw. Informationsausgabe aus einer informationellen Tätigkeit.

Phase / Projektphase | Eine Projektphase ist ein zeitlicher Abschnitt eines Projektablaufes, der sich sachlich gegen andere Abschnitte abhebt.

Plan / Planen | Ein Plan ist eine Überlegung, die sich auf die Verwirklichung eines Zieles oder einer Absicht richtet, bzw. das Resultat dieser Überlegung, nämlich ein Entwurf für etwas zu Schaffendes in Form einer grafischen Darstellung.
Planen bedeutet, ein Ziel und seine Verwirklichung in der Absicht vorwegzunehmen, das Ziel möglichst sicher und ohne Umwege zu erreichen.

Problem | Differenz zwischen dem Ist und einer Vorstellung vom Soll.

Projekt | Ein Vorhaben oder eine Aufgabe mit im wesentlichen einmaligen Bedingungen wie:

- Zielvorgabe
- zeitliche, leistungsmässige und andere Begrenzungen
- spezifische Organisation und
- klare Abgrenzung gegenüber anderen Vorhaben oder Aufgaben.

Andere Aspekte: Risiko der Zielerreichung

Diskussion: Je nach Standpunkt zu einem Projekt kann es ein Vorhaben (Plan) sein (z.B. für einen Bauherrn) oder eine Aufgabe (z.B. für den Planer).

Projektablage, Projektdokumentation	Zusammenstellung ausgewählter, wesentlicher Daten über Konfiguration, Organisation, Mitteleinsatz, Lösungswege, Ablauf und erreichte Ziele des Projektes.
Projektablauf	Menge aller Zustandsänderungen des Projektsystems. Kann erfasst werden durch Zustände, Vorgänge und Ereignisse, die untereinander durch wechselseitige Beziehungen verknüpft sind. Dadurch ergibt sich ihre innere Ordnung und insbesondere Reihenfolge.
Projektbeteiligte	Alle juristischen oder natürlichen Personen, welche im Rahmen der Projektorganisation eine Funktion haben.
Projektdefinition	Festlegen der Aufgabenstellung und des Durchführungsrahmens eines Projektes.
Projektgliederung	Festlegung der Elemente eines Projektes und deren Beziehungen untereinander durch Analyse von Zielen und Aufgaben. Synonyme: Projektstrukturierung
Projekthandbuch	Systematische Zusammenstellung der Anweisungen und Richtlinien, welche bei der Abwicklung von Projekten in einer bestimmten Organisation in der Regel benutzt werden.
Projektierende	Alle Projektbeteiligten, welche mit der Projektierung oder der Planung und Beratung im Rahmen eines Bauprojektes beauftragt sind. Synonyme: Projektverfasser, Planer
Projektinformation	Informationen für Planung, Steuerung und Überwachung eines Projektes.

Projektinformationssystem Gesamtheit der Einrichtungen und Hilfsmittel und deren Zusammenwirken bei der Erfassung, Weiterleitung, Be- und Verarbeitung, Auswertung und Speicherung der Projektinformationen.

Projektleiter   Für die Projektleitung verantwortliche Person. Für Teilaufgaben können z.B. Fachprojektleiter oder Teilprojektleiter eingesetzt werden.

Projektleiter Bauherr   Stelle in der Bauprojektorganisation, welche auf der Seite des Auftraggebers die Anordnungsbefugnis gegenüber dem Gesamtprojektleiter hat.

Projektleitfaden   Systematische Zusammenstellung der projektspezifischen Führungsanweisungen und -richtlinien.

Projektleitung   Für die Dauer eines Projektes geschaffene Organisationseinheit, welche für Planung und Kontrolle dieses Projektes verantwortlich ist. Sie muss den Bedürfnissen der Projektphasen angepasst werden.

Projektmanagement   Gesamtheit der Führungs- und Leitungstätigkeit bei der Abwicklung eines Projektes.

Projektorganisation   Gesamtheit der zur Abwicklung eines Projektes eingesetzten Personen und Sachmittel, ihren Beziehungen untereinander, der organisatorischen Regelungen sowie der zu lösenden Aufgaben.

Projektphase - > Phase

Projektstand   Vergleich des aktuellen Projektzustandes (inkl. der angefallenen Kosten), basierend auf den aktuellen Informationen, mit dem für den entsprechenden Zeitpunkt geplanten Projektzustand.

Projektstruktur   Gesamtheit aller Elemente eines Projektes und deren Beziehungen untereinander. Beschreibt den Aufbau und die Wirkungsweise des Projektes.

Projektzustand   Der Projektzustand besteht über die ganze Projektdauer aus den jeweils vorhandenen Resultaten der bereits erfolgten Projektbearbeitung. Am Beginn dieses Zeitraumes steht das neue, als erste Idee umrissene Bauprojekt, am Ende die vollendete, nutzungsbereite bauliche Anlage.

Protokoll	Formelles Dokument mit wortgetreuer Fixierung von Aussagen, Beschlüssen o.ä.
Pufferzeit	Diejenige Zeitspanne, um welche ein Ereignis bzw. ein Vorgang verschoben oder ausgedehnt werden kann, ohne dass die Gesamtprojektdauer verändert wird. Korrelative Begriffe: Gesamte Pufferzeit, freie Pufferzeit
Qualität Qualitätsanforderungen	Unter Qualität werden die positiv verstandenen Beschaffenheiten, Merkmale und Eigenschaften einer baulichen Anlage verstanden.
Raumprogramm	Liste von Räumen mit Bezeichnung ihrer Funktion und der erforderlichen Grösse (evtl. Höhe) für die zu planende Baumasse. Das Raumprogramm kann zusätzliche Informationen über funktionale Beziehungen von einzelnen Räumen zueinander und Merkmale für Ausbau, Ausstattung, Luftkonditionierung und technische Infrastruktur enthalten.
Rechnung	Aufforderung des Unternehmers an den Bauherrn zur Abgeltung eines Teils oder der ganzen Unternehmerleistung, basierend auf einem Werkvertrag sowie auf einem Ausweis, welcher über das Quantitativ der in Rechnung gestellten Leistung Aufschluss gibt.
Rekursfrist	Mit dem Bauentscheid durch die Behörde beginnt die Rekurs- bzw. Beschwerdefrist zu laufen. Der Bauentscheid hat den Charakter einer Verfügung und unterliegt der Beschwerde, welche von ihrer Wirkung her ein Rechtsmittel ist. Der Rechtsmittelweg führt an eine übergeordnete Instanz.
Sachmittel	Nicht selbständige, starre Hilfsmittel, die den Aufgabenträger unterstützen.
Schlussabrechnung	Schriftliche Darstellung der erbrachten Leistungen durch die am Bauprojekt Beteiligten gemäss Auftrag, Werkvertrag oder Liefervertrag einschliesslich der Teuerung.
Schlüsselereignis	Ereignis von besonderer Bedeutung, Meilenstein.
Schlussrechnung	Gesamtrechnung der vertraglich vereinbarten und erbrachten Leistungen des Unternehmers bzw. Lieferanten nach

Beendigung der Arbeiten bzw. Lieferungen an den Bauherrn.

Schnittstelle
Verbindungsstelle zwischen zwei Systemen, an welcher Grössen ausgetauscht werden, ohne dass diese Grössen verändert werden.

Selbstkosten
Einer Organisation effektiv entstandene Kosten.

Spezifikationen
Ausführliche Beschreibung der Leistungen (z. B. technische, wirtschaftliche, orgnisatorische Leistungen), die zur Erreichung der Projektziele erforderlich sind oder gefordert werden. Spezifikationen werden in einem Pflichtenheft zusammengetragen.

Stabsstelle
Assistenzeinheit innerhalb einer Organisation, die nicht mit der Erfüllung eigener Leitungsaufgaben betraut sondern der Leitungsaufgabe einer Instanz zur quantitativen, personellen und qualitativen Entlastung zugeordnet ist, woraus sie ihre eigenen Aufgaben ableitet.

Standardnetzplan
Netzplan mit festgelegten Elementen und Abhängigkeiten, der zur wiederholten Anwendung bestimmt ist. Die Festlegung kann auch weitere Grössen umfassen wie z.B. Zeitwerte und Einsatzmittel.

Stelle
Aufgabenkomplex, der von einer Person oder einer einheitlich auftretenden Personengruppe wahrgenommen wird, jedoch theoretisch von Personenwechseln (Stelleninhaber) unabhängig ist. Sie ist die kleinste organisatorische Einheit und grenzt aufgabenmässig den Zuständigkeits- und Kompetenzbereich der Stelleninhaber ab.

Stellenbeschreibung
Die Stellenbeschreibung legt den Delegationsbereich einer Stelle fest. Sie enthält:
- die Eingliederung der Stelle in die Organisation
- die der Stelle gesteckten Ziele
- die ihr zugewiesenen Aufgaben, Zuständigkeiten und daraus abgeleitet die Verantwortung.

Stelleninhaber
Person, welche eine bestimmte Stelle inne hat.

Stellvertreter
Stelleninhaber, der vorübergehend einen fremden Delegationsbereich voll oder teilweise in eigener Verantwortung,

aber im Namen des Stelleninhabers und in dessen Sinn und Geist fachlich und führungsmässig übernimmt.

Struktur Gesamtheit der wesentlichen Beziehungen zwischen den Bestandteilen eines Systems. Sie beschreibt dessen Aufbau und Wirkungsweise.

Subsystem Ein System kann auf praktisch beliebig vielen hierarchischen Ebenen in Subsysteme (Untersysteme) gegliedert werden. Diejenige Ebene, welche im Zusammenhang mit dem Problem zum Betrachtungszeitpunkt nicht mehr weiter unterteilt wird, wird durch die Systemelemente gebildet.
Diskussion: Ein System kann auch in übergeordnete Systeme integriert werden. Übergeordnetes System, System und Subsystem sind also relative Begriffe.

System Ein System ist eine Gesamtheit von Elementen, die miteinander durch Beziehungen verbunden sind. Durch Abstraktion der Eigenschaften und Wirkungen der Elemente und Beziehungen erhält man die Struktur des Systems. Die Summe der Berührungspunkte des Systems mit seiner Umgebung heisst Systemgrenze, was ausserhalb des Systems liegt, heisst Systemumwelt.

Tätigkeit Einheitlich benennbare Gruppe von Handlungen zur Erfüllung einer Aufgabe. Eine Tätigkeit kann mehrere Vorgänge umfassen. Im Bauwesen ist diese Tätigkeit ein Beitrag zur Planung, Projektierung, Herstellung oder Inbetriebsetzung einer baulichen Anlage.
Korrelative Begriffe: Aufgabe, Leistung

Teilsystem System, welches sich aus der Betrachtung im Hinblick auf ausgewählte Eigenschaften bzw. Funktionen ergibt.

Telekommunikation Kommunikation zwischen Partnern, welche über grosse Distanzen erfolgt (mindestens ausser Haus). Die Mittel der Telekommunikation sind: Briefverkehr (Post), Telefon, Telex, Telefax, Videotex, Wide Area Network WAN, Electronic Mail-Systeme, Integrated Services Digital Network (ISDN).

Termin Zeitpunkt, der durch ein Kalenderdatum und/oder eine Uhrzeit ausgedrückt wird. Dabei wird unter einem Zeitpunkt eine festgelegte Stelle in einem zeitlichen Ablauf verstanden, deren Lage auf einer Zeitachse durch Zeiteinheiten beschrieben wird.

Terminplan, Terminplanung	Ein Terminplan ist eine Darstellung einer Menge von Terminen. Terminpläne können in grafischen (Balkendiagramm, Netzplan, Balkennetzplan) oder tabellarischen Darstellungen vorliegen.
Umgebung	Systemfremde Elemente, die mit Elementen des betrachteten Systems in Beziehung stehen und deren Umgestaltung als nicht möglich, nicht vertretbar oder nicht wünschenswert erachtet werden.
Umwelt	Summe aller systemfremden Elemente die mit Elementen des Systems in Beziehung stehen können aber nicht müssen.
Variantenvergleich	Vergleichende Gegenüberstellung von grundsätzlichen Alternativen unter bestimmten Kriterien zur Optimierung eines Projektes.
Vergabeantrag	Antrag der beauftragten Planer oder des Gesamtprojektleiters an den Gesamtauftraggeber, Leistungen aufgrund der geprüften Angebote zu vergeben.
Vernehmlassung	Stellungnahme durch betroffene Stellen und/oder Fachstellen zu Resultaten oder Zwischenresultaten vor einer Genehmigung bzw. einem Entscheid.
Versicherer	Institutionen, welche während der Dauer des Projektes und während der Lebensdauer der realisierten Anlage beim Eintreten bestimmter Risiken die finanziellen Folgen oder Teile davon decken.
Vorgang	Ein Vorgang beschreibt ein zeiterforderndes Geschehen im Projektablauf mit definiertem Anfang und Ende. Er beinhaltet eine Veränderung von Zuständen, welche durch Leistungen im Rahmen eines Projektes gezielt verursacht wird.
Werkvertrag	Der Werkvertrag verpflichtet den Unternehmer zur Erstellung eines Bauwerkes oder Teilen davon und den Bauherrn zur Bezahlung eines festgelegten Preises.
Zahlungsübersicht	Darstellung der ausgeführten Zahlungen und Abrechnungen entsprechend den vertraglich vereinbarten Methoden für

sämtliche Leistungen im Zusammenhang mit der Bauausführung.

Zahlungsplan	Aufgliederung der Summe einzelner Vertragseinheiten nach Massgabe der Zeitabhängigkeit.

Zeitpunkt — Festgelegter Punkt im Ablauf, dessen Lage durch Zeiteinheiten (z.B. Minuten, Tage, Wochen) beschrieben und auf einen Nullpunkt bezogen ist.

Ziel — Ziele kennzeichnen einen durch ein Individuum oder ein Kollektiv gewollten (oder explizit nicht gewollten) zukünftigen Sachverhalt, der durch menschliche Aktivität erreichbar scheint.

Zielsetzung — Stufengerechte Umsetzung der Projektziele in Ziele für alle Beteiligten. Dabei werden unterschieden:
- Ziele für die Organisation (in Form von Leitbildern, langfristigen Zielen, Jahreszielsetzungen etc.)
- Systemziele (Ziele, welche die zu erstellende Anlage erfüllen soll)
- Vorgehensziele (Ziele, welche das zu erzeugende System im Ablauf erreichen muss).

Zuständigkeit — Die einer Stelle, einem Organ oder einer Organisationseinheit zugeordnete Ermächtigung, sachbezogene Entscheidungen zu treffen, Handlungen zur Bearbeitung von Aufgaben vorzunehmen und Anordnungen zu geben.
Synonyme: Befugnis
Korrelative Begriffe: Kompetenz

Zuständigkeitsbereich — Gesamtheit der einer Stelle zu- und nachgeordneten Delegationsbereiche und deren Sachbearbeiter.

ANHANG B: DATENBANKEN UND LISTEN ZUM MODELLABLAUF

Inhalt

Anhang B1: Basisablauf: Vorgangsliste

	Vorgangsn1	Vorgangsbeschreibung	Beteiligter
1	00001	Ausarbeitung Vorstudie, Auftrag GPL	BH
2	1	Vorbereitung	
3	11	Generelle Vorbereitung	
4	11001	generelle Anforderungen	BH
5	1100101	generelle Anforderungen Bauherr	BH
6	1100101001	bestimmen PL Bauherr	BGAG
7	1100101002	Absichtserklärung Bauherr	BPLT
8	1100101003	Vorstellungen grundsätzliche Nutzung	BPLT
9	1100101004	Aufträge an Fachstellen, Betreiber, Benutzer	BPLT
10	1100101005	Anforderungen an Standort	BGAG
11	1100101006	generelle Anforderungen an bauliche Konzeption	BFST
12	1100101007	Sicherheitsanforderungen	BFST
13	1100102	generelle Anforderungen Benutzer / Betreiber	NBP
14	1100102001	grundsätzliches Betriebsschema	NBET
15	1100102002	generelle Unterhaltsanforderungen	NBET
16	1100102003	Bedarfserhebung	NBET
17	1100103	Grundlagen, genereller Anforderungskatalog	GPLG
18	1100103001	Studium Auftrag	GPLG
19	1100103002	Zus.stellen Grundlagen + Rahmenbedingungen	GPLG
20	1100103003	Beurteilung Grundlagen + Rahmenbedingungen	GPLG
21	1100103004	Formulierung generelle Anforderungen	GPLG
22	1100103005	Mitarbeit Formulierung gen. Anforderungen	BPLT
23	1100103006	Meinungsbildung zu generellen Anforderungen	BGAG
24	1100103007	Genehmigung genereller Anforderungskatalog	BGAG
25	11002	Problemanalyse	GPLG
26	1100201	Machbarkeitsstudie	GPLG
27	1100201001	Beurteilung technische Lösbarkeit	GPLG
28	1100201002	Schätzung Wirtschaftlichkeit	BPLT
29	1100201003	Aufträge an Projektierende	BPLT
30	1100201004	Informations- / Oeffentlichkeitskonzept	BPLT
31	1100202	generelle Betriebskonzepte	NBP
32	1100202001	mögliche betriebliche Konzepte	NBET
33	1100202002	Entwicklungsmöglichkeiten	NBET
34	1100203	bauliche Konzepte, Projektskizzen	PHPR
35	1100203001	Beurteilung Bauvorschriften	PHPR
36	1100203002	generelle Bebauungsskizzen	PHPR
37	1100203003	Projektskizzen	PHPR
38	11003	Standortanalyse	GPLG
39	1100301	Standortmöglichkeiten	GPLG
40	1100301001	Ermittlung möglicher Standorte	GPLG
41	1100301002	Informationsbeschaffung Standorte	GPLG
42	1100301003	Informationen zu Standorten	UBBE
43	1100301004	Umweltanalysen zu Standorten	BFST
44	1100301005	Bewertungskriterien Standorte	GPLG
45	1100301006	Mitarbeit Bewertungskriterien Standorte	BPLT
46	1100301007	Genehmigung Bewertungskriterien Standorte	BGAG
47	1100302	Aufnahme bestehender Bauten	PHPR
48	1100302001	Geländeaufnahmen	PHPR
49	1100302002	Aufnahme Bauten + Tragwerke	PBIN
50	1100302003	Aufnahme bestehende HKLK/S-Anlagen	PHKL
51	1100302004	Aufnahme bestehende Elektro-Anlagen	PELK

	Vorgangsnl	Vorgangsbeschreibung	Beteiligter
52	1100302005	geologische Beurteilung der Standorte	PEXP
53	1100303	Vorbericht Standorte	GPLG
54	1100303001	Beurteilung Standorte, Antrag	GPLG
55	1100303002	Verfassen Vorbericht Standorte	GPLG
56	1100303003	Mitarbeit Beurteilung Standorte, Antrag	BPLT
57	1100303004	Vernehmlassung Standorte	BBEN
58	1100303005	Vernehmlassung Standorte	BBET
59	1100303006	Vernehmlassung Standorte	BFST
60	1100303007	Meinungsbildung Standorte	BGAG
61	11004	Standort, Auftrag Vorstudie	BH
62	12	Vorstudien	
63	12001	generelles Variantenstudium	GPLG
64	1200101	Koordination Vorstudien	GPLG
65	1200101001	Aufträge an Fachstellen, Betreiber, Benutzer	BPLT
66	1200101002	Planung Vorstudien	GPLG
67	1200101003	Koordination Erarbeitung Vorstudien	GPLG
68	1200101004	Projektorganisation für Vorstudien, Aufträge	GPLG
69	1200101005	Kriterien für Variantenwahl	GPLG
70	1200101006	bauliche Gesamtplanung	GPLG
71	1200101007	Variantenvergleich, Kostenschätzungen Vorstudien	GPLG
72	1200101008	Vorschlag für Nutzungskonzept	NEBT
73	1200101009	Vorschlag für weiteres Vorgehen	GPLG
74	1200101010	Korrekturen, Änderungen an Vorstudien	GPLG
75	1200101011	Bewertungskriterien Variantenwahl	BPLT
76	1200101012	Beurteilung bauliche/betriebliche Gesamtkonzepte	BPLT
77	1200101013	bauliche Gesamtplanung (Entscheid)	BGAG
78	1200101014	Entscheidungsvorbereitung	BPLT
79	1200101015	Mitarbeit am Vorschlag für Nutzungskonzept	BPLT
80	1200101016	Vernehmlassung Varianten Vorstudien	BFST
81	1200102	Vorstudien, Grobkonzepte	PPR
82	1200102001	mögliche Bebauungskonzepte	PHPR
83	1200102002	Studium Auftrag, Grundlagen	PHPR
84	1200102003	Studium Auftrag, Grundlagen	PBIN
85	1200102004	Studium Auftrag, Grundlagen	PFKO
86	1200102005	Studium Auftrag, Grundlagen	PHKL
87	1200102006	Studium Auftrag, Grundlagen	PELK
88	1200102008	Geologische Studien, Umweltstudien	PEXP
89	1200102009	Geologische Sondierungen	UNT
90	1200102012	Vergleich Bebauungskonzepte	PHPR
91	1200102013	Variantenstudium (Lösungsskizzen)	PHPR
92	1200102014	Variantenstudium (Ideenskizzen)	PBIN
93	1200102015	Energiekonzeptstudie	PFKO
94	1200102016	Konzepte Ver- + Entsorgung HKLKS	PHKL
95	1200102017	Versorgungskonzepte Stark-/Schwachstrom	PELK
96	1200102018	technisch u. wirtschaftlicher Variantenvergleich	PHPR
97	1200102019	technisch u. wirtschaftlicher Variantenvergleich	PBIN
98	1200102020	erste Optimierung Installationstrassen	PFKO
99	1200102021	Gesamtkonzept Fachtechnik	PFKO
100	1200102022	grober Raumbedarf u. mögl. Standorte HKLKS-Zentralen	PHKL
101	1200102023	grober Raumbedarf u. mögl. Standorte Elektro-Zentralen	PELK
102	12002	Betriebskonzept	BH
103	1200201	betriebliche Grobkonzepte	NBP
104	1200201001	Blockschemen, Beziehungsgerüst	NBET
105	1200201002	provisorische Pflichtenhefte	NBET
106	1200201003	Erheben Betriebsdaten	NBET
107	1200201004	Mitarbeit provisorische Pflichtenhefte	BBET
108	1200201005	Mitarbeit provisorische Pflichtenhefte	BBEN

Vorgangsn1	Vorgangsbeschreibung	Beteiligter
109 1200201006	Vernehmlassung zu Vorstudienvariante	BBET
110 1200201007	Vernehmlassung zu Vorstudienvariante	BBEN
111 1200202	Finanzierungsmöglichkeiten	BH
112 1200202001	Ermittlung Finanzierungsmöglichkeiten	BFST
113 1200202002	Vorverhandlungen mit Geldgebern	BFST
114 1200202003	Variantenvergleich Finanzierung	BFST
115 1200202004	Arten u. Bedingungen Finanzierung	UGEL
116 1200202005	Art der Finanzierung	BGAG
117 1200203	Grundstückssicherung	BH
118 1200203001	Verhandlungen mit Grundeigentümern	BFST
119 1200203002	Verkaufs-, Baurechtsverhandlungen	UMG
120 1200203003	Vertrag Grundstück	BGAG
121 1200203004	Vorabsprachen bez. Bewilligungsfähigkeit	UBBE
122 12003	Wahl Varianten, Projektierungskredit, Auftrag Vorprojekt	BH
123 2	Projektierung	
124 21	Vorprojektierung	
125 21001	Raumprogramm	BH
126 2100101	Groblayout, Raumprogramm	NBP
127 2100101001	konkretere Anforderungen Fachtechnik	BFST
128 2100101002	Mitarbeit am betrieblichen Groblayout	BBET
129 2100101003	provisorisches Raumprogramm	NBET
130 2100101004	betriebliches Groblayout	NBET
131 2100101005	Programm betriebliche Einrichtungen	NBET
132 2100102	Ueberarbeitung Groblayout	NBP
133 2100102001	Ueberarbeitung Anforderungen Fachtechnik	BFST
134 2100102002	Ueberarbeitung Raumprogramm	NBET
135 2100102003	Ueberarbeitung Groblayout, det.betr. Einrichtungen	NBET
136 2100102004	Einholen Richtofferten	NBET
137 21002	Vorprojekte (in Varianten) und Ueberarbeitung	PPR
138 2100201	Koordination Vorprojekt	GPLG
139 2100201001	Aufträge an Fachstellen, Beteiber, Benutzer	BPLT
140 2100201002	Projektorganisation Vorprojektierung, Aufträge	GPLG
141 2100201003	Koordination Vorprojektierung	GPLG
142 2100201004	Variantenvergleich Vorprojekte, Antrag	GPLG
143 2100201005	Projektpräsentation	BPLT
144 2100201006	Vernehmlassung Vorprojektvarianten	BFST
145 2100201007	Vernehmlassung Vorprojektvarianten	BBET
146 2100201008	Vernehmlassung Vorprojektvarianten	BBEN
147 2100202	Vorprojekte (Varianten)	PPR
148 2100202001	Gesamtbebauungsplan	PHPR
149 2100202002	Vorprojekt in Varianten	PHPR
150 2100202003	konstruktive Konzepte (Tragwerke, Baugruben)	PBIN
151 2100202004	Erschliessungskonzepte	PFKO
152 2100202005	Koordination fachtechn. Einzelkonzepte	PFKO
153 2100202006	Festlegen Installationstrassen u. Zentralen	PFKO
154 2100202007	feinere Ver- u. Entsorgungskonzepte HKLK/S	PHKL
155 2100202008	feinere Konzepte Elektroversorgung + MSR	PELK
156 2100202009	geologische Untersuchungen	PEXP
157 2100202010	zusätzliche geologische Sondierungen	UNT
158 2100203	Zwischenentscheid	BH
159 2100203001	Meinungsbildung zu Vorprojektvarianten	BGAG
160 2100204	Provokation baurechtlicher Vorentscheide	GPLG
161 2100204001	Abklärungen m. Behörden u. Nachbarn	GPLG
162 2100204002	Gesuch um baurechtliche Vorentscheide	GPLG
163 2100204003	Meinungsbildung zu genereller Bauabsicht	UMG
164 2100205	baurechtliche Vorentscheide	UBBE
165 2100205001	baurechtliche Vorentscheide	UBBE

	Vorgangsn1	Vorgangsbeschreibung	Beteiligter
166	2100206	Koordination Änderungen, Bericht Vorprojekt	GPLG
167	2100206001	Zusammenstellung Änderungswünsche	GPLG
168	2100206002	Koordination Ueberarbeitung Vorprojekt	GPLG
169	2100206003	Schätzung Bau- u. Betriebskosten	GPLG
170	2100206004	Zusammenstellen Dossier, Gesamtbericht Vorprojekt	GPLG
171	2100206005	Gesamtablaufplan, generelles Bauprogramm	GPLG
172	2100206006	Korrekturen, Änderungen	GPLG
173	2100206007	Entscheidungsvorbereitung	BPLT
174	2100206008	Vernehmlassung zu Vorprojekt	BFST
175	2100206009	Vernehmlassung zu Vorprojekt	BBET
176	2100206010	Vernehmlassung zu Vorprojekt	BBEN
177	2100207	Ueberarbeitung Vorprojekte	PPR
178	2100207001	Ausarbeitung Vorprojekt	PHPR
179	2100207002	Erläuterungsbericht Vorprojekt	PHPR
180	2100207003	Nutzungs- u. Sicherheitsplan	PBIN
181	2100207004	Vordimensionierung Tragwerke u. Baugruben	PBIN
182	2100207005	fachtechn. Koordination Vorprojekt	PFKO
183	2100207006	Zusammenstellung Kostenschätzungen Fachtechnik	PFKO
184	2100207007	Vorprojektierung HKLKS, Energie u. Medienbedarf	PHKL
185	2100207008	Vorprojektierung Elektro- und MSR-Anlagen	PELK
186	21003	Genehmigung Vorprojekt, Auftrag Bewilligungsprojekt	BH
187	22	Bewilligungsprojektierung	
188	22001	betriebliche Planung	BH
189	2200101	Feinlayout, Instandhaltungskonzept	NBP
190	2200101001	Planung Betriebsablauf	NBET
191	2200101002	Materialflussplanung	NBET
192	2200101003	Optimierung Bauwerkslayout	NBET
193	2200101004	Konzept Unterhalt u. Instandhaltung	NBET
194	2200101005	Mitarbeit Planung Betriebsablauf	BBET
195	2200102	Definitives Raumprogramm	NBP
196	2200102001	detailliertes Flächen- und Raumpropramm	NBET
197	2200102002	detaillierte Anforderungen Fachtechnik	BFST
198	2200103	Pflichtenhefte betriebliche Einrichtungen	NBP
199	2200103001	Bedarf an betrieblichen Einrichtungen	NBET
200	2200103002	technische Pflichtenhefte Betriebseinrichtungen	NBET
201	22002	Bauprojekt	PPR
202	2200201	Koordination Bauprojekt	GPLG
203	2200201001	Zusammenstellen Änderungen zu Vorprojekt	GPLG
204	2200201002	Projektorganisation für Bauprojekt, Aufträge	GPLG
205	2200201003	Koordination Bauprojektierung	GPLG
206	2200201004	Verhandlungen mit Behörden und techn. Dienststellen	GPLG
207	2200201005	Gesamtbericht Bauprojekt, Kostenvoranschlag	GPLG
208	2200201006	det. Projektierungs- u. Ausführungsablauf	GPLG
209	2200201007	Aufträge an Fachstellen,Betreiber, Benutzer	BPLT
210	2200201008	Ueberwachung Bauprojektierung	BPLT
211	2200201009	Beurteilung Bauprojekt	BPLT
212	2200201010	Beurteilung Bauprojekt	BGAG
213	2200201011	Beurteilung Bauprojekt	BFST
214	2200201012	Auskünfte vonBehörden und techn. Dienststellen	UBBE
215	2200201013	Gen. Bauprojekt, Auftrag Bewilligungsunterlagen	BGAG
216	2200202	Bauprojekte, Disposition Installationen	PPR
217	2200202001	Ausarbeiten Bauprojekt	PHPR
218	2200202002	Erläuterungsbericht u. Kostenvoranschlag	PHPR
219	2200202003	überschlägige Dimensionierung, Projektpläne	PBIN
220	2200202004	technischer Bericht u. Kostenvoranschlag	PBIN
221	2200202005	Koordinationsprojekt fachtechnische Anlagen	PFKO
222	2200202006	detaillierte Baubeschriebe, KV Fachtechnik	PFKO

	Vorgangsn1	Vorgangsbeschreibung	Beteiligter
223	2200202007	Disposition HKLK/S-Anlagen, techn. Daten	PHKL
224	2200202008	Disposition Elektro- und MSR-Anlagen, techn. Daten	PELK
225	2200202010	Konzept Unterhalt u. Instandhaltung Fachtechn. Anlagen	PFKO
226	2200203	Bewilligungsunterlagen	PPR
227	2200203001	Ergänzen Bauprojekt	PHPR
228	2200203002	Unterlagen für Bewilligungen u. Konzessionen	PBIN
229	2200203003	Unterlagen für Bewilligungen u. Konzessionen	PFKO
230	2200203004	Unterlagen für Bewilligungen u. Konzessionen	PHKL
231	2200203005	Unterlagen für Bewilligungen u. Konzessionen	PELK
232	2200204	Zusammenstellen Bewilligungs- /Auflagedossiers	GPLG
233	2200204001	Koordination Erstellung Bew.unterlagen	GPLG
234	2200204002	Abklärungen mit Behörden u. Nachbarn	GPLG
235	2200204003	Aufträge an Fachstellen	BPLT
236	2200204004	Zusammentragen und Einreichen Bewilligungs-/Auflagedossiers	GPLG
237	22003	Baubewilligungsverfahren	UMG
238	2200301	Entscheid Baueingabe	BH
239	2200302	Baubewilligungsverfahren	UMNA
240	2200302001	Vorprüfung	UBBE
241	2200302002	Aussteckung im Gelände	GPLG
242	2200302003	Bekanntmachung, Auflage	UBBE
243	2200302004	Prüfung Gesuch	UBBE
244	2200302005	Entscheid Baubewilligung, Auflagen	UBBE
245	2200303	Behandlung von Einsprachen und Auflagen	GPLG
246	2200303001	Rekursfrist	UNAC
247	2200303002	Behandlung der Einsprachen	GPLG
248	2200303003	Zusammenstellen Änderungen aus Auflagen	GPLG
249	2200303004	Behandlung der Einsprachen	BPLT
250	2200304	evtl. Projektanpassungen	PPR
251	2200304001	Anpassungen des Projektes	PHPR
252	2200304002	Anpassungen des Projektes	PBIN
253	2200304003	Anpassungen des Projektes	PFKO
254	22004	Baubewilligung rechtsgültig	UMG
255	2200401	Auftrag Detailstudien	BH
256	22005	Regelung Finanzierung u. Versicherungen	BH
257	2200501	definitive Finanzierung	BH
258	2200501001	Verhandlungen Bedingungen Finanzierung	BFST
259	2200501002	Vertrag Finanzierung	BGAG
260	2200501003	Abklären notwendige Versicherungen	GPLG
261	2200501004	Anfragen Angebote Versicherer	BPLT
262	2200501005	Vertrag Versicherungen	BGAG
263	2200502	Gewährung der Finanzierung	UGEL
264	2200502001	Angebote Finanzierung	UGEL
265	2200502002	Vertrag Finanzierung	UGEL
266	2200502003	Angebote Versicherer	UVER
267	2200502004	Vertrag Versicherungen	UVER
268	23	Detailprojektierung	
269	23001	Qualitätsstandards	PPR
270	2300101	definitive Anforderungen	BH
271	2300101001	def. Betriebs- u. Unterhaltsanf. Fachtechnik	BFST
272	2300101002	def. Betriebs- u. Unterhaltsanf. Bauliche Anlage	BPLT
273	2300101003	def. Betriebs- u. Unterhaltsanf. betr. Einr.	NBET
274	2300102	Festlegen Qualitätsstandards	GPLG
275	2300102001	Materialspezifikation HKLKS-Anlagen	PHKL
276	2300102002	Materialspezifikation Elektro-Anlagen	PELK
277	2300102003	Materialwahl Innenausbau	BBET
278	2300102004	Materialwahl Bauwerkshüllen	BBET
279	2300103	Evaluation betriebliche Einrichtungen	NBP

	Vorgangsn1	Vorgangsbeschreibung	Beteiligter
280	2300103001	Zusammenstellen mögliche Typen betr. Einr.	NBET
281	2300103002	Vergleich Typen u. Fabrikate betr. Einr.	NBET
282	2300103003	Festlegen Typ u. Fabrikat betr. Einr.	BBET
283	2300103004	det. Kostenvoranschlag betr. Einrichtungen	NBET
284	23002	Detailstudien + Änderungen	PPR
285	2300201	Detailprojekte, detaillierte Konzepte	PPR
286	2300201001	architektonische Detailstudien	PHPR
287	2300201002	Detailplanung Räume	PHPR
288	2300201003	det. Ausstattung, KV Ausstattung	BBEN
289	2300201004	konstruktive Bearbeitung, kritische Details	PBIN
290	2300201005	Projekt MSR-Anlage, festlegen techn. Daten	PFKO
291	2300202	Koordination Detailstudien	GPLG
292	2300202001	Aufträge an Fachstellen, Betreiber, Benutzer	BPLT
293	2300202002	PO für Detailprojektierung, Aufträge	GPLG
294	2300202003	Koordination Detailprojektierung	GPLG
295	2300202004	Zusammenstellung aller Projektkosten	GPLG
296	2300202005	Anfrage öffentliche Erschliessung	GPLG
297	2300203	Feststellen Finanzbedarf	GPLG
298	2300203001	detaillierter Ablauf- u. Terminplan	GPLG
299	2300203002	Finanzbedarfsplan	GPLG
300	2300204	Projekt u. Vergabe öffentliche Erschliessung	UBBE
301	2300204001	Auftrag Projektierung öff. Erschliessung	UBBE
302	2300204002	Projektierung Grundstückserschliessung	PEXP
303	2300204003	Ausschreibung u. Vergabe öff. Erschliessung	UBBE
304	23003	Freigabe Baukredit, Auftrag Ausschreibung	BH
305	3	Ausführung	
306	31	Vorbereitung der Ausführung	
307	31001	Bestellen betriebliche Einrichtungen	BH
308	3100101	Ausschreibung betriebliche Einrichtungen	NBP
309	3100101001	Vergabekonzept Betriebseinr. u. Ausstattung	NBET
310	3100101002	Ausschr.unterlagen u. Ausschr.Betriebseinrichtun	NBET
311	3100101003	Ausschr.unterlagen u. Ausschr.Ausstattung	NBET
312	3100101004	Offertbearbeitung Betriebseinrichtungen	UNT
313	3100101005	Offertbearbeitung Ausstattung	UNT
314	3100102	Vergaben betriebliche Einrichtungen	BH
315	3100102001	Offertvergleich Betriebseinrichtungen	NBET
316	3100102002	Vergaben Betriebseinrichtungen	BBET
317	3100102003	Verträge Lieferung u. Montage Betriebseinrichtungen	BGAG
318	3100102005	Offertvergleich Ausstattung	NBET
319	3100102006	Bestellung Ausstattung	BBEN
320	3100103	Lieferfristen betriebliche Einrichtungen	UNT
321	3100103001	Lieferfristen Betriebseinrichtungen	UNT
322	3100103002	Lieferfristen Ausstattung	UNT
323	31002	Ausschreibungen	PPR
324	3100201	Vergabekonzept	GPLG
325	3100201001	Vorschlag Art der Ausschreibungen u. Vergaben	GPLG
326	3100201002	Unternehmer-/ Lieferantenlisten	BPLT
327	3100202	Vergabekonzept, Unternehmerliste	BH
328	3100202001	Ergänzung Unternehmer-/ Lieferantenlisten	BFST
329	3100202002	Genehmigung Vergabekonzept	BGAG
330	3100203	Koordination Ausschreibungen und Vergaben	GPLG
331	3100203001	PO für Vorbereitung der Ausführung, Aufträge	GPLG
332	3100203002	Terminplan Ausschreibungen u. Vergaben	GPLG
333	3100204	Ausschreibungsunterlagen	PPR
334	3100204001	detaillierte Beschriebe, Leistungsverzeichnisse	PHPR
335	3100204002	Werk- u. Detailpläne für Ausschreibungen	PHPR
336	3100204003	Ausschreibungsunterlagen Tragwerke u. Baugruben	PBIN

	Vorgangsnl	Vorgangsbeschreibung	Beteiligter
337	3100204004	Koord. u. konstruktive Optimierung fachtechn. Anlagen	PFKO
338	3100204005	Koordination MSR-Anlagen, detaillierte Spezifikationen	PFKO
339	3100204006	Koordination Aussparungen	PBIN
340	3100204007	prov. Ausführungspläne HKLKS, Leistungsverz.	PHLK
341	3100204008	prov. Ausführungspläne Elektro- und MSR-Anl., Leistungsverz.	PELK
342	3100205	Kontrolle der Ausschreibungsunterlagen	BLG
343	3100205001	Überprüfung Materialwahl u. Konstruktionen	BLG
344	3100205002	Vollständigkeitskontrolle Leistungsverzeichnisse	BLG
345	3100206	Ausschreibungen Bau	PPR
346	3100206001	Ausschr. Vorbereitungsarbeiten	PHPR
347	3100206002	Ausschr. Erdbauarbeiten u. Fundationen	PBIN
348	3100206003	Ausschreibungen Rohbau	PHPR
349	3100206004	Ausschreibungen Bauwerkshüllen	PHPR
350	3100206005	Ausschreibungen Ausbau	PHPR
351	3100206006	Ausschreibungen MSR-Anlagen	PFKO
352	3100206007	Ausschreibungen HKLKS-Anlagen	PHKL
353	3100206008	Ausschreibungen Elektro-Anlagen	PELK
354	3100206009	Ausschreibungen Umgebungsarbeiten	PHPR
355	31003	Angebote Bau	UNT
356	3100301	Offertbearbeitung, Einreichen der Angebote	UNT
357	3100301001	Angebote Vorbereitungsarbeiten	UNT
358	3100301002	Angebote Erdbauarbeiten u. Fundationen	UNT
359	3100301003	Angebote Rohbau	UNT
360	3100301004	Angebote Bauwerkshüllen	UNT
361	3100301005	Angebote Ausbau	UNT
362	3100301006	Angebote MSR-Anlagen	PFKO
363	3100301007	Angebote HKLKS-Anlagen	UNT
364	3100301008	Angebote Elektro-Anlagen	UNT
365	3100301009	Angebote Umgebungsarbeiten	UNT
366	32	Ausführung	
367	32001	Vergaben Bau	BH
368	3200101	Vergaben Bauarbeiten	BH
369	3200101001	Offertvergleich, Vergabeantrag Vorbereitungsarbeiten	PHPR
370	3200101002	Offertvergleich, Vergabeantrag Erdbauarbeiten u. Fundationen	PBIN
371	3200101003	Offertvergleich, Vergabeantrag Rohbau	PHPR
372	3200101004	Offertvergleich, Vergabeantrag Bauwerkshüllen	PHPR
373	3200101005	Offertvergleich, Vergabeantrag Ausbau	PHPR
374	3200101006	Offertvergleich, Vergabeantrag MSR-Anlagen	PFKO
375	3200101007	Offertvergleich, Vergabeantrag HKLKS-Anlagen	PHKL
376	3200101008	Offertvergleich, Vergabeantrag Elektro-Anlagen	PELK
377	3200101009	Offertvergleich, Vergabeantrag Umgebungsarbeiten	PHPR
378	3200101010	Vertragsentwürfe	GPLG
379	3200101011	Vergabe Vorbereitungsarbeiten	BGAG
380	3200101012	Vergabe Erdbauarbeiten u. Fundationen	BGAG
381	3200101013	Vergabe Rohbau	BGAG
382	3200101014	Vergabe Bauwerkshüllen	BGAG
383	3200101015	Vergabe Ausbau	BGAG
384	3200101016	Vergabe MSR-Anlagen	BGAG
385	3200101017	Vergabe HKLKS-Anlagen	BGAG
386	3200101018	Vergabe Elektro-Anlagen	BGAG
387	3200101019	Vergabe Umgebungsarbeiten	BGAG
388	3200102	Arbeitsvorbereitung	BLG
389	3200102001	Werkstattpläne Bauwerkshüllen	UNT
390	3200102002	Werkstattpläne MSR-Anlagen	UNT
391	3200102003	Werkstattpläne HKLKS-Anlagen	UNT
392	3200102004	Werkstattpläne Elektro-Anl.	UNT
393	3200102005	Werkstattfertigung Bauwerkshüllen	UNT

	Vorgangsn1	Vorgangsbeschreibung	Beteiligter
394	3200102006	Werkstattfertigung MSR-Anlagen	UNT
395	3200102007	Werkstattfertigung HKLKS-Anlagen	UNT
396	3200102008	Werkstattfertigung Elektro-Anl.	UNT
397	3200103	Arbeitsvorbereitung	UNT
398	3200103001	Verträge u. AVOR Vorb.arbeiten	UNT
399	3200103002	Verträge u. AVOR Erdbauarbeiten u. Fundationen	UNT
400	3200103003	Verträge u. AVOR Rohbau	UNT
401	3200103004	Verträge Bauwerkshüllen	UNT
402	3200103005	Verträge u. AVOR Ausbau	UNT
403	3200103006	Verträge MSR-Anlagen	PFKO
404	3200103007	Verträge HKLKS-Anlagen	UNT
405	3200103008	Verträge Elektro-Anlagen	UNT
406	3200103009	Verträge Umgebungsarbeiten	UNT
407	32002	definitive Ausführungsunterlagen	PPR
408	3200201	Koordination Ausführungsunterlagen	GPLG
409	3200201001	Anpassung PO für Ausführung	GPLG
410	3200201002	Koordination Ausführungsunterlagen	GPLG
411	3200201003	Planlieferungspläne	GPLG
412	3200201004	Zahlungspläne div. Verträge	GPLG
413	3200202	Erstellen definitive Ausführungsunterlagen	PPR
414	3200202001	definitive Ausführungspläne	PHPR
415	3200202002	definitive Ausführungspläne Baugruben	PBIN
416	3200202003	def. Ausf.pläne Tragwerke inkl. Aussparungen	PBIN
417	3200202004	Angabe definitive Aussparungen	PFKO
418	3200202005	definitive Ausführungspläne MSR-Anlagen	PFKO
419	3200202006	Kontrolle Werkstattpläne MSR-Anlagen	PFKO
420	3200202007	def. Ausf.unterlagen HKLKS-Installationen	PHKL
421	3200202008	Kontrolle Werkstattpläne HKLKS-Anlagen	PHKL
422	3200202009	def. Ausf.unterlagen Elektro-Installationen	PELK
423	3200202010	Kontrolle Werkstattpläne Elektro-Anlagen	PELK
424	3200203	Erstellen öffentliche Erschliessungen	UBBE
425	32003	Bauausführung	UNT
426	3200301	Koordination u. Kontrolle Bauarbeiten	BLG
427	3200301001	detaillierter Terminplan Ausführung	BLG
428	3200301003	Koordination u. Kontrolle Bauarbeiten	BLG
429	3200301004	Werkstattkontrollen Bauwerkshüllen	PHPR
430	3200301005	Fachbauleitung Installationen MSR-Anl.	PFKO
431	3200301006	Fachbauleitung Installationen HKLKS-Anl.	PHKL
432	3200301007	Fachbauleitung Installationen Elektro-Anl.	PELK
433	3200301008	Kontrolle Werkstattpläne Bauwerkshüllen	PHPR
434	3200302	Bauausführung	UNT
435	3200302001	Vorbereitungsarbeiten	UNT
436	3200302002	Erdarbeiten u. Fundationen	UNT
437	3200302003	Rohbau	UNT
438	3200302004	Montage Bauwerkshüllen	UNT
439	3200302005	Ausbau	UNT
440	3200302006	Installation u. Montagen MSR-Anlagen	UNT
441	3200302007	Installation u. Montagen HKLKS-Anlagen	UNT
442	3200302008	Installation u. Montagen Elektro-Anlagen	UNT
443	3200302009	Umgebung	UNT
444	3200302010	Bautrocknung, Baureinigung	UNT
445	3200303	Kontrollen, spezielle Abnahmen Behörden	UMG
446	3200303001	Kontrolle Feuerungen	UBBE
447	3200303002	Kontrollen Starkstromanlagen	UBBE
448	3200303003	Kontrollen Lüftungs- /Klimaanlagen	UBBE
449	32004	Abnahmen Bau	GPLG
450	3200401	Abnahmen Bau	BH

	Vorgangsn1	Vorgangsbeschreibung	Beteiligter
451	3200401001	Abnahmen Vorbereitungsarbeiten	BPLT
452	3200401002	Abnahmen Erdarbeiten u. Fundationen	BPLT
453	3200401003	Abnahmen Rohbau	BPLT
454	3200401004	Abnahmen Bauwerkshüllen	BPLT
455	3200401005	Abnahmen Ausbau	BBET
456	3200401006	Kontrollen MSR-Installationen	BFST
457	3200401007	Kontrollen HKLKS-Installationen	BFST
458	3200401008	Kontrollen Elektro-Installationen	BFST
459	3200401009	Abnahmen Umgebung	PHPR
460	3200402	Abnahmen Bau	GPLG
461	3200402001	Planung u. Koordination Abnahmen und IBS	GPLG
462	3200402002	Abnahmen Vorbereitungsarbeiten	PBIN
463	3200402003	Abnahmen Erdarbeiten u. Fundationen	PBIN
464	3200402004	Abnahmen Rohbau	PHPR
465	3200402005	Abnahmen Bauwerkshüllen	PHPR
466	3200402006	Abnahmen Ausbau	PHPR
467	3200402007	Kontrollen MSR-Installationen	PFKO
468	3200402008	Kontrollen HKLKS-Installationen	PHKL
469	3200402009	Kontrollen Elektro-Installationen	PELK
470	3200402010	Abnahmen Umgebung	PHPR
471	32005	Schlussdokumentation, Schlussabrechnung	PPR
472	3200501	Unterlagen ausgeführte bauliche Anlage	PPR
473	3200501001	detaillierte Beschriebe u. Pläne Räume	PHPR
474	3200501002	Pläne Baugruben wie ausgeführt	PBIN
475	3200501003	Unterlagen Tragwerke inkl. Aussparungen	PBIN
476	3200502	Betriebsunterlagen bauliche Anlage	PPR
477	3200502001	Betriebs- u. Wartungskonzept MSR-Anlagen	PFKO
478	3200502002	Betriebs- u. Wartungskonzept HKLKS-Anlagen	PHKL
479	3200502003	Betriebs- u. Wartungskonzept Elektro-Anlagen	PELK
480	3200502004	Betriebs- u. Wartungsunt. MSR-Anlagen	UNT
481	3200502005	Betriebs- u. Wartungsunt. HKLKS-Anlagen	UNT
482	3200502006	Betriebs- u. Wartungsunt. Elektro-Anlagen	UNT
483	4	Inbetriebsetzung	
484	40001	Lieferung + Montage betriebl. Einrichtungen	UNT
485	4000101	Koordination u. Kontrolle Montagen	BLG
486	4000101001	Detailplanung Montage Betriebseinrichtungen	NBET
487	4000101002	weitere Arbeiten für Montagen	BLG
488	4000101003	Koordination Montage Betriebseinrichtungen	BLG
489	4000102	Montage betriebliche Einrichtungen	UNT
490	4000102001	Montage Betriebseinrichtungen	UNT
491	4000102002	Lieferung Ausstattung	UNT
492	4000103	Betriebsunterlagen betriebliche Einrichtungen	UNT
493	4000103001	Betriebs- u. Wartungsunt. Betriebseinrichtungen	UNT
494	4000103002	Unterhaltsunterlagen Ausstattung	UNT
495	4000103003	Betriebs- und Wartungskonzept Betriebseinrichtungen	NBET
496	40002	Betriebsbewilligung	UMG
497	4000201	Betriebsbewilligungen	UMNA
498	4000201001	Prüfung Einhaltung Vorschriften u. Auflagen	UGBE
499	4000201002	Erteilung Betriebsbewilligungen	UGBE
500	40003	Umzug	BH
501	4000301	Aufbau Betriebsorganisation, Planung Umzug	BBEN
502	4000301001	Vorbereitung Betriebsorganisation	BBEN
503	4000301002	Personalschulung	BBEN
504	4000301003	Planung Administration	BBEN
505	4000301004	Det. Belegungs- u. Umzugspläne	BBEN
506	4000302	Umzug, Einrichten	BET
507	4000302001	Umzug, Bezug Gebäude	BBET

	Vorgangsn1	Vorgangsbeschreibung	Beteiligter
508	4000302002	Einrichten Gebäude	BBET
509	4000303	Testbetrieb	BET
510	4000303001	Probebetrieb fachtechn. Anlagen	UNT
511	4000303002	Probebetrieb betriebl. Einrichtungen	UNT
512	4000303003	Betriebsoptimierung aller Anlagen	NBET
513	40004	Inbetriebsetzung, Abnahmen betriebl. Einricht'ge	GPLG
514	4000401	Abnahmen betriebliche Einrichtungen	NBP
515	4000401001	Test u. Abnahme Betriebseinrichtungen	NBET
516	4000401002	Test Betriebseinrichtungen	UNT
517	4000401003	Mängelbehebung Betriebseinrichtungen	UNT
518	4000402	Inbetriebsetzung bauliche Anlage	BLG
519	4000402001	Koordination Mängelbehebung bauliche Anlage	BLG
520	4000402002	Nachprüfung Abnahmen bauliche Anlage	BLG
521	4000402003	Testlauf HKLKS-Anlagen	UNT
522	4000402004	Testlauf Elektro-Anlagen	UNT
523	4000402005	Abgleich aller fachtechnischen Anlagen	UNT
524	4000402006	Mängelbehebung Bau	UNT
525	4000403	Inbetriebsetzung betriebliche Einrichtungen	NBP
526	4000403001	Abgleich aller betrieblichen Anlagen	NBET
527	4000403002	erste Betriebsoptimierung	UNT
528	4000403003	Koordination Mängelbehebung betriebliche Einrichtungen	NBET
529	4000403004	Nachprüfung Abnahmen betriebliche Einrichtungen	NBET
530	40005	Schlussbericht, Abrechnung	GPLG
531	4000501	Zusammenstellen Dokumentation bauliche Anlage	GPLG
532	4000501001	Kontrolle u. Ergänzung Unterlagen	GPLG
533	4000501002	Zus.tragen Schlussdokumentation	GPLG
534	4000501003	Koordination Erstellung Schlussdokumentation Bau	GPLG
535	4000502	Zusammenstellen Schlussabrechnung Bau	GPLG
536	4000502001	Führen Baubuchhaltung	BLG
537	4000502002	Kontrolle Rechnungen	BLG
538	4000502003	Abschliessen Baubuchhaltung	BLG
539	4000502004	Führen Kostenkontrolle	GPLG
540	4000502005	Erstellen Schlussabrechnung	GPLG
541	40006	Betriebsaufnahme	BH
542	5	Betrieb	
543	50001	Betrieb	BH
544	5000101	Betrieb	BBET
545	5000101001	Eröffnung, off. Betriebsaufnahme	BBET
546	5000101002	laufender Betrieb	BBET
547	5000101003	Garantiefristen, Behebung v. Mängeln baul. Anl.	UNT
548	5000101004	Garantiefristen, Behebung v. Mängeln betr. Einr.	UNT
549	50002	Schlussprüfung	GPLG
550	5000201	Koordination Garantiearbeiten	GPLG
551	5000201001	Kontrolle Sicherheitsleistung Unternehmer	GPLG
552	5000201002	Feststellen u. Rügen Garantiemängel	GPLG
553	5000202	Schlussprüfung	BH
554	5000202001	Zusammentragen Mängel	BPLT
555	5000202002	Freigabe der Sicherheitsleistungen	BGAG
556	5000203	Schlussprüfung	GPLG
557	5000203001	Prüfung aller Bauten u. Anlagen	GPLG
558	5000203002	Abklären Betriebs- u. Wartungsdokumente	GPLG
559	5000203003	Antrag auf Freigabe Sicherheitsleistungen	GPLG
560	50003	Genehmigung Schlussabrechnung	BH
561	1100102004	generelle Anforderungen Betrieb	BBET
562	1100102005	generelle Anforderungen Nutzung	BBEN
563	1100302006	Möglichkeiten Baugrube, Fundation	PBIN
564	1100302007	Möglichkeiten Verkehrserschliessung	PEXP

Anhang B2: Basisablauf: Teilabläufe

TeilablaufNummer   Teilablaufbezeichnung

1	Genehmigung Entscheid Bauherr
2	Zusammenarbeit Gesamtprojektleiter und Bauherr
3	Zusammenarbeit in der Projektierung
4	Auftragsbearbeitung durch Auftragnehmer
5	Ausschreibung - Vergabe - Vertrag
6	Ausführung Gebäude
7	Bewilligungsverfahren Gebäude
8	Inbetriebsetzung Gebäude

TNr	VorgNr	Vorgangsbeschreibung
1	1100303001	Beurteilung Standorte, Antrag
1	1100303002	Verfassen Vorbericht Standorte
1	1100303003	Mitarbeit Beurteilung Standorte, Antrag
1	1100303004	Vernehmlassung Standorte
1	1100303005	Vernehmlassung Standorte
1	1100303006	Vernehmlassung Standorte
1	1100303007	Meinungsbildung Standorte
1	11004	Standort, Auftrag Vorstudie
1	1200101014	Entscheidungsvorbereitung
1	1200101015	Mitarbeit am Vorschlag für Nutzungskonzept
1	1200101016	Vernehmlassung Varianten Vorstudien
1	1200102	Vorstudien, Grobkonzepte
1	1200201006	Vernehmlassung zu Vorstudienvariante
1	1200201007	Vernehmlassung zu Vorstudienvariante
1	2100201004	Variantenvergleich Vorprojekte, Antrag
1	2100201005	Projektpräsentation
1	2100201006	Vernehmlassung Vorprojektvarianten
1	2100201007	Vernehmlassung Vorprojektvarianten
1	2100201008	Vernehmlassung Vorprojektvarianten
1	2100202	Vorprojekte (Varianten)
1	2100206003	Schätzung Bau- u. Betriebskosten
1	2100206004	Zusammenstellen Dossier, Gesamtbericht Vorprojekt
1	2100206005	Gesamtablaufplan, generelles Bauprogramm
1	2100206006	Korrekturen, Änderungen
1	2100206007	Entscheidungsvorbereitung
1	2100206008	Vernehmlassung zu Vorprojekt
1	2100206009	Vernehmlassung zu Vorprojekt
1	2100206010	Vernehmlassung zu Vorprojekt
1	2200201009	Beurteilung Bauprojekt
1	2200201010	Beurteilung Bauprojekt
1	2200201011	Beurteilung Bauprojekt
1	2200201013	Gen. Bauprojekt, Auftrag Bewilligungsunterlagen
1	2300202004	Zusammenstellung aller Projektkosten
1	2300203001	detaillierter Ablauf- u. Terminplan
1	2300203002	Finanzbedarfsplan
1	23003	Freigabe Baukredit, Auftrag Ausschreibung
2	21003	Genehmigung Vorprojekt, Auftrag Bewilligungsproje
2	2200102001	detailliertes Flächen- und Raumprogramm

TNr	VorgNr	Vorgangsbeschreibung
2	2200102002	detaillierte Anforderungen Fachtechnik
2	2200103002	technische Pflichtenhefte Betriebseinrichtungen
2	2200201001	Zusammenstellen Änderungen zu Vorprojekt
2	2200201002	Anpassung Projektorganisation für Bauprojekt
2	2200201003	Koordination Bauprojektierung
2	2200201004	Verhandlungen mit Behörden und techn. Diensstelle
2	2200201005	Gesamtbericht Bauprojekt, Kostenvoranschlag
2	2200201006	det. Projektierungs- u. Ausführungsablauf
2	2200201008	Ueberwachung Bauprojektierung
2	2200201012	Auskünfte vonBehörden und techn. Diensstellen
2	2200202001	Ausarbeiten Bauprojekt
2	2200202002	Erläuterungsbericht u. Kostenvoranschlag
3	21003	Genehmigung Vorprojekt, Auftrag Bewilligungsproje
3	2200201001	Zusammenstellen Änderungen zu Vorprojekt
3	2200201002	Anpassung Projektorganisation für Bauprojekt
3	2200201003	Koordination Bauprojektierung
3	2200201005	Gesamtbericht Bauprojekt, Kostenvoranschlag
3	2200201006	det. Projektierungs- u. Ausführungsablauf
3	2200202001	Ausarbeiten Bauprojekt
3	2200202002	Erläuterungsbericht u. Kostenvoranschlag
3	2200202003	überschlägige Dimensionierung, Projektpläne
3	2200202004	technischer Bericht u. Kostenvoranschlag
3	2200202005	Berein. Konzepte, MSR-Konz., Koord.proj. FT
3	2200202006	detaillierte Baubeschriebe, KV Fachtechnik
3	2200202007	Disposition HKLK/S-Anlagen, techn. Daten
3	2200202008	Disposition Elektro-Anlagen, techn. Daten
3	2200202010	Konzept Unterhalt u. Instandhaltung Fachtechn. An
4	1100103001	Studium Auftrag
4	1100103002	Zus.stellen Grundlagen + Rahmenbedingungen
4	1100103003	Beurteilung Grundlagen + Rahmenbedingungen
4	1100201001	Beurteilung technische Lösbarkeit
4	1100101002	Absichtserklärung Bauherr
4	1100101003	Vorstellungen grundsätzliche Nutzung
5	3100201001	Vorschlag Art der Ausschreibungen u. Vergaben
5	3100201002	Unternehmer-/ Lieferantenlisten
5	3100202001	Ergänzung Unternehmer-/ Lieferantenlisten
5	3100202002	Genehmigung Vergabekonzept
5	3100203001	Anpassen PO für Vorbereitung der Ausführung
5	3100203002	Terminplan Ausschreibungen u. Vergaben
5	3100204001	detaillierte Beschriebe, Leistungsverzeichnisse
5	3100204002	Werk- u. Detailpläne für Ausschreibungen
5	3100205001	Überprüfung Materialwahl u. Konstruktionen
5	3100205002	Vollständigkeitskontrolle Leistungsverzeichnisse
5	3100206	Ausschreibungen Bau
5	3200101001	Offertvergleich, Vergabeantrag Vorbereitungsarbei
5	3200101010	Vertragsentwürfe
5	3200101011	Vergabe Vorbereitungsarbeiten
5	3200103001	Verträge u. AVOR Vorb.arbeiten
6	3200302001	Vorbereitungsarbeiten
6	3200302002	Erdarbeiten u. Fundationen
6	3200302003	Rohbau
6	3200302004	Montage Bauwerkshüllen
6	3200302005	Ausbau
6	3200302006	Installation u. Montagen MSR-Anlagen
6	3200302007	Installation u. Montagen HKLKS-Anlagen
6	3200302008	Installation u. Montagen Elektro-Anlagen
6	3200302009	Umgebung

TNr	VorgNr	Vorgangsbeschreibung
6	3200302010	Bautrocknung, Baureinigung
6	3200202	Erstellen definitive Ausführungsunterlagen
6	3200201	Koordination Ausführungsunterlagen
6	3200301	Koordination u. Kontrolle Bauarbeiten
7	2200203	Bewilligungsunterlagen
7	2200204	Zusammenstellen Bewilligungs- /Auflagedossiers
7	2200301	Entscheid Baueingabe
7	2200302001	Vorprüfung
7	2200302002	Aussteckung im Gelände
7	2200302003	Bekanntmachung, Auflage
7	2200302004	Prüfung Gesuch
7	2200302005	Entscheid Baubewilligung, Auflagen
7	2200303001	Rekursfrist
7	2200303002	Behandlung der Einsprachen
7	2200303003	Zusammenstellen Änderungen aus Auflagen
7	2200303004	Behandlung der Einsprachen
7	2200304001	Anpassungen des Projektes
7	2200304002	Anpassungen des Projektes
7	2200304003	Anpassungen des Projektes
7	22004	Baubewilligung rechtsgültig
8	3200401	Abnahmen Bau
8	3200402	Abnahmen Bau
8	3200501	Unterlagen ausgeführte bauliche Anlage
8	3200502	Betriebsunterlagen bauliche Anlage
8	4000101	Koordination u. Kontrolle Montagen
8	4000102	Montage betriebliche Einrichtungen
8	4000103	Betriebsunterlagen betriebliche Einrichtungen
8	4000201	Betriebsbewilligungen
8	4000301	Aufbau Betriebsorganisation, Planung Umzug
8	4000302	Umzug, Einrichten
8	4000303	Testbetrieb
8	4000401	Abnahmen betriebliche Einrichtungen
8	4000402	Inbetriebsetzung bauliche Anlage
8	4000403	Inbetriebsetzung betriebliche Einrichtungen
8	4000501	Zusammenstellen Dokumentation bauliche Anlage
8	4000502	Zusammenstellen Schlussabrechnung Bau
8	5000201	Koordination Garantiearbeiten
8	5000202	Schlussprüfung
8	5000203	Schlussprüfung

Anhang B3: Modellablauf: Anlagenstrukturen

Nr.	Anlageart	Anteil an Gesamtbau der Schweiz 1986
1	Wohnen, Unterkunft, Verpflegung	42,0 %
2	Dienstleistung, Gesundheit, Freizeit, Bildung	20,0 %
3	Industrie, Gewerbe, Lagerung und Verteilung	15,3 %
4	Transport und Verkehr	10,8 %
5	Energie, Ver- und Entsorgung, Übriges	11,9 %

Nr	Bauobjektart	Einzelobjekte (Beispiele)
1	Gebäude	Wohnhäuser, Heime, Hotels, Gasthäuser
		Geschäfts-, Verwaltungs-, Spitalgebäude, Schulhäuser
		Fabrikgebäude, Lagerhäuser,
	Läden	
		Bahnhofgebäude, Parkhäuser
		Kläranlagengebäude
2	Trassebauten	Strassen, Eiseanbahnen, Wald-/Flurwege
		Pisten, Rollwege
		Kanäle, Erddämme, Werkleitungen
3	Ingenieurbauten	Leitungen, Kanäle, Becken
		Brücken, Durchlässe
		Mauern, Unterfangungen, Schutzwände
		Masten
4	Untertagebauten	Tunnels
		Stollen
		Kavernen
		Schächte

Bauobjekt	Teilsystem	Bauelementgruppe
1 Gebäude	Grundstück	Ver- / Entsorgung Grundstück
		Erschliessung mit Verkehrsanlagen
	Bauvorbereitung	Terrainvorbereitungen
		Anpassung bestehender Anlagen
		Provisorien
		Abbrüche

	Erdbau / Baugruben	Baugrube
		Kanalisationen
	Rohbau	Bodenplatten, Fundationen
		Wände / Stützen UG
		Decken / Treppen UG
		tragende Wände / Stützen OG
		Decken / Treppen OG
		übriger Rohbau
	Hülle	Fassaden
		Fenster / Türen / Tore
		Dächer
	Installationen	MSR - / Sicherheits - Anlagen
		HKLK- / Sanitär-Anlagen
		Elektro- / Kommunikationsanlagen
		Transportanlagen
	Ausbau	Trennwände, Innentüren
		Boden-, Wand-, Deckenverkleidungen/ -beläge
		Einbauten
		übriger Ausbau / Reinigung
	Betriebsausstattung	bauliche Zusatzeinrichtungen
		betriebliche Einrichtungen
		Gebäudeausstattungen
	Umgebung	Terraingestaltung, Bepflanzung
		Erschliessungen im Grundstück
2 Trassebaute	Grundstück	Ver- / Entsorgung Grundstück
		Erschliessung mit Verkehrsanlagen
	Bauvorbereitung	Terrainvorbereitungen
		Anpassung bestehender Anlagen
		Provisorien
		Abbrüche
	Erdbau, Unterbau	Aushub, Abtrag
		Dämme, Schüttungen
		Böschungssicherungen
	Oberbau	Entwässerung
		Abdichtung / Fundationsschicht
		Beläge/Gleisanlagen / Abschlüsse
	Installationen	MSR - / Sicherheitsanlagen
		HKLK- / Sanitär-Anlagen
		Elektroanlagen
	Ausbau	Geländer, Zäune, Leitplanken
		Signalisationen, Markierungen
		Lärmschutz
		Einbauten
	Betriebsausstattung	bauliche Zusatzeinrichtungen
		betriebliche Einrichtungen
		Ausstattung
	Umgebung	Terraingestaltung, Bepflanzung
		Erschliessungen im Grundstück

Bauobjekt	Teilsystem	Bauelementgruppe
3 Ingenieur-baute	Grundstück	Ver- / Entsorgung Grundstück
		Erschliessung mit Verkehrsanlagen
	Bauvorbereitung	Terrainvorbereitungen
		Anpassung bestehender Anlagen
		Provisorien
		Abbrüche
	Erdbau / Unterbau	Baugruben
		Kanalisationen
	Rohbau	Fundation, Stützen, Pfeiler
		Träger, Schalen, Platten
		Wände, Treppen, Konsolen
	Oberbau	Abdichtung / Fundationsschicht
		Beläge / Gleisanlagen / Abschlüsse
	Installationen	MSR - / Sicherheitsanlagen
		HKLK- / Sanitär-Anlagen
		Elektroanlagen
		Transportanlagen / Werkleitungen
	Ausbau	Geländer, Zäune
		Signalisation, Markierung
		Lärmschutz
		Einbauten
	Betriebsausstattung	bauliche Zusatzeinrichtungen
		betriebliche Einrichtungen
		betriebliche Ausrüstungen
	Umgebung	Terraingestaltung, Bepflanzung
		Erschliessungen im Grundstück
4 Untertagbaute	Grundstück	Ver- / Entsorgung Grundstück
		Erschliessung mit Verkehrsanlagen
	Bauvorbereitung	Terrainvorbereitungen
		Anpassung bestehender Anlagen
		Provisorien
		Abbrüche
	Vortrieb	Baugrube (Taggbau)
		Ausbruch u. Sicherung Tunnel
		Ausbruch u. Sicherung Schächte und Kavernen
	Rohbau	Abdichtung u. Verkleidung
		Innenkonstruktionen
	(evtl.) Oberbau	wie Trasse
	Installationen	MSR - / Sicherheitsanlagen
		HKLK- / Sanitär-Anlagen
		Elektro- / Kommunikationsanlagen
	Ausbau	wie Gebäude oder
		wie Trasse
	Betriebsausstattung	wie Gebäude
		wie Trasse
	Umgebung	Terraingestaltung, Bepflanzung
		Erschliessung im Grundstück

Anhang B4: Modellablauf: Liste der Umgebungseinflüsse

Ausgangszustand

Einflussklasse	Einflussgruppe	Ausprägung
rechtliche Rahmen-bedingungen	Grenzen, Grundgesetze	Bund Kantone Bezirke Gemeinden Grundstücke Bundesverfassung Verfassungen der Kantone
	Wirtschaftsordnung	Arbeitsrecht Sachenrecht Obligationenrecht Reservation staatlicher Tätigkeiten staatliche Kontrolltätigkeiten
	Baugesetzgebung im weitesten Sinn	Raum- und Siedlungsplanung Planungsrecht Baugesetze Bauordnungen baupolizeiliche Vorschriften Strassengesetzgebung Energiegesetze
	Umweltschutzgesetze	Gewässerschutz Natur- und Heimatschutz Lärmschutz Erschütterungsschutz Luftreinhaltung
organisato-rische Rahmen-bedingungen	Stammorganisationen	Beteiligte, zuständige Gemeinwesen bestehende Strukturen Befugnisse
	Rechte / Pflichten Richtlinien / Standards	Konzessionen, Bewilligungen der Beteiligten von Fachverbänden in Publikationen
physische Rahmen-bedingungen	Atmosphäre	Sonne Wetter Klima Luft
	Geosphäre	Landschaft Geologie Hydrologie
	Biosphäre	Fauna Flora
	Technosphäre	bestehende Anlagen Nachbaranlagen umgebende Infrastruktur

Möglichkeiten / Beschränkungen

Einflussklasse	Einflussgruppe	Ausprägung
wirtschaftliche Rahmenbedingungen	Konjunktursituation	Bau- / Beschaffungsmarkt Finanzmarkt Grundstücksmarkt Absatzmarkt
	Staatl. Interventionen	Steuerbelastung Subventionen
personelle Rahmenbed.	Verfügbarkeit Qualifikationen	
technologische Rahmenbed.	Projektierungs-Know-how Ausführungs-Know-how	
Ressourcen	Verfügbarkeit von Mitteln	Energie Rohstoffe Baumaterialien
	Verfügbarkeit von Grund	Bodenflächen Deponieraum
betriebliche Rb.	Anlagen in Betrieb	
moralisch / ethische Rb	Nachbarn Organisationen	

Anhang B5: Modellablauf: Liste der Projektbeteiligten

Nr.	Beteiligtenklasse	Beteiligtengruppe	Beteiligtentyp
11 12	Öffentlichkeit	Geldgeber / Versicherer Nachbarn / Behörden	Geldgeber Versicherer Nachbarn weitere Einsprachebe- rechtigte Bewilligungsbehörden Genehmigungsbehörden
21 22	Bauherrschaft	Bauherr Betreiber / Benutzer	Gesamtauftraggeber Projektleiter Bauherr Fachstellen Bauherr Betreiber Benutzer
31 32	Gesamtprojekt- leitung	Gesamtleiter Gesamtleitungsstab	
41	Nutzungs- und Betriebsplanung	Betriebsplaner	
51 52 53	Planer / Projek- tierende	Bauplaner Tragwerke Baugruben Installationsplaner weitere Planer	Architekt Planer Ausbau Projektierender Projektierender Verkehrsplaner Fachkoordinator HKLK-Planer Sanitär-Planer Elektro-Planer MSR-Planer Planer Transportanlagen Spezialisten Berater Experten
61 62	Bauleitung	Oberbauleitung Fachbauleitungen	Oberbauleiter Oberbauleitungsstab Bauleitung

71	Ausführende / Lieferanten	Unternehmer Bau	
72		Lieferanten Bau	
73		Lieferanten Betrieb	Lieferant Betriebsein-richtungen Lieferanten Ausstattung
74		Weitere Lieferanten	

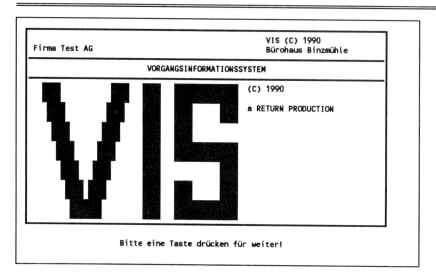

0.   Zusammenfassung

Im Rahmen des Forschungsprojektes "Bauprojektablauf" wurde für eigene Bedürfnisse als Dokumentationssystem für die Daten des Basisablaufes eine Datenbank für die Verwaltung und Erschliessung von Daten über Bauprojektabläufe konzipiert und in Teilen in Form eines Prototypen realisiert. Diese EDV-Unterstützung umfasst im wesentlichen vier Elemente:

- Einen Datenbestand in drei Datenbasen zur Ablage und Verwaltung von strukturierten Vorgängen, Abhängigkeiten und Projektbeteiligten für den gesamten Bauprojektablauf.
- Eine Menge von Texten zur Beschreibung der Vorgänge und der Beteiligten.
- Ein Verwaltungssystem, das den raschen Zugriff auf Daten erlaubt und die Selektion der gewünschten Daten ermöglicht.
- Dienstprogramme für die Datenaufbereitung und den Export von Daten in vorgegebenen Formaten.

Für die Anwendung in praktischen Projekten ist das VIS im jetzigen Stand der Entwicklung nur geeignet für Benutzer, die den Umgang mit Datenbanken gewohnt sind. Es kann jedoch gezeigt werden, dass mit relativ kleinem Aufwand Erfahrungsdaten aus abgewickelten Projekten dokumentiert werden können und viele der heute im Einsatz stehenden Insellösungen wenigstens in einer Richtung miteinander kommunizieren können.

1.　Vorhandene Mittel

Für die Realisierung des Prototypen wurde von den zur Verfügung stehenden Mitteln ausgegangen. Bei diesen Mitteln handelt es sich um bekannte und weitverbreitete Massenprodukte, die als praxisgerecht gelten dürfen. Im einzelnen stehen zur Verfügung:

Hardware: PC AT 386 mit hochauflösendem 19"-Bildschirm und Maus

Software:　Textverarbeitung (Word für Windows, Word 5.0, Framework III),
　　　　　　Datenbanken (dBase III plus bzw. IV),
　　　　　　Programmiersprachen und Compiler (Basic, Turbo Pascal, Modula, C, Clipper),
　　　　　　Terminplanung (diverse, u.a. Qwiknet Professional, View Point 1.1),
　　　　　　einfache Grafikprogramme (Draw, Designer),
　　　　　　etc.

Aufgrund der eigenen Erfahrung mit EDV und einer Schätzung des Verbreitungsgrades wurden die folgenden Programme als Basis des Prototypen gewählt:
- als Datenbanksystem dBase III plus (dBase) und
- als Entwicklungsumgebung Clipper.

2.　Überblick über VIS

Mit dem Vorgangsinformationssystem lassen sich Ablaufdaten zu beliebig vielen Projekten ablegen, limitierend ist die Plattenkapazität des benutzten PCs. Im VIS aktiv sind immer ein Vergleichsdatenbestand (in der Regel die Daten des Basisablaufes oder eines anderen Standardablaufes) und ein aktueller Projektdatenbestand. Für die aktiven Datenbestände sind vier Funktionen verfügbar:

```
A.    Projektinformationen
B.    Eingabedaten
C.    Suche und Selektion

E.    Export
```

Die Projektinformationen sind nur sehr summarisch und umfassen den Projektnamen, mit dem das Projekt eindeutig bestimmt sein muss, den Bauherrn und den Verzeichnispfad für die Projektdaten (bestehend aus Laufwerk und Verzeichnisnamen). Unter Eingabedaten werden die Hilfsprogramme zur Aufnahme eines neuen Datenbestandes als Standard zur Verfügung gestellt. Mit Suche und Selektion kann im Standardbestand oder im aktuellen Projektdatenbestand gesucht und ausgewählt werden. Die Funktion Export stellt Routinen für die Auslagerung der selektierten Daten in anderen Datenformaten zur Verfügung.

3.   Projektunabhängige Ablage

3.1   Ablage

Grundlage des VIS ist eine projektunabhängige Ablage von Daten über den Projektablauf. Für den Prototypen wurden dabei die Entitätsmengen gemäss dem folgenden Blockdiagramm verwendet.

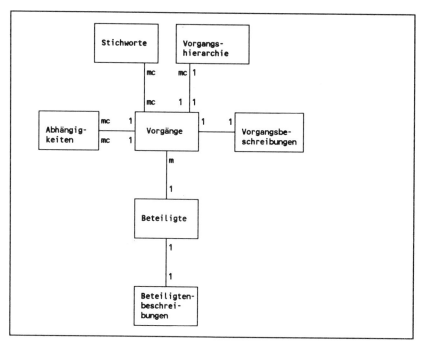

3.1   Vorgangsdatenbank

Die Vorgänge, welche bei der Planung und Projektierung in der Regel auftreten, sind in einer einfachen dBase-Datenbank abgelegt. Über ein hierarchisches Numerierungssystem sind die Vorgänge in dBase strukturiert. Diese Hierarchie lässt sich mit einfachen Routinen anlegen, bearbeiten und auswerten. Die Vorgänge sind relational verknüpft mit den Abhängigkeiten und den Beteiligten.

Datensatzformat der dB-Datei: Vorgaenge.DBF

Anzahl der Datensätze: 564

Feld	Feldname	Typ	Länge	Beschreibung
1	VORGANGSN1	Zeichen	12	Vorgangsnummer
2	VORGANGSB2	Zeichen	60	Vorgangsbeschreibung

3	DAUER_3	Zeichen	8	Vorgangsdauer
4	CODE1_5	Zeichen	8	
5	CODE2_6	Zeichen	8	Beteiligtenkürzel
6	GR_VORG_7	Zeichen	10	Vorgangsstufe
7	TEXTFILE	Zeichen	8	Name Textfile
8	AKTUELL	Logisch	1	Projektdatenbestand

3.2 Abhängigkeiten

Die im Basisablauf auftretenden Abhängigkeiten zwischen den einzelnen Vorgängen sind in der Datenbank abgelegt. Die erfassten Abhängigkeiten umfassen keine kapazitativen Abhängigkeiten. Diese Datenbank weist folgende Struktur auf:

Datensatzformat der dB-Datei: Abhaengigkeiten.DBF

Anzahl der Datensätze: 823

Feld	Feldname	Typ	Länge	Beschreibung
1	ABHNR	Zeichen	12	Abhängigkeitsnummer
2	VONVORGAN1	Zeichen	12	Vorgänger
3	NACHVORGA2	Zeichen	12	Nachfolger
4	STUFE	Zeichen	7	Ablaufstufe
5	AOBTYP_3	Zeichen	10	Abhängigkeitstyp

3.3 Beteiligte

Die im Basisablauf notwendigen Beteiligten sind den einzelnen Vorgängen zugeordnet. Die Liste der Beteiligten ist in einer Datenbank mit folgendem Format abgelegt:

Datensatzformat der dB-Datei: Beteiligte.DBF

Anzahl der Datensätze: 51

Feld	Feldname	Typ	Länge	Beschreibung
1	SATZNR	Zeichen	2	Datensatznummer
2	BETNR	Zeichen	4	Beteiligtennummer
3	CODE2_6	Zeichen	8	Beteiligtenkürzel
4	BETBEZ	Zeichen	30	Beteiligtenbezeichnung
5	BETSTUFE	Zeichen	1	Beteiligtenstufe

3.4 Texte

Zu allen Vorgängen und Beteiligten können beliebige Texte abgelegt werden. Der Beschreibungsname kann in der Vorgangsdatenbank bestimmt werden. Als Ablageformat für die Textdateien wurde das ASCII-Format gewählt. Die Texte können in einem beliebigen Textverarbeitungsprogramm erstellt werden, das ASCII-Format erzeugen kann. VIS stellt für die Integration der Texte in das System eine Einleseoperation zu

Verfügung.

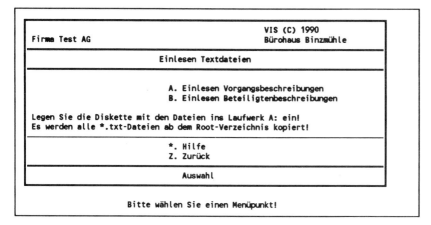

```
┌────────────────────────────────────────────────────────────────┐
│                                     VIS (C) 1990                 │
│   Firma Test AG                     Bürohaus Binzmühle           │
├────────────────────────────────────────────────────────────────┤
│                     Einlesen Textdateien                         │
├────────────────────────────────────────────────────────────────┤
│                                                                  │
│              A. Einlesen Vorgangsbeschreibungen                  │
│              B. Einlesen Beteiligtenbeschreibungen               │
│                                                                  │
│   Legen Sie die Diskette mit den Dateien ins Laufwerk A: ein!    │
│   Es werden alle *.txt-Dateien ab dem Root-Verzeichnis kopiert!  │
│                                                                  │
│                    *. Hilfe                                      │
│                    Z. Zurück                                     │
├────────────────────────────────────────────────────────────────┤
│                        Auswahl                                   │
├────────────────────────────────────────────────────────────────┤
│                                                                  │
│             Bitte wählen Sie einen Menüpunkt!                    │
└────────────────────────────────────────────────────────────────┘
```

3.5   Stichworte und Stichwortzuordnung

Im VIS ist eine benutzerdefinierte Stichwortliste integriert. Jedem Vorgang können in der Stichwortzuordnungsdatei bis zu 9 Stichworte zugeordnet werden.

Datensatzformat der dB-Datei: Stichwortliste.DBF

Anzahl der Datensätze: 92

Feld	Feldname	Typ	Länge	Beschreibung
1	STICHWORTN	Zeichen	12	Stichwortnummer
2	STICHWORTB	Zeichen	40	Stichwortbeschreibung
3	AKTUELL	Logisch	1	Projektdatenbestand

Datensatzformat der dB-Datei: Stichwortzuordnung.DBF

Anzahl der Datensätze: 564

Feld	Feldname	Typ	Länge	Index
1	VORGANGSN1	Zeichen	12	Vorgangsnummer
2	STICHWORT1	Zeichen	4	Stichwort
3	STICHWORT2	Zeichen	4	Stichwort
4	STICHWORT3	Zeichen	4	Stichwort
5	STICHWORT4	Zeichen	4	Stichwort
6	STICHWORT5	Zeichen	4	Stichwort
7	STICHWORT6	Zeichen	4	Stichwort
8	STICHWORT7	Zeichen	4	Stichwort
9	STICHWORT8	Zeichen	4	Stichwort

| 10 | STICHWORT9 | Zeichen | 4 | Stichwort |
| 11 | AKTUELL | Logisch | 1 | Projektdatenbestand |

4.   Gestaltung von Bauprojektablaufplänen

4.1   Suche und Selektion

Aufgrund der Objektart und -struktur sowie der Projektorganisation können aus der Vorgangsdatenbank die notwendigen Vorgänge mit den entsprechenden Hierarchien und Verknüpfungen für ein konkretes Projekt ausgewählt und in eine Projektdatenbank kopiert werden. Diese Projektdatenbank wird anschliessend von einem Schnittstellenprogramm von dBase Records in strukturierten ASCII-Code umgesetzt. Dieser ASCII-Code kann von den Terminplanungs- und Textverarbeitungs-Programmen als Import-Datei eingelesen werden.

Zur Suche und Selektion stehen vier Verfahren zur Auswahl:

```
A. Suche über Beteiligte
B. Suche über Vorgangshierarchie
C. Suche über Vorgangsnummer und -bezeichnung
D. Suche über Stichwort
```

4.1.1 Suche über Beteiligte

Die Suche nach Vorgängen eines bestimmten Beteiligten erfolgt über die Eingabe der Beteiligtenbezeichung bzw. der ersten Buchstaben der Beteiligtenbezeichnnung. Für die genauere Auswahl steht dann eine Liste zur Verfügung. Nachstehendes Beispiel zeigt die Auswahlliste nach Eingabe von "Bauh" im Eingabefeld.

```
                                      VIS (C) 1990
  Firma Test AG                       Bürohaus Binzmühle

                        BETEILIGTE

   1  BH        Bauherr
   2  BH        Bauherrschaft
   3  PBIN      Bauingenieur
   4  BLG       Bauleitung
   5  BFBG      Bauleitung
   6  PBP       Bauplaner
   7  BBEN      Benutzer
   8  PBER      Berater
   9  BBET      Betreiber
  10  BET       Betreiber / Benutzer
  11  NBET      Betriebsplaner
  12  UBBE      Bewilligungsbehörden
  13  PELK      Elektro-Planer
  14  PXPR      Experten

  F2: Zurück
  ▮ Wahl                                      F10: Weiter
```

Nach der Präzisierung des Beteiligten (über die Anzeigelistennummer) werden die mit dem entsprechenden Beteiligten verknüpften Vorgänge angezeigt (im Beispiel für den Beteiligten "Benutzer").

```
Firma Test AG                              VIS (C) 1990
                                           Bürohaus Binzmühle

                      Beteiligte BENUTZER

   1  1100303004  Vernehmlassung Standorte                    BBEN
   2  1200101018  Vernehmlassung Varianten Vorstudien          BBEN
   3  1200201005  Mitarbeit provisorische Pflichtenhefte       BBEN
   4  1200201008  Vernehmlassung zu Vorstudienvarianten        BBEN
   5  2100201008  Vernehmlassung Vorprojektvarianten           BBEN
   6  2100206010  Vernehmlassung zu Vorprojekt                 BBEN
   7  2300201003  det. Ausstattung, KV Ausstattung             BBEN
   8  3100102006  Bestellung Ausstattung                       BBEN
   9  4000301     Aufbau Betriebsorganisation, Planung Umzug    BBEN
  10  4000301001  Vorbereitung Betriebsorganisation            BBEN
  11  4000301002  Personalschulung                             BBEN
  12  4000301003  Planung Administration                       BBEN
  13  4000301004  Det. Belegungs- u. Umzugspläne               BBEN

F2: Zurück
 █  Wahl                      F6: Aktuell
```

Die Vorgänge dieser Liste können als Ganzes in das aktuelle Projekt übernommen werden, oder einzelne Vorgänge können genauer betrachtet und einzeln in das aktuelle Projekt übernommen werden.

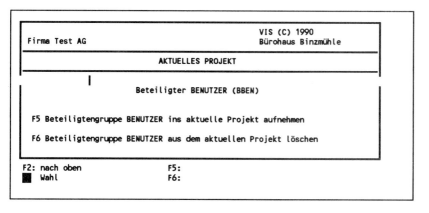

```
Firma Test AG                              VIS (C) 1990
                                           Bürohaus Binzmühle

                      AKTUELLES PROJEKT

                I
                    Beteiligter BENUTZER (BBEN)                              I


 F5 Beteiligtengruppe BENUTZER ins aktuelle Projekt aufnehmen

 F6 Beteiligtengruppe BENUTZER aus dem aktuellen Projekt löschen

F2: nach oben           F5:
 █  Wahl                 F6:
```

Selbstverständlich ist auch eine negative Selektion möglich, d.h. nach Übernahme einer ganzen Gruppe von Vorgängen können einzelne wieder aus dem aktuellen Projekt gelöscht werden.

4.1.2 Navigieren und Suche in der Vorgangshierarchie

In den hierarchischen Netzen des Basisablaufes kann beliebig navigiert und gesucht werden. An jeder Stelle kann der betreffende Vorgang in das aktuelle Projekt übernommen werden. Zur Navigation stehen folgende Verfahren zur Auswahl:

- In der Vorgangshierarchie (abwärts und aufwärts) und
- im Ablauf zu Vorgänger und Nachfolger.

An jeder Stelle kann eine Marke gesetzt werden, zu der zurückgesprungen werden kann. Für jeden einzelnen Vorgang kann die entsprechende Vorgangsbeschreibung aufgerufen werden.

Das folgende Beispiel einer Navigation über die hierarchische Zuordnung der Vorgänge zeigt das Resultat der Navigation über folgende Stationen:
1 Wahl der Phase: Projektierung
2 Wahl des Vorganges der Stufe 0: Bauprojekt
3 Wahl des Vorganges der Stufe 1: Bauprojekte, Disposition Installationen.

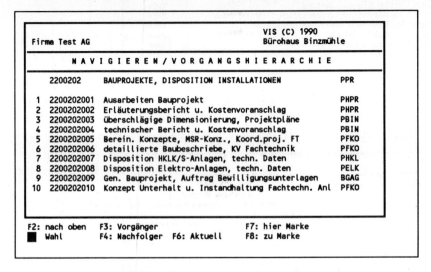

Durch die Wahl der Option "Wahl 10" und der Anforderung des Vorgängers im folgenden Bildschirm zeigt das VIS die Vorgänger des Vorganges "2200202010 Konzept Unterhalt u. Instandhaltung Fachtechn. Anl":

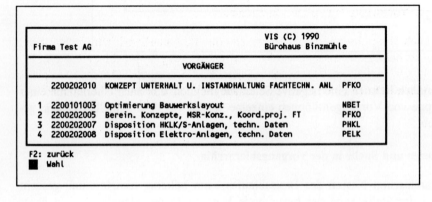

Über die Abhängigkeitszuordnung der Vorgänge kann in der Vorgangsdatenbank navigiert werden. Die Eingabe "4" und "F3 Vorgänger" im oben dargestellten Bildschirm ergibt beispielsweise die folgende Ausgabe:

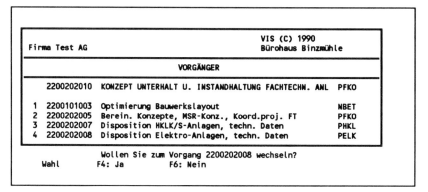

An jeder Stelle in der Navigation kann der aktuelle Vorgang in den Projektdatenbestand aufgenommen werden oder aus dem Projektdatenbestand gelöscht werden. Die projektunabhängigen Daten können nur über eine separate Routine editiert werden.

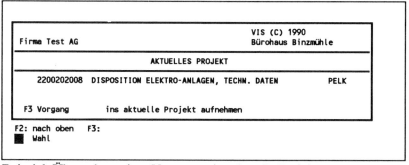

Beispiel: Übernahme eines Vorganges ins aktuelle Projekt.

4.1.3 Suche über Vorgangsnummer und -bezeichnung

Im VIS kann auch direkt über Vorgangsnummern oder Vorgangsbezeichnungen gesucht werden. Dabei ist bei der Suche über die Vorgangsbezeichnug zu beachten, dass alle in einer Vorgangsbezeichnung vorkommenden Worte als Suchbegriff möglich sind. Eine Suche nach allgemeinen Begriffen wie "der" ist möglich, aber selbstverständlich wenig sinnvoll.

```
                                          VIS (C) 1990
  Firma Test AG                           Bürohaus Binzmühle
 ─────────────────────────────────────────────────────────────────
                 VORGANGSNUMMER UND VORGANGSBEZEICHUNG
 ─────────────────────────────────────────────────────────────────
   1  22            Bewilligungsprojektierung
   2  22001         betriebliche Planung                      BH
   3  2200101       Feinlayout, Instandhaltungskonzept        NBP
   4  2200101001    Planung Betriebsablauf                    NBET
   5  2200101002    Materialflussplanung                      NBET
   6  2200101003    Optimierung Bauwerkslayout                NBET
   7  2200101004    Konzept Unterhalt u. Instandhaltung       NBET
   8  2200101005    Mitarbeit Planung Betriebsablauf          BBET
   9  2200102       Definitives Raumprogramm                  NBP
  10  2200102001    detailliertes Flächen- und Raumprogramm   NBET
  11  2200102002    detaillierte Anforderungen Fachtechnik    BFST
  12  2200103       Pflichtenhefte betriebliche Einrichtungen NBP
  13  2200103001    Bedarf an betrieblichen Einrichtungen     NBET
  14  2200103002    technische Pflichtenhefte Betriebseinrichtungen NBET

 F2: Zurück
 ■  Wahl                                         F10: Weiter
```

Beispiel: Ergebnis der Suche nach Vorgangsnummer "22"

4.1.4 Suche über Stichwort

Die Suche nach Vorgängen über ein Stichwort erfolgt über die Eingabe der ersten Buchstaben der Stichwortbezeichnung. Für die genauere Auswahl steht dann eine Liste zur Verfügung. Nachstehendes Beispiel zeigt die Auswahlliste nach Eingabe von "Kosten" im Eingabefeld.

```
                                          VIS (C) 1990
  Firma Test AG                           Bürohaus Binzmühle
 ─────────────────────────────────────────────────────────────────
                          STICHWORT
 ─────────────────────────────────────────────────────────────────
   1  Kosten
   2  Layout
   3  Lieferung
   4  Machbarkeit
   5  Mängel
   6  Materialfluss
   7  Meinungsbildung
   8  Mitarbeit
   9  Montage
  10  MSR-Anlage
  11  Nutzung
  12  Offertvergleich
  13  Optimierung
  14  Pflichtenheft

 F2: Zurück
 ■  Wahl                                         F10: Weiter
```

Durch Wahl der Listennummer (Im Beispiel von "14") wird die Liste aller Vorgänge angezeigt, welche mit dem entsprechenden Stichwort verknüpft sind (im Beispiel mit "Pflichtenheft").

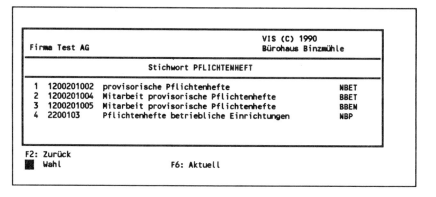

Die angezeigten Vorgänge können als Gruppe oder einzeln ins aktuelle Projekt übernommen werden.

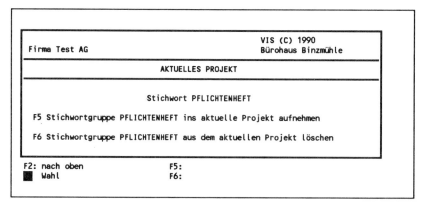

4.2   Export

4.2.1 Auswahlmöglichkeiten

Es kann sowohl der Datengrundbestand als auch der Datenbestand des aktuellen Projektes exportiert werden.

```
A. Datengrundbestand
B. Aktuelle Daten
```

Für beide Datenbestände kann nach Phasen und Beteiligten selektiert bzw. sortiert werden:

```
A. Alle Phasen, alle Beteiligen
B. Alle Phasen, 1 Beteiligter
C. 1 Phase, alle Beteiligten
D. 1 Phase, 1 Beteiligter
```

Als Ausgabeformate sind verschiedene Formate denkbar. Grundsätzlich kann nach Textverarbeitungsprogrammen und Netzplanprogrammen (Terminplanungsprogrammen) exportiert werden. Im Prototypen des VIS sind momentan der Export nach Word 5.0 und nach Qwiknet möglich.

Beim Export nach einem Textverarbeitungsprogramm werden Pflichtenhefte und Vorgangslisten nach folgenden Kriterien exportiert:

```
A. für Projektleiter, sortiert nach Vorgangsnummer
B. für Projektleiter, sortiert nach Beteiligten
C. für einzelne Beteiligte
```

Beim Export nach einem Terminplanungsprogramm werden alle selektierten Vorgänge und alle Abhängigkeiten, deren Vorgänger und Nachfolger selektiert sind, exportiert.

4.2.2 Beispiel: Export nach Word

```
Bürohaus Binzmühle                          Firma Test AG
_____

VORGANGSBESCHREIBUNGEN FÜR BENUTZER
Phase Projektierung
```

```
Bürohaus Binzmühle                          Firma Test AG
_____

BBEN     Benutzer

Beschreibung
  hier wird die Beteiligtenbeschreibung eingefügt

Vorgangsliste

  2100201008  Vernehmlassung Vorprojektvarianten          BBEN
  2100206010  Vernehmlassung zu Vorprojekt                BBEN
  2300201003  det. Ausstattung, KV Ausstattung            BBEN
_____

VIS (C) 1990
```

```
Bürohaus Binzmühle                                  Firma Test AG

  2100201008   Vernehmlassung Vorprojektvarianten                  BBEN


Übergeordnete Vorgänge
  2            Projektierung
  21           Vorprojektierung
  21002        Vorprojekte (in Varianten) und Überarbeitung        PPR
  2100201      Koordination Vorprojekt                             GPLG

Vorgangsbeschreibung
  hier wird die Vorgangsbeschreibung eingefügt

Vorgänger
  2100201004   Variantenvergleich Vorprojekte, Antrag             GPLG

Nachfolger
  2100203001   Meinungsbildung zu Vorprojektvarianten             BGAG


VIS (C) 1990
```

```
Bürohaus Binzmühle                                  Firma Test AG

  2100206010   Vernehmlassung zu Vorprojekt                        BBEN


Übergeordnete Vorgänge
  2            Projektierung
  21           Vorprojektierung
  21002        Vorprojekte (in Varianten) und Überarbeitung        PPR
  2100206      Koordination Änderungen, Bericht Vorprojekt         GPLG

Vorgangsbeschreibung
  hier wird die Vorgangsbeschreibung eingefügt

Vorgänger
  2100206004   Zusammenstellen Dossier, Gesamtbericht Vorprojekt   GPLG

Nachfolger
  2100206006   Korrekturen, Änderungen                             GPLG


VIS (C) 1990
```

```
Bürohaus Binzmühle                                  Firma Test AG

  2300201003   det. Ausstattung, KV Ausstattung                   BBEN


Übergeordnete Vorgänge
  2            Projektierung
  23           Detailprojektierung
  23002        Detailstudien + Änderungen                         PPR
  2300201      Detailprojekte, detaillierte Konzepte              PPR

Vorgangsbeschreibung
  hier wird die Vorgangsbeschreibung eingefügt

Vorgänger
  2300201002   Detailplanung Räume                                PHPR

Nachfolger
  2300201001   architektonische Detailstudien                     PHPR

VIS (C) 1990
```

5.   Terminberechnung

Die endgültige Gestaltung des Ablaufplanes, insbesondere die Ergänzung der Vorgangsdaten um geplante Dauern und evtl. notwendige Einsatzmittel sowie Kosten erfolgt im Terminplanungsprogramm. Ebenso werden die Abhängigkeiten ergänzt und anschliessend die Termine berechnet sowie evtl. der Einsatzmittel- und Finanzmittelbedarf ermittelt.

Dabei muss der Ablauf nicht in einem Schritt in allen Details durchgeplant werden, sondern es ist eine stufenweise und phasenweise Detaillierung möglich.

6.   Beurteilung des Prototypen

Die Arbeit am und mit dem Prototypen des Vorgangsinformationssystemes lässt folgende Bemerkungen zu:

- Die Benutzung von relationalen Datenbanken bedingt eine Benutzerführung.
- Die Bearbeitung von Projektabläufen in Form von Listen bzw. Datenbanken ist nicht praxisgerecht. Es ist eine grafische Benutzeroberfläche notwendig.
- Das Einbringen von Erfahrungswerten in den Grunddatenbestand ist schwierig, da unbedingt Aussagen über die Rahmenbedingungen, die Anlage und die speziellen Schwierigkeiten des Projektes mit abgelegt werden müssen. Für diese Belange sind im Bereich der Projektdaten Erweiterungen unumgänglich.
- Der Aufwand zur Datenverwaltung, Terminplanung und Darstellung der Abläufe ist beträchtlich. Ausserdem werden grosse EDV-Kenntnisse vorausgesetzt, und es müssen drei verschiedene Programme benutzt werden.

Aus diesen Gründen ist trotz der Anwendbarkeit des VIS für das Forschungsprojekt weitere Entwicklungsarbeit notwendig, um ein EDV-System für die Abwicklung praktischer Projekte zu erhalten. Für Projektleiterhandbücher und Projekte mit kleiner Änderungshäufigkeit im Ablauf ist eine EDV-Unterstützung in der oben dargestellten oder einer ähnlichen Art denkbar.

Als Datenkonzept ist das VIS praktikabel. Für die Alltagstauglichkeit müssen jedoch die Abläufe an einer grafischen Benutzeroberfläche bearbeitet werden können. Als Alternative zum VIS ist eine Ablage des Standardablaufes, der Ablaufalternativen und von Teilabläufen in einem Terminplanungsprogramm denkbar. Damit werden jedoch andere Nachteile in Kauf genommen:
- Die Ablage von Daten über die Beteiligten ist schwieriger, eine Beteiligtenzuordnung der Vorgänge steht im Datensatz selbst.
- In der Regel können nicht zwei Projekte (Standardablauf und aktuelles Projekt) miteinander aktiv sein, und die Übergabe von einzelnen Vorgängen an ein anderes Projekt ist nicht möglich.
- Es können keine Beschreibungen im Terminplanungsprogramm abgelegt werden.

Ablaufplan Stufe 0 (Management Summary)

Ablaufplan Stufe 1 (Übersichtsplan)

Vorbereitung und Projektierung

Ausführung und Inbetriebsetzung

Ablaufpläne Stufe 2 (Koordinationsplan)

Generelle Vorbereitung

Vorstudien

Vorprojektierung

Bewilligungsprojektierung

Detailprojektierung

Ausführung

Inbetriebsetzung

BASISABLAUF ÜBERSICHTSPLAN
Stufe 1 f60b101a, 05/91

	UNTER-NEHMENS-PLANUNG	VORBEREITUNG		PROJEKTIERUNG			AUSFÜHRUNG
		generelle Vorbereitung	Vorstudien	Vorprojektierung	Bewilligungsprojektierung	Detailprojektierung	Vorb. der Ausf.
Nachbarn, Behörden / **Geldgeber, Versicherer**				baurechtliche Vorentscheide	Baubewilligungs-verfahren · Baubewilligung rechtsgültig		Projekt+Verga-be öff. Erschl. · Erstellen öff. Erschliess'ger
Bauherr, Betreiber, Benutzer	Unternehmens-planung	Ausarbeitung Vorstudie Auftrag GPL · generelle Anforderun-gen Bauherr	Standort, Auftrag Vorstudie · Grundstücks-sicherung · Finanzierungs-möglichkeiten	Wahl Varianten, Projektierungs-kredit, Auftrag Vorprojekt · Zwischen-entscheid	Vorprojekt, Auftrag Bewilligungs-projekt · Gewährung Finanzierung · definitive Finanzierung · Baueingabe	Auftrag Detail-studien · definitive An-forderungen	Freigabe Bau-kredit, Auftrag Ausschr. · Vergabe-konzept, Unterneh-merliste
Gesamtprojektleitung		Grundlagen, gen. Anforderungskat. · Machbarkeits-studie · Vorbericht Standorte · Standort-möglichkeiten	Koordination Vorstudien	Koordination Vorprojekt · Provokation bau-rechtl. Vorentscheide · Koord. Änderungen Bericht Vorprojekt	Koordination Bauprojekt · Zusammenstellen Bewilli-gungs-/Auflagedossiers · Behandlung von Ein-sprachen + Auflagen	Festlegen Quali-tätsstandards · Koordination Detailstudien · Finanz-bedarf	Vergabe-konzept · Koordi. Vergaben · Koord. Ausf.
Nutzungs- und Betriebsplanung		gen. Anforderungen Benutzer / Betreiber · generelle Be-triebskonzepte	betriebliche Grobkonzepte	Groblayout, Raumprogramm · Überarbeitung Groblayout	Feinlayout, In-standhalt.kon. · Pflichtenhefte betriebliche Einrichtungen · def. Raum-programm	Evaluation betrieb-liche Einrichtungen	Ausschr. betriebl.
Planer / Projektierende		Aufnahme Bauten · bauliche Konzepte Projektskizzen	Vorstudien, Grobkonzepte	Vorprojekte (Varianten) · Überarbeitung Vorprojekte	Bauprojekte, Disposition · Bewilligungs-unterlagen · evtl. Projektan-passungen	Detailprojekte. detaillierte Konzepte	Ausschreibungs-unterlagen · Ausschr. Bau
Bauleitung							Kontrolle Ausschrei-bungsunterlagen
Ausführende / Lieferanten							Offert bearb.

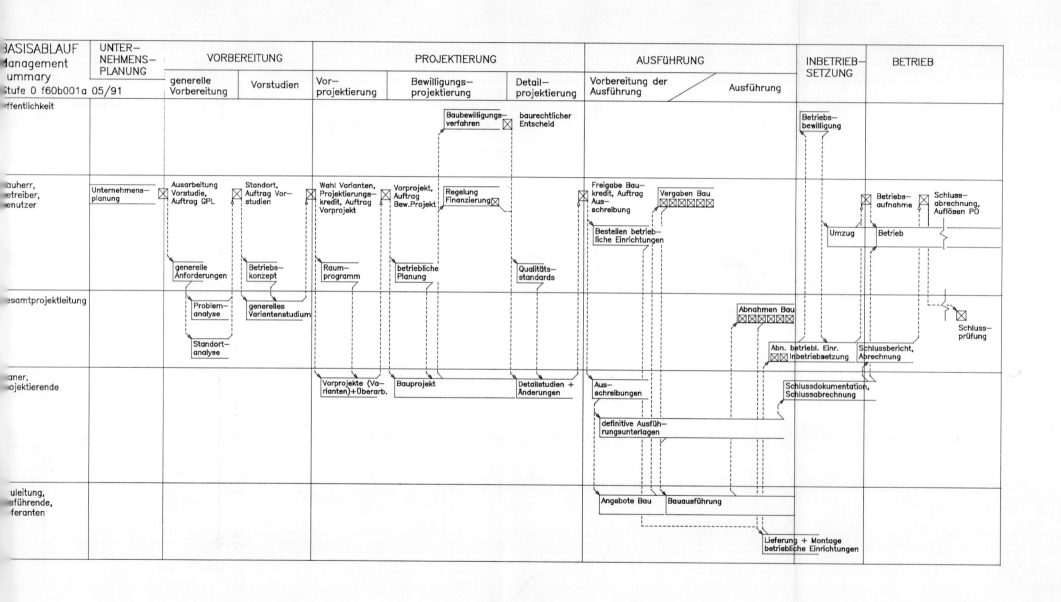

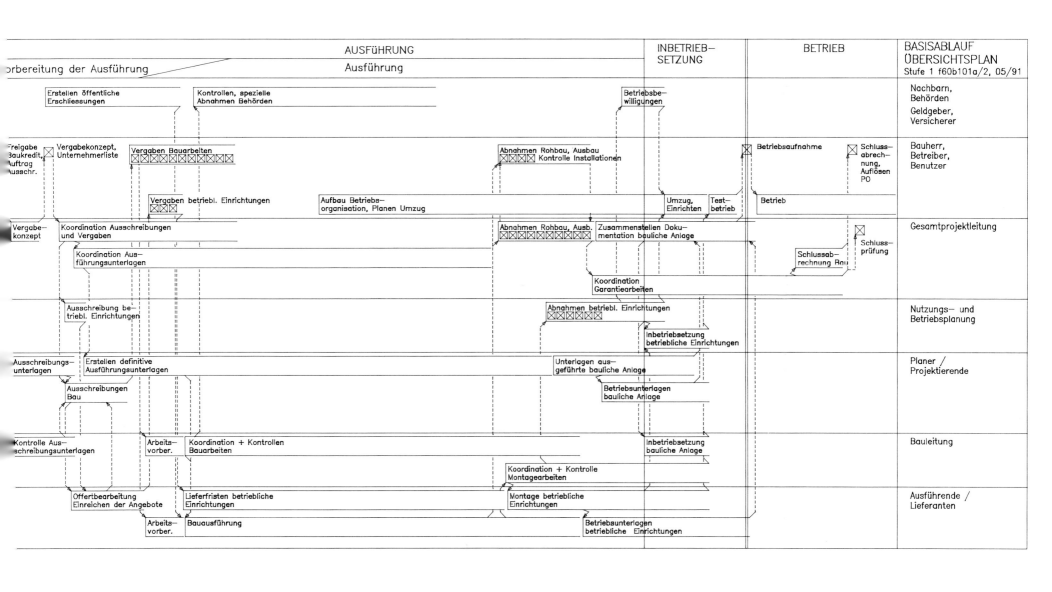

AUSFÜHRUNG

INBETRIEB-SETZUNG

BETRIEB

BASISABLAUF
ÜBERSICHTSPLAN
Stufe 1 f60b101a/2, 05/91

Vorbereitung der Ausführung

Ausführung

Erstellen öffentliche Erschliessungen

Kontrollen, spezielle Abnahmen Behörden

Betriebsbe-willigungen

Nachbarn, Behörden

Geldgeber, Versicherer

Freigabe Baukredit, Auftrag Ausschr.

Vergabekonzept, Unternehmerliste

Vergaben Bauarbeiten

Abnahmen Rohbau, Ausbau Kontrolle Installationen

Betriebsaufnahme

Schluss-abrech-nung, Auflösen PO

Bauherr, Betreiber, Benutzer

Vergaben betriebl. Einrichtungen

Aufbau Betriebs-organisation, Planen Umzug

Umzug, Einrichten

Test-betrieb

Betrieb

Vergabe-konzept

Koordination Ausschreibungen und Vergaben

Abnahmen Rohbau, Ausb.

Zusammenstellen Doku-mentation bauliche Anlage

Schluss-prüfung

Gesamtprojektleitung

Koordination Aus-führungsunterlagen

Schlussab-rechnung Bau

Koordination Garantiearbeiten

Ausschreibung be-triebl. Einrichtungen

Abnahmen betriebl. Einrichtungen

Nutzungs- und Betriebsplanung

Inbetriebsetzung betriebliche Einrichtungen

Ausschreibungs-unterlagen

Erstellen definitive Ausführungsunterlagen

Unterlagen aus-geführte bauliche Anlage

Planer / Projektierende

Ausschreibungen Bau

Betriebsunterlagen bauliche Anlage

Kontrolle Aus-schreibungsunterlagen

Arbeits-vorber.

Koordination + Kontrollen Bauarbeiten

Inbetriebsetzung bauliche Anlage

Bauleitung

Koordination + Kontrolle Montagearbeiten

Offertbearbeitung Einreichen der Angebote

Lieferfristen betriebliche Einrichtungen

Montage betriebliche Einrichtungen

Ausführende / Lieferanten

Arbeits-vorber.

Bauausführung

Betriebsunterlagen betriebliche Einrichtungen

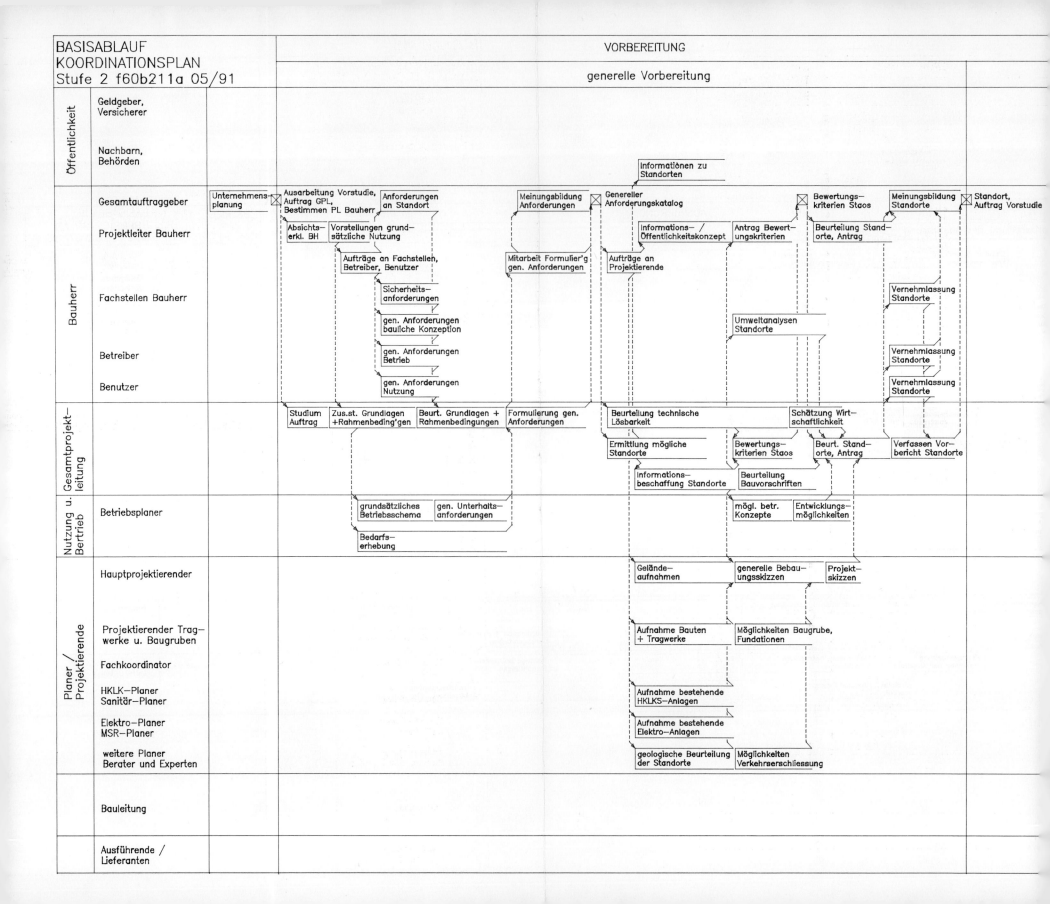

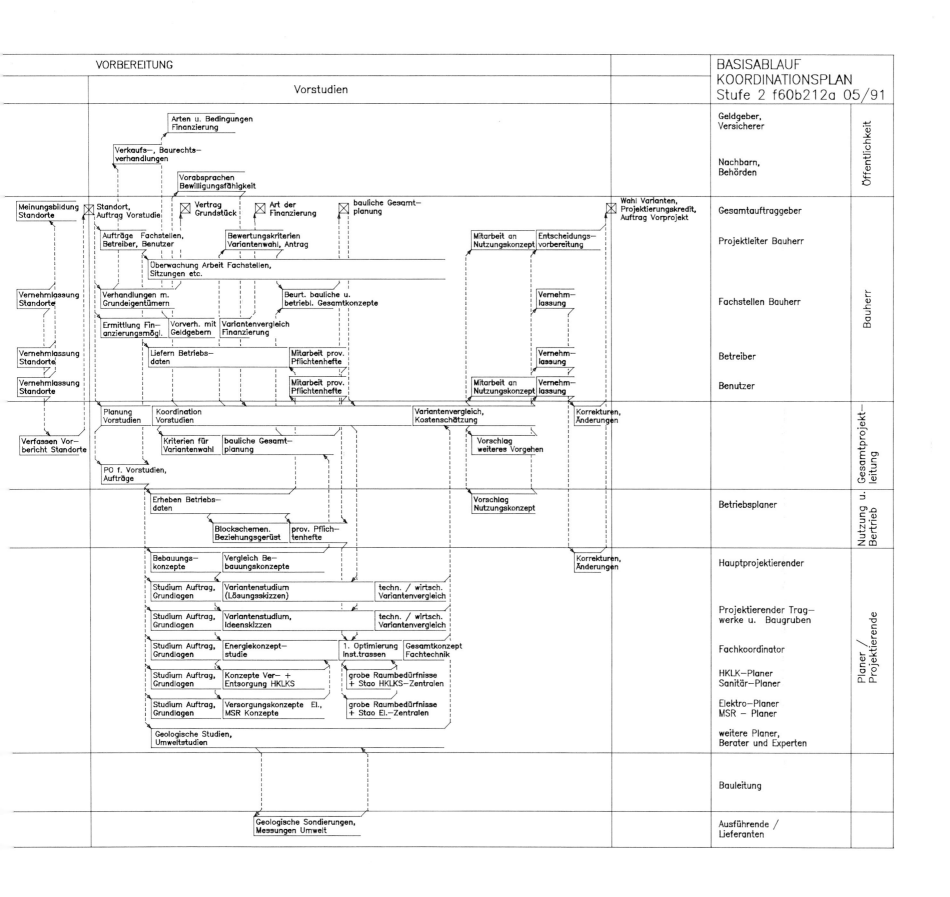

VORBEREITUNG

Vorstudien

BASISABLAUF
KOORDINATIONSPLAN
Stufe 2 f60b212a 05/91

Öffentlichkeit

Arten u. Bedingungen
Finanzierung

Verkaufs-, Baurechts-
verhandlungen

Vorabsprachen
Bewilligungsfähigkeit

Geldgeber,
Versicherer

Nachbarn,
Behörden

Meinungsbildung
Standorte

Standort,
Auftrag Vorstudie

Vertrag
Grundstück

Art der
Finanzierung

bauliche Gesamt-
planung

Wahl Varianten,
Projektierungskredit,
Auftrag Vorprojekt

Gesamtauftraggeber

Aufträge Fachstellen,
Betreiber, Benutzer

Bewertungskriterien
Variantenwahl, Antrag

Mitarbeit an
Nutzungskonzept

Entscheidungs-
vorbereitung

Projektleiter Bauherr

Überwachung Arbeit Fachstellen,
Sitzungen etc.

Vernehmlassung
Standorte

Verhandlungen m.
Grundeigentümern

Beurt. bauliche u.
betriebl. Gesamtkonzepte

Vernehm-
lassung

Fachstellen Bauherr

Vernehmlassung
Standorte

Ermittlung Fin-
anzierungsmögl.

Vorverh. mit
Geldgebern

Variantenvergleich
Finanzierung

Vernehmlassung
Standorte

Liefern Betriebs-
daten

Mitarbeit prov.
Pflichtenhefte

Vernehm-
lassung

Betreiber

Mitarbeit prov.
Pflichtenhefte

Mitarbeit an
Nutzungskonzept

Vernehm-
lassung

Benutzer

Planung
Vorstudien

Koordination
Vorstudien

Variantenvergleich,
Kostenschätzung

Korrekturen,
Änderungen

Verfassen Vor-
bericht Standorte

Kriterien für
Variantenwahl

bauliche Gesamt-
planung

Vorschlag
weiteres Vorgehen

PO f. Vorstudien,
Aufträge

Erheben Betriebs-
daten

Vorschlag
Nutzungskonzept

Betriebsplaner

Blockschemen.
Beziehungsgerüst

prov. Pflich-
tenhefte

Bebauungs-
konzepte

Vergleich Be-
bauungskonzepte

Korrekturen,
Änderungen

Hauptprojektierender

Studium Auftrag,
Grundlagen

Variantenstudium
(Lösungsskizzen)

techn. / wirtsch.
Variantenvergleich

Studium Auftrag,
Grundlagen

Variantenstudium,
Ideenskizzen

techn. / wirtsch.
Variantenvergleich

Projektierender Trag-
werke u. Baugruben

Studium Auftrag,
Grundlagen

Energiekonzept-
studie

1. Optimierung
Inst.trassen

Gesamtkonzept
Fachtechnik

Fachkoordinator

Studium Auftrag,
Grundlagen

Konzepte Ver- +
Entsorgung HKLKS

grobe Raumbedürfnisse
+ Stao HKLKS-Zentralen

HKLK-Planer
Sanitär-Planer

Studium Auftrag,
Grundlagen

Versorgungskonzepte El.,
MSR Konzepte

grobe Raumbedürfnisse
+ Stao El.-Zentralen

Elektro-Planer
MSR - Planer

Geologische Studien,
Umweltstudien

weitere Planer,
Berater und Experten

Bauleitung

Geologische Sondierungen,
Messungen Umwelt

Ausführende /
Lieferanten

Bauherr

Nutzung u. Gesamtprojekt-
leitung

Bertrieb

Planer /
Projektierende

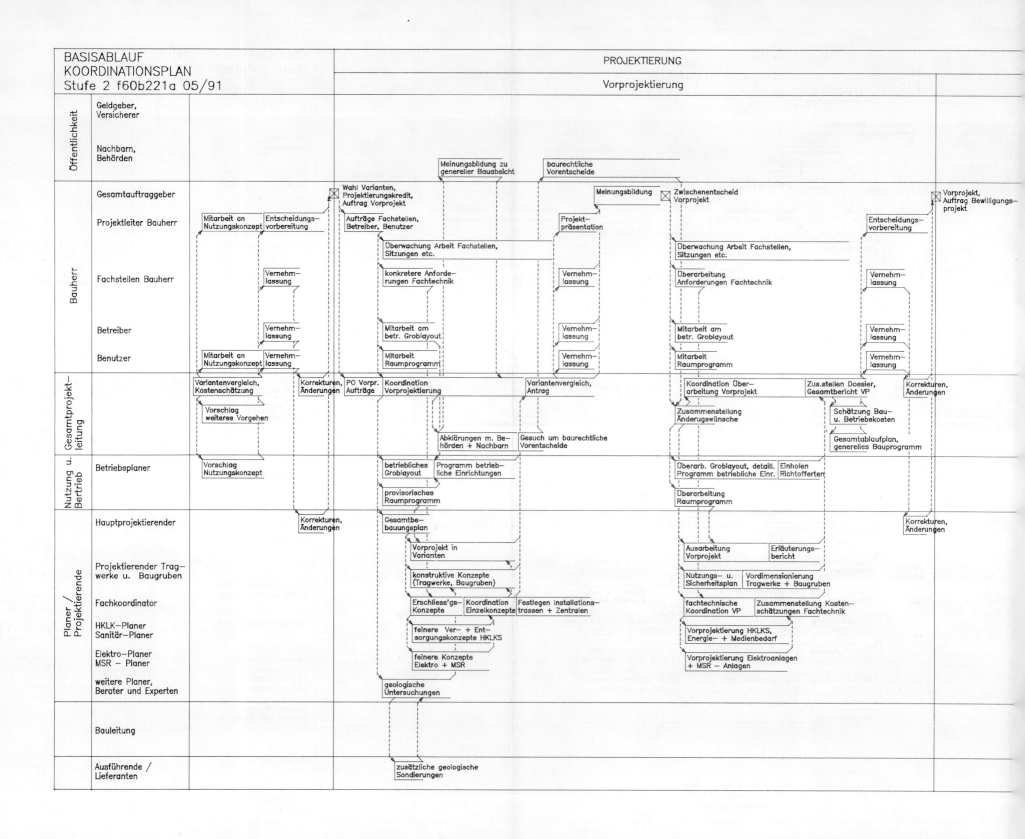

BASISABLAUF
KOORDINATIONSPLAN
Stufe 2 f60b221a 05/91

PROJEKTIERUNG

Vorprojektierung

Öffentlichkeit

Geldgeber, Versicherer

Nachbarn, Behörden

- Meinungsbildung zu genereller Bauabsicht
- baurechtliche Vorentscheide

Bauherr

Gesamtauftraggeber
- Wahl Varianten, Projektierungskredit, Auftrag Vorprojekt
- Meinungsbildung
- Zwischenentscheid Vorprojekt
- Vorprojekt, Auftrag Bewilligungsprojekt

Projektleiter Bauherr
- Mitarbeit an Nutzungskonzept
- Entscheidungsvorbereitung
- Aufträge Fachstellen, Betreiber, Benutzer
- Projektpräsentation
- Entscheidungsvorbereitung

Fachstellen Bauherr
- Überwachung Arbeit Fachstellen, Sitzungen etc.
- Vernehmlassung
- konkretere Anforderungen Fachtechnik
- Vernehmlassung
- Überwachung Arbeit Fachstellen, Sitzungen etc.
- Überarbeitung Anforderungen Fachtechnik
- Vernehmlassung

Betreiber
- Vernehmlassung
- Mitarbeit am betr. Groblayout
- Vernehmlassung
- Mitarbeit am betr. Groblayout
- Vernehmlassung

Benutzer
- Mitarbeit an Nutzungskonzept
- Vernehmlassung
- Mitarbeit Raumprogramm
- Vernehmlassung
- Mitarbeit Raumprogramm
- Vernehmlassung

Nutzung u. Gesamtprojektleitung / Betrieb

Gesamtprojektleitung
- Variantenvergleich, Kostenschätzung
- Korrekturen, Änderungen
- PO Vorpr. Aufträge
- Koordination Vorprojektierung
- Variantenvergleich, Antrag
- Koordination Überarbeitung Vorprojekt
- Zus.stellen Dossier, Gesamtbericht VP
- Korrekturen, Änderungen
- Vorschlag weiteres Vorgehen
- Zusammenstellung Änderugswünsche
- Schätzung Bau- u. Betriebskosten
- Abklärungen m. Behörden + Nachbarn
- Gesuch um baurechtliche Vorentscheide
- Gesamtablaufplan, generelles Bauprogramm

Betriebsplaner
- Vorschlag Nutzungskonzept
- betriebliches Groblayout
- Programm betriebliche Einrichtungen
- Überarb. Groblayout, detaill. Programm betriebliche Einr.
- Einholen Richtofferten
- provisorisches Raumprogramm
- Überarbeitung Raumprogramm

Planer / Projektierende

Hauptprojektierender
- Korrekturen, Änderungen
- Gesamtbebauungsplan
- Korrekturen, Änderungen

Projektierender Tragwerke u. Baugruben
- Vorprojekt in Varianten
- konstruktive Konzepte (Tragwerke, Baugruben)
- Ausarbeitung Vorprojekt
- Erläuterungsbericht
- Nutzungs- u. Sicherheitsplan
- Vordimensionierung Tragwerke + Baugruben

Fachkoordinator
- Erschliess'gs-Konzepte
- Koordination Einzelkonzepte
- Festlegen Installationstrassen + Zentralen
- fachtechnische Koordination VP
- Zusammenstellung Kostenschätzungen Fachtechnik

HKLK-Planer Sanitär-Planer
- feinere Ver- + Entsorgungskonzepte HKLKS
- Vorprojektierung HKLKS, Energie- + Medienbedarf

Elektro-Planer MSR-Planer
- feinere Konzepte Elektro + MSR
- Vorprojektierung Elektroanlagen + MSR-Anlagen

weitere Planer, Berater und Experten
- geologische Untersuchungen

Bauleitung

Ausführende / Lieferanten
- zusätzliche geologische Sondierungen

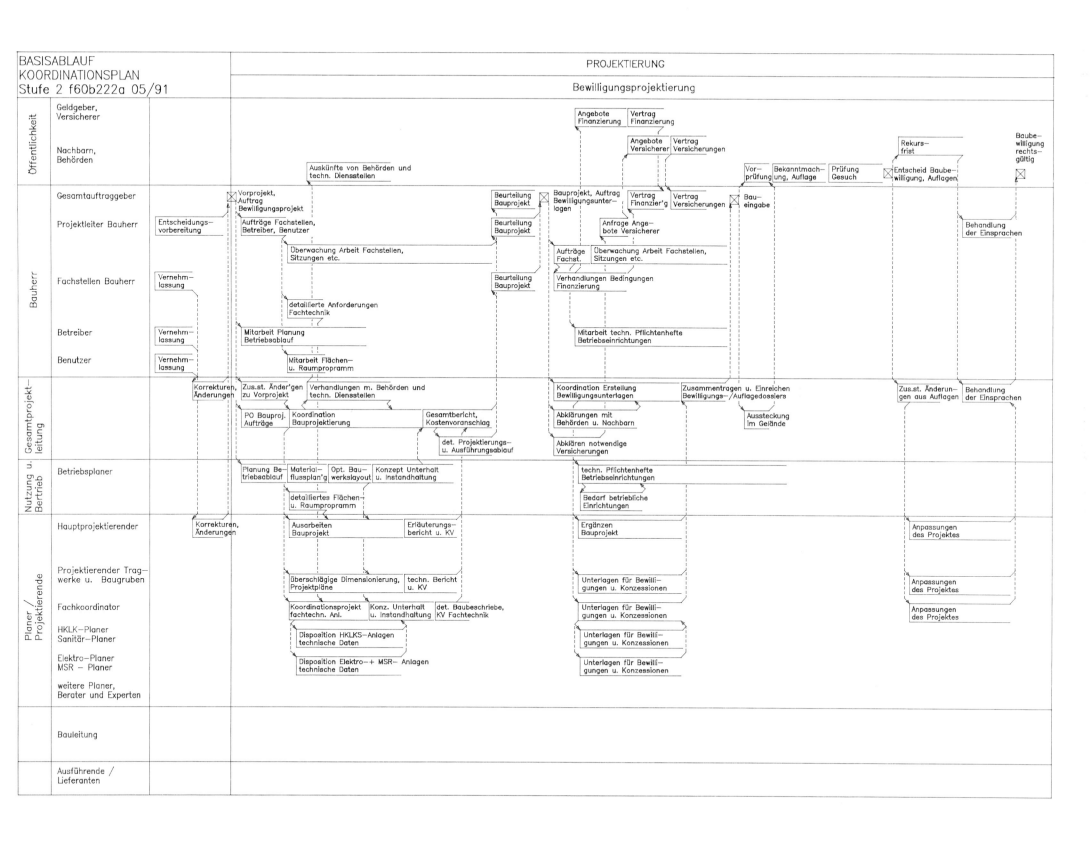

BASISABLAUF
KOORDINATIONSPLAN
Stufe 2 f60b222a 05/91

PROJEKTIERUNG

Bewilligungsprojektierung

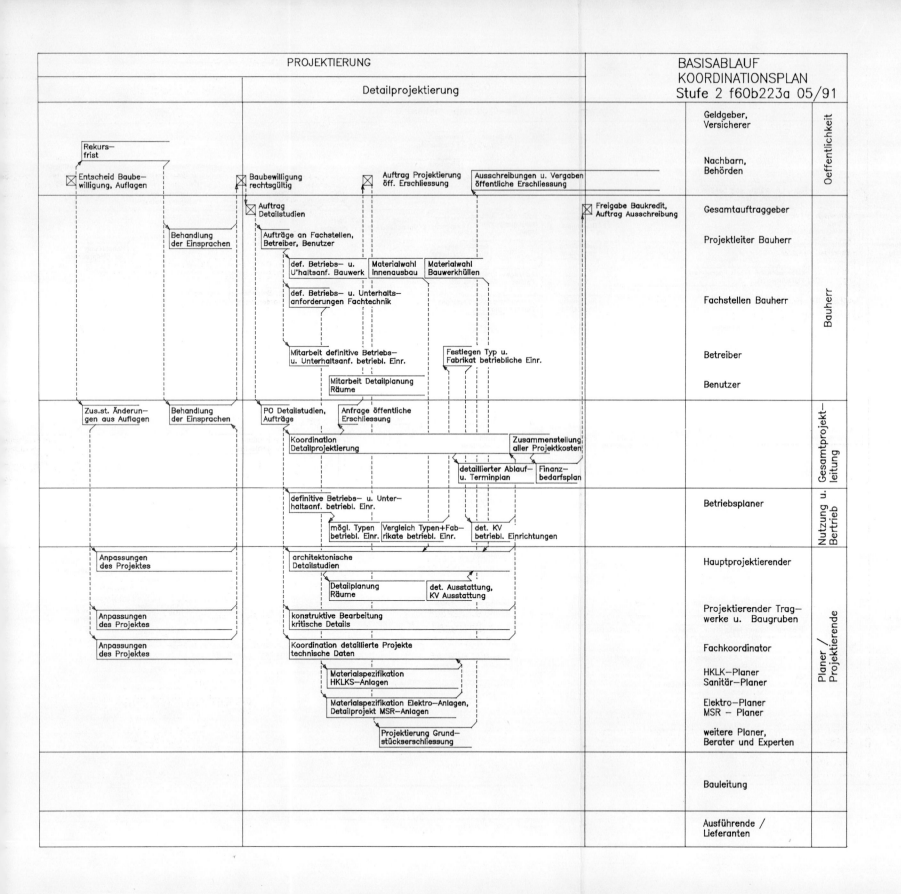

PROJEKTIERUNG

Detailprojektierung

BASISABLAUF
KOORDINATIONSPLAN
Stufe 2 f60b223a 05/91

Oeffentlichkeit

Geldgeber,
Versicherer

Nachbarn,
Behörden

Rekurs—
frist

☒ Entscheid Baube—
willigung, Auflagen

☒ Baubewilligung
rechtsgültig

☒ Auftrag Projektierung
öff. Erschliessung

Ausschreibungen u. Vergaben
öffentliche Erschliessung

Bauherr

☒ Freigabe Baukredit,
Auftrag Ausschreibung

Gesamtauftraggeber

Projektleiter Bauherr

Fachstellen Bauherr

Betreiber

Benutzer

Behandlung
der Einsprachen

☒ Auftrag
Detailstudien

Aufträge an Fachstellen,
Betreiber, Benutzer

def. Betriebs— u.
U'haltsanf. Bauwerk

Materialwahl
Innenausbau

Materialwahl
Bauwerkhüllen

def. Betriebs— u. Unterhalts—
anforderungen Fachtechnik

Mitarbeit definitive Betriebs—
u. Unterhaltsanf. betriebl. Einr.

Festlegen Typ u.
Fabrikat betriebliche Einr.

Mitarbeit Detailplanung
Räume

Zus.st. Änderun—
gen aus Auflagen

Behandlung
der Einsprachen

PO Detailstudien,
Aufträge

Anfrage öffentliche
Erschliessung

Gesamtprojekt—leitung

Koordination
Detailprojektierung

Zusammenstellung
aller Projektkosten

detaillierter Ablauf—
u. Terminplan

Finanz—
bedarfsplan

Nutzung u. Betrieb

definitive Betriebs— u. Unter—
haltsanf. betriebl. Einr.

Betriebsplaner

mögl. Typen
betriebl. Einr.

Vergleich Typen+Fab—
rikate betriebl. Einr.

det. KV
betriebl. Einrichtungen

Planer / Projektierende

Anpassungen
des Projektes

architektonische
Detailstudien

Hauptprojektierender

Detailplanung
Räume

det. Ausstattung,
KV Ausstattung

Anpassungen
des Projektes

konstruktive Bearbeitung
kritische Details

Projektierender Trag—
werke u. Baugruben

Anpassungen
des Projektes

Koordination detaillierte Projekte
technische Daten

Fachkoordinator

Materialspezifikation
HKLKS—Anlagen

HKLK—Planer
Sanitär—Planer

Materialspezifikation Elektro—Anlagen,
Detailprojekt MSR—Anlagen

Elektro—Planer
MSR — Planer

Projektierung Grund—
stückserschliessung

weitere Planer,
Berater und Experten

Bauleitung

Ausführende /
Lieferanten

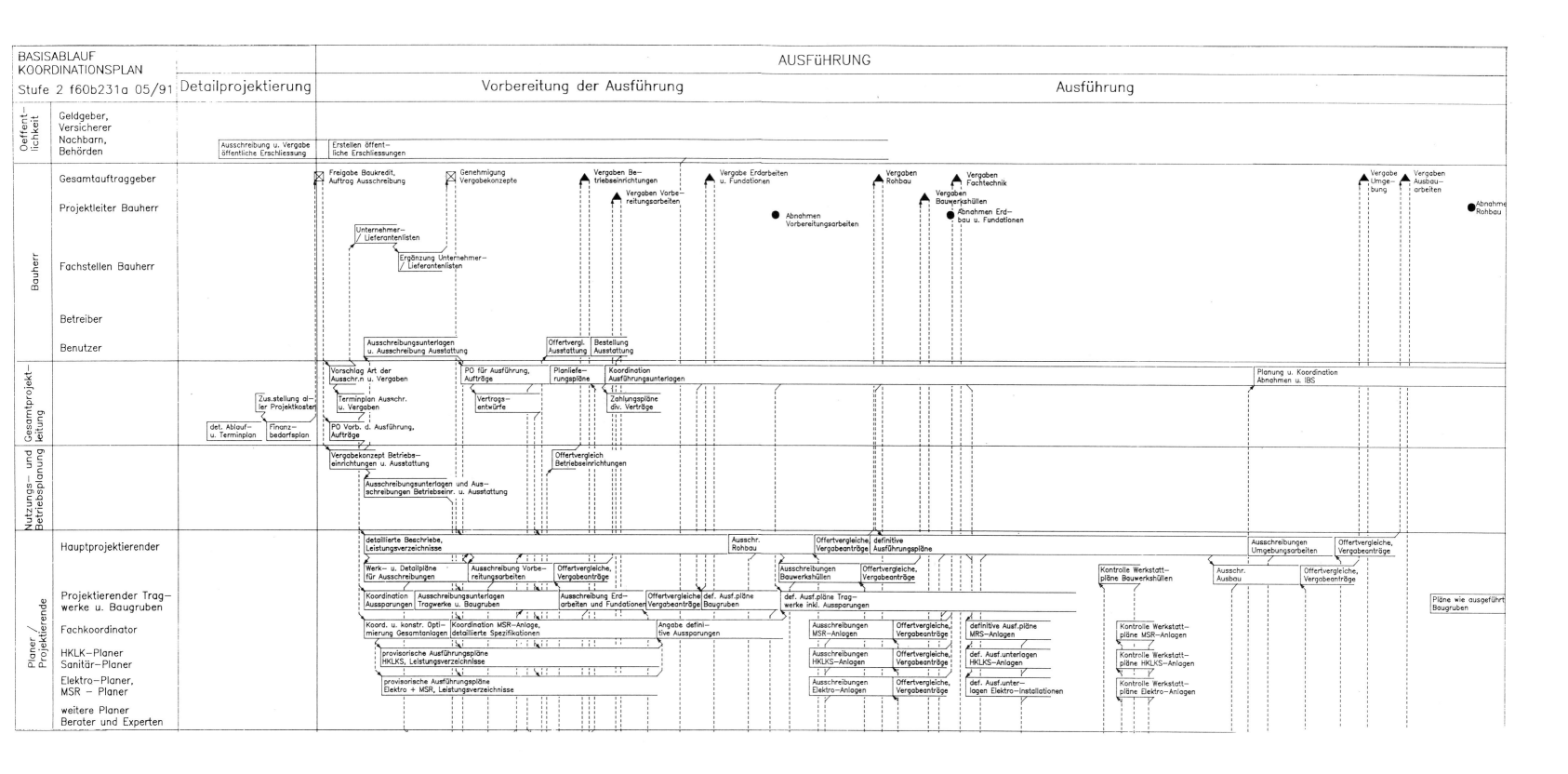

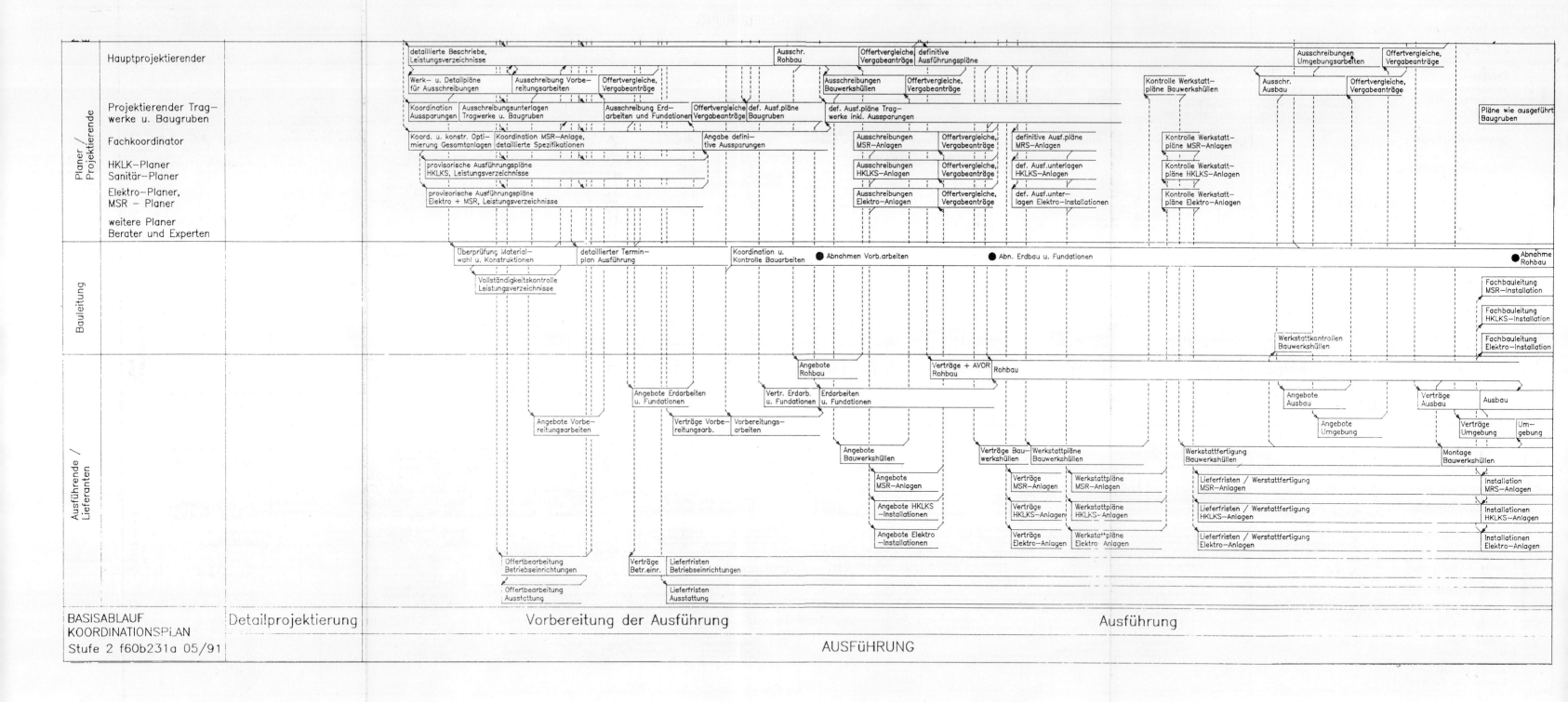

BASISABLAUF
KOORDINATIONSPLAN
Stufe 2 f60b231a 05/91

Detailprojektierung | Vorbereitung der Ausführung | Ausführung

AUSFÜHRUNG

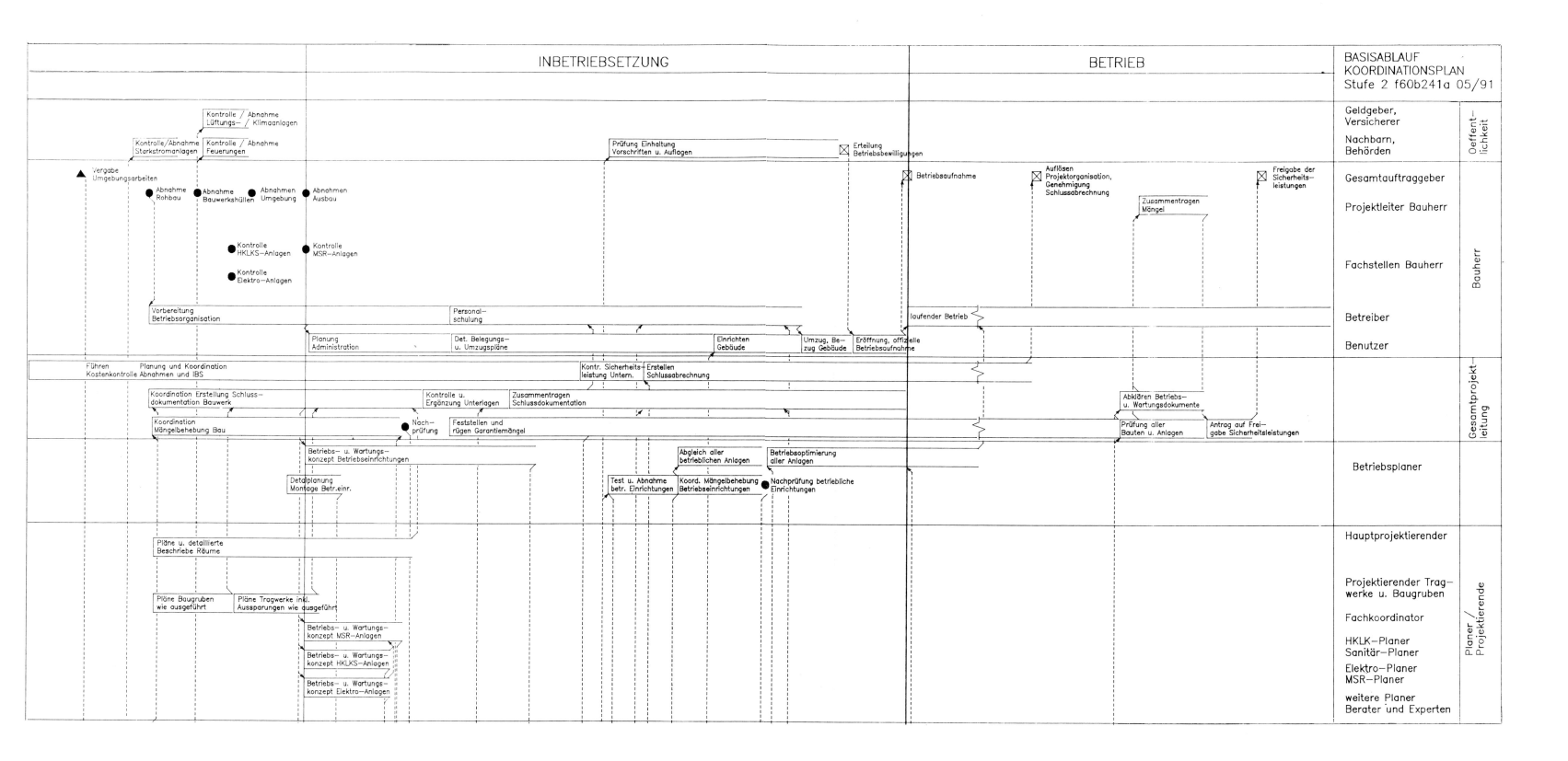

INBETRIEBSETZUNG

BETRIEB

BASISABLAUF
KOORDINATIONSPLAN
Stufe 2 f60b241a 05/91

Geldgeber,
Versicherer

Nachbarn,
Behörden

Oeffent-
lichkeit

Kontrolle / Abnahme
Lüftungs- / Klimaanlagen

Kontrolle/Abnahme
Starkstromanlagen

Kontrolle / Abnahme
Feuerungen

Prüfung Einhaltung
Vorschriften u. Auflagen

Erteilung
Betriebsbewilligungen

Vergabe
Umgebungsarbeiten

Betriebsaufnahme

Auflösen
Projektorganisation,
Genehmigung
Schlussabrechnung

Freigabe der
Sicherheits-
leistungen

Gesamtauftraggeber

Abnahme
Rohbau

Abnahme
Bauwerkshüllen

Abnahmen
Umgebung

Abnahmen
Ausbau

Zusammentragen
Mängel

Projektleiter Bauherr

Kontrolle
HKLKS-Anlagen

Kontrolle
MSR-Anlagen

Kontrolle
Elektro-Anlagen

Fachstellen Bauherr

Bauherr

Vorbereitung
Betriebsorganisation

Personal-
schulung

laufender Betrieb

Betreiber

Planung
Administration

Det. Belegungs-
u. Umzugspläne

Einrichten
Gebäude

Umzug, Be-
zug Gebäude

Eröffnung, offizielle
Betriebsaufnahme

Benutzer

Führen   Planung und Koordination
Kostenkontrolle Abnahmen und IBS

Kontr. Sicherheits-
leistung Untern.

Erstellen
Schlussabrechnung

Koordination Erstellung Schlussdokumentation Bauwerk

Kontrolle u.
Ergänzung Unterlagen

Zusammentragen
Schlussdokumentation

Abklären Betriebs-
u. Wartungsdokumente

Koordination
Mängelbehebung Bau

Nach-
prüfung

Feststellen und
rügen Garantiemängel

Prüfung aller
Bauten u. Anlagen

Antrag auf Frei-
gabe Sicherheitsleistungen

Gesamtprojekt-
leitung

Betriebs- u. Wartungs-
konzept Betriebseinrichtungen

Abgleich aller
betrieblichen Anlagen

Betriebsoptimierung
aller Anlagen

Detailplanung
Montage Betr.einr.

Test u. Abnahme
betr. Einrichtungen

Koord. Mängelbehebung
Betriebseinrichtungen

Nachprüfung betriebliche
Einrichtungen

Betriebsplaner

Pläne u. detaillierte
Beschriebe Räume

Hauptprojektierender

Pläne Baugruben
wie ausgeführt

Pläne Tragwerke inkl.
Aussparungen wie ausgeführt

Projektierender Trag-
werke u. Baugruben

Betriebs- u. Wartungs-
konzept MSR-Anlagen

Fachkoordinator

Betriebs- u. Wartungs-
konzept HKLKS-Anlagen

HKLK-Planer
Sanitär-Planer

Betriebs- u. Wartungs-
konzept Elektro-Anlagen

Elektro-Planer
MSR-Planer

weitere Planer
Berater und Experten

Planer /
Projektierende

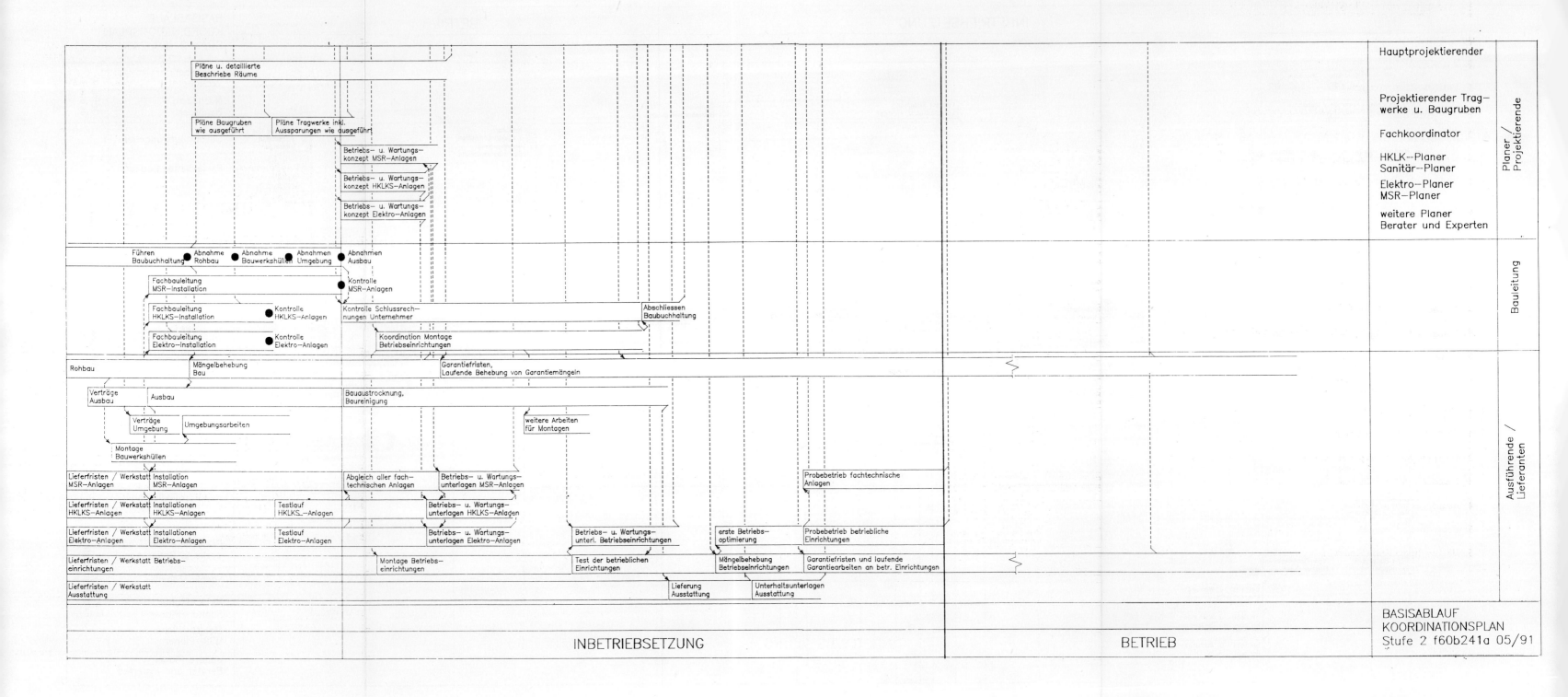

Hauptprojektierender

Projektierender Trag—
werke u. Baugruben

Fachkoordinator

HKLK—Planer
Sanitär—Planer

Elektro—Planer
MSR—Planer

weitere Planer
Berater und Experten

Planer / Projektierende

Bauleitung

Ausführende / Lieferanten

Pläne u. detaillierte
Beschriebe Räume

Pläne Baugruben
wie ausgeführt

Pläne Tragwerke inkl.
Aussparungen wie ausgeführt

Betriebs— u. Wartungs—
konzept MSR—Anlagen

Betriebs— u. Wartungs—
konzept HKLKS—Anlagen

Betriebs— u. Wartungs—
konzept Elektro—Anlagen

Führen
Baubuchhaltung

Abnahme
Rohbau

Abnahme
Bauwerkshüllen

Abnahmen
Umgebung

Abnahmen
Ausbau

Fachbauleitung
MSR—Installation

Kontrolle
MSR—Anlagen

Fachbauleitung
HKLKS—Installation

Kontrolle
HKLKS—Anlagen

Kontrolle Schlussrech—
nungen Unternehmer

Abschliessen
Baubuchhaltung

Fachbauleitung
Elektro—Installation

Kontrolle
Elektro—Anlagen

Koordination Montage
Betriebseinrichtungen

Rohbau

Mängelbehebung
Bau

Garantiefristen,
Laufende Behebung von Garantiemängeln

Verträge
Ausbau

Ausbau

Bauaustrocknung,
Baureinigung

Verträge
Umgebung

Umgebungsarbeiten

weitere Arbeiten
für Montagen

Montage
Bauwerkshüllen

Lieferfristen / Werkstatt
MSR—Anlagen

Installation
MSR—Anlagen

Abgleich aller fach—
technischen Anlagen

Betriebs— u. Wartungs—
unterlagen MSR—Anlagen

Probebetrieb fachtechnische
Anlagen

Lieferfristen / Werkstatt
HKLKS—Anlagen

Installationen
HKLKS—Anlagen

Testlauf
HKLKS.—Anlagen

Betriebs— u. Wartungs—
unterlagen HKLKS—Anlagen

Lieferfristen / Werkstatt
Elektro—Anlagen

Installationen
Elektro—Anlagen

Testlauf
Elektro—Anlagen

Betriebs— u. Wartungs—
unterlagen Elektro—Anlagen

Betriebs— u. Wartungs—
unterl. Betriebseinrichtungen

erste Betriebs—
optimierung

Probebetrieb betriebliche
Einrichtungen

Lieferfristen / Werkstatt Betriebs—
einrichtungen

Montage Betriebs—
einrichtungen

Test der betrieblichen
Einrichtungen

Mängelbehebung
Betriebseinrichtungen

Garantiefristen und laufende
Garantiearbeiten an betr. Einrichtungen

Lieferfristen / Werkstatt
Ausstattung

Lieferung
Ausstattung

Unterhaltsunterlagen
Ausstattung

INBETRIEBSETZUNG

BETRIEB

BASISABLAUF
KOORDINATIONSPLAN
Stufe 2 f60b241a 05/91

Projektdefinition

Nr. 0: Basisablauf

Nr. 1: Intensive Betriebsplanung

Nr. 2: Erweiterung / Umnutzung einer bestehenden Anlage

Nr. 3: Erweiterung / Umnutzung einer betriebsintensiven Anlage

Nr. 4: Projektdefinition mittels Ideenwettbewerb

Nr. 5: Projektdefinition mit Standardanforderungen

Bewilligungsablauf

Nr. 0: Basisablauf

Nr. 1: Baubewilligungsverfahren mit UVP

Nr. 2: Eisenbahnrechtliches Bewilligungsverfahren

Nr. 3: Vorgezogene Detailprojektierung

Nr. 4: Vorgezogene Detailprojektierung und Ausschreibungen

Nr. 5: Teilbaubewilligungen

Nr.6: Neues Einsprache- und Rekursverfahren

Bauherren - Leistungen

Nr. 1: Flache Bauherrenorganisation

Nr. 2: Hierarchische Bauherrenorganisation

Nr. 3: Kantonale Volksabstimmung

Nr. 4: Baubotschaft des Bundes

Nr. 5: Ebenenweise Kontrolle

Nr. 6: Ebenenübergreifende Kontrolle

Zusammenarbeit im Projekt - Team, Technische Möglichkeiten

Nr. 0: Basisablauf

Nr. 1: Lineare Projektierung

Nr. 2: Zusammenarbeit nach Bedarf

Nr. 3: Kombination von linearer und serieller Projektierung

Informatik - Einsatz

Überblick

Nr. 1: Informatik - Einsatz (Insel - Lösungen) ohne Anpassung des Ablaufes

Nr. 2: Informatik - Einsatz mit angepassten Bauherrenentscheiden

Nr. 3: Informatik - Einsatz mit multidisziplinärem EDV-System

Inbetriebsetzung

Nr. 0: Basisablauf

Nr. 1: Abnahme-Inbetriebsetzung-Dokumentation

Nr. 2: Dokumentation-Inbetriebsetzung-Abnahme

Nr. 3: Mehrstufige IBS

Nr. 4: Modifikation im Betrieb

Ablaufalternativen Projektdefinition — Nr. 0: Basisablauf

Rolle	UNTERNEHMENS-MENSPLANUNG	VORBEREITUNG — Projektdefinition, Standortwahl	VORBEREITUNG — Vorstudie	PROJEKTIERUNG — Vorprojektierung
Nachbarn, Behörden, Geldgeber, Versicherer				
Bauherr, Betreiber, Benutzer	Unternehmensplanung	Ausarbeitung Vorstudie Auftrag GPL; generelle Anforderungen Bauherr	Standort, Auftrag Vorstudie; Grundstücks-sicherung; Finanzierungs-möglichkeiten	Wahl Varianten, Projektierungskredit Auftrag Vorprojekt
Gesamtprojektleitung		Grundlagen, genereller Anforderungskatalog; Machbarkeits-studie; Standort-möglichkeiten; Vorbericht Standorte	Koordination Vorstudien	Koordination Vorprojekt; Provokation bau-rechtl. Vorentscheide
Nutzungs- und Betriebsplanung		gen. Anforderungen Benutzer / Betreiber; generelle Be-triebskonzepte	betriebliche Grobkonzepte	Groblayout, Raumprogramm
Planer / Projektierende		Aufnahme bauliche Konzepte best. Bauten / Projektskizzen	Vorstudien, Grobkonzepte	Vorprojekte (Varianten)
Bauleitung				
Ausführende / Lieferanten				

Stufe 1. f60o010b

Ablaufalternativen Projektdefinition
Nr. 1: Intensive Betriebsplanung

	UNTERNEHMENSPLANUNG	VORBEREITUNG		PROJEKTIERUNG
		Projektdefinition, Standortwahl	Vorstudie	Vorprojektierung

Row labels (left column):
- Nachbarn, Behörden, Geldgeber, Versicherer
- Bauherr, Betreiber, Benutzer
- Gesamtprojektleitung
- Nutzungs- und Betriebsplanung
- Planer / Projektierende
- Bauleitung
- Ausführende / Lieferanten

Unternehmensplanung column:
- Unternehmensplanung

Projektdefinition, Standortwahl column:
- Ausarbeitung Vorstudie, Auftrag GPL
- generelle Anforderungen Bauherr
- Bedarfsermittlung, pauschale Betriebsdaten
- Grundlagen, gen. Anforderungskat.
- Standortmöglichkeiten
- Machbarkeitsstudie
- Vorbericht Standorte u. Projektdefinition
- Abklären Unternehmensplanung
- Entwicklungsanalyse, Trends
- generelle Betriebskonzepte
- generelles Flächenprogramm
- Aufnahme best. Bauten
- bauliche Konzepte Projektskizzen

Vorstudie column:
- Standort, Auftrag Vorstudie
- Grundstücksicherung
- Finanzierungsmöglichkeiten
- Koordination Vorstudien
- betriebliche Grobkonzepte
- Vorstudien, Grobkonzepte

Vorprojektierung column:
- Wahl Varianten, Projektierungskredit Auftrag Vorprojekt
- Koordination Vorprojekt
- Provokation baurechtl. Vorentsch.
- Groblayout, Raumprogramm
- Vorprojekte (Varianten)

Stufe 1, f60o011b

Ablaufalternativen Projektdefinition

Nr. 2 : Erweiterung / Umnutzung einer bestehenden Anlage

	UNTERNEH-MENSPLANUNG	VORBEREITUNG			PROJEKTIERUNG
		Projektdefinition, Standortwahl		Vorstudie	Vorprojektierung

Nachbarn, Behörden

Geldgeber, Versicherer

Bauherr, Betreiber, Benutzer

- Unternehmens planung
- Ausarbeitung Vorstudie Auftrag GPL
- generelle Anforderungen Bauherr
- Standort, Auftrag Vorstudie
- Wahl Varianten, Projektierungskredit Auftrag Vorprojekt

Gesamtprojektleitung

- Grundlagen, gen. Anforderungskatalog
- Machbarkeitsstudie, Standortanalyse
- Generelles Flächenprogramm
- Projektdefinition
- Finanzierungs-möglichkeiten
- Koordination Vorstudien
- Koordination Vorprojekt
- Provokation bau-rechtl. Vorentscheide

Nutzungs- und Betriebsplanung

- gen. Anforderungen Benutzer / Betreiber
- generelle Be-triebskonzepte
- betriebliche Grobkonzepte
- Groblayout, Raumprogramm

Planer / Projektierende

- Aufnahme bestehende Bauten
- bauliche Konzepte Projektskizzen
- Vorstudien, Grobkonzepte
- Vorprojekte (Varianten)

Bauleitung

Ausführende / Lieferanten

Stufe 1, f60o012b

Ablaufalternativen Projektdefinition
Nr. 3: Erweiterung / Umnutzung einer betriebsintensiven Anlage

	UNTERNEH-MENSPLANUNG	VORBEREITUNG	PROJEKTIERUNG
		Projektdefinition, Standortwahl	Vorstudie	Vorprojektierung

Nachbarn, Behörden, Geldgeber, Versicherer

Bauherr, Betreiber, Benutzer
- Unternehmensplanung
- Ausarbeitung Vorstudie, Auftrag GPL
- generelle Anforderungen Bauherr
- Bedarfsermittlung
- Mitarbeit generelles Flächenprogramm
- Standort, Auftrag Vorstudie
- Grundstückssicherung
- Finanzierungsmöglichkeiten
- Wahl Varianten, Projektierungskredit Auftrag Vorprojekt

Gesamtprojektleitung
- künftige Entwicklung
- Grundlagen, gen. Anforderungskat.
- Machbarkeitsstudie, Standortanalyse
- Masterplan
- Vorbericht Projektdefinition
- Koordination Vorstudien
- Koordination Vorprojekt
- Provokation bau-rechtl. Vorentsch.

Nutzungs- und Betriebsplanung
- IST-Analyse, Schwachstellen
- Generelles Flächenprogramm
- Generelle Betriebskonzepte
- betriebliche Grobkonzepte
- Groblayout, Raumprogramm

Planer / Projektierende
- Aufnahme bestehende Bauten
- bauliche Konzepte Projektskizzen
- Vorstudien, Grobkonzepte
- Vorprojekte (Varianten)

Bauleitung

Ausführende / Lieferanten

Stufe 1. 160o013b

Ablaufalternativen Projektdefinition	UNTERNEH-MENSPLANUNG	VORBEREITUNG	PROJEKTIERUNG
Nr. 4: Projektdefinition mittels Ideenwettbewerb		Ideenwettbewerb	Vorprojektierung
Jury, SIA Behörden, Geldgeber, Versicherer		Konstituierung Jury — Vernehmlassung Wettbewerbsprogramm — Wettbewerbsprogramm — Prüfung u. Jurierung	Weiteres Vorgehen, Projektierungskredit Auftrag Vorprojekt
Bauherr, Betreiber, Benutzer	Unternehmensplanung	Ideenwettbewerb Auftrag GPL — Anforderungen Bauherr — Wettbewerbsprogramm — weiteres Vorgehen	
Gesamtprojektleitung		Grundlagen, gen. Anforderungskat. — Machbarkeits-studie — Vorschlag Zusammensetzung Jury — Wettbewerbs-programm — Publikation / Einladung — Wettbewerbs-bearbeitung	
Nutzungs- und Betriebsplanung		Anforderungen Benutzer / Betreiber — Betriebs-analyse — generelle Betriebskonzepte — Raumprogramm, betr. Grobkonzepte	
Planer / Projektierende		Präqualifikation	
Bauleitung			
Ausführende / Lieferanten			

Stufe 1 f60o014b

Ablaufalternativen / Projektdefinition

Nr. 5: Projektdefinition mit Standardanforderungen

	UNTERNEHMENSPLANUNG	VORBEREITUNG		PROJEKTIERUNG
		Projektdefinition, Standortwahl	Vorstudie	Vorprojektierung
Nachbarn, Behörden, Geldgeber, Versicherer				
Bauherr, Betreiber, Benutzer	Unternehmensplanung	Ausarbeitung Vorstudie, Auftrag GPL · Überprüfung Standards, Anforderungen an Standort	Standort, Auftrag Vorstudie · Grundstückssicherung · Finanzierungsmöglichkeiten	Wahl Varianten, Projektierungskredit, Auftrag Vorprojekt
Gesamtprojektleitung		Grundlagen, Prüfung Anforderungskatalog · Vorbericht Standorte	Koordination Vorstudien	Koordination Vorprojekt · Provokation bau-rechtl. Vorentscheide
Nutzungs- und Betriebsplanung		Machbarkeitsstudie · Standortmöglichkeiten · Überprüfung Standards, Anforderungen an Standort · Überprüfung Standard-betriebskonzepte	Anpassung Standard-betriebskonzepte	Groblayout, Raumprogramm
Planer / Projektierende		Aufnahme best. Bauten · Überprüfung Standardbautyp, Projektskizzen	Grobkonzepte, Anpassung Bautyp	Vorprojekte (Varianten)
Bauleitung				
Ausführende / Lieferanten				

Stufe 1. f60o015b

Ablaufalternativen Bewilligung

Nr. 0: Basisablauf

	PROJEKTIERUNG		AUSFÜHRUNG
	Bewilligungsprojektierung	Detailprojektierung	Vorbereitung der Ausführung

Genehmigungsbehörden

Bewilligungsbehörde

Rekursbehörde

Einsprecher

Bauherr

Gesamtprojektleitung

Planer / Projektierende

Bauleitung

Ausführende / Lieferanten

Plangenehmigungen, Vernehmlassung zusätzliche Bewilligungen

Vorprüfung — Auflage — Prüfung Gesuch

Begehren um Zustellung

Baubewilligung, Auflagen

Rekursfrist

Einsprachen

Beurteilung der Einsprachen

Baubewilligung rechtskräftig

Auftrag Bewilligungsunterlagen

Entscheid Baueingabe

Zustellen Bewilligungsunterlagen — Aussteckung im Gelände

Behandlung der Einsprachen

Auftrag Detailstudien

detaillierte Anforderungen

Vergabekonzept, Unternehmerliste

Vergaben Bau

Baufreigabe

Bewilligungsunterlagen

Behandlung der Einsprachen

Zus.st. Änderungen aus Auflagen

Anpassungen am Projekt

Festl. Qualitätsstandards — Koordination Detailstudien

Finanzbedarf

Detailprojekte. Detailkonzepte

Freigabe Baukredit

Vergabe-Koordination Ausschreibungen konzept und Vergaben

Koordination Ausführungsunt.

Ausschreibungs-definitive Ausführungsunterlagen unterlagen

Ausschreibungen Bau

Kontrolle Ausschreibungsunterlagen

Koord. Bauarbeiten

AVOR

Bauausführung

AVOR

Offertbearbeitung Einreichen der Angebote

Stufe 1
f60bb10a.drw

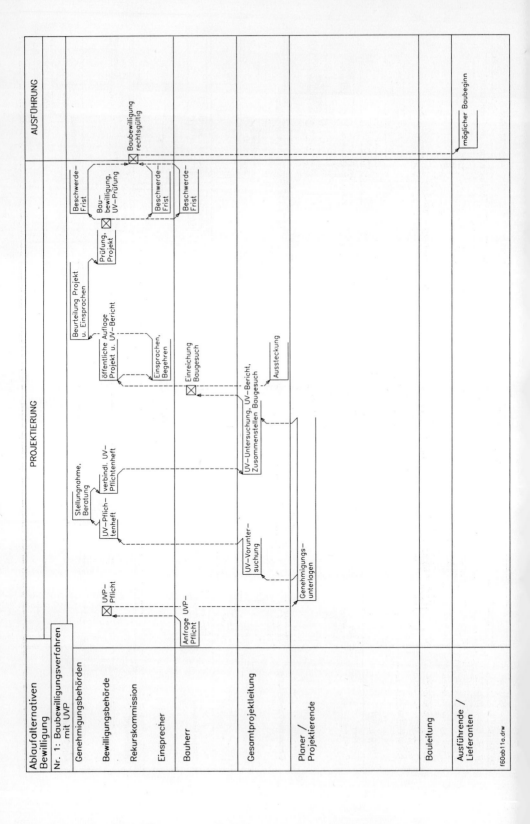

Ablaufalternativen Bewilligung

Nr. 1: Baubewilligungsverfahren mit UVP

AUSFÜHRUNG

PROJEKTIERUNG

Genehmigungsbehörden

UVP-Pflicht

Stellungnahme, Beratung

Beurteilung Projekt u. Einsprachen

Beschwerde-Frist

Baubewilligung rechtsgültig

Bewilligungsbehörde

UV-Pflichtenheft

öffentliche Auflage Projekt u. UV-Bericht

Prüfung, Projekt

Bau-bewilligung, UV-Prüfung

Rekurskommission

verbindl. UV-Pflichtenheft

Einsprachen, Begehren

Beschwerde-Frist

Einsprecher

Einreichung Baugesuch

Beschwerde-Frist

Bauherr

Anfrage UVP-Pflicht

Gesamtprojektleitung

UV-Voruntersuchung

UV-Untersuchung, UV-Bericht, Zusammenstellen Baugesuch

Aussteckung

Planer / Projektierende

Genehmigungs-unterlagen

Bauleitung

Ausführende / Lieferanten

möglicher Baubeginn

f60ab11a.drw

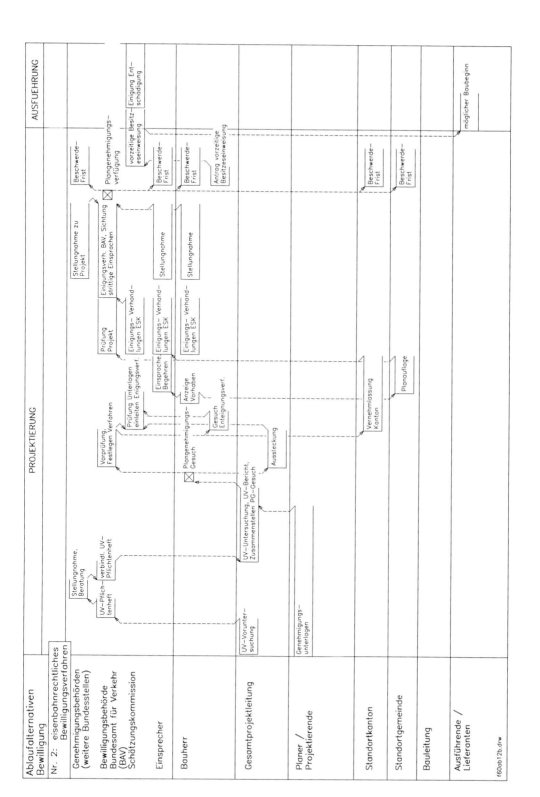

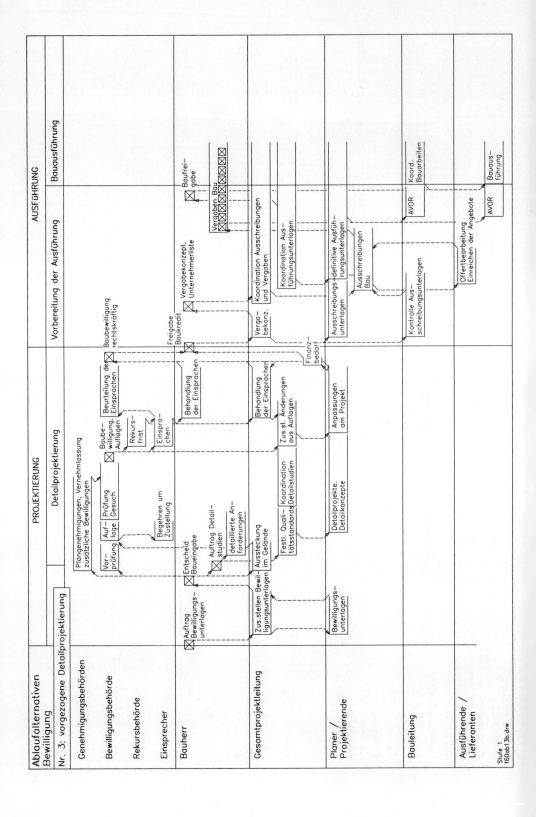

Ablaufalternativen Bewilligung

Nr. 3: vorgezogene Detailprojektierung

PROJEKTIERUNG / AUSFÜHRUNG

Stufe 1
f60ab13b.drw

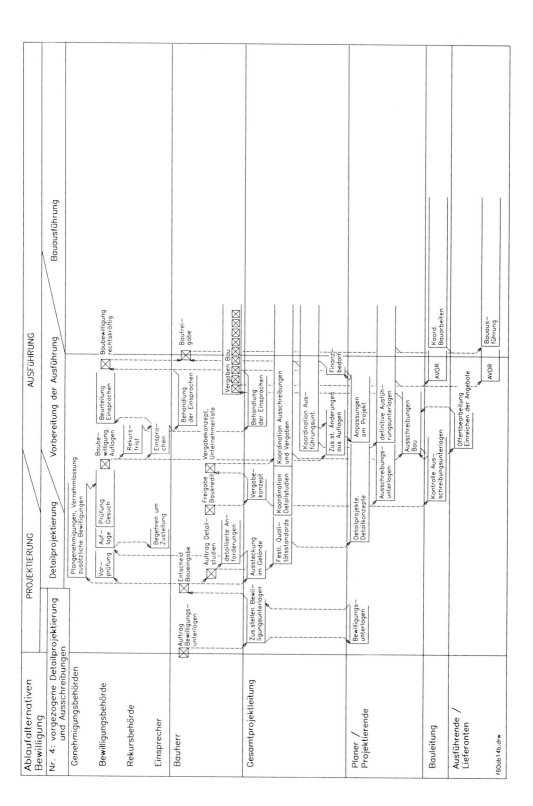

Ablaufalternativen Bewilligung

Nr. 4: vorgezogene Detailprojektierung und Ausschreibungen

PROJEKTIERUNG AUSFÜHRUNG

| Detailprojektierung | Vorbereitung der Ausführung | Bauausführung |

Genehmigungsbehörden

Bewilligungsbehörde

Rekursbehörde

Einsprecher

Bauherr

Gesamtprojektleitung

Planer / Projektierende

Bauleitung

Ausführende / Lieferanten

f60ab14b.drw

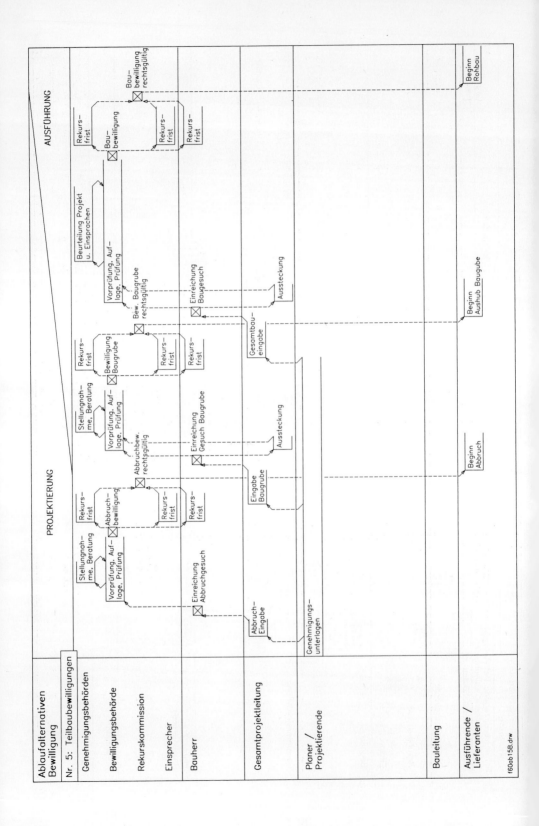

f60b15B.drw

PROJEKTIERUNG | AUSFÜHRUNG

Genehmigungsbehörden

Bewilligungsbehörde

Rekurskommission

Einsprecher

Bauherr

Gesamtprojektleitung

Planer / Projektierende

Bauleitung

Ausführende / Lieferanten

Monate: -8 -7 -6 -5 -4 -3 -2 -1 0

Plangenehmigungen, Vernehmlassung, zusätzliche Bewilligungen

Vor-prüfung

Auf-lage

Prüfung Gesuch

Baube-willigung, Auflagen

Rekurs Stellungnahmen

Rekurs-frist

Beurteilung der Einsprachen

Baubewilligung endgültig rechtskräftig

Einreichung Baugesuch

Begehren um Zustellung

Rekurs

Stellungnahmen

Aussteckung im Gelände

Stellungnahmen

Spätestmöglicher Baubeginn

f60ab16a.drw

Ablaufalternativen
Bauherren —Leistungen

Nr. 1: Flache Bauherrenorganisation

PROJEKTIERUNG

Wochen

Genehmigungsbehörden

Bewilligungsbehörde

Verwaltungsrat

Präsidium Verwaltungsrat

Geschäftsleitung

Bereichsleiter

Projektleiter Bauherr

Fachstellen Bauherr

Betreiber

Benutzer

Gesamtprojektleitung

Planer / Projektierende

Antrag

Sitzungseinladung, Traktandenliste

Aufnahme in Traktanden

Änderungen, Anpassungen

Änderungen, Anpassungen

Änderungen, Anpassungen

Beurteilung Antrag

Beurteilung Antrag

Beurteilung Antrag

Zusammenstellen Bau— herrenunterlagen

Zusammenstellen Ent— scheidungsunterlagen

Entscheidungs— unterlagen

Stufe 2
f60al11b.drw

Ablaufalternativen
Bauherren –Leistungen

Nr. 2: Hierarchische Bauherrenorganisation

PROJEKTIERUNG

Wochen

−9 −8 −7 −6 −5 −4 −3 −2 −1

Genehmigungsbehörden

Bewilligungsbehörde

Verwaltungsrat

Präsidium Verwaltungsrat

Generaldirektion

Bereichsleiter

Abteilungsleiter

Ressortleiter

Projektleiter Bauherr

Fachstellen Bauherr

Betreiber

Benutzer

Gesamtprojektleitung

Planer / Projektierende

Antrag

Sitzungseinladung, Traktandenliste

Aufnahme in Traktanden

Beurteilung Antrag

Beurteilung Antrag

Beurteilung Antrag

Beurteilung Antrag

Vernehmlassung

Antrag

Zusammenstellen Bauherrenunterlagen

Zusammenstellen Entscheidungsunterlagen

Entscheidungsunterlagen

Stufe 1
f60al12o.drw

PROJEKTIERUNG

Monate –1 –2 –3 –4 –5 –6 –7 –8 –9

Gemeindebehörden

Bundesbehörden

Volksabstimmung

Kantonsrat

vorberatende Kommissionen

Regierungsrat

Baudirektor

Kantonsingenieur

Projektleiter Kanton

Fachstellen Kanton

Betreiber

Benutzer

Gesamtprojektleitung

Planer / Projektierende

Meinungsbildung | Abstimmung

Beschluss

Beratung Botschaft

Auftrag Abstimmungsbotschaft Datum

Abstimmungsbotschaft

Druck u. Versand Botschaft

Beschluss

Beurteilung Antrag

Antrag

Ausarbeitung Botschaft

Mitberichte

Vernehmlassung

Beurteilung Proj., Anträge

Beurteilung Projekt, Anträge

Zusammenstellen Bauherrenunterlagen

Zusammenstellen Entscheidungsunterlagen

Anpassungen, Änderungen

Anpassungen, Änderungen

Entscheidungsunterlagen

Stufe 2
f60al13o.drw

Ablaufalternativen Bauherren–Leistungen

Nr. 4: Baubotschaft des Bundes

PROJEKTIERUNG

Monate −1 −2 −3 −4 −5 −6 −7 −8 −9

Gemeindebehörden	Beurteilung Projekt, Anträge
Kantonsbehörden	Beurteilung Projekt, Anträge
Volksabstimmung	
Bundesversammlung	Session — Beschluss; Beratung Botschaft
vorberatende Kommissionen	Beschluss
Bundesrat	Beurteilung Antrag; Druck u. Versand Botschaft
Amtsdirektor	Antrag Einreichung
Abteilungsleiter Amt	Vernehmlassung; Zusammenstellen Bauherrenunterlagen; Ausarbeitung Botschaft
Projektleiter Amt	Mitberichte
Fachstellen Bund	Beurteilung Proj., Anträge
Betreiber	Beurteilung Projekt, Anträge
Benutzer	Beurteilung Projekt, Anträge
Gesamtprojektleitung	Zusammenstellen Entscheidungsunterlagen; Anpassungen, Änderungen
Planer / Projektierende	Entscheidungsunterlagen; Anpassungen, Änderungen

Stufe 2
f60al14o.drw

Nachbarn, Behörden, Geldgeber, Versicherer

Gesamtauftraggeber

⊠ Genehmigung Finanzen und Resultate, Verträge

Projektleiter Bauherr

Kontrolle bauherreninterne Kosten und Termine, Kostenüberwachung

Fachstellen, Betreiber, Benutzer

Kontrolle bezüglich Anforderungen

Gesamtprojektleitung

Gesamtkoordination Kontrolle bezüglich Kosten, Terminen und Qualität

Nutzungs– und Betriebsplanung

Koordination Planung Betriebseinrichtungen Kontrolle Kosten, Termine und Qualität der Lieferungen

Planer / Projektierende

technische Koordination von Teilsystemen, Gewährleistung der Einhaltung von Qualität in Projektierung

technische Erarbeitung von Teilsystemen, Gewährleistung der Einhaltung von Kosten, Terminen und Qualität in Projektierung, Kontrolle Ausführungsqualität

Bauleitung

Koordination der Ausführung, Kontrolle bez. Terminen, Kosten Basis Positionen/Verträge, Ausführungsqualität

Ausführende / Lieferanten

Ausführung

Lieferung und Montage

Ablaufalternativen
Bauherren – Leistungen

Nr. 6: Ebenenübergreifende Kontrolle

Nachbarn,
Behörden
Geldgeber,
Versicherer

Gesamtauftraggeber

☒ Genehmigung Finanzen und Resultate,
Verträge

Projektleiter Bauherr

Kontrolle bauherreninterne Kosten und Termine,
Kostenüberwachung

Fachstellen, Betreiber, Benutzer

Kontrolle bezüglich Anforderungen

Kontrollstelle Bauherr

übergreifenden Kontrolle:
z.B. Finanzkontrolle, begleitende Kontrolle

Gesamtprojektleitung

Gesamtkoordination
Kontrolle bezüglich Kosten, Terminen und Qualität

Nutzungs- und Betriebsplanung

Koordination Planung Betriebseinrichtungen
Kontrolle Kosten, Termine und Qualität der Lieferungen

Planer / Projektierende

technische Koordination von Teilsystemen, Gewährleistung der Einhaltung von
Qualität in Projektierung

technische Erarbeitung von Teilsystemen, Gewährleistung der Einhaltung von
Kosten, Terminen und Qualität in Projektierung, Kontrolle Ausführungsqualität

Bauleitung

Koordination der Ausführung, Kontrolle bez. Terminen, Kosten Basis
Positionen/Verträge, Ausführungsqualität

Ausführung

Ausführende / Lieferanten

Ausführung

Lieferung und Montage

Stufe 2
f60al16a.drw

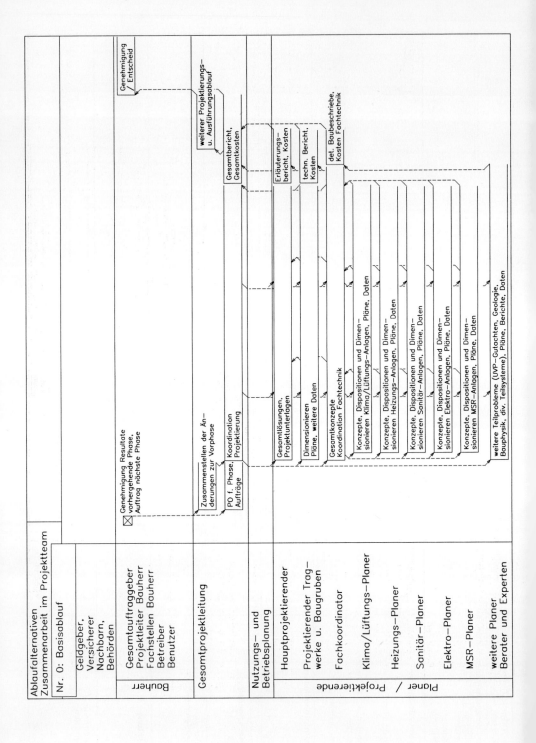

Ablaufalternativen
Zusammenarbeit im Projektteam

Nr. 0: Basisablauf

Bauherr

- Geldgeber, Versicherer, Nachbarn, Behörden
- Gesamtauftraggeber, Projektleiter Bauherr, Fachstellen Bauherr, Betreiber, Benutzer

Genehmigung / Entscheid

⊠ Genehmigung Resultate vorhergehende Phase, Auftrag nächste Phase

weiterer Projektierungs- u. Ausführungsablauf

Gesamtprojektleitung

Zusammenstellen der Änderungen zur Vorphase

PO f. Phase, Koordination, Aufträge, Projektierung

Gesamtbericht, Gesamtkosten

Planer / Projektierende

Nutzungs- und Betriebsplanung

Hauptprojektierender

Gesamtlösungen, Projektunterlagen

Erläuterungs- bericht, Kosten

Projektierender Tragwerke u. Baugruben

Dimensionieren Pläne, weitere Daten

techn. Bericht, Kosten

Fachkoordinator

Gesamtkonzepte, Koordination Fachtechnik

det. Baubeschriebe, Kosten Fachtechnik

Klima/Lüftungs-Planer

Konzepte, Dispositionen und Dimensionieren Klima/Lüftungs-Anlagen, Pläne, Daten

Heizungs-Planer

Konzepte, Dispositionen und Dimensionieren Heizungs-Anlagen, Pläne, Daten

Sanitär-Planer

Konzepte, Dispositionen und Dimensionieren Sanitär-Anlagen, Pläne, Daten

Elektro-Planer

Konzepte, Dispositionen und Dimensionieren Elektro-Anlagen, Pläne, Daten

MSR-Planer

Konzepte, Dispositionen und Dimensionieren MSR-Anlagen, Pläne, Daten

weitere Planer, Berater und Experten

weitere Teilprobleme (UVP-Gutachten, Geologie, Bauphysik, div. Teilsysteme), Pläne, Berichte, Daten

Ablaufalternativen
Zusammenarbeit im Projektteam

Nr. 1: Lineare Projektierung

Bauherr

- Geldgeber, Versicherer, Nachbarn, Behörden
  - Genehmigung / Entscheid
- Gesamtauftraggeber, Projektleiter Bauherr, Fachstellen Bauherr, Betreiber, Benutzer
  - ☒ Genehmigung Resultate vorhergehende Phase, Auftrag nächste Phase

Gesamtprojektleitung

Nutzungs- und Betriebsplanung
- Zustellen Änderungen | Gesamtlösungen, Projektunterlagen

Planer / Projektierende

- Hauptprojektierender
  - weiterer Projektierungs- u. Ausführungsablauf
  - Dimensionieren Pläne, weitere Daten
- Projektierender Tragwerke u. Baugruben
- Klima/Lüftungs-Planer
  - Konzepte, Dispositionen und Dimensionieren Klima/Lüftungs-Anlagen, Pläne, Daten
- Heizungs-Planer
  - Konzepte, Dispositionen und Dimensionieren Heizungs-Anlagen, Pläne, Daten
- Sanitär-Planer
  - Konzepte, Dispositionen und Dimensionieren Sanitär-Anlagen, Pläne, Daten
- Elektro-Planer
  - Konzepte, Dispositionen und Dimensionieren Elektro-Anlagen, Pläne, Daten
- MSR-Planer
  - Konzepte, Dispositionen und Dimensionieren MSR-Anlagen, Pläne, Daten
- weitere Planer Berater und Experten
  - weitere Teilprobleme (UVP-Gutachten, Geologie, Bauphysik, div. Teilsysteme) Pläne, Berichte, Daten

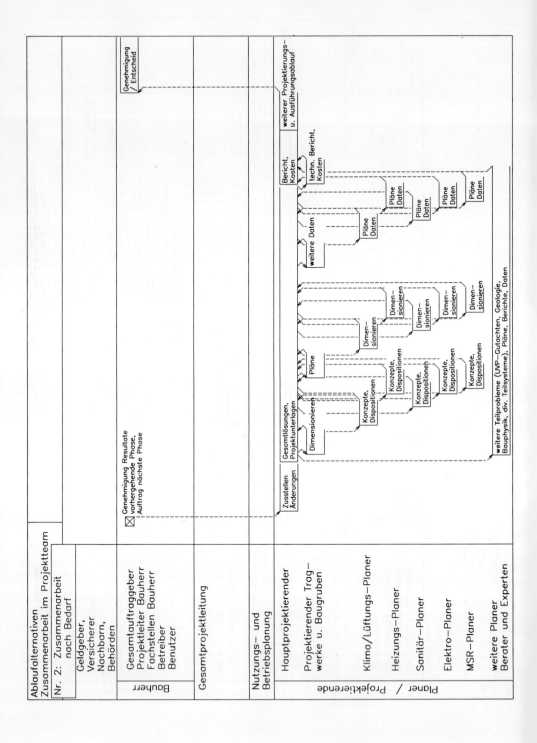

Ablaufalternativen
Zusammenarbeit im Projektteam
Nr. 2: Zusammenarbeit nach Bedarf

Geldgeber,
Versicherer
Nachbarn,
Behörden

Bauherr
Gesamtauftraggeber
Projektleiter Bauherr
Fachstellen Bauherr
Betreiber
Benutzer

Gesamtprojektleitung

Nutzungs- und
Betriebsplanung

Planer / Projektierende
Hauptprojektierender

Projektierender Trag-
werke u. Baugruben

Klima/Lüftungs-Planer

Heizungs-Planer

Sanitär-Planer

Elektro-Planer

MSR-Planer

weitere Planer
Berater und Experten

Genehmigung / Entscheid

⊠ Genehmigung Resultate
vorhergehende Phase,
Auftrag nächste Phase

weiterer Projektierungs-
u. Ausführungsablauf

Bericht, Kosten

techn. Bericht, Kosten

weitere Daten

Pläne Daten

Zustellen Änderungen

Gesamtlösungen, Projektunterlagen

Dimensionieren

Konzepte, Dispositionen

Pläne

Dimen-sionieren

weitere Teilprobleme (UVP-Gutachten, Geologie,
Bauphysik, div. Teilsysteme), Pläne, Berichte, Daten

Ablaufalternativen
Zusammenarbeit im Projektteam

Nr. 3: Kombination von linearer und serieller Projektierung

Geldgeber, Versicherer, Nachbarn, Behörden	Genehmigung / Entscheid
Bauherr: Gesamtauftraggeber, Projektleiter Bauherr, Fachstellen Bauherr, Betreiber, Benutzer	☒ Genehmigung Resultate vorhergehende Phase, Auftrag nächste Phase
Gesamtprojektleitung	
Nutzungs- und Betriebsplanung	

Planer / Projektierende:

- Hauptprojektierender — Zustellen Änderungen | Gesamtlösungen, Projektunterlagen — Erläuterungsbericht, Kosten — weiterer Projektierungs- u. Ausführungsablauf
- Projektierender Tragwerke u. Baugruben — Dimensionieren Pläne, weitere Daten — techn. Bericht, Kosten
- Fachkoordinator
- Klima/Lüftungs-Planer — Konzepte, Dispositionen und Dimensionieren Klima/Lüftungs-Anlagen, Pläne, Daten
- Heizungs-Planer — Konzepte, Dispositionen und Dimensionieren Heizungs-Anlagen, Pläne, Daten
- Sanitär-Planer — Konzepte, Dispositionen und Dimensionieren Sanitär-Anlagen, Pläne, Daten
- Elektro-Planer — Konzepte, Dispositionen und Dimensionieren Elektro-Anlagen, Pläne, Daten
- MSR-Planer — Konzepte, Dispositionen und Dimensionieren MSR-Anlagen, Pläne, Daten
- weitere Planer Berater und Experten — weitere Teilprobleme (UVP-Gutachten, Geologie, Bauphysik, div. Teilsysteme), Pläne, Berichte, Daten

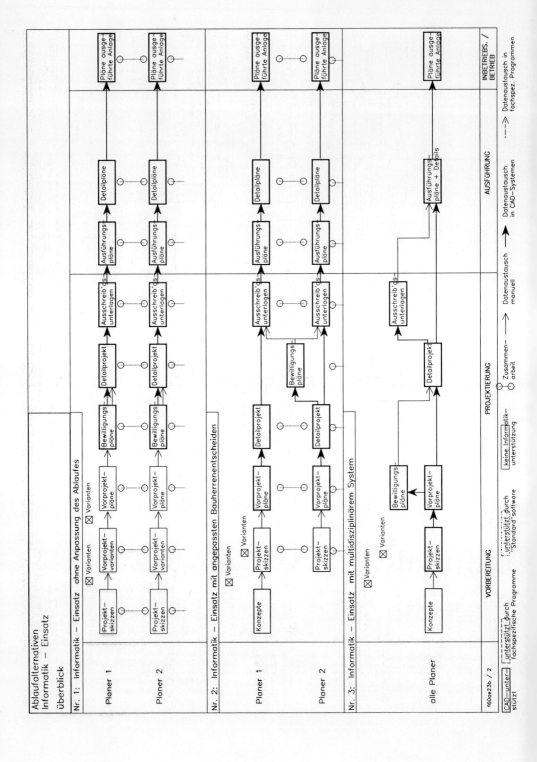

Ablaufalternativen
Informatik – Einsatz
überblick

Nr. 1: Informatik – Einsatz ohne Anpassung des Ablaufes

Nr. 2: Informatik – Einsatz mit angepassten Bauherrenentscheiden

Nr. 3: Informatik – Einsatz mit multidisziplinärem System

160ae23b / 2

VORBEREITUNG   PROJEKTIERUNG   AUSFÜHRUNG   INBETRIEBS. /
                                                                 BETRIEB

CAD–unterstützt   unterstützt durch
                    fachspezifische Programme

                    unterstützt durch
                    "Standard"software

                    keine Informatikunterstützung

⊙ Zusammenarbeit

Datenaustausch
manuell

Datenaustausch
in CAD–Systemen

Datenaustausch in
fachspez. Programmen

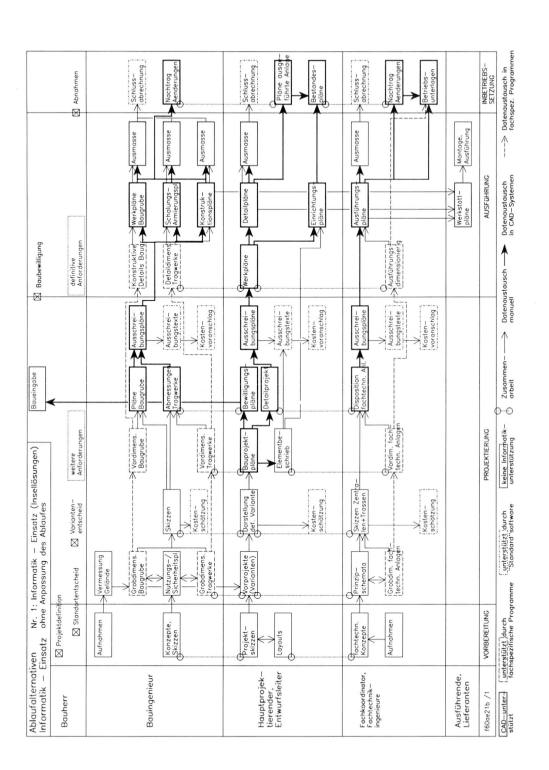

Ablaufalternativen Nr. 1: Informatik – Einsatz (Insellösungen)
Informatik – Einsatz ohne Anpassung des Ablaufes

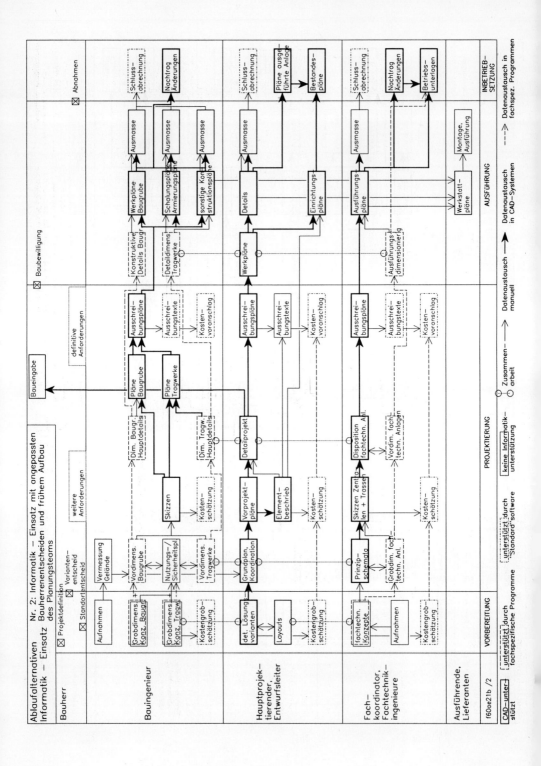

Ablaufalternativen Nr. 2: Informatik – Einsatz mit angepasstem Aufbau
Informatik – Einsatz Bauherrenentscheiden und frühem Aufbau
des Planungsteams

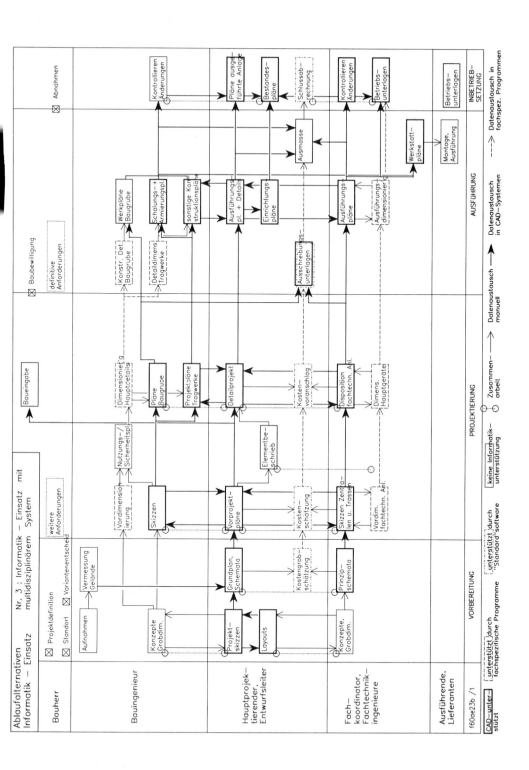

Ablaufalternativen Nr. 3 : Informatik – Einsatz mit
Informatik – Einsatz multidisziplinärem System

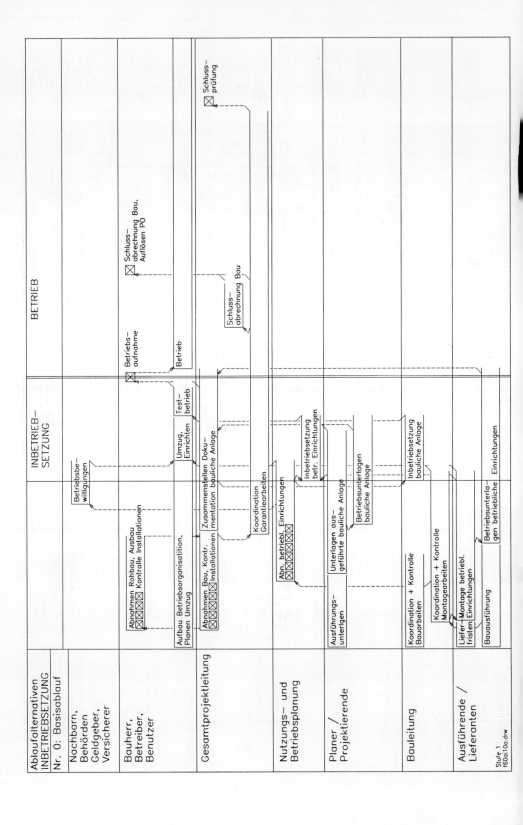

Ablaufalternativen
INBETRIEBSETZUNG
Nr. 0: Basisablauf

INBETRIEB-
SETZUNG

BETRIEB

Nachbarn,
Behörden
Geldgeber,
Versicherer

Betriebsbe-
willigungen

Bauherr,
Betreiber,
Benutzer

Abnahmen Rohbau, Ausbau
⊠ ⊠ ⊠ Kontrolle Installationen

Aufbau Betriebsorganisatition,
Planen Umzug

Umzug,
Einrichten

Test-
betrieb

Betriebs-
aufnahme

Betrieb

Schluss-
abrechnung Bau,
Auflösen PO

Gesamtprojektleitung

Abnahmen Bau, Kontr.
⊠ ⊠ Installationen

Zusammenstellen Doku-
mentation bauliche Anlage

Koordination
Garantiearbeiten

Schluss-
abrechnung Bau

Schluss-
prüfung

Nutzungs- und
Betriebsplanung

Abn. betriebl. Einrichtungen
⊠ ⊠ ⊠

Inbetriebsetzung
betr. Einrichtungen

Planer /
Projektierende

Ausführungs-
unterlagen

Unterlagen aus-
geführte bauliche Anlage

Betriebsunterlagen
bauliche Anlage

Inbetriebsetzung
bauliche Anlage

Bauleitung

Koordination + Kontrolle
Bauarbeiten

Koordination + Kontrolle
Montagearbeiten

Ausführende /
Lieferanten

Liefer–Montage betriebl.
fristen Einrichtungen

Bauausführung

Betriebsunterla–
gen betriebliche Einrichtungen

Stufe 1
f600ai10a.drw

INBETRIEB–
SETZUNG

BETRIEB

Nachbarn, Behörden Geldgeber, Versicherer

Betriebsbe–
willigungen

Bauherr, Betreiber, Benutzer

Abnahmen Rohbau, Ausbau
☒☒☒ Kontrolle Installationen

Aufbau Betriebsorganisation,
Planung Umzug

Umzug,
Einrichten

Betriebs–
aufnahme ☒

Testbetrieb   Betrieb

Schlussab–
rechnung,
Auflösen PO ☒

Gesamtprojektleitung

Abnahmen Bau, Kontrolle   Koordination
☒☒☒☒ Installationen Garantiearbeiten

Zusammenstellen Doku–
men·ation bauliche Anlage

Koordinat·on Betriebsunter–
lagen bet·iebliche Einrichtungen

Schlussab–
rechnung Bau

Schluss–
prüfung ☒

Nutzungs– und Betriebsplanung

Abnahmen betr. Einrichtungen
☒☒☒☒☒

IBS betriebliche
Einrichtungen

Planer / Projektierende

Unterlagen aus–
geführte bouliche Anlage

Betriebsunterlagen
bouliche Anlage

Bauleitung

Inbetriebsetzung
bauliche Anlage

Koordination + Kontrolle
Montagearbeiten

Ausführende / Lieferanten

Montage betriebliche
Einrichtungen

Betriebsunterlc–
gen betriebliche Einrichtungen

Stufe 1
f60oi11a.drw

Ablaufalternativen
INBETRIEBSETZUNG

Nr. 2: Doku–IBS–Abnahme

INBETRIEBSETZUNG   BETRIEB

Nachbarn, Behörden, Geldgeber, Versicherer

Betriebsbewilligungen

Bauherr, Betreiber, Benutzer

Abnahmen Rohbau, Ausbau, Kontrolle Installationen

Betriebsaufnahme

Schlussabrechnung, Auflösen PO

Umzug, Einrichten

Testbetrieb   Betrieb

Gesamtprojektleitung

Abnahmen Bau, Kontrolle Installationen   Koordination Garantiearbeiten

Schlussprüfung

Schlussabrechnung Bau

Nutzungs– und Betriebsplanung

Zusammenstellen Dokumentation bauliche Anlage

Abnahmen betriebliche Einrichtungen

Planer / Projektierende

Koordination Betriebsunterlagen betriebl. Einrichtungen

Inbetriebsetzung betriebliche Einrichtungen

Unterlagen ausgeführte bauliche Anlage

Betriebsunterlagen bauliche Anlage

Bauleitung

Inbetriebsetzung bauliche Anlage

Koordination + Kontrolle Montagearbeiten

Ausführende / Lieferanten

Montage betriebliche Einrichtungen

Betriebsunterlagen betriebliche Einrichtungen

Stufe 1
f60oi12a.drw

Ablaufalternativen
INBETRIEBSETZUNG
Nr. 3: Mehrstufige IBS

INBETRIEBSETZUNG

BETRIEB

Nachbarn,
Behörden
Geldgeber,
Versicherer

Bauherr,
Betreiber,
Benutzer

Betriebsbe-
willigungen

Betriebs-
aufnahme

Schlussab-
rechnung,
Auflösen PO

Abnahmen Rohbau, Ausbau,

Umzug,
Einrichten

Testbetrieb   Betrieb

Gesamtprojektleitung

Abnahmen Bau, Kontr.
Installationen   Garantiearbeiten

Koordination

Austesten aller baulichen Anlagen

Zusammenstellen Doku-
mentation bauliche Anlage

Schlussprüfung

Schlussab-
rechnung Bau

Abnahmen betriebliche Einrichtungen
Installationen

Nutzungs- und
Betriebsplanung

Austesten aller betrieblichen
Einrichtungen

Inbetriebsetzung
betr. Einrichtungen

Planer /
Projektierende

Unterlagen aus-
geführte bauliche Anlage

Betriebsunterlagen
bauliche Anlage

Inbetriebsetzung
bauliche Anlage

Bauleitung

Koordination + Kontrolle
Montagearbeiten

Ausführende /
Lieferanten

Montage betriebliche
Einrichtungen

Betriebsunterla-
gen betriebliche   Einrichtungen

Stufe 1
f60ai13a.drw

Ablaufalternativen
INBETRIEBSETZUNG
Nr. 4:Modifikation im Betrieb

INBETRIEBSETZUNG   BETRIEB

Nachbarn, Behörden, Geldgeber, Versicherer
Betriebsbe-willigungen

Bauherr, Betreiber, Benutzer
Abnahmen Rohbau, Ausbau ⊠⊠ Kontrolle Installationen
Umzug, Einrichten
Betrieb
⊠ Betriebs-aufnahme
⊠ Schlussab-rechnung, Auflösen PO

Gesamtprojektleitung
Abnahmen Bau, Kontrolle ⊠⊠ ⊠ Installationen
Koordination Garantiearbeiten
⊠ Schluss-prüfung

Nutzungs- und Betriebsplanung
Zus.ammentellen Dokumentation bauliche Anlage
Schlussab-rechnung Bau
Abnahmen betr. Einr. ⊠⊠⊠⊠⊠
Koordination Modifikationen betriebliche Einrichtungen

Planer / Projektierende
Unterlagen ausgeführte bauliche Anlage
Inbetriebsetzung betr. Einrichtgen
Betriebsunterlagen bauliche Anlage

Bauleitung
Inbetriebsetzung bauliche Anlage
Koordination + Kontrolle Montagearbeiten

Ausführende / Lieferanten
Montage betriebliche Einrichtungen
Betriebsunterlagen betriebliche Einrichtungen
Modifikationen betriebliche Einrichtungen

Stufe 1
f60ai14a.drw

Marktspiegel Projektmanagement-Software

Kriterienkatalog und Leistungsprofile
Von S. Dworatschek und A. Hayek
1992, DIN A4, ca. 330 Seiten, Plastikeffektbindung, ca. DM 168,-
ISBN 3-88585-376-0

Das internationale Software-Angebot für die Projektarbeit ist vielfältig und dynamisch – sowohl für Personal-Computer (PC) als auch für Mini- und Großrechner. Die Orientierung fällt schwer.

Dieser Marktspiegel bietet den Software-Nutzern, potentiellen Anwendern, Software-Anbietern, Beratern und Lernenden im Projektmanagement eine entsprechende Übersicht und Auswahlhilfe. Die Studie enthält u. a.:

- Nutzerbedarf an PM-Software (Befragungsergebnisse),
- Vorgehensweise des Nutzers zur Software-Auswahl,
- globale Leistungsdaten von ca. 250 Software-Paketen,
- Kriterienkatalog mit ca. 600 operationalierten Merkmalen,
- Merkmalprofile von 18 Netzplan-Software-Paketen für PC,
- Merkmalprofile von 11 Mini-/ Großrechner-Paketen,
- Druckausgabe-Beispiele für die untersuchten Software-Pakete,
- Kriterienkatalog für Grafik-Software im Projektmanagement und
- Literaturhinweise

**Verlag
TÜV Rheinland**
Viktoriastr. 26 · 5000 Köln 90
Telefon (0 22 03) 17 09-60
Telefax (0 22 03) 1 54 11

Gesellschaft für Projektmanagement

Handbuch Projektmanagement

Hrsg.: H. Reschke, H. Schelle und R. Schnopp
1989, 16 × 24 cm, 1140 Seiten in 2 Bänden, geb., DM 280,–
ISBN: 3-88585-556-9

Projekte verändern unsere Welt: Der Bau eines Flughafens, die Entwicklung von Softwareprogrammen oder neuen Produkten, die Umorganisation eines Betriebes, die Umsetzung einer Unternehmensstrategie, die Errichtung einer Entsalzungsanlage, die Vorbereitung der Serienfertigung eines neuen Autotyps – all dies sind Beispiele für Leistungserstellung mit Projektcharakter.

Die Planung und Realisierung von Projekten stellt an die Verantwortlichen hohe Anforderungen: Komplexität beherrschen und Projektaufgaben sicher und erfolgreich bewältigen. Die Disziplin „Projektmanagement", in den letzten 30 Jahren entstanden und schnell gewachsen, hat Konzepte, Verfahren und Instrumente entwickelt, die eine effiziente und zielgerechte Projektabwicklung gewährleisten können.

In zwei Bänden mit insgesamt 44 Beiträgen haben erfahrene und kompetente Autoren als Praktiker für Praktiker den heutigen Kenntnisstand dargestellt. Das Handbuch des Projektmanagements, unter der Ägide der Gesellschaft für Projektmanagement entstanden, ist derzeit das umfassendste Werk der Projektmanagements im deutschsprachigen Raum. Es informiert Praxis und Wissenschaft schnell und zuverlässig.

Verlag TÜV Rheinland

Viktoriastr. 26 · 5000 Köln 90
Telefon (0 22 03) 17 09-60
Telefax (0 22 03) 1 54 11